纺织文化遗产文献集成·元集

藪内佐斗司 题

刘大玮 主编

刘大玮 朱博伟 著

東華大學出版社
·上海·

图书在版编目（CIP）数据

纺织文化遗产文献集成．元集 / 刘大玮，朱博伟著；
刘大玮主编．-- 上海：东华大学出版社，2024. 11
ISBN 978-7-5669-2347-9

Ⅰ．①纺… Ⅱ．①刘… ②朱… Ⅲ．①纺织—文化研
究—文献—汇编—中国 Ⅳ．① TS1

中国国家版本馆 CIP 数据核字（2024）第 056620 号

封面设计：周士琦
封面书法：赵 宏
策划编辑：陈 珂
责任编辑：范 榕

纺织文化遗产文献集成·元集
FANGZHI WENHUA YICHAN WENXIAN JICHENG · YUANJI

主 编：刘大玮
著：刘大玮 朱博伟
出 版：东华大学出版社（上海市延安西路 1882 号 邮政编码：200051）
本 社 网 址：dhupress.dhu.edu.cn
天猫旗舰店：http://dhdx.tmall.com
营 销 中 心：021-62193056 62373056 62379558
印 刷：上海盛通时代印刷有限公司
开 本：787mm × 1092mm 1/16
印 张：22
字 数：570 千字
版 次：2024 年 11 月第 1 版
印 次：2024 年 11 月第 1 次印刷
书 号：ISBN 978-7-5669-2347-9
定 价：258.00 元

国务院总理基金

“纺织考古与实验室清理保护”

项目支持

序

癸卯仲夏，大玮、博伟将《纺织文化遗产文献集成》书稿送来请我作序，思绪良多。我在国家博物馆从事美术设计工作期间，曾对纺织文物稍有留心，虽未着重关注，但也深知其中奥妙许多。此番前来，有感于后生对纺织文化遗产之关切，亦是下了功夫的。听说，李之檀先生曾经给他们上过课，《纺织文化遗产文献集成》的立项也与《中国服饰文化文献参考目录》颇有渊源。我们是几十年的同事，看到书稿，想来之檀先生的事业是后继有人了。

在交谈过程中了解到，孩子们策划此系列图书的原因有三：其一，是为了提升业界对相关学科的关注。据我所知，纺织文化遗产作为独立学科兴起是近几年的事情，迄今还没有形成完备的学科体系，研究成果多集中于文献、图像以及传世文物，对出土实物、版本文献的关注度还不高，此项工作的推进，没准儿会有些变化，亦是为交叉学科的建立做些铺垫。其二，是为了改善以往版本文献在利用过程中系统性缺失的现象。诸如“称谓问题”“点校问题”“取词、取义问题”等，尽可能避免断章取义、以文害辞的现象。其三，为相关研究学者提供相关版本文献的参考资料。历代典籍千仓万箱，点校注疏证补各有侧重，综合利用考验的是学者的综合素养，也是人才培养的重中之重，《纺织文化遗产文献集成》的出版对改善基础科研条件，拓宽纺织文化遗产学科理论研究无异于引玉之“砖”。

学科的发展是一种传承。从1954年，中国科学院考古研究所技术室成立，到1977年改属中国社会科学院，再到2007年文化遗产保护研究中心的成立。从阿尔巴尼亚羊皮书的修复保护，到湖南长沙马王堆汉墓的清理，再到青海都兰热水遗址2018血渭一号墓的发掘。从纺织修复到纺织考古，再到纺织文化遗产研究，一代又一代学者在各自的视域下不断推动中华纺织文化的传承。我想，《纺织文化遗产文献集成》的出版只是一个新的起点，希望越来越多的年轻人能走近来，走进来。

周士琦

国家博物馆终身研究员

2023年仲夏夜于华威寓所

弁言

纺织文化遗产研究是以文物学为底层逻辑，综合考古学、纺织科学、艺术学等学科共同开展的系统性研究。它以纺织相关历史遗物、遗迹为主要研究对象，一方面，通过现场应急清理与实验室保护的技术手段，使其物质本体得以存续；另一方面，通过以物证史的研究方法，阐释其形成与发展的历史进程。由此，充分发挥纺织文化遗产的纽带作用，在探索未知、揭示本源的过程中，为弘扬中华优秀文化提供坚实支撑。

构建以历代服饰典章、会要、辞书、类书、笔记、专论、地理、字典、形象史料为主体的文献系统，是开展纺织文化遗产研究的基石。然古代典籍浩如烟海，不仅是先贤智慧的结晶，更蕴藏着后世学人求真、求精、求直、求新的治学理想，故历代增修、补注、考释、疏证者络绎不绝，虽为研究工作提供大量可供借鉴的一手资料，却也对使用者的文献修养提出较高要求，因此一套介绍古代典籍赓续跌宕过程的参考资料便显得尤为关键。

近三十年来，随着学界对纺织文化遗产研究的关注，相关文献系统的构建工作亦同步开展。以1994年李之檀先生《中国服饰文化参考文献目录》对古今中外经典服饰文存进行梳理为起点，后有郑嵘教授等人编《中国古代服饰文献图解》出版，形成整理、分析古代服饰史料及其研究成果的重要专论，而《纺织文化遗产文献集成》系列图书的形成，则是对现有成果的进一步提升。

本书作为该系列图书的首卷，围绕历代辞书与训诂、舆（车）服志和典章等内容展开。每案均采用“说书、说版、说事”的写作方式，对其文献成书背景、版本构成，以及与纺织文化遗产相关联的内容进行整理和记述，并收录了大量近代以来流失海外的珍贵传本。其目的在于，一方面，从版本学研究的方向入手，提升古代纺织文献涵盖的广度与深度；另一方面，遴选出其中具有代表性的文献版本，为学界开展相关研究提供可靠依据。

刘大玮

癸卯仲夏于大德堂

凡例

一、本书是以介绍纺织文化遗产古籍文献为用的目录学著作，可作为纺织科学、文物学、考古学、服装服饰及相关文史专业学生文献修读的教材，亦是从事纺织考古与文物保护的文博机构、科研院所专业技术人员，以及广大服饰文化爱好者的参考用书。

二、本书秉承“凡读书最切要者，目录之学。目录明，方可读书；不明，终是乱读”之理念，完成古籍文献的整理。通过“说书、说版、说事”，就文献形成的背景、成书年代、版本构成、社会评价，及其与纺织文化相关的重点内容进行整理和记录，并以版本文献修读必要了解的学理和拓展资料一以贯之。

三、元集为系列丛书首册。所辑文献，上起先秦，下迄民国，共计一百种。内容涵盖先秦典籍、辞书训诂、类书、舆服、典章、笔记、专论、地理、字典九项。各项之下所载条目，录成书朝代、作者、作品名称、刊刻时间（年代）、校注疏证者、汇编书目、出版者等信息。

四、本书收录文献版本年代清楚者，注明“某某年刻（刊）本”等，年代不清楚者，则只标明刻本朝代，如“明刻本”“明写本”等。相同文献多个版本，以刊刻（或抄录）时间排列。遇佚文再辑，以重辑时间为准。以汉字标示的时间均为旧历，如康熙十八年。以阿拉伯数字标示则为公历，如公元1880年。

五、书中所录版本文献均为馆藏。国内有中国国家图书馆（北京）、上海图书馆、天津图书馆、浙江大学图书馆等来源。特别关注海外流失的珍贵古籍传本，来源有美国国会图书馆、日本国立国会图书馆、德国巴伐利亚州立图书馆、哈佛大学燕京图书馆、早稻田大学图书馆等。

六、本书所引古籍文献及相关著述原文，遇异体字、繁体字、俗体字时，皆从他本改用简体字，并做点校，以便省览。各条文末附参考文献，标明论著名及作者、刊物名和页码等信息。拓展资料涉及物名信息与人物小传，在首次出现时进行介绍，以供延展阅读。

七、本书主旨参阅沈从文先生在中国政治协商会议的报告凝练，在成书各阶段幸得孙机、李之檀、王亚蓉、周士琦等师者助，以此惦念。

八、全书所引文献共三百余种，因时间、篇幅等因素所限而未及者，致以为歉。

目录

壹 辞书与训诂

贰 舆服

叁 典章

伍 笔记

肆 先秦典籍

陆　类书

柒 专论

壹

辞书与训诂

一 《尔雅》

东晋郭璞注南宋国子监大字刊本明汲古阁仿宋字精写抄配

东晋郭璞注《尔雅》南宋国子监大字刊本汲古阁仿宋字精写抄配，原书曾为常熟汲古阁毛氏父子旧藏，后被清毕沅经训堂所得。毕沅去世后不久的嘉庆四年（公元1799年），其在湖广总督任内滥支军款的事情败露致家产罚没，推测此书因此归入内廷，而今辗转收藏于台北"故宫博物院"。《尔雅》刊刻年代较早，流传各类版诸多，有单经本，单注本，音义本，也有注、疏、音义合刻本。单经本即没有注、疏、音义的《尔雅》白文，最早见唐石经版，另有唐写本《尔雅》白文残卷，1908年被保罗·伯希和所盗，现存巴黎。单注本即白文与西晋郭璞注文合刻的刊本，有《尔雅》南宋刊十行本，曾为清代藏书家汪阆源所有，后归入瞿镛铁琴铜剑楼藏；另有南宋国子监大字刊本（即本案）、影宋蜀大字刊本《尔雅》三卷，以及明嘉靖十七年（公元1538年）吴元恭刻本以及嘉庆十一年（公元1806年）顾广圻思适斋据明吴元恭仿宋本翻刻本等。音译本指郭璞注文与唐陆德明音译合刻刊本，有同治十三年（公元1874年）湖南书局刊《尔雅》三卷、光绪十二年（公元1886年）清湖北官书处重刊本等。（图1–1）

图1–1　书影·东晋郭璞注《尔雅》南宋国子监大字刊本汲古阁仿宋字精写抄配　台北"故宫博物院"藏

《尔雅》最早收录于东汉史学家班固所撰《汉书·艺文志》中，但原文并未注明作者姓名及具体成书时间，后人推测成书约在战国至两汉期间，系学者纂集或小学家递相增益而成，当今学界对此观点尚存不同意见。《尔雅》问世之后，历代作注者不乏其人。清代之前东晋郭璞《尔雅注》、唐陆德明《尔雅音义》以及宋邢昺《尔雅疏》流传甚广，清代则以《郝疏》《邵疏》为代表。此外，据考证在郭璞之前曾有五家旧注，但皆亡佚。周祖谟1983年著《尔雅校笺》时以南宋国子监大字刊本《尔雅》（即本案）与1931年故宫博物院所印《天禄琳琅丛书》为底本，并根据南宋十行本和其他资料完成校勘。

颜师古《汉书》注引张晏注称“尔，近也。雅，正也。”故“尔雅”的意思为接近和符合雅言，即“彰明雅言”，也就是以雅正之言释古今方俗之语，使之接近规范。《尔雅》原为训解经书所作，全书共三卷，现存十九篇，收词4 300多个，分列2 091个条目。就其内容可分为两部分，其一是一般性词语的解释，包括前三篇《释诂》《释言》《释训》；其二是各类事物名称的解释，即《释亲》《释宫》《释器》《释乐》《释天》《释地》《释丘》《释山》《释水》《释草》《释木》《释虫》《释鱼》《释鸟》《释兽》《释畜》十六篇。因其所训释的是先秦经书中的文字名物，故在语言学、文学、文献学等方面均有重要价值。此外，《尔雅》首创分类的编排体例，将所收录的词以类相从，分常用词、专门词两大类，采用“释雅以俗，释古以今”的训诂方式解读古籍以贯穿古今，开创了以雅言释方言的先例。

> “《尔雅》者，所以训释五经，辩章同异，实九流之通路，百氏之指南，多识鸟兽草木之名，博览而不惑者也。”
>
> ——陆德明《经典释文·序录》

《尔雅》是我国第一部按义类编排的综合性辞书，据传由秦汉儒生缀集先秦旧文递相增益而成，故被作为儒家经典列入《十三经》。《尔雅》突破了文献训诂的随文注释离散性状态，把先秦大量的随文训释按事类分编，在各篇中又综合同义词分条“释古今之异言，通方俗之殊语”，解释了先秦至西汉初年各类词语的意义和用法，同时还包含了有关自然和社会方面的一些知识，故除语言学价值外，还兼具历史、地理和人文史料价值。后人仿照《尔雅》撰写了一系列以“雅”为书名的辞书，如《小尔雅》《通雅》《别雅》《埤雅》《骈雅》《广雅》等，至此研究雅书形成一门学问，即“雅学”。就纺织文化遗产研究而言，《尔雅》释器中收录了有关纺织技术、织物称谓、服装款式结构，以及裁剪工艺等信息，例如“一染谓之縓，再染谓之赪，三染谓之纁。”“妇人之袆谓之缡。”“衣眥谓之襟，衱谓之裾，衿谓之袸，佩衿谓之褑。”等，是考释我国先秦两汉时期纺织技术与服饰文化重要的参考资料。（图1-2）

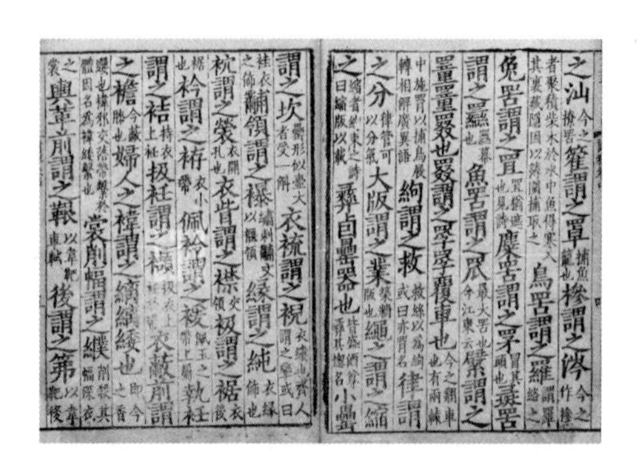
之汕 篧謂之罩 槮謂之涔
鳥罟謂之羅
兔罟謂之罝 麋罟謂之罞 彘罟
謂之羉 魚罟謂之罛 繴謂之
罿罿罬也罬謂之罦罦覆車也
絇謂之救 律謂
之分 大版謂之業 繩之謂之縮
之 彝卣罍器也 小罍
謂之坎 衣裗謂之視
黼領謂之襮 緣謂之純
袸謂之裳 衣眥謂之襟 衱謂之裾
衿謂之袸 佩衿謂之褑 執衽
謂之袺 扱衽謂之襭 衣蔽前謂
之襜 婦人之褘謂之縭 縭緌也
裳削幅謂之纀
輿革前謂之鞎 後謂之第

图1-2 释器·东晋郭璞注《尔雅》南宋国子监大字刊本汲古阁仿宋字精写抄配 台北“故宫博物院”藏

拓展资料

汲古阁，明代常熟文人毛晋创办珍藏和刻印古籍善本汲古阁。

毕沅（公元1730—1797年），江苏镇洋（今太仓）人，乾隆二十五年（公元1760年）状元，累官至湖广总督。嘉庆四年（公元1799年），也就是他死后的第二年，因其在湖广总督任内滥支军款事发，子孙被革职，家产被没收，此书应在其时进入内廷收藏。

郭璞（公元276—324年），字景纯，河东郡闻喜县（今山西省闻喜县）人。两晋时期著名文学家、训诂学家、风水学者，建平太守郭瑗之子。擅长于赋文，曾注释《周易》《山海经》《葬经》《穆天子传》《方言》和《楚辞》等古籍，明人有辑本《郭弘农集》。

颜师古（公元581—645年），名籀，字师古，以字行。雍州万年县（今陕西省西安市）人，祖籍琅琊临沂（今山东省临沂市），经学家、训诂学家、历史学家。

周祖谟（公元1914—1995年），字燕孙，北京人，中国文字、音韵、训诂、文献学家。著有《广韵校本》《方言校笺》《洛阳伽蓝记校释》《尔雅校笺》《释名校笺》等。

班固（公元32—92年），字孟坚，扶风安陵（今陕西省咸阳市）人。东汉大臣、史学家、文学家，与司马迁并称“班马”。

《十三经》，十三部儒家经典，分别是《易经》《尚书》《诗经》《周礼》《仪礼》《礼记》《春秋左传》《春秋公羊传》《春秋穀梁传》《孝经》《论语》《孟子》《尔雅》。

陆德明（公元约550—630年），名元朗，字德明，苏州吴县（今江苏省苏州市）人。唐朝大儒、经学家、训诂学家，“秦王府十八学士”之一。代表作《周易注》《周易兼义》《易释文》。

段玉裁（公元约1735—1815年），清代文字训诂学家、经学家，字若膺，号懋堂，晚年又号砚北居士，长塘湖居士，侨吴老人，江苏金坛人。个人著述有《说文解字注》《六书音韵表》《古文尚书撰异》《毛诗故训传定本》《经韵楼集》等。

参考文献

[1]徐时仪.汉语语文辞书发展史[M].上海：上海辞书出版社，2016：217-218.
[2]蔡英杰.中国古代语言学文献[M].北京：中国书籍出版社，2020：87-91.
[3]顾廷龙，王世伟.尔雅导读[M].成都：巴蜀书社，1990：21-27.
[4]（清）郝懿行.尔雅义疏下[M].王其和，吴庆峰，张金霞，点校.北京：中华书局，2019：21-23.
[5]窦秀艳.中国雅学史[M].济南：齐鲁书社，2004：32-33.

二 《小尔雅》

明天启六年郎氏堂策槛《五雅》汇编刊本

汉孔鲋撰《小尔雅》明天启六年郎氏堂策槛《五雅》汇编刊本，现藏于哈佛大学哈佛燕京图书馆。《小尔雅》具体成书年代迄今尚无定论，原本已佚。单行本有明万历胡文焕校刊本、清乾隆徐北溟据唐石经校刊本，清卢文弨校刊本，近代有1928年商务印书馆丛书汇编本《小尔雅及其他一种》。汇刊本有明天启武林堂策槛刻本《五雅全书》本、明郎奎金辑《五雅全书》本（即本案）等。（图1-3）

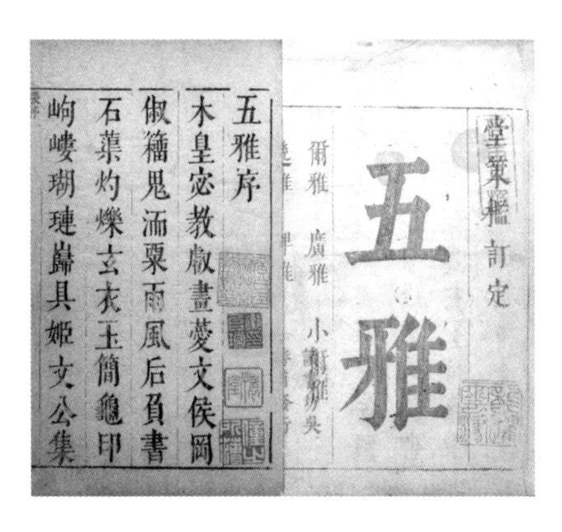

图1-3 五雅序·明天启六年郎氏堂策槛《五雅》汇编刊本
哈佛大学哈佛燕京图书馆藏

《小尔雅》最早收录于东汉史学家班固所撰《汉书·艺文志》中，但并未注明作者与成书时间。就其源流，近代王先谦《汉书补注》提及“沈钦韩曰，陈振孙云，盖即《孔丛》第十一篇，当是好事者钞出别行。按班氏时《孔丛》未著，已有

《小尔雅》，亦孔氏壁中文，不当谓其从《孔丛》钞出也。先谦曰：官本无尔字，引宋祁曰：小字下邵本有尔。钱大昕云，李善《文选注》引《小尔雅》皆作《小雅》。此书依附《尔雅》而作，本名《小雅》。后人伪造《孔丛》，以此篇窜入，因有《小尔雅》之名，失其旧矣。宋引文所引邵本，亦俗儒增入，不可据。然则《汉志》之《小尔雅》，实《小雅》也。今之《小尔雅》，是否即《汉志》之《小雅》，盖不可知；即是，亦为王肃所变乱，次非原书。以其审会《孔公》，非无因而然也。可见其成书至今未有定论。”

就内容看，清王煦《小尔雅疏》记“盖广《尔雅》之未备，陈《尔雅》而行，故称《小尔雅》。”其内容据义类编排，所释词语名物计374事，今传诸本均录“广诂、广言、广训、广义、广名、广服、广器、广物、广鸟、广兽、度、量、衡”共十三篇，前十类篇名冠以“广”字，意对《尔雅》增益，但内容尚有不足；度、量、衡三类《尔雅》原书尚无，意在补全。其中《广服》篇二十六条，解释了布帛、冠冕、服饰的名称，如“编之粗者曰素”“在首谓之元服”等。（图1-4、图1-5）

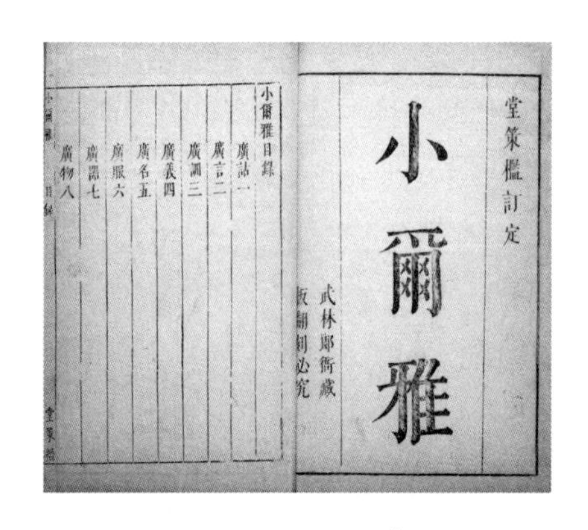
堂策檻訂定

小爾雅

武林郎衙藏板

翻刻必究

小爾雅目錄

廣詁一

廣言二

廣訓三

廣義四

廣名五

廣服六

廣器七

廣物八

图1-4　小尔雅目录·汉孔鲋撰《小尔雅》明天启六年郎氏堂策槛《五雅》汇编刊本　哈佛大学哈佛燕京图书馆藏

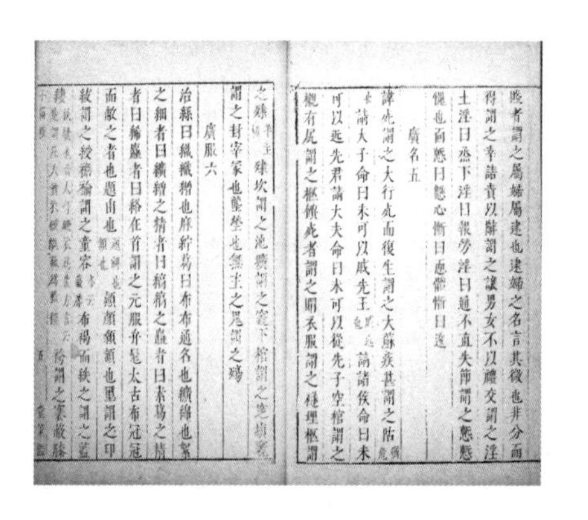
廣名五

廣服六

图1-5　广服六·汉孔鲋撰《小尔雅》明天启六年郎氏堂策槛《五雅》汇编刊本　哈佛大学哈佛燕京图书馆藏

“纩，绵也。絮之细者，曰纩；缯之精者，曰缟；缟之粗者，曰素；葛之精者，曰絺；粗者曰绤，在首谓之元服。”

“弁髦，大古布冠，冠而敝之者也。”

“袴，谓之裳。蔽膝，谓之袡。带之垂者，谓之厉。”

——孔鲋《小尔雅·广服六》

就纺织文化遗产研究而言，《小尔雅》作为训诂学重要著作，较为完整地保存了古代纺织名物称谓信息，并以通名释专名的方式阐明被释词语的含义。值得注意的是《小尔雅》以“广”述《尔雅》之所未备，少数见于《尔雅》者，释义亦有所不同，故在使用时可将《尔雅》与《小尔雅》结合对比研究，《小尔雅义证》《小尔雅疏》亦有重要参考价值。

拓展资料

郎奎金（生卒年不详），字公是，兆玉子，今浙江省塘县人。汇刊《小尔雅》《逸雅》《广雅》《尔雅》《释名》，为求统一将《释名》写作《逸雅》，合称为《五雅全书》。

王先谦（公元1842—1918年），字益吾，号葵园，人称葵园先生，清末湖南长沙人。历任翰林院编修、国子监祭酒，参与国史馆编纂工作。著述甚富，编有《十一朝东华录》《皇清经解续编》，著有《荀子集解》《汉书补注》《日本源流考》《合校水经注》《庄子集解》《后汉书集解》《虚受堂文集》《新旧唐书合注》等。

沈钦韩（公元1775—1832年），字文起，号小宛，吴县（今江苏省苏州市）木渎人。极贫勤学，喜抄古书，节录《太平御览》《云笈七签》《法苑珠林》等，校勘精审。博学通经史，治经长于《礼》与《春秋》，诸史尤熟于志，训诂考据精当。辑有《香山草堂丛钞》。著有《两汉书疏证》《左传补注》《水经注疏证》《韩昌黎集补注》《苏诗查注补正》《王荆公诗集补注》《王荆公文集注》《范石湖集注》《幼学堂诗文稿》等。

王煦（公元1758—？年），字汾原，号定桐，清浙江上虞人。平生致力经学，精通文字训诂，著有《说文五翼》《国语释文》《文选七笺》《小尔雅疏》等。

参考文献

[1]黄云眉.古今伪书考补证[M].北京：商务印书馆，2019：48.
[2]中国名著提要编委会.中国学术名著提要（合订本）第一卷·先秦两汉编魏晋南北朝编[M].上海：复旦大学出版社，2019：273-274.
[3]林剑鸣，吴永琪.秦汉文化史大辞典[M].上海：汉语大辞典出版社，2002：53.
[4]赵伯义.《小尔雅》概说[J].古籍整理研究学刊，1993（01）：27-30.
[5]郑天挺，谭其骧.中国历史大辞典（上）[M].上海：上海辞书出版社，2010：290.
[6]李峰.苏州通史·人物卷（中）明清时期[M].苏州：苏州大学出版社，2019：315.

三　西汉史游撰唐颜师古注南宋王应麟音释《急就篇》

明崇祯年间毛氏汲古阁毛晋重订刊本

西汉史游撰唐颜师古注南宋王应麟音释《急就篇》明崇祯年间毛氏汲古阁毛晋重订刊本，现藏于哈佛大学哈佛燕京图书馆。《急就篇》的刊刻源流有二。其一，作为识字教材传诵，多为注解本，早期注者为后汉曹寿，其后又有魏晋南北朝时期崔浩、颜之推、刘芳、豆卢氏等人作注，但皆已亡佚。至唐贞观年间，经颜师古重加整理，而后又由南宋王应麟加以补释，形成颜王注释本，被明胡文焕《格致从书》、明毛氏汲古阁《津逮秘书》（即本案）、清王懿荣《天壤阁丛书》等书辑录。其二，作为书法摹写本流传，多为原文单行本，吴皇象、魏钟繇、晋卫夫人、王羲之、南朝萧子云、唐陆柬之、宋太宗等人皆为之写本。此外，另有三国吴皇象章草石刻本，明杨政据宋叶梦得刻本摹刻本、宋太宗赵炅临摹本、元赵孟頫临摹本、宋刻临摹本等。（图1-6）

急就篇注叙
秘書監弘文館學士上護軍琅邪縣開國子顔師古撰
急就篇者其源出於小學家昔在周宣粤有史籀（音冑）演暢古文初著大篆秦兼天下罷黜異書丞相李斯又撰蒼頡中車府令趙高繼造爰歷太史令胡毋（音無）敬作博學篇皆所以啓導青衿垂法錦帶也逮至炎漢司馬相如作凡將篇俾效書寫多所載述務適時要史游景慕擬而廣之元成之間列

图1-6　内页·西汉史游撰唐颜师古注南宋王应麟音释《急就篇》
明崇祯年间毛氏汲古阁毛晋重订刊本　哈佛大学哈佛燕京图书馆藏

《急就篇》为汉元帝时黄门令史游（任职于公元前48—前33年）所撰，元帝、成帝时被列入秘府，于魏晋六朝盛行，书法家皆以草书写之，以作楷范。《汉书·艺文志》称《急就篇》作《急就》，《隋书·经籍志》始称《急就章》。至唐代，传写湮讹并非原貌，以至“蓬门野贱，穷乡幼学，递相承禀，犹竞习之。既无良师，只增僻谬”，颜师古遂取前贤所书各本，解训正音以求原义。此后，南宋王应麟又在颜本基础上“补其遗阙，择众本之善，订三写之差，以经史诸子探其原，以《尔雅》《方言》《本草》辨其物，以《诗传》《楚辞》叶声韵，以《说文》《广韵》正音诂”。时至清代以后，仍不乏学者对《急就篇》进行考证校勘，有钮树玉《校定皇象本急就章（附考证、音略及音略考证）》、庄世骥的《急就篇考异》、高二适《新定急就章及考证》、王祖源的《急就篇直音》、孙星衍《急就章考异》、王国维的《校松江本急就篇》等。

《急就篇》是我国现存最早且最完整的童蒙识字课本，南宋王应麟《急就篇补注》称：“急，疾也，就，成也。”“急就”即“快速学成”之意，内容以七言为主，辅以三言或四言的杂言体韵文构成，但由于古人注书时经、传别行，卷数不一，其著录也因此存在差异。通行本共三十四章，2 144字，而相传颜注本（也称旧本）为三十四章，比通行本少后两章128字。该书“前辞”记述了全篇宗旨，正文分列姓氏名字、器用百物、政治职官三个部分，内容涉及服饰、食物、兵器、医药、乐器、祭祀、职官、刑法等，莫不备载。其“分别部居，不相杂厕”的编撰思想特征鲜明，而“务适时要”“泛施日用”的取字观为后世蒙学课本所效仿，例如唐欧阳修《州名急就章》、南宋王应麟《姓名急就篇》《小学绀珠》《三字经》、南朝周兴嗣《千字文》等书皆受其影响。（图1–7）

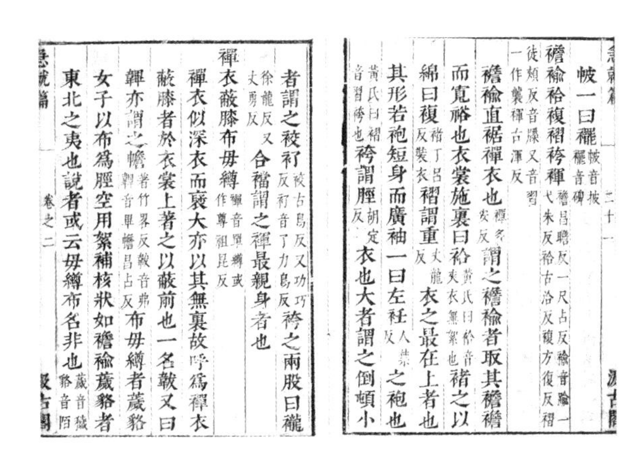
急就篇 二十一 汲古閣
帔一曰罷
襜褕袷複褶袴褌
襜褕直裾襌衣也謂之襜褕者取其襜襜
而寬裕也衣裳施裏曰袷褚之以
緜曰複褶謂重衣之最在上者也
其形若袍短身而廣袖一曰左衽之袍也
袴謂脛衣也大者謂之倒頓小
者謂之校衦袴之兩股曰襱
合襠謂之褌最親身者也
襌衣蔽膝布毋縛
襌衣似深衣而褎大亦以其無裏故呼為襌衣
蔽膝者於衣裳上著之以蔽前也一名韍又曰
韠亦謂之襜布毋縛者薉貉
女子以布為脛空用絮補核狀如襜褕薉貉者
東北之夷也說者或云毋縛布名非也
急就篇 卷之二 汲古閣

图1–7 言物·西汉史游撰唐颜师古注南宋王应麟音释《急就篇》明崇祯年间毛氏汲古阁毛晋重订刊本 哈佛大学哈佛燕京图书馆藏

“古者史掌文书，以识天地四方、古今事物、名言字训，而教学之法始于童子，谓之小学，君子重焉。《急就章》者，汉世有之，其源盖出于小学之流，昔颜籀为史游序之详矣。余为学士，兼职史官，官不坐曹，居多暇日，每自娱于文字笔墨之间，因戏集州名，作《急就章》一篇，以示儿女曹，庶几贤于博塞尔。”

——欧阳修《州名急就章并序》

《急就篇》应用于纺织文化遗产研究的重要作用在于，该书的言物卷及其注释记载了两汉至唐宋时期关于服装款式、纺织技术，乃至着装规制等关键信息。例如“裳韦不借为牧人”按唐颜师古注“裳韦”“不借”皆指“卑贱之服，便易于事”，既体现出服饰上的等差，又强调了民众日常着装以求便于行事的特点。颜师古《急就篇注叙》称“不借”为一种麻制小屦，因“其贱易得，人各自有，不须假借，因为名也。”而“屐禁鏖羸窭贫”则是描述底层民众的装束；“旃裘革索索蛮夷民”颜本注：“索索，胡履之缺前雍者也”即露出脚趾的皮制鞋子，是当时北方少数民族的装束。此类种种，对研究古代舆服制度、服饰称谓辨析，以及民族服饰嬗变过程均具有重要的文献价值。

拓展资料

史游（生卒年不详），汉元帝时官至黄门令。精字学，善书法。曾解散隶体粗书之，存字之梗概，损隶之规矩，纵任奔逸，赴速急就，作《急就章》，后人称其书体为章草。

王应麟（公元1223—1296年），字伯厚，号深宁居士，又号厚斋，庆元府鄞县（今浙江省宁波市鄞州区）人。南宋著名学者、教育家、政治家。

皇象（生卒年不详），字休明，三国时期吴国广陵江都（今江苏扬州）人，官至侍中、青州刺史。善八分，小篆，尤善章草。其章草妙入神品，时有书圣之称。

哈佛燕京图书馆（Harvard-Yenching Library）系哈佛大学图书馆专门用于收藏与东亚相涉文献的场所，始建于1928年，坐落于哈佛大学剑桥校区神学街2号，初为哈佛燕京学社汉和图书馆，1965年改为现名，以应藏书扩展到其他东亚语言文献之实。1976年，图书馆的管理权由哈佛燕京学社移交哈佛大学图书馆。该馆共计收藏中文、日文、西方语文、韩文、越南文、藏文、满文和蒙古文古籍、文献（含缩微胶卷、缩微平片、拓片、照片等）超百万卷。其中，中国古籍4 673种，44 993册、中国地方志4 000种、丛书1 500种，包含《永乐大典》2册、《四库全书》2册、宋版书16种、元版书38种、明版本1 275种，均为中国本土之外所藏孤本。

周兴嗣（公元469—537年），字思纂，祖籍陈郡项人。南朝大臣，史学家。撰有《皇帝实录》《皇德记》《起居注》《职仪》等专著百余卷，文集十卷传世，其中流传最广、最久的是《千字文》。

欧阳修（公元1007—1072年），字永叔，号醉翁，晚号六一居士，江南西路吉州庐陵永丰

（今江西省吉安市永丰县）人，景德四年（1007年）出生于绵州（今四川省绵阳市），北宋政治家、文学家。

王国维（公元1877—1927年），初名国桢，字静安、伯隅，初号礼堂，晚号观堂，又号永观，谥忠悫。著述甚丰，有《人间词话》《观堂集林》《古史新证》《曲录》《殷周制度论》《流沙坠简》等。

参考文献

[1]中国学术名著提要编委会编.中国学术名著提要第一卷·先秦两汉编魏晋南北朝编[M].上海：复旦大学出版社，2019：127.

[2]张春林.欧阳修全集[M].北京：中国文史出版社，1999：913.

[3]刘慧.泰山岱庙文化[M].济南：山东人民出版社，2018：136.

[4]吴洪成.中国古代学校教材史论[M].保定：河北大学出版社，2016：143.

[5]（西汉）史游.急就篇[M].长沙：岳麓书社，1989：331-335.

[6]王国维.急就篇校正[M].上海：广仓学窘，1920：27.

四 西汉扬雄撰《輶轩使者绝代语释别国方言》

东晋郭璞注明崇祯何允中《汉魏丛书》刊本

西汉扬雄撰东晋郭璞注《輶轩使者绝代语释别国方言》明崇祯何允中汉魏丛书刊本，原书曾被“泽存书库”“元和邹氏书库”等处收藏，后辗转台北“国家图书馆”。该书现存最早的版本为宋李孟传浔阳郡斋刻本（现藏于北京国家图书馆），此本扉页有袁克文题签“宋椠方言十三卷丙辰秋八月燕超室重装于海王邨”，卷首有郭璞序，次庆元庚申会稽李孟传叙云。此外，宋本有福山王氏天壤阁覆刻本、陶子麟覆刻本，日本东京大学东洋文化研究所藏珂罗版宋刊本、日本静嘉堂文库藏影宋抄本等。明代刊本有正德澶渊李珏刊本、正德丁卯华理刊本、嘉靖间翻刻宋李孟传浔阳郡斋本，以及正德己巳钞宋本、钞本等。

《方言》作为汉语方言学的第一部著作，在中国语言学史上有着重要的地位，《隋书》《旧唐书》《新唐书》《宋史》《崇文总目》《中兴馆阁书目》对《方言》皆有著录，但原本已佚，现传世本为东晋郭璞注本。所谓“輶轩使者绝代语释”，即先代使者调查方言所得“绝代语”的释义，也就是古代语言的解释。“别国方言”则是就地域而言，即西汉各地方言的意思。就该书题目而言，并不只是介绍“方言”，而是包含了“绝代语”的释义和“别国方言”释义两方面内容。关于其作者，言扬雄者始于东汉应劭《风俗通义·序》及《汉书》引扬雄《方言》一条，魏晋以后，诸儒转相沿述，皆无异词。至宋洪迈《容斋随笔》考证《汉书》，对扬雄撰《方言》的观点提出质疑，但经后世反复推敲、考证仍无据辨别真伪，故《四库全书》编纂时仍从旧版，至今学界仍以支持作者为杨雄者居多。

今本《方言》共十三卷，记669条，11 900多字，其中一部分为汉、魏学者所增。前三卷是一般词语部分，卷四释衣服，卷五释各种器皿、生产工具，卷六、卷七是词语部分，卷八释动物，卷九释车船、兵器，卷十又是词语部分，卷十一释昆虫，卷十二、十三与《尔雅·释言》相似，但只有细目没有方言，何九盈推测最后的二卷原本应为四卷，但因作者生前并未完结，故现存二卷可能只是写作提纲。《方言》在《尔雅》释词体例的基础上有所创新，作者不仅罗列了方言术语，用汉代通语加以解释，并对地语、四方通语、古雅别语、转语、代语等加以区分，通常先举出不同方言中的同义词，然后用一个通行地区的常见词语来加以解释，最后大抵说明某些词属于某地方言。《方言》与《尔雅》比较来看，前者重以通语释方言，后者重以今言释古言；前者着重记载古代不同地区的不同用语，后者以收集研究古代的同义词为主。因此说，《方言》作为研究汉代社会文化的重要文献，以及阅读和理解汉代史籍与文学作品的重要参考资料，在使用时仍需要注意结合《尔雅》参阅，亦可参考《輶轩使者绝代语释别国方言疏证》《輶轩使者绝代语释别国方言笺疏》等著述对具体字义进行比较判断。

“出乎輶轩之使，所以巡游万国，采览异言，车轨之所交，人迹之所蹈，靡不毕载，以为奏籍。周秦之季，其业隳废，莫有存者。暨乎扬生，沉淡其志，历载构缀，乃就斯文。是以三五之篇著，而独鉴之功显，故可不出户庭而坐照四表，不劳畴咨而物来能名，考九服之逸言，摽六代之绝语，类离词之指韵，明乖途而同致，辨章风谣而区分，曲通万殊而不杂，真洽见之奇书，不刊之硕记也。余少闻雅训，旁味方言，复为之解，触事广之，演其未及，摘其谬漏。庶以燕石之瑜，补琬琰之瑕，俾后之瞻涉者，可以广寤多闻耳。”

——郭璞《方言·序》

扬雄基于“巡游万国，采览异言”所掌握的资料，详细记录了同一事物在不同地域方言中的称谓、含义、文字等情况。按照“即异求同，条分缕析”的方式，理据事物，类型归纳方言、解释名词，剖析古代不同地区的不同语汇，言释古语，为后人研究古代方言留下了宝贵的文献资料。书中录释涉及汉代不同地区的服饰称谓及用途等信息，对于研究我国古代纺织服饰文化风貌有着重要意义。

拓展资料

輶轩使者，先秦时期，政府派遣“輶轩使者”到各地搜集方言、风俗，并记录整理，供执政者参考。

扬雄（公元前53—18年），字子云，西汉学者，蜀郡成都（今四川省成都市）人。汉成帝时为给事黄门郎，王莽时校书天禄阁。以文章名世，喜文字训诂，尤喜好研讨各地方言，在前人林闾翁孺等采集的基础上，利用孝廉和士兵集中长安的机会，广泛开展调查访问，积累材料，并采摘古代典籍有关词汇，历时二十七年，撰成《輶轩使者绝代语释别国方言》，简称《方言》，是我国第一部方言学著作。

泽存书库旧址位于江苏省南京市鼓楼区颐和路2号，是陈群（公元1890—1945年）的私人藏书处。

《风俗通义》，东汉应劭所著考释名物与议论世俗的书籍。

应劭（约公元153—196年），字仲远，汝南郡人，司隶校尉应奉之子，著有《汉官仪》《风俗通义》等。

《崇文总目》，北宋时期王钦若、王尧臣等人编撰的官修书目，著录经籍3 445部，30 669卷，共66卷。

《中兴馆阁书目》，南宋陈骙等人仿《崇文总目》体例编撰的官修书目，共70卷。

李孟传（公元1136—1219年），字文授。越州上虞人，家中藏书万卷。著有《磐溪诗文稿》《宏词类稿》《左氏说》《读史》《杂志》等。

华理（公元1438—1514年），字汝德，锡山人，别号梦堂，一号尚古生。好藏书、刻书，曾用铜活字刷印过多种典籍，无锡华氏的铜活字本在中国印刷史上占有重要的地位。

参考文献

[1]何九盈.中国古代语言学史[M].北京：商务印书馆，2013：11.

[2]陆侃如.陆侃如冯沅君合集第10卷中古文学系年（上）[M].合肥：安徽教育出版社，2011：40.

五 东汉刘熙撰《释名》

明毕效钦校日本明历二年山崎仁右卫门刊本

东汉刘熙撰，《释名》明毕效钦校日本明历二年山崎仁右卫门刊本，原书曾被“芳春书院”“继志堂”等处收藏，后辗转归入东京专门学校图书馆（今日本早稻田大学图书馆）。明代《释名》翻刻本诸多，另有正德年间的储良材校本、嘉靖年间的吕柟校本、万历年间的吴琯校本和天启年间的郎奎金校本等，其中毕效钦、吴琯校本曾被收录于《国立故宫博物院善本旧籍总目》。此外，明人胡文焕《格致丛书》和何允中《广汉魏丛书》亦录有《释名》，《格致丛书》曾为清人邵晋涵、孙星衍等人所校。清代《释名》版本有小学本和四部丛刊本，均翻刻自明吕柟本。

《释名》也称《逸雅》，是东汉刘熙所撰声训著作，成书年代不详，原本已散佚。传本《释名》以南宋临安府陈道人书铺本为基础，诸本内容虽大体一致，但细节处仍有些许出入，需仔细分辨以防混淆。如今能够见到的全本以明毕效钦、吕柟校本为代表，但该本经此前历代传写讹字脱文已多，故使用时一方面应注意与《说文解字》《玉篇》等辞书进行比较互证，另一方面可以参考《释名疏证补》对具体文意再行辨别。

《释名》与《尔雅》有明显的承继关系，故前者内容较后者更加细致。该书共8卷27篇，所释名物典礼计1 502条，通过声训解释名物，开创了以词语记事典的分类方法。书中重点记录了汉代方言语词的发音部位和发音方法，更加侧重日常名物事类，内容涉及面广且生活化，包含了诸如天文、地理、人事、丧俗等内容，是研究我国古代社会史，考究事物源始和汉代生产生活情况的重要资料。（图1-8）

刘熙秉承着“名之于实，各有义类”的理念，深刻阐释了汉语音义相通的原理，并通过归纳事物命名的理据类型，系统而深入地揭示了汉语语词的孳生规律，不仅为后世语源学研究提供了可借鉴的经验，更为现代语源学研究方法体系的建立奠定了基础。书中所录释彩帛、释衣服、释丧服等部分涉及古代纺织品称谓、服饰制度及用途等信息，较为详实地呈现了东汉时期服饰文化的基本面貌，对考释我国先秦两汉时期的纺织技术与服饰文化有着重要意义。

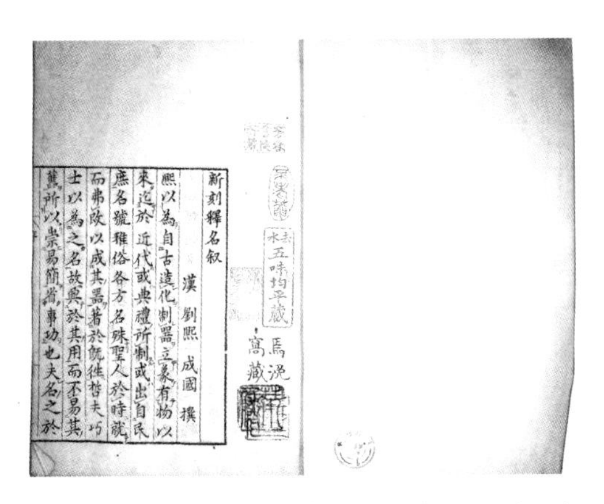

新刻釋名叙

漢 劉熙 成國 撰

熙以為自古造化制器立象有物以
來迨於近代或典禮所制或出自民
庶名號雅俗各方名殊聖人於時就
而弗改以成其器著於既往哲夫巧
士以為之名故與於其用而不易其
舊所以崇易簡省事功也夫名之於

图1-8 内页·东汉刘熙撰《释名》明毕效钦校日本明历二年山崎仁右卫门刊本 早稻田大学图书馆藏

“夫名之于实，各有义类，百姓日称而不知其所以之意，故撰天地、阴阳、四时、邦国、都鄙、车服、丧纪，下及民庶应用之器，论叙指归，谓之《释名》，凡二十七篇。至于事类，未能究备。凡所不载，亦欲智者以类求之。”

——刘熙《释名·序》

拓展资料

刘熙（生卒年不详），字成国，青州北海人，师从许慈、薛综。著有《释名》《孟子注》《谥法注》等。

毕效钦（生卒年不详），字平仲，歙县人。明嘉靖举人，喜编刊文学及字书类书籍。曾刻印《五雅》《十九家唐诗》《博古全雅》等。

储良材（生卒年不详），字邦抡，广西柳州马平人。明正德十二年（1517年）进士。著有《秋思》《过汾河》《重修襄阳县儒学记》等。

吕柟（公元1479—1542年），原字大栋，后改字仲木，号泾野，陕西高陵人。吕柟著述宏富，传有《周易说翼》《尚书说要》《毛诗说序》《礼问内外篇》《春秋说志》等。

吴琯（公元1546—？年），字邦燮，号中云，福建云霄城关人。明隆庆五年（公元1571年）进士。校刊有《唐诗纪》《合刻山海经水经》等，著有《古今逸史》。

胡文焕（生卒年不详），字德甫，号全庵，别署全道人、抱琴居士、西湖醉渔，钱塘人。善鼓琴，嗜好藏书，于万历、天启间建藏书楼“文会堂”，后又取晋张翰诗句，改名“思蓴馆”。又设书肆，以刻书为事，用于流通古籍。一生刊刻图书多达600余种，1 300余卷。

何允中（生卒年不详），仁和人，明天启进士。

芳春书院由加贺藩主前田利家的妻、子于1604年建立。

继志堂为纪念日本儒士高山畏斋（公元1727—1784年）创立。

参 考 文 献

[1]闫平凡，张晓琳.段玉裁校释《释名》底本考[J].史志学刊，2020，31（1）：73-79.

[2]蔡英杰.中国古代语言学文献[M].北京：中国书籍出版社，2020：196.

[3]孟昭水.训诂学通论与实践[M].北京：中央编译出版社，2020：114.

[4]吴泽顺.清以前汉语音训材料整理与研究[M].北京：商务印书馆，2016：98.

六 东汉许慎撰《说文解字》

明末虞山毛氏汲古阁藏北宋本校刊

东汉许慎撰《说文解字》明末虞山毛氏汲古阁藏北宋本校刊，由晚清著名外交家钱恂于1901年捐赠给东京专门学校（今日本早稻田大学图书馆）。另有明末虞山毛氏汲古阁刊未刓本配补扬州局刊本《说文解字》，现藏于台北“国家图书馆”；光绪七年（公元1881年）八月淮南书局翻刊汲古阁第四次样本《说文解字》，现藏于京都大学人文科学研究所。

先秦时期，汉字的构成和使用方式被归纳成“象形”“指事”“会意”“形声”“转注”“假借”六种类型（即“六书”），但尚未形成具体阐述和系统的文字分析，直至东汉许慎首次明确地提出六书定义，并将其应用于实践，最终著成《说文解字》。该书分为目录1篇和正文14篇，共计540个部首，收录汉字9 353个，另有异体字1 163个，说解共用133 441字，系统地分析字形、辨识声读、解说字义、考究字源，开创了部首检字的先河。作者以六书进行字形分析，较为系统地建立了分析文字的理论，同时保存了大部分先秦字体和汉代的文字训诂，真实地记录了上古汉语词汇的面貌。（图1-9）

“许君说字，皆有征信，经，典之有征者，则征之经典，经典之无征者，更访之通人；其有心知其意，无可取征者，则宁从盖阙，以避不敏。”

——黄侃《文字声韵训诂笔记》

许慎著书态度严肃，持说立论皆有依据，由此不仅造就了一座历史文化的宝库，更搭建了研究中国古代历史及文献典籍的门径和阶梯。就纺织文化遗产研究而言，《说文解字》的重要价值在于系部、衣部、裘部、巾部、玉部所录纺织技术、材料、工具和服装款式等信息，对考释我国先秦两汉时期的纺织技术与服饰文化研究意义非凡，而许氏“遵守旧闻，而不穿凿”的治学精神，也同样值得铭记。（图1–10）

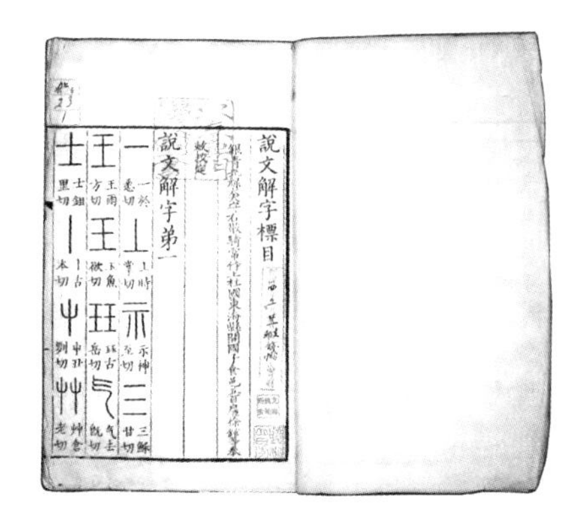
說文解字標目
說文解字弟一
一 丄 示 三
王 玉 玨 气
士 丨 屮 艸

图1–9 内页·东汉许慎撰《说文解字》明末虞山毛氏汲古阁藏北宋本校刊 早稻田大学图书馆藏

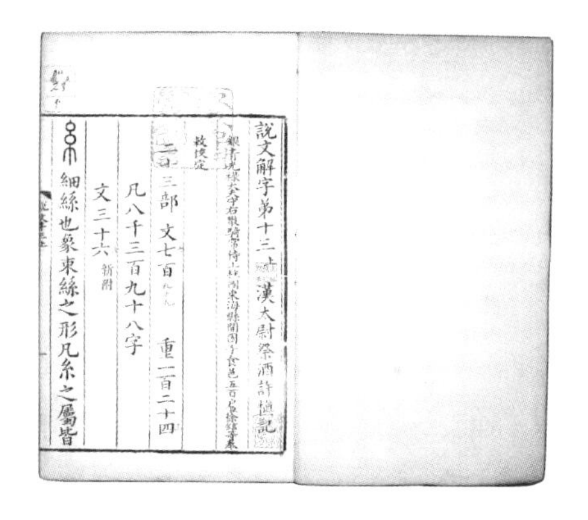
說文解字弟十三 漢太尉祭酒許愼記
二百三部 文七百 重一百二十四
凡八千三百九十八字
文三十六
糸 細絲也象束絲之形凡糸之屬皆

图1–10 系部·东汉许慎撰《说文解字》明末虞山毛氏汲古阁藏北宋本校刊 早稻田大学图书馆藏

拓展资料

许慎（约公元58—147年），字叔重，东汉汝南召陵人，师事贾逵，受古文经学。著有《说文解字》《五经异义》，另有《淮南子注》，已散佚不存。清陈寿祺辑有《五经异义疏证》，较为详备。

徐铉（公元917—992年），字丹臣，宋庐陵人。初仕南唐，后入宋，累官散骑常侍。精小学及篆隶，尝奉诏校订《说文解字》，并附以未收字为新附字。

徐锴（公元921–975，一说920—974年），字楚金，广陵人，徐铉弟。著有《说文解字系传》《通释五音》《方舆记》《古今国典》等。

毛晋（公元1599—1659年），初名凤苞，字子晋，江苏常熟人。嗜好读书，尤爱收藏宋、元精本名籍，但屡试不第，遂隐居故里。他变卖田产，于七里桥构筑汲古阁，作为藏书和刻书的重要场所。曾校刻《十三经》《十七史》《津逮秘书》《六十种曲》等，为历代私家刻书巨擘。

参考文献

[1]周秉钧.古汉语纲要[M].长沙：湖南教育出版社，1981：5.
[2]丁忱.中国语史概要[M].武汉：湖北人民出版社，2002：30.
[3]中国传媒大学新闻传播学部.文史要览[M].北京：中国传媒大学出版社，2012：224.
[4]王辉斌.全唐文作者小传辨证[M].武汉：武汉大学出版社，2019：512.

七 三国魏张揖撰《广雅》

明天启六年郎氏堂策槛《五雅》汇编刊本

三国魏张揖撰《广雅》明天启六年郎氏堂策槛《五雅》汇编刊本，现藏于哈佛大学哈佛燕京图书馆。《广雅》善本稀缺，现代语言学家徐复《广雅诂林·前言》称“自唐迄明，未见有专治《广雅》一书者，其书在若存若亡之间……”。清王念孙《广雅疏证·序》则认为“《广雅》诸刻本以明毕效钦本为最善”，另有明郎奎金辑《五雅全书》本（即本案）、何允中辑《广汉魏丛书》本、清乾隆四十三年（公元1778年）《摛藻堂四库全书荟要》本等传世。（图1-11）

《广雅》成书于三国魏明帝太和年间，彼时《尔雅》内容已经无法涵盖大量方言殊语、器物名称，故张揖作《广雅》，旨在增广《尔雅》之所未备“窃以所识，择撢群艺，文同义异，音转失读，八方殊语，庶物易名，不在《尔雅》者，详录品核，以著于篇”，即将先秦两汉经传子史、医书之中未见于《尔雅》之字收罗其中，故名“广”，分上、中、下三卷，后卷数参错不同，《隋志》作四卷，《唐志》则作十卷，今见本为十卷，十九篇，收录词语和专有名词计2 342事，字18 150个。隋秘书学士曹宪作音释时，因避隋炀帝杨广名讳，曾改称《博雅》，至今二者并称，实为一书。

“盖周、秦、两汉古义之存者，可据以证其得失；其散逸不传者，可借以窥其端绪，则其书之为功于训诂也大矣。”

——王念孙《广雅疏证·序》

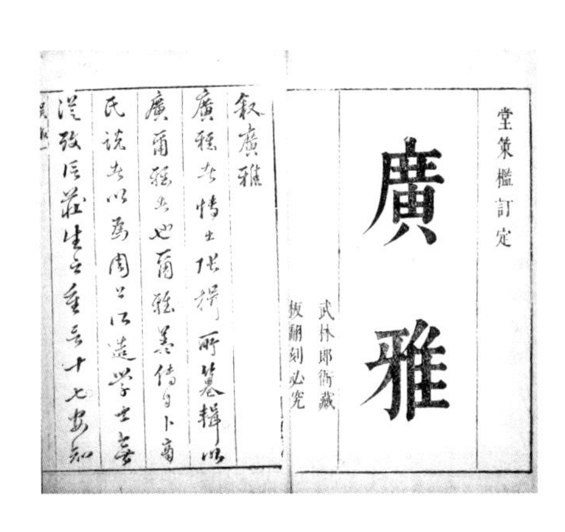
堂策檻訂定

廣雅

武林郎衙藏板

翻刻必究

图1-11　书影·三国魏张揖撰《广雅》明天启六年郎氏堂策槛《五雅》汇编刊本 哈佛大学哈佛燕京图书馆藏

《广雅》所录内容包括汉魏以前经传子史的笺注，以及《三仓》《方言》《说文》等字书当中的训诂，为后人考证周秦两汉的古词、古义提供了宝贵的资料。就纺织文化遗产研究而言，卷八《释器》之中收录了有关织物、服装（部件）的称谓释读，例如：袂，袖也；袍（襽），长襦也；褹，谓之褱幭。诸如此类，词语形意辨析，为研究我国先秦两汉时期服饰文化提供了重要参考依据。

拓展资料

张揖（生卒年不详），字稚让，东汉清河（今河北省清河县）人，所著《广雅》十卷，《司马相如注》一卷、《错误字谍》一卷、《难字》一卷。传附《魏书·江式传》。

王念孙（公元1744—1832年），字怀祖，号石臞，江苏高邮人。幼时曾师从戴震，在音韵、文字、训诂方面造诣颇深，著有《广雅疏证》《毛诗群经楚辞古韵谱》《读书杂志》等。《广雅疏证》是其代表作。

参考文献

[1]刘精盛.王念孙之训诂学研究[M].长春：吉林大学出版社，2011：17.

[2]胡继明.《广雅疏证》同源词研究[M].成都：巴蜀书社，2003：16.

[3]徐复.徐复语言文字学论稿[M].南京：江苏教育出版社，1995：53.

[4]刘成文.《广雅》及其注本[J].齐齐哈尔师范学院学报（哲学社会科学版），1988（02）：45-50.

[5]肖峰，蒋冀骋.《广雅》文字札记[J].中国文字学报，2018（00）：190-203.

[6]盛林.《广雅疏证》中的语义学研究[M]上海：上海人民出版社，2008：1-8.

[7]蔡英杰.中国古代语言学文献[M].北京：中国书籍出版社，2020：204.

八 西晋崔豹撰《古今注》

明万历漳州吴琯《增订古今逸史》辑校刻本

晋崔豹撰《古今注》明万历漳州吴琯《增订古今逸史》辑校刻本，现藏于哈佛大学哈佛燕京图书馆。该书自晋代撰成后，流传有刻本、抄本、影印本、铅印本等。曾有宋嘉定年间刻本，今已佚。现存刻本有明嘉靖十二年（公元1533年）陈釴刻本、明正德至嘉靖年间芝秀堂刻本、明万历漳州吴琯《增订古今逸史》辑校刻本（即本案）、明万历吴中珩辑校刻本、明万历何允中《广汉魏丛书》辑校刻本，清康熙七年（公元1668年）汪士汉《名贤杂著》辑校刻本、清乾隆七年（公元1742年）汪士汉《秘书廿一种》辑校文盛堂刻本、清乾隆五十六年（公元1791年）王谟《汉魏丛书》辑校刻本、清光绪元年（公元1875年）崇文书局《百子全书》本等。抄本有明崇祯二年（公元1629年）影明抄本、明卢文弨校抄本，清顾震福辑校抄本等。影印本有1925年上海商务印书馆《顾氏文房小说》本、1936年上海涵芬楼《四部丛刊三编》影印本、1937年上海涵芬楼《古今逸史》本等。其中，上海涵芬楼本以宋嘉定本为底本，参校明芝秀堂刻本、明卢文弨校抄本、明万历吴中珩辑校刻本等诸本，是现行较好的通本。

《古今注》为晋崔豹所撰名物考辨类笔记，全书共三卷，分为舆服、都邑、音乐、鸟兽、鱼虫、草木、杂注、问答释义八门。内容不仅有对自然事物的定义，还记载了古代生活习俗与社会制度。前七篇以笔记的手法记述事物，第八篇以董仲舒与程雅、牛亨问答的方式进行释义。《古今注》中所记载的内容多为首次被著录，后世著作对这一部分内容承袭较多，如《中华古今注》与《苏氏演义》均为扩增《古今注》而作，内容基本一致而略加详。1956年，上海商务印书馆排印本将《古今注》《中华古今注》《苏氏演义》合为一册，颇利于比照阅读，书后附四角号码专题索引多种，以便翻检。

“大驾指南车，起黄帝与蚩尤战于涿鹿之野。蚩尤作大雾，士兵皆迷四方，于是作指南车，以示四方，遂擒蚩尤，而即帝位，故后常建焉。旧说周公所作也。周公治致太平，越裳氏重译来贡白雉一，黑雉一，象牙一，使者迷其归路，周公锡以文锦二匹，軿车五乘，皆为司南之制，使越裳氏载之以南。缘扶南林邑海际，期年而至其国。使大夫宴将送至国而还，亦乘司南而背其所指，亦期年而还至。始制车辖轊皆以铁，及还至，铁亦销尽，以属巾车氏收而载之，常为先导，示服远人而正四方也。车法具在《尚方故事》。汉末丧乱，其法中绝，马先生绍而作焉。今指南车，马先生之遗法也。”

——《古今注·舆服第一》

《古今注·舆服第一》中记载了车制、冠制、礼器形制和服饰等方面的内容。车制共记载五种，大驾指南车、大章车、辟恶车、豹尾车和金根车。“大驾指南车，起黄帝与蚩尤战于涿鹿之野。蚩尤作大雾，士兵皆迷四方，于是作指南车，以示四方，遂擒蚩尤，而即帝位，故后常建焉。”共记冠制两种，进贤冠和惠文冠。“文官冠进贤冠，古委貌冠之遗像也。武官冠，惠文冠，古缁布冠之遗像也。缁布冠上古之法，武人质木，故取法焉。”收录服饰巾夹、绶、穰衣、貂蝉、青囊、舄和履等，并逐一加以注释。如“青囊，所以盛印也。奏劾者，则以青布囊盛印于前，示奉王法而行也。非奏劾日，则以青缯为囊，盛印于后，谓奏劾尚质直，故用布。非奏劾日，尚文明，故用缯也。自晋朝以来，劾奏之官，专以印居前，非劾奏之官，专以印居后也。”又如记载“貂蝉，胡服也。貂者，取其有文采而不炳焕，外柔易而内刚劲也。蝉，取其清虚识变也。在位者有文而不自耀，有武而不示人，清虚自牧，识时而动也。”另收录镗、麾、车辐、戟、信幡、重耳、白笔、角弩、曲盖和华盖等礼器形制。

《四库全书总目提要》云：“缟书惟服饰一类及开卷宫室一条，封音部、兵阵二条，马、駒犬二条，为豹书所缺，其余所载，并皆相同。”崔豹《古今注》中所载舆服类，《中华古今注》全录入之。不过，马缟《中华古今注》增补服饰类名物较多，以明芝秀堂本《古今注》与《百川学海》本相勘，豹书无而缟书有者凡五十七条。故《古今注》与《中华古今注》皆是考释古代舆服制度、服饰称谓的重要史料，应对比结合研究。

拓展资料

崔豹（生卒年不详），字正雄，渔阳（今北京市密云区）人。晋武帝时为经学博士，撰有《古今注》三卷。

吴中珩（生卒年不详），明万历间歙县人，字延美。刻印唐颜师古《汉书注》100卷，唐李贤

《后汉书注》120卷，宋司马光《资治通鉴》294卷，元金履祥《通鉴前编》18卷《举要》3卷，元王好古《汤液本草》3卷，晋崔豹《古今注》3卷，刘宋刘义庆《世说新语》6卷，五代马缟《中华古今注》3卷，李梦阳、何景明《李何二先生诗集》48卷，唐释道宣《广弘明集》30卷，晋郭璞《山海经传》18卷。

何允中（生卒年不详），明万历间武林（今杭州）人。辑刻过《广汉魏丛书》80种451卷。

汪士汉（生卒年不详），字暗然，有居仁堂、集古山房，婺源县城西（今紫阳镇）人，寓居金陵（今南京市）。为明末岁贡生，家有居仁堂、集古山房等堂号。晚侨寓秣陵，日以著述为务，撰有《四书传旨》《易经集解》《秘书廿一种》《古今记林》《祖书存余（集）》《集古山房文集》。

王谟（公元1731—1817年）字仁圃，一字汝上，又作汝麋，晚称汝上老人。金溪县临坊（今江西省南城县沙洲镇临坊村）人。清代文学家、考据家。

卢文弨（公元1717—1796年），字召弓，一作绍弓，号矶渔，又号檠斋，抱经，晚年更号弓父，人称抱经先生，浙江余姚人。校勘的古籍有《逸周书》《孟子音义》《荀子》《吕氏春秋》《贾谊新书》《韩诗外传》《春秋繁露》《方言》《白虎通》等，多达210多种，并锓板刊印，汇成《抱经堂丛书》，世称精审。亦工诗文，有《抱经堂诗钞》《抱经堂文集》《钟山札记》等。

顾震福（生卒年不详），字竹侯，江苏淮安人，清末民初文字学家、经学家、著名谜家。1933年出版《跬园谜刊》，于1936年刊出《跬园诗钞》。

《四部丛刊》，丛书名，上海商务印书馆影印出版，辑印于20世纪30年代有初编、续编、三编，实共502种，分装成3 100多册。所谓“四部”，即按中国的传统分类法，将所有的书分成“经史子集”四大门类。大量收入了古籍中的必读书、必备书，尽可能选用当时能找到的最好版本，为学术研究提供了极大的便利。

董仲舒（公元前179—前104年），广川（河北省景县西南）人，西汉哲学家。汉景帝时任博士，讲授《公羊春秋》。著有《天人三策》《士不遇赋》《春秋繁露》等。

《苏氏演义》，笔记，唐苏鹗撰。原本10卷，今残存2卷，为清四库馆臣从《永乐大典》中选辑而成。全书以考据为主，与训诂文字、订正名物，考究经传、辨证伪谬等方面颇下功夫，多有精辟见解，作者引经据典，由此亦保留了不少有关各朝器用、服饰、典制、乐仪等方面的史料，其中阐释“狼狈”“滑稽”“龙钟”“娄罗”等词语，有理有据，多为后人字书所应用。今本已窜入《古今注》的部分内容，然其未载之内容仍有多半，于考证《中华古今注》内容的真伪亦颇有参考价值，今通行的有《艺海珠尘》《函海》《丛书集成初编》等。

参考文献

[1]王朝客.《古今注》小考[J].贵州文史丛刊，2001（03）：23-27.
[2]孔庆茂.芝秀堂本《古今注》版本考[J].古籍整理研究学刊，2008（03）：50-51.

[3]王欢.《古今注》研究[D].西安：陕西师范大学，2014.
[4]中外名人研究中心，中国文化资源开发中心编.中国名著大辞典[M].合肥：黄山书社，1994：401.

九 南梁顾野王撰唐孙强增字宋陈彭年等奉敕重修《大广益会玉篇》

日本安庆四年重刊本

南梁顾野王《玉篇》唐孙强增字减注，宋陈彭年等于大中祥符六年（公元1013年）重修《大广益会玉篇》，其刻本流入日本后，于庆安四年（公元1651年）重刊，现藏于早稻田大学图书馆。初时，南梁简文帝令顾野王撰《玉篇》，但嫌其详略未当，故命萧恺等人删改。唐上元末，处士孙强增字削注成“上元本”，一时传抄流布，影响颇大。此间另有释慧力《像文玉篇》二十卷，赵利正《玉篇解疑》和无名士《玉篇钞》十三卷传世，可见此时研修《玉篇》之风初现，但诸本早已亡佚。至宋时，陈彭年、吴锐、丘雍率奉诏重修，在历代扩大增益本的基础上再经补充汇刻成《大广益会玉篇》，亦称“大中祥符重修本”，元、明两代流行的建德周氏藏本、清《四库全书》所录版本，以及近人张元济据涵芬楼和别家藏书，择宋元旧刻、明清精刻、抄本、校本和手稿本辑成《四部丛刊》所改《玉篇》均源于此。“上元本”则有清康熙年间，朱彝尊整理毛氏汲古阁旧藏发现的“宋椠上元本”，此本后由张士俊重刊。康熙四十三年（公元1704年）《小学汇函》录泽存堂本《大广益会玉篇》四部备要本、曹寅《楝亭五种》本均采自此本。总的来看，《大广益会玉篇》在流传过程中，版本多有变异，经历代覆刻，形成宋刻五种、元刻十二种、明刻十种、清刻五种，以及海外刻本等。（图1-12）

《大广益会玉篇》，是我国现存最早的楷书字书。全书共三十卷，分列五百四十二部，收进汉魏齐梁以来出现的世时俗字二万二千余个。在延续《说文》以部首统字习惯的基础上，根据楷书字形变化，对其部首作增删与顺序调整。采取以类相从的方法，将相同部首的汉字归于一处。在注音上，以反切为

图1-12　封面·南梁顾野王撰唐孙强增字宋陈彭年等奉敕重修《大广益会玉篇》日本安庆四年重刊本　早稻田大学图书馆藏

主，偶用直音。这与魏晋齐梁之际四声之学盛行有关，上字取声，下字取韵的反切注音较之《说文》更加准确。在释义上，《玉篇》除保留《说文》所释字义之外，还着重解释楷书汉字的引申义和常见义。同时，在异体字整理等方面也做了很多工作。其目的在于，考证“六书八体今古殊形”“字各而训同”“文均而释异”的现象，由此记录了汉字发展的历史脉络。（图1–13）

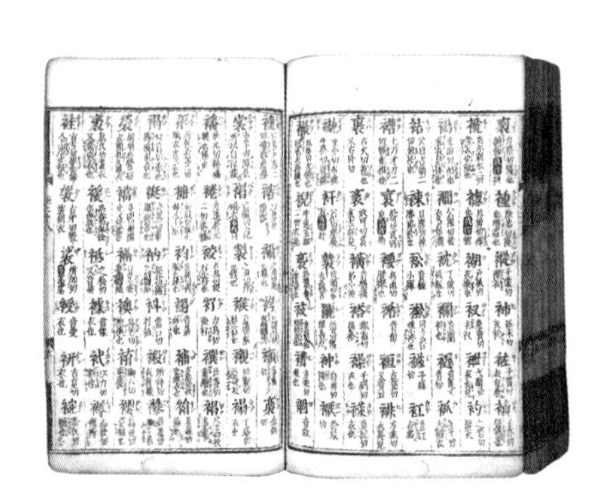

图1–13　衣部·南梁顾野王撰唐孙强增字宋陈彭年等奉敕重修《大广益会玉篇》日本安庆四年重刊本 早稻田大学图书馆藏

“《玉篇》是一部古代较好的工具书。它的注释，对我们研究古代文字训话及唐宋字音都有一定的参考价值，它对后代字书有较大影响，宋代《类篇》及清代《康熙字典》等书皆继承《玉篇》传统而编纂。”

——陈燕《汉字学概说》

就纺织文化遗产研究而言,《大广益会玉篇》的重要价值在"丝""帛""衣"等部所录文字,记录了南北朝以来有关纺织技术、服装款式和功用等维度的信息。例如"衵,近身衣也,日日所著衣。""衶,衫袖也。""裳,市羊切,障也,所以自障蔽。"为考释古代服饰文化提供了重要的参考资料。

拓展资料

顾野王(公元519—581年),字希冯,吴郡(今苏州市)人,出身儒学名家,梁大同四年(公元538年),除太学博士,九年(公元543年),完成《玉篇》的编写。

孙强(生卒年不详),唐上元末,富春处士,修订《玉篇》。

陈彭年(公元961—1017年),字永年,南城县人。北宋大臣、文学家、音韵学家。雍熙二年(公元985年)进士,历任江陵府司理参军、大理寺详断官、知阌州、直史馆兼崇文院检讨等职。博闻强记,仪制沿革、刑名之学,皆所详练。献《大宝箴》,预修《册府元龟》《大宋重修广韵》,编次《太宗御集》。著有《唐纪》《江南别录》等。并与吴锐、丘雍等重修《玉篇》。

萧恺(公元?—549年),曾奉命删改《玉篇》。《梁书·萧恺传》记先是时太学博士顾野王奉令撰《玉篇》,太宗嫌其详略未当,以恺博学,于文学尤善,使更与学士删改。

张士俊(生卒年不详),字籲三,又字景尧,清康熙年间江苏苏州人。曾在查山营建六浮阁,自号六浮阁主人,时与文人聚会其中。刻《大广益会玉篇》《广韵》《佩觿》《字鉴》《群经音辨》等书,合为《泽存堂五种》。

张元济(公元1867—1959年),字筱斋,号菊生,浙江海盐人。光绪十八年(公元1892年)进士,改翰林院庶吉士,任总理事务衙门章京,因参与戊戌变法被革职永不叙用,遂南下上海任南洋公学译书院院长、代总理。光绪二十八年(公元1902年)入商务印书馆,历任编译所所长、经理、监理、董事长等职。中华人民共和国成立后,继续担任商务印书馆董事长,并任上海文史馆馆长。著有《涵芬楼烬馀书录》《校史随笔》《涉园序跋集录》等。

参考文献

[1]盛广智,许华应,刘孝严.中国古今工具书大辞典[M].长春:吉林人民出版社,1990:55.
[2]吕浩.《大广益会玉篇》考论[J].汉字汉语研究,2019(04):98-106+127-128.
[3]《玉篇》的体例与内容[J].文史知识,1996(09):33.
[4]曲艺.《玉篇》版本的研究[J].安徽文学(下半月),2008(06):110-111.
[5]黄孝德.《玉篇》的成就及其版本系统[J].辞书研究,1983(02):145-152.
[6](南朝)顾野王.大广益会玉篇[M].北京:中华书局,1987:7.
[7]陈济.甲骨文字形字典[M].北京:长征出版社,2004:496.
[8]陈燕.汉字学概说[M].天津:天津人民出版社,2003:118.

十 唐颜师古撰《匡谬正俗》

日本明和七年木孔恭校订京都文锦堂《四部丛刊》集录

唐颜师古撰《匡谬正俗》日本明和七年木孔恭校订京都文锦堂《四部丛刊》集录，因由日人编校，故称“和刻本”，现收藏于早稻田大学图书馆。《匡谬正俗》也称《刊谬正俗》，其版本系统主要有二：其一，明刻本，如明沈士龙校本，现藏中国国家图书馆。其二，清卢氏雅雨堂本，乾隆年间德州卢见曾刻《雅雨堂丛书》收录，故而得名。此本以南宋本（已佚）为底本，校勘精审，流传广泛，被此后众多刻本引为底本。例如，清康熙年间何焯校跋清钞本《刊谬正俗》，为现存最早的清代钞本，佚名者录。清张绍仁校本，清代藏书家张绍仁用黄丕烈藏影宋钞本和明刻本两次对校而成。二者现藏于中国国家图书馆。此外有清乾隆间钞本、《艺海珠尘》本，清同治间刻《小学汇函》本，崇文书局本等。本案所例“和刻本”亦属卢氏雅雨堂本系统。

唐贞观七年（公元633年），颜师古迁秘书少监，专典刊正所有奇书难字，随疑剖析，曲尽其源，撰《匡谬正俗》，然生前未竟。唐永徽初，颜师古之子扬庭编定父亲遗作，上表朝廷，奉敕录付秘府。至宋时，诸刻本为避太祖名讳，改“匡”字作“刊”或“纠”，即《刊谬正俗》，明代沿之。清代小学鼎盛，《匡谬正俗》被《四库全书》收录，并有多种刻本、钞本流传。自清至民国，众多学者、藏书家或收藏研读或校勘此书，如何焯、卢见曾、惠栋、卢文弨、吴翠凤、吴志忠、吴省兰、张绍仁、黄丕烈、蔡廷相、王国维、张寿镛等，可见其历史价值为学林所推重。

《匡谬正俗》作为一部音韵训诂的经解类著述，所引典籍及诸家训诂，多源自古代逸书，可资见闻，向为学界推崇。全书共八卷，前四卷五十五条，皆考校论证诸经训诂音释；后四卷，一百二十七条，则博及诸书，以论诸书字义、字音与俗语相承之异为主。全书一百八十二条可大致分为经学小学类、史学考证类、杂著诗文类和方俗习语类四大类。其中，前三类共一百一十八条，系颜师古对经史古籍中存疑之处的己见，共涉及二十八种文献。方俗习语类共六十四条，所述内容广杂，涉及制度礼俗、社会文化等多个方面。

《匡谬正俗》的宗旨是探讨古籍中词义理解的谬误与读音辨析，关系古今之别、雅俗之异，加之我国南北方言差异与南北朝时期的地缘因素、交流受限，

造成不少词语的读音和字义出现区别。例如:《匡谬正俗·卷一》“甲”记:

“卫诗芄兰篇云:能不我甲。毛诗传曰:甲,狎也。毛公此释盖依尔雅本训。而徐仙遂音甲为狎。案甲虽训狎。自有本音。不当便读为狎。譬犹斁字训厌。葛覃篇云。服之无斁。岂得读云服之无厌乎?若以甲有狎音假借为字者,不应方待训诂始通其义也。”

其力求典籍音读、注释的舛讹,不是简单地标示,而是引经据典对问题进行比较,进而探析词源,匡正谬俗,在客观上保存了众多重要的历史资料。

“唐人辨别字体者,莫精于颜元孙《干禄字书》。而辨别字义者,莫备于颜师古《匡谬正俗》。师古名籀,以字行,其书前四卷,凡五十五条,皆论诸经训诂音释,后四卷凡一百二十七条,皆论诸书字义字音。及俗语相承之异,考据极为精密。惟拘于习俗,不能知音有古今也。颜氏生平精力所萃,在《汉书注》,条理通贯,征引详实,洵班氏之功臣。而《匡谬正俗》则群经之总类。其用尤广焉。”

——《林传甲中国文学史》

本书著述与服饰文化相关者,亦以词义辨析的形式呈现。如《匡谬正俗·卷三》探究了“五方之兵”的概念,并通过比较不同典籍中描述的差异,揭示了五行五色的关系。

“又云。如诸侯皆在而日食,则从天子救日,各以其方色与其兵。郑康成注云,示奉时事有所讨也。方色者,东方衣青,南方衣赤,西方衣白,北方衣黑,其兵未闻。按黄帝《素问》及《淮南子》等诸书说五方之兵,东方其兵矛,南方其兵弩,中央其兵剑,西方其兵戈,北方其兵多铩。盖谓随方色衣其衣,执其兵以救耳。”

《匡谬正俗·卷五》对“便面”的功用进行了阐释。

“《张敞传》云：自以便面拊马。按所谓便面者，所执持以屏面，或有所避，或自整饰，藉其隐翳，得之而安，故呼便面耳。今人所持纵自蔽者总谓之扇，盖转易之称乎？原夫扇者，所用振扬尘氛。来风却暑，鸟羽箑可呼为扇。至如歌者为容，专用掩口，侍从拥执。义在障人，并得扇名，斯不精矣。今之车辇后提扇，盖便面之遗事与？按桑门所持竹扇形不圆者，又便面之旧制矣。”

此外，通过对比西汉《刘敬叔孙通列传》与隋朝越国公杨素《行经汉高陵诗》的记录，对“游衣”的功用进行了解读。

“《叔孙通》传曰：‘高帝寝衣月出游高庙。’言高寝之衣冠一月一备，法驾出游于高庙耳。隋越国公杨素行经汉高陵诗云：‘芳春无献果，明月不游衣。’观其此意，谓月出之夕乃游衣冠。此大谬。”

由此可见，《匡谬正俗》以不同历史时期典籍的比较研究为切入点，探析字音、词义的变化，并涉及名物考释等内容，记录了古代汉语音义的嬗变，使读者能够以更加多元化的视角了解事物发展的脉络。尤其是考证古籍、校正古注的过程中，亦会涉及服色、服制的线索，虽不作为主旨，但仍可将其与其他文献对照使用，成为考释纺织文化遗产不可多得的重要资料。

拓展资料

木孔恭（公元1736—1802年），日本人，名孔恭，世称“坪井屋吉右卫门”，字世肃，号蒹葭堂、巽斋（逊斋）。江户时代中后期文人。画家、本草学者、藏书家、收藏家，其著有《蒹葭堂日记》等。

何焯（公元1661—1722年），字屺瞻，晚号茶仙，学者称义门先生，清江苏长洲人。以拔贡生入直南书房，赐举人，康熙四十二年复赐进士。其学长于考订，所居曰赍砚斋，多蓄宋元旧椠，参稽互证，丹黄稠迭，评校之书，名重一时。著有《义门读书记》。

惠栋（公元1697—1758年），字定宇，号松崖，学者称其为小红豆先生。江苏元和（今江苏吴县）人。清代学者、著名汉学家、经学家、易学家。汉学中吴派的代表人物。家中大量藏书，经史、诸子百家、杂说以及释、道诸类，无不阅读。其学识渊博，通训诂，工诗词。

吴志忠（生卒年不详），字有堂，号妙道人，清嘉庆间吴县人，长于目录校勘文学。辑刻《璜川吴氏经学丛书》八十八卷、《璜川吴氏四书学》六卷、《真意堂三种》(含《洛阳伽蓝记》《兼明书》《河朔访古记》,均活字本)。

吴省兰(生卒年不详),清学者,字泉之,南汇(今属上海)人。乾隆举人,赐进士。官工部左侍郎,降补侍讲,升侍读学士。博学,与兄省钦齐名。曾辑刊《艺海珠尘》八集。

张绍仁(生卒年不详),字学安,号讱庵,一号巽翁,清长洲(今江苏苏州)人。富藏书,精校雠,其校书心到眼到手到,朋友中无出其右。与黄丕烈等友善。藏书处曰"绿筠庐""执经堂""读异斋"等。藏书印多达70余枚,主要有"读异斋校正善本""茂苑张绍仁学安家藏"等。

黄丕烈(公元1763—1825年)字绍武,号荛圃、绍圃,又号复翁、佞宋主人等。江苏吴县人。乾隆五十三年(公元1788年)举人。喜好藏书,精于版本鉴别,清代著名藏书家、校勘家。

蔡廷相(生卒年不详),清藏书家,字孙峰,号伯卿。富于藏书,其中宋元刻本甚多,如《后山诗注》《周易本义经》《新刊剑南诗集》。明刻本《贾长沙集》等,均为珍善之本。

卢见曾(公元1690—1768年),清代经学家,字抱孙,号雅雨,一号澹园,德州(今属山东)人。康熙进士。历官四川洪雅知县、六安州知州、江南江宁府知府、安徽颍州知州、两淮盐运使。曾校刊《乾凿度》《高氏战国策》《郑氏尚书大传》、李鼎祚《周易集解》及子史等书,补刊朱彝尊《经义考》。著有《雅雨堂诗文集》《出塞集》。刻有《雅雨堂丛书》《金石三例》《山左诗钞》《感旧集》等。

张寿镛(公元1875—1945年),字咏霓,号伯颂,别署约园,浙江鄞县人。为官之余长期从事教育事业,曾为学生主讲史学大纲、子学大纲等课,且喜藏书。

参考文献

[1]《古籍研究》编辑委员会.古籍研究(总第66卷)[M].南京:凤凰出版社,2017:95.

[2]周大璞.训诂学初稿[M].武汉:武汉大学出版社,2015:167.

[3]王广.颜师古学术思想研究[M].济南:山东人民出版社,2013:59.

[4][日]依田百川.东洋聊斋[M].孙菊园,孙逊,编译.长沙:湖南文艺出版社,1990:175.

[5]赵季,周晓靓,叶言材.韩国日本吟诵文献辑释[M].天津:天津教育出版社,2017:380.

[6]张岱年.中国哲学大辞典[M].上海:上海辞书出版社,2014:633.

[7]范芷萌.颜师古与《匡谬正俗》[D].武汉:武汉大学,2017:5.

[8]瞿冕良.中国古籍版刻辞典[M].苏州:苏州大学出版社,2009:373.

[9]白卓然,张漫凌.中国历代易学家与哲学家[M].哈尔滨:黑龙江人民出版社,2018:238.

[10]申畅,陈方平等.中国目录学家辞典[M].郑州:河南人民出版社,1988:294.

[11](唐)温庭筠等.婉约词[M].夏华等,编译.沈阳:万卷出版公司,2016:454.

[12]吴海林,李延沛.中国历史人物辞典[M].哈尔滨:黑龙江人民出版社,1983:653.

[13]林传甲.林传甲中国文学史[M].长春:吉林人民出版社,2013:27.

十一 唐玄应撰《一切经音义》

清孙星衍等校同治八年张氏宝晋斋刊本

唐玄应撰《一切经音义》清孙星衍等校同治八年张氏宝晋斋刊本，现藏于日本国立国会图书馆。《一切经音义》自唐代成书后即收入《释藏》，宋元至明清皆有刻之，国内国外均有流传。宋刻本有南宋理宗绍定四年（公元1231年）至元武宗至大二年（公元1309年）的宋碛沙藏本。金刻本有赵城广胜寺金藏本。明刻本分为南、北藏本，南藏本二十五卷，北藏本二十六卷。清代刻本有顺治十八年（公元1661年）刻本；乾隆五十一年（公元1786年）庄炘据西安大兴善寺明南藏本重雕本，注中有庄炘、钱坫和孙星衍等人的校语；嘉庆十六年（公元1811年）阮元编著的《宛委别藏》本；道光十一年（公元1831年）古稀堂刻本，道光末年潘仕成翻刻庄本，收入《海山仙馆丛书》；同治八年（公元1869年）张氏宝晋斋刊本（即本案）。写本传世者以敦煌写本为主，如敦煌写本伯二九〇一号、敦煌写本俄Φ230号、敦煌写本伯三七三四号、敦煌写本斯三五三八号、德藏残卷、俄藏残卷等。此外，《一切经音义》问世不久即传入日本，奈良时代日本学者已经开始书写、读诵和钻研《一切经音义》，正仓院圣语藏收录日本天平年间（公元729—749年）的写本。杨守敬在日本访得日本古抄本《一切经音义》二十五卷，此本原为日本浪速井上氏所藏，首题“一切经音义目录”，下题“沙门玄应撰”。杨氏另访得宋椠本《一切经音义》二十五卷，并考得此本系《北藏》本体系。东京博物馆旧藏有大治三年（宋高宗时期）释觉严的抄本。日本一些寺院亦存有部分《一切经音义》写卷，如法隆寺、石山寺、七寺、兴圣寺、西方寺、新宫寺和金刚寺等。

《一切经音义》是一部音义兼注的训诂学著作，又称《大唐众经音义》《玄应众经音义》或《玄应音义》，约成书于唐太宗贞观末年（公元650年前）。全书共25卷，收录从《大方广佛华严经》起至《阿毗达摩顺正理论》止共454部佛经，注其音读反切，释其义训。每卷前先列本卷注释各经的名目，后按该经卷次顺序解说。全书注释遵从“述而不作”的原则，尽可能引用已有字书、韵书，如《仓颉篇》《字林》《埤苍》《古今字诂》《纂文》《字统》《声类》《韵集》《通俗文》等，释义佛经中疑难字词，为阅读佛经者释疑解惑，进而达到弘扬佛法的目的。本书梓行后，即引起了佛教界的重视。唐德宗时期，西域疏勒国人不空法师的弟子慧琳仿作《大藏音义》（亦称《一切经音义》或《慧琳音义》）一百卷，至北宋初年，又有辽僧释希麟起而增补《慧琳音义》成《续一切经音义》（又称《希麟音义》）十卷。

> “应博学字书，统通林苑，周涉古今，括究儒释。昔高齐沙门释道慧为《一切经音义》，不显名目，但明字类，及至临机，搜访多惑，应愤斯事，遂作此音。征覆本据，务存实录，即万代之师宗，亦当朝之难偶也。恨叙缀才了，未及复疏，遂从物故。”
>
> ——唐麟德元年《大唐内典录》

《一切经音义》的文献价值体现在两方面。从语言文字学研究来看，《一切经音义》不仅保留了唐代的语音、文字，还保留了可供参考的古音以及“辨形”文字，为研究汉字通史提供了丰富的资料。从辞书学研究来看，《一切经音义》引述了许多今已亡佚的字书、韵书等辞书，字书如《仓颉篇》《字林》《字统》等，韵书如《声类》《韵集》等。通过《一切经音义》的释读，可以窥见亡佚辞书的面貌，且有学者据此辑佚诸书，如任大椿辑成《〈字林〉考逸》一书，孙星衍辑有《仓颉篇》等。此外，《一切经音义》在训释词语时，引用了大量的文史资料，内容涉及彼时的社会生活和制度等，如农牧渔猎、日月星辰、医药卫生、风俗礼仪、异域风情、中外交往等，其中亦涉及服饰称谓与服饰形制的释义，如“赭衣，之野反。赭，赤土也。方言南楚东海之间，或谓卒为赭，郭璞曰，言衣赤也”；“攘臂，而羊反，攘除也，谓除衣袂而出臂也，袂，福世反”，为纺织文化遗产研究提供重要的参考资料。

拓展资料

玄应（生卒年不详），唐初僧人，约与玄奘同时。原为长安大总持寺沙门，贞观十九年（公元645年）以“字学之富，皂素所推，通造经音”（《续高僧传》），奉敕从玄奘译经于弘福寺。贞观二十二年（公元648年）又随玄奘居于大慈恩寺，直至高宗显庆元年（公元656年），前后译经十二年。曾著有《摄大乘论疏》十卷、《辨中边论疏》《因明入正理论疏》三卷、《成唯识论开发》一卷、《大般若经音义》三卷等。除《一切经音义》存世外，其余各本均佚。唐高宗龙朔年间《一切经音义》撰成初稿不久，玄应尚未及整理复核，即卒于长安大慈恩寺。

释藏，即大藏经，也称一切经，佛教经典的总汇，分经、律、论三藏，包括汉译佛经和中国的一些佛教著述。

宝晋斋，崇宁三年（公元1104年）米芾任无为知军时所建。在得到王羲之《王略帖》、谢安《八月五日帖》和王献之《十二月帖》墨迹后，自题斋名——宝晋斋，以收藏晋人字画墨迹。

日本国立国会图书馆，其有两个源流。一是设立于1890年、隶属于旧宪法下帝国议会的贵族院众议院图书馆，另一则是设立于1872年、隶属于文部省的帝国图书馆。其中帝国图书馆经历了自书籍馆（公元1872年）、东京书籍馆（公元1875年）、东京府书籍馆（公元1877年）、东京图书馆（公元1880年）至帝国图书馆（公元1897年）的变迁。1947年改称为国立图书馆。除收藏日本古籍2.5万册外，还收藏许多中国历代特别是清朝的文献、族谱及地方志。

庄炘（公元1736—1818年），字景炎，一字似撰，号虚庵，江苏武进人。由州判补湖北咸宁知县。累迁榆林府知府，政务宽静，民感其德。炘诗文有法度，生平著述没于水，仅存文六卷，诗七百余首，《清史列传》并传于世。

钱坫（公元1744—1806年），字献之，号小兰、十兰，江苏嘉定（今属上海嘉定区）人。清代学者、书法家，主要作品有《十经文字通正书》《汉书十表注》等。

孙星衍（公元1753—1818年），字渊如，号伯渊，别署芳茂山人、微隐。清代著名藏书家、目录学家、书法家、经学家。著述宏富，有《尚书今古文注疏》《周易集解》《寰宇访碑录》等书，刻有《平津馆丛书》《岱南阁丛书》。

阮元（公元1764—1849年），字伯元，号芸台、雷塘庵主、揅经老人、怡性老人，江苏扬州仪征人。清朝中期官员、经学家、训诂学家、金石学家。生平著述丰富，撰有《揅经室集》《十三经注疏校勘记》等三十余种著述传世。

宛委别藏，系嘉庆帝在故宫养心殿的藏书总称。所收多为世所罕见之珍本秘籍，或不见于公私著录，如《皇宋通鉴纪事本末》《钓矶文集》《招捕总录》等；或在中土久已失传，如《难经集注》《五行大义》《文馆词林》等；或可补《四库全书》之缺佚，如《尚书要义》补足四库所缺三卷，《夷坚志》补足四库所缺甲乙丙丁四志，《墨客挥犀》补足四库所缺续编等。同时《宛委别藏》所收各书均据旧本精钞影写，其中源于宋刻的有30余种，源于元刊的有10多种，具有极高的版本价值。

潘仕成（公元1804—1873年），字德畬、德舆，祖籍漳州，世居广州，是晚清享誉朝野的官商巨富。性好藏书，其藏书楼“海山仙馆”藏书充栋，精善本颇多。道光中辑刊《海山仙馆丛书》共收书56种。

曹籀（公元1800—1880年），浙江仁和人，咸丰年间寓居浙江海宁路仲里。学者、诗人，著有《籀书》《蝉蜕集》《无尽镫词》《春秋钻燧》《古文原始》《说文订讹》。

杨守敬（公元1839—1915年），字惺吾，号邻苏，湖北省宜都市陆城镇人。清末民初杰出的历史地理学家、金石文字学家、目录版本学家、书法艺术家、泉币学家、藏书家。他一生著述达83种之多，被誉为“晚清民初学者第一人”，代表作有《水经注疏》《日本访书志》等。

《北藏》，又名《永乐北藏》，是一本收录了数千本佛经官刻的大藏经，从永乐八年开始雕印，足足30年完成，共计6367卷。《北藏》雕印完成后，一直作为皇宫御藏。

《大方广佛华严经》，梵名，或称《杂华经》。中国华严宗即依据本经，立法界缘起、事事无碍等妙义为宗旨。《阿毗达摩顺正理论》共八十卷，古印度众贤尊者造，唐玄奘法师译，又称《随实论》《俱舍雹论》，略称《顺正理论》《正理论》，共二万五千颂，八十万言。

慧琳（生卒年不详），疏勒国人，俗姓裴。师事不空三藏，内持密藏，外究儒学，精通印度之声明及中国之训诂。《大唐内典录》是唐代道宣编写的佛教目录学书。又作《内典录》，收在《大正藏》第五十五册。

任大椿（公元1738—1789年），字幼植，一字子田，江苏兴化人。清代官吏、学者。著有《弁服释例》《深衣释例》《小学钩沉》《子田诗集》等。

参考文献

[1]蔡英杰.中国古代语言学文献[M].北京：中国书籍出版社，2020：211.
[2]安树芬，彭诗琅.中华教育通史第3卷[M].北京：京华出版社，2010：488.
[3]许嘉璐.传统语言学辞典[M].石家庄：河北教育出版社，1990：508.
[4]杨守敬.日本访书志[M].沈阳：辽宁教育出版社，2003：57.
[5]王功龙，徐桂秋.中国古代语言学简史[M].沈阳：辽海出版社，2004：189.
[6]中国学术名著提要编委会.中国学术名著提要第二卷·隋唐五代编[M].上海：复旦大学出版社，2019：119.

十二 后唐马缟编撰《中华古今注》

明万历漳州吴琯《增订古今逸史》辑校刻本

后唐马缟编撰《中华古今注》明万历漳州吴琯《增订古今逸史》辑校刻本，原为哈佛燕京学社汉和图书馆所藏，后移交至哈佛大学哈佛燕京图书馆。该书自唐末撰成后，久无刊刻，一直以抄本流传于世。入宋后收入《百川学海》。明弘治十四年（公元1501年）有无锡华氏覆宋本，其后分别收入《古今逸史》《续百川学海》，即万历漳州吴氏刻本（即本案）与崇祯金陵心远堂刊本。清顺治三年（公元1646年）收入《说郛续》，有两浙李际期宛委山堂刊本，康熙七年（公元1668年）又收入《秘书二十一种》，为新安汪氏重编本。乾隆年间编《四库全书》又收入“子部杂家类”，附于崔豹《古今注》之后，为江苏巡抚采进本。民国后，相继收入《四部备要》《景印元明善本丛书》《丛书集成初编》，分别由中华书局、商务印书馆影印与排印。1985年由中华书局重印，与李匡义《资暇集》和苏鹗《苏氏演义》合刊一册。今人吴企明以百川学海本为底本点校，2012年由中华书局印行，列入《唐宋史料笔记丛刊》，与苏鹗《苏氏演义》、李匡文《资暇集》和李涪《刊误》合刊一册，是为今本通行。

《中华古今注》是后唐马缟编撰的博物考据类笔记集，本为扩增崔豹《古今注》而作。南宋陈振孙《直斋书录解题》著录，顾槐三《补五代史艺文志》收入杂家类。该书卷首马氏自序云："昔崔豹《古今注》，博识虽广，殆有阙文，洎乎广初，莫之闻见。今添其注，以释其义，目之为《中华古今注》，勒成三卷，稍资后后，请益前言云尔。"其体例大致仿《古今注》，卷上录帝王、宫阙、都邑、羽仪、冕服、州县仪、军器等部注凡六十六门；卷中录皇后、冠带、士庶、衣裳、文籍、书契、草木、答问释义部注凡四十四门；卷下录古今音乐、鸟兽、鱼虫、龟鳖等部凡八一门，虽未如《古今注》分门类，但次序大体一致。《中华古今注》全书以考证名物、制度为主，并引用经部史料如《春秋》《尚书》《周礼》《易》《论语》以及小学类《广雅》等加以注释，时而引录一些故事异闻为证。另有杂注和问答释义二类，内容基本与崔豹之作一致而略加详。《四库全书总目》疑《中华古今注》是据《苏氏演义》抄袭而成，虽未言尽其实，却也引人深思。上海商务印书馆1956年排印本合《古今注》《中华古今注》《苏氏演义》为一册，颇利于比照阅读，利于读者明断，书后附四角号码专题索引多种，以便翻检。（图1-14）

> "考《太平御览》所引书名，有豹书而无缟书，《文献通考·杂家类》又只有缟书而无豹书，知豹书久亡，缟书晚出，后人摭其中魏以前事，赝为豹作。又检校《永乐大典》所载《苏氏演义》与二书相同者十之五六，则不特豹书出于依托，即缟书亦不免于剿袭。特以相传既久，姑存以备一家耳。"
>
> ——《四库全书总目提要》

《中华古今注》记载了诸多与服饰相关的内容，散见于前二卷，卷上载：冕服、狸头白首、军容袜额、文武冠、貂蝉、武臣缺胯袄子、文武品阶腰带、九环带、靴笏、履舄、厨人襫衣、玉佩等。卷中载：魏宫人长眉蝉鬓、头髻、冠子、朵子、扇子、钗子、花子、衫子、背子、裙、衬裙、宫人披袄子、鞋子、鞮鞋、女人披帛、麻

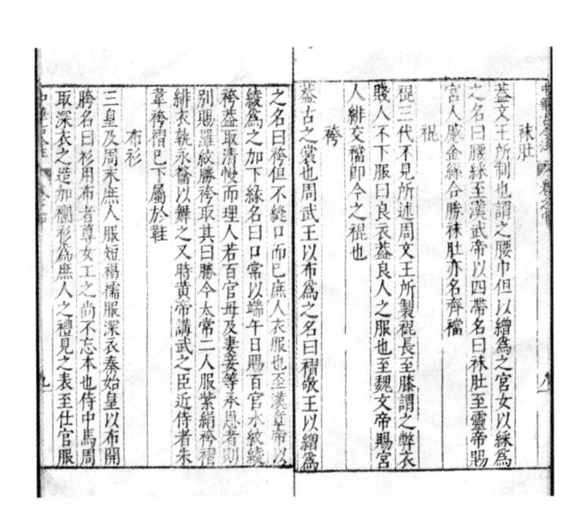

袜肚
蓋文王所制也謂之腰巾但以繒爲之宮女以綵爲
之名曰腰綵至漢武帝以四帶名曰袜肚至靈帝賜
宮人蹙金絲合勝袜肚亦名齊襠
裩
裩三代不見所述周文王所製裩長至膝謂之弊衣
賤人不下服曰良衣蓋良人之服也至魏文帝賜宮
人緋交襠即今之裩也
袴
蓋古之裳也周武王以布爲之名曰褶敬王以繒爲
之名曰袴但不縫口而已庶人衣服也至漢章帝以
綾爲之加下緣名曰口常以端午日賜百官水紋綾
袴盖取清慢而理人若百官毋及妻妾等承恩者則
別賜羅紋勝袴取其曰勝今太常二人服紫綃袴褶
緋衣執永籥以舞之又時黃帝講武之臣近侍者朱
韋袴褶已下屬於鞋
布衫
三皇及周末庶人服短褐襦服深衣秦始皇以布開
胯名曰衫用布者尊女工之尚不忘本也侍中馬周
取深衣之造加襴衫爲庶人之禮見之表至仕官服

图1-14 卷首·后唐马缟编撰《中华古今注》明万历漳州吴琯《增订古今逸史》辑校刻本 哈佛大学哈佛燕京图书馆藏

鞋、袜、席帽、大帽子、搭耳帽、乌纱帽、幞头、巾子、汗衫、半臂、袜肚、裩、裤、布衫、袍衫、绯绫袍等。并简述各类服饰的古今沿革、形制和使用规范。例如:

“半臂:尚书右仆射马周上疏云:‘士庶服章有所未通者,臣请中单上加半臂,以为得礼。其武官等诸服长衫,亦谓之判余以别文武。’诏从之。”

“袍衫:袍者,自有虞氏即有之。故《国语》曰:‘袍以朝见也。’秦始皇三品以上绿袍深衣,庶人白袍,皆以绢为之。至贞观年中,左右寻常供奉赐袍。丞相长孙无忌上仪,请于袍上加襕,取象于缘,诏从之。”

此外,《中华古今注》还记述了有关车舆、建筑、家具、零散器物、女子妆容等内容,是研究古代社会史、文化史重要的参考资料,对考释古代舆服制度、服饰称谓辨析等纺织文化遗产研究具有重要的文献价值。

拓展资料

《百川学海》,宋左圭辑刊丛书,所收多系唐宋文人野史杂说之属。该书分甲乙丙丁戊己庚辛壬癸10集,共177卷。后经明人吴永、冯可宾等增续。

《续百川学海》,明代吴永仿照其体例和编纂思路,对《百川学海》拾遗补阙。

李际期(公元1607—1655年),字应五,一字元献,河南孟津人。创宛委山堂。

《四部备要》由中华书局于1920年至1936年陆续编辑排印。该丛书共收录宋、元、明古籍校本、注本,共计336种,并依经、史、子、集四部分类。

《丛书集成初编》，为1935年商务印书馆出版的丛书，选取宋代至清代较为重要的丛书一百种，得子目六千余种，然后去其重复，实得总类、哲学类、宗教类、社会科学类、语文学类、自然科学类、应用科学类、艺术类、文学类、史地类，共计四千余种，印作一式的本子（多数排印，少数影印），每册均有编号，以便排架管理和查找。原定出版4 000册，但因抗日战争爆发实出3 467册，未出者533册。1985年起中华书局用上海商务印书馆本重新影印，未出者亦补齐。

李匡义（公元806—？年），又作李匡文，字济翁，宰相李夷简子。著有《资暇录》，又作《资暇录》。

苏鹗（生卒年不详），字德祥，武功人，光启进士。著有《杜阳杂编》《四库总目提要》等。

李培（生卒年不详），唐昭宗国子祭酒。撰《刊误》，以考究典故，引旧制纠唐宋之失。

陈振孙（公元1179—1261年），曾名瑗，字伯玉，号直斋，浙江梅溪人，藏书家、目录学家。著有《吴兴人物志》《氏族志》《书解》《易解》等。

顾槐三（生卒年不详），字秋碧，江苏江宁人，善诗赋。著有《燃松阁集》《古今风谣补》《补五代史艺文志》《通俗文直音》等。

参考文献

[1]姚继荣，姚忆雪.唐宋历史笔记论丛[M].北京：民族出版社，2016：196.
[2]吴希贤.历代珍稀版本经眼图录[M].北京：中国书店，2003：185.
[3]中外名人研究中心，中国文化资源开发中心.中国名著大辞典[M].合肥：黄山书社，1994：97.
[4]邓瑞全，王冠英.中国伪书综考[M].合肥：黄山书社，1998：520.
[5]《装饰》杂志编辑部.装饰文丛史论空间卷[M].沈阳：辽宁美术出版社，2017：159.
[6]王欢.《古今注》研究[D].西安：陕西师范大学，2014.
[7]马良春，李福田.中国文学大辞典第2卷[M].天津：天津人民出版社，1991：795.

十三　北宋景德四年陈彭年等奉敕编撰《大宋重修广韵》

南宋宁宗年间杭州翻刻本

北宋景德四年陈彭年等奉敕编撰《大宋重修广韵》（简称《广韵》）南宋宁宗年间杭州翻刻本，原书曾被“泉涌寺云龙院”等处收藏，后辗转归入日本东京国立国会图书馆，卷首可见“纳本印”，并有重装痕迹。《广韵》刊刻年代较早，流传亦广，各类版本多达百种，其中亦不乏善本存世。传本以北宋初年陈彭年等原注本（详注本）为基础，刊刻源流有二：其一，日本内阁文库藏南宋孝宗乾道五年（公元1169年）闽中建宁黄三八郎书铺刊《钜宋广韵》；其二，南宋国子监刊高宗本、宁宗本（即本案），以及孝宗朝浙江刻巾箱本和俄藏北宋本残卷。此外另有略注本，见天津图书馆藏清光绪十年遵义黎庶昌日本东京使署刊本《古逸丛书》覆元泰定二年（公元1325年）圆沙书院刻本。（图1-15）

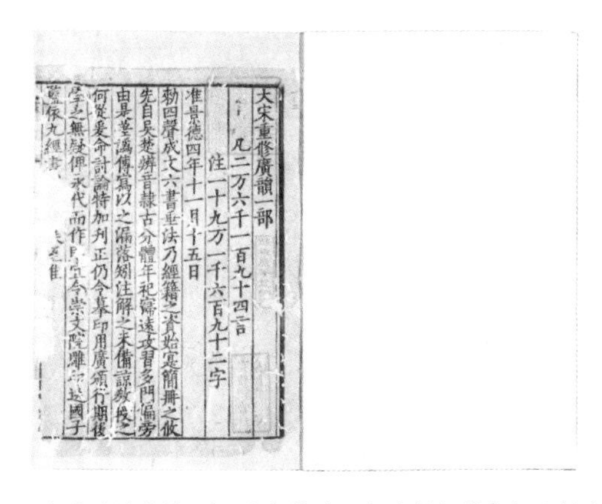
大宋重修廣韻一部
凡二万六千一百九十四言
注一十九万一千六百九十二字
准景德四年十一月十五日
勑四聲成文六書垂法乃經籍之資始寔簡冊之攸
先自吳楚辨音隸古分體年祀寖遠攻習多門偏旁
由是差譌傳寫以之漏落矧注解之未備諒教授之
何從爰命討論特加刊正仍令摹印用廣頒行期後
學之無疑俾永代而作則宜令崇文院雕印送國子
監依九經書

图1-15　大宋重修广韵·序·北宋景德四年陈彭年等奉敕编撰《大宋重修广韵》南宋宁宗年间杭州翻刻本　日本东京国立国会图书馆藏

《广韵》系北宋陈彭年、邱雍等人奉旨编撰的韵书，成书于大中祥符元年（公元1008年）。该书有详注本和略注本两种，详注本为北宋陈彭年等原著，略注本为元人据宋本删削而成。明人所见多为略注本，详注本流传甚少。至清初，张士俊据汲古阁毛氏所藏宋本及徐元文所藏宋本校订重雕，其原书面目始为世人所知。后曹寅亦据宋本雕版，但行款与宋本不同。曹刻印本较少，故不若张刻流传之广。周祖谟于1936年写成《广韵校本》，内容与张、曹二人大体无异，但吸收了清段玉裁和近代王国维、赵万里的校勘成果，可据此对文意再行辨别。

《广韵》原为增广《切韵》所作，除增字加注外，部目也略有增订。共收录26 194字，注文191 692字，206韵，分列上平、下平、上、去、入五卷之内。其中平声57韵，上声55韵，去声60韵，入声34韵。全书详细地记录了从南北朝到宋末文字读音，以此为依据，不但可以了解中古语音及声调，识读古书难字，翻检字义，还可以此为桥梁上推古音、下证今音，成为研究中古汉语音韵不可或缺的重要资料。

"声韵之学，盛于六代。周以天子圣哲分四声，而学者言韵，悉本沈约。顾其书，终莫有传者。今之《广韵》，源于陆法言《切韵》。而长孙纳言，为之笺注者也。其后诸家，各有增加，已非《广韵》之旧。然分韵二百有六部，未之紊焉。自平水刘渊，淳祐中，始并为一百七韵。于是，合'殷'于'文'，合'隐'于'吻'，合'焮'于'问'，尽乖唐人之官韵。好异者又惑于婆罗门书，取华严字母三十有六，颠倒伦次。审其音而紊其序。逮洪武正韵出，唇齿之不分，清浊之莫辨。虽以天子之尊，行之不远，则是非之心，人皆有之矣。

曩昆山顾处士炎武校《广韵》，力欲复古，刊之淮阴，弟仍明内库镂版。缘古本笺注多寡不齐，中涓取而删之，略均其字数，颇失作者之旨。吴下张上舍士俊有忧之，访诸琴川毛氏，得宋时锓本，证以藏书家所传抄，务合乎景德祥符而后已，抑何其用力之勤欤？嗟夫！韵学之不讲久矣。近有岭外妄男子，伪撰沈约之书，以眩于世。信而不疑者有焉。幸而《广韵》仅存，则天之未丧斯文也。吾故序之，俾海内之言韵者，必以是书为准。"

——秀水朱彝尊书《重刊广韵序》康熙四十有三年六月

《广韵》作为我国第一部官修韵书，记录了宋代科举的标准用韵。它继承了《切韵》《唐韵》的音系和反切，在语言学研究中有着承前启后的重要作用。值得注意的是，《广韵》除了注明各字的音义外，还大量引用了古代人名、地名和物名，故而其注文除了重要的语言学价值外，还兼具历史、地理、人文史料价值。尤其是书中收录的与服饰相关字，如褚、袀、裈、钗、鞋、褑、巾等，每字均有解义、注音，并附注文，为研究我国古代服饰文化提供了重要参考。

拓展资料

纳本制度，根据日本国立国会图书馆法（昭和23年法律第5号）规定，发行者等有义务将图书等出版物交付给公共机关（如图书馆等），作为国民共有的文化资产被永久保存。

泉涌寺云龙院，位于日本京都府京都市东山区，由镰仓时代的佛僧俊芿（shun-jo）于1372年建立，后毁于火，江户时代重建。寺中保存有诸多宋代珍贵文物。

陆法言（公元562—？年），名词，字法言。北齐中书侍郎陆爽之子，著有《切韵》。

参考文献

[1]万献初.音韵学要略（第3版）[M].北京：商务印书馆，2020：50.

[2]谭耀炬.小学考声韵[M].北京：中国文史出版社，2002：50.

[3]李新魁.汉语音韵学[M].广州：中山大学出版社，2019：36.

[4]夏能权，蔡梦麒.宋跋本王韵与《广韵》比较研究[M].长沙：湖南大学出版社，2016：7-8.

十四 北宋丁度等奉敕撰《集韵》

清康熙四十五年曹寅扬州使院刊本

北宋丁度等奉敕撰《集韵》清康熙四十五年曹寅扬州使院刊本。该书原为晚清外交家、驻日本湖北留学生监督钱恂旧藏，后赠予东京专门学校（今早稻田大学）图书馆。宋版《集韵》见于文献记载及流传至今者，凡六种，其中三种已亡佚，另三种为：其一，清宫天禄琳琅旧藏的南宋潭州刻本，现藏于中国国家图书馆；其二，翁同龢旧藏南宋明州刊本，民国时翁氏后人携往美国，今已被上海图书馆征回；其三，为日本宫内厅书陵部所藏南宋孝宗淳熙十四年（公元1187年）田世卿安康金州军刊本。元明两代刻本鲜见，多以抄本流传。明末清初之际，由宋本传出三个影宋抄本：其一者，汲古阁影宋潭州本抄本，被曹寅所得收入《楝亭五种》，后世翻刻多出此源；其二三者，汲古阁毛晋与述古堂钱曾分别据明州本影抄，也称明州本之毛抄与钱抄二则。钱抄忠实于底本，但于底本刻工则阙而未钞；毛抄照抄底本刻工，但抄成之后据潭州本用白粉涂改部分内容，反失底本之真。至于影印，金州本影印入《日本宫内厅书陵部藏宋元版汉籍影印丛书》第一辑；潭州本影印入《古逸丛书三编》，另有单行本。明州本影印入《常熟翁氏世藏古籍善本丛书》；钱抄本则有上海古籍出版社影印本。此外，清康熙四十五年曹寅扬州使院刊本亦流传颇广（即本案），中国书店1983年依此影印发行。另外，还有方成珪《集韵考正》、陈准《集韵考正校记》、邱棨《集韵研究》以及上海辞书出版社的赵振铎《集韵校本》。（图1-16）

《集韵》为丁度等人奉敕修订的韵书。宋景祐四年（公元1037年），太常博士直史馆宋祁、太常丞直史馆郑戬谏陈彭年、邱雍所编《广韵》“多用旧文，繁略失当”，遂皇帝诏二人及国子监直讲贾昌朝、王洙同加修订，刑部郎中知制诰丁度、礼部员外郎知制诰李淑详定，并令“撰集务从该广”。两年后成书（宋宝元二年，公元1039年），称《集韵》，庆历三年（公元1043年）刊行，但该本已亡佚。《集韵》据汉字字音分韵编排，共收录53 525字，分列平声四卷，上、去、入声各二卷，共十卷。其体例与《广韵》相似，分206韵，每韵下，分列同音字组，每组同音字首列一个反切，并注明同音字字数。作为收字最多的韵书，《集韵》以“凡古文见经史诸书可辨识者，取之；不然，则否”为原则，除收正体之外，兼收古俗诸体，凡有根据，皆收录不遗；又据当时的语音，兼顾反映古音、方音，故而宋人著述亦多引据《集韵》用于考证、辨误和注释古籍。（图1–17）

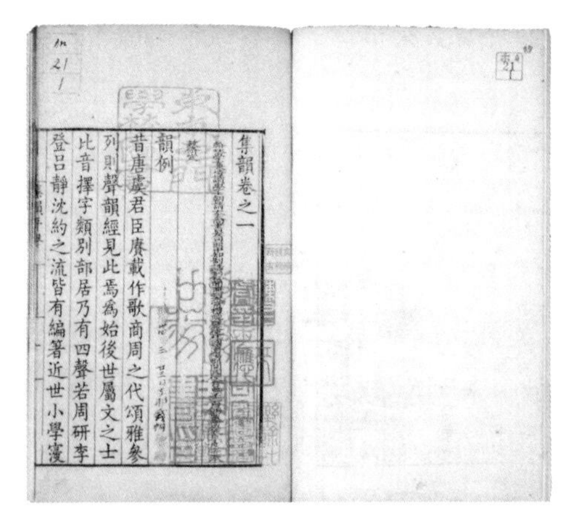
集韻卷之一

韻例

昔唐虞君臣賡載作歌商周之代頌雅參列則聲韻經見此其爲始後世屬文之士比音擇字類別部居乃有四聲若周研李登吕静沈約之流皆有編著近世小學寖

图1–16　卷首·宋丁度等奉敕撰《集韵》清康熙四十五年曹寅扬州使院刊本　早稻田大学图书馆藏

图1–17　去声七·宋丁度等奉敕撰《集韵》清康熙四十五年曹寅扬州使院刊本　早稻田大学图书馆藏

以声韵为心者，必以五音为本，则字母次第其可忽乎？故先觉之士，其论辩至详，推求至明，著书立言，蔑无以加。然愚不揆度，欲修饰万分之一。是故引诸经训，正诸讹舛，陈其字母，序其等第。以见母牙音为首，终于来日。字广大悉备，靡有或遗，始终有伦，先后有别。一有如指诸掌，庶几有补于初学。

——韩道昭《至元庚寅重刊改并五音集韵序》

《集韵》作为宋代官修韵书，记录了宋代科举考试的标准用韵，是研究古今汉语音义的重要材料。它继承了《切韵》《广韵》的音系和反切，删去原有繁复冗长的注文，增加了大量训诂资料。除注明各字的字义外，还引用古代人名、地名和物名，内容兼收历史、地理、人文等方面的信息，对研究音韵学、文字学、训诂学均有重要价值。书中亦收录、解释与服饰相关文字，例如：

“绔、袴、�”说文胫衣也，或从衣从革；

“巾、衶”居银切，说文佩巾也，一曰首饰，或从衣；“裩”丧礼首服；“袍”蒲褒切，说文襺也，引《论语》：“衣敝缊袍”。

以上诸字均有解义，或注文或作字形辨析，是考释我国古代服饰重要的参考资料。

拓展资料

丁度（公元990—1053年），宋代学者，字公雅，祥符（今河南省开封市）人。北宋仁宗时累官至端明殿学士、参知政事、尚书左丞，卒谥文简。著有《龟鉴精义》《编年总录》等。

曹寅（公元1658—1712年），清代文学家，字子清，又作幼清，号荔轩，又号楝亭、雪樵，祖籍辽阳（一说河北丰润），满洲正白旗包衣。刊刻《全唐诗》《佩文韵府》《广韵》等。

钱恂（公元1853—1927年），字念劬。浙江吴兴人，晚清著名外交家，晚清和民国时期思想开明的学者。著有《天一阁见存书目》《二二五五疏》《中俄界的疏注》《壬子文澜阁所存书目》等。

钱曾（公元1629—1701年），清代藏书家、版本学家。字遵王，号也是翁，又号贯花道人、述古主人。清代藏书家、版本学家。钱曾编有3部藏书目录，即《述古堂书目》《也是园书目》《读书敏求记》。

述古堂，在孤山西泠印社内，因清乾隆皇帝题额而名。清乾隆后期，因乾隆皇帝“南巡”杭州游览时常有品题赋诗而列成杭州二十四景之一。

天禄琳琅，清乾隆皇帝藏书精华，也是仍存世的清代皇室藏书。清乾隆九年（公元1744年）开始在乾清宫昭仁殿收藏内府藏书，题室名为"天禄琳琅"。乾隆四十年（公元1775年），大臣于敏中、王际华、彭元瑞等十人受命整理入藏昭仁殿的善本书籍，"详其年代刊印、流传藏弆、鉴赏家采择之由"，编成《天禄琳琅书目》，即《书目前编》。该书目共十卷，按经史子集四部详记天禄琳琅藏书情况，每部又以宋、金、元、明本及影印本时间先后为序，计有宋版71部、金版1部、影宋抄本20部、元版85部，明版252部，总共著录善本书429部。

翁同龢（公元1830—1904年），字声甫，一字均斋，号叔平，又号瓶生，晚号松禅老人，江苏常熟人。中国近代著名政治家、书法家、收藏家。遗著有《翁文恭公日记》《瓶庐诗稿》等，被今人整理为《翁同龢集》。

早稻田大学图书馆，以中央图书馆为核心，共有三十座分馆，藏书总数约四百二十七万册。其中不仅有四库系列丛书、敦煌系列丛书、地方志系列等，以及四部丛刊、四部备要等，还收藏了大量从韩国以及中国搜集的汉文古籍珍本，1991年和1996年相继出版了《早稻田大学图书馆所藏汉籍分类目录》及其索引。

韩道昭（生卒年不详），字伯晖，真定松水人。撰《五音集韵》，改并《广韵》韵部，又改变韵书体例，用"三十六字母"排列各韵中的字，是韵书与等韵学相结合的首创者。

参考文献

[1]中国学术名著提要编委会.中国学术名著提要第三卷·宋辽金元编[M].上海：复旦大学出版社，2019：291.

[2]（清）四库馆臣.四库全书初次进呈存目校证第1卷[M].西安：陕西师范大学出版总社，2016：326.

[3]时永乐.墨香书影[M].上海：上海科学技术文献出版社，2015：129.

[4]吴枫.简明中国古籍辞典[M].长春：吉林文史出版社，1987：850.

[6]田宇.高本汉《中国音韵学研究》法文原著与汉译本的比较研究[D].太原：山西大学，2022.

十五 清方以智撰《通雅》

康熙五年姚氏刻浮山此藏轩刊本

清方以智撰《通雅》康熙五年姚氏刻浮山此藏轩刊本，现藏于中国国家图书馆。《通雅》流传至今，版本几经更迭。方以智青年时撰《等韵声原》、注《尔雅》成书三卷，在两者基础上萌生了撰写《通雅》的最初想法，并于明崇祯十二年（公元1639年）形成初稿，至清顺治初流寓岭南又加增订。顺治十年（公元1653年），方以智将《通雅》手稿托付于黄虞稷，后者除在《千顷堂书目》中将其加以著录外，秘而不宣。直到顺治十六年（公元1659年），《通雅》才由方以智门人揭暄始谋刊刻，然未能定稿，后又将《通雅》家藏稿本托付于姚文燮，故此稿也被称为"揭暄手抄本"。康熙五年（公元1666年）姚氏终于将《通雅》刊行于世，同时也将方以智有关医学的论著《脉考》《古方解》一并收录，形成了现存最早的《通雅》版本，即清康熙五年（公元1666年）姚氏刻浮山此藏轩刊本。乾隆四十六年（公元1781年），《四库全书》将《通雅》列入"子部·杂家类·杂考之属"。嘉庆年间，《通雅》经朝鲜传入日本，形成"日本立教馆刻本"。光绪六年（公元1880年），桐城方氏后裔再次重刻《通雅》，称光绪六年（公元1880年）桐城方氏重刻本。20世纪50年代，在侯外庐、冒怀辛等学者的努力下，以姚刻本为底本，同时参校四库本，张裕叶《刊误补遗》，于1988年在上海古籍出版社辑录的《方以智全书》中出版，成为目前较为通行的版本。

《通雅》是一部综合性的各类名词汇编书，由五十二卷正文和卷前三卷组成。名"通"在于效法郑樵《通志》，马端临《文献通考》，以通观古今之变，用"雅"以仿《尔雅》体例。该书自序中言"函雅故，通古今……今以经史为概，遍览所及，辄为要删，古今聚讼，为征考而决之，期于通达……名曰通雅"，表达了"备物致用，采获省力"的目标。书中辨点画，审音义，考方域之异同，订古今之疑假，引文皆明出处，体例严谨。针对古今书中有字形具而音讹，有音存而字谬，有一字而各音不同，有一音而数义之情况，皆引据古文，旁采谣俗，博而通之。取材先秦诸子、史籍、方志、小说，考证古音古义，旁及方言土语，并分门别类，加以训释。通过考证、训诂、音声的方式，记录了天文、月令、文字、农时、地理、官制、田赋、刑法、礼仪、器用、饮食等丰富内容。

> "明之中叶，以博洽著者称杨慎，而陈耀文起而与争。然慎好伪说以售欺，耀文好蔓引以求胜。次则焦竑，亦喜考证而习与李贽游，动辄缀佛书，伤于芜杂。惟以智崛起崇祯中，考据精核，迥出其上。风气既开，国初顾炎武、阎若璩、朱彝尊等，沿波而起，始一扫悬揣之空谈。虽其中千虑一失或所不免，而穷源溯委，词必有证，在明代考据家中，可谓卓然独立矣。"
>
> ——《四库提要》

《通雅》卷三十六、卷三十七为《衣服》。分“彩服”“佩饰”“布帛”“彩色”四类，对古代服饰的形制、色彩、用料、纹样都作了相应解释，并引经据典加以旁证。例如：

“古分冕弁冠，然亦通称，犹汉晋来分帻巾帽而亦通称也。古冠制三，曰冕者朝祭服所谓十二旒九旒而下是也。惟有位者得服之。”

“深衣犹折子也，深衣篇曰，应规矩绳权衡，陆氏曰，连衣裳而纯之以采也，有表谓之中衣。以素纯谓之长衣，正义曰长衣中衣及深衣。其制度同。玉藻曰，长中继揜尺，若深衣则缘而已。京山曰，长即袂之长，中犹齐也，长与肘齐，而外又继续，使揜过肘一尺，智谓中者言袂之中，宽可同肘也，不必训齐，蓝田吕氏曰，深衣之用，上下不嫌同名，吉凶不嫌同制，男女不嫌同服。智谓此古人常服在外者，通名深衣。犹后世曰通裁，曰长衣，曰直身，曰道袍也，考其制则十二幅，合素积终辟之说，即谓细襞折而叠缝之，逄掖即此类。”

“古以黑为羔裘，今以白为羔。周礼祀天。郑曰服黑羔裘，冯嗣宗曰，朱子以羔裘为大夫防居服，其注桧风又曰，诸侯朝服，则矛盾矣，陈祥道以羔裘为礼服，燕居必狐貉，智以为古人偶用之，罗愿曰，羔裘用白，素丝亦羔色，此因近日羔裘白而言也。”

这些丰富的史料遗存为研究古代服饰文化提供了系统、详细的参考资料。

拓展资料

中国国家图书馆，位于北京市中关村南大街33号，是国家总书库，国家书目中心，国家古籍保护中心，是世界最大、最先进的国家图书馆之一。入选第三批中国20世纪建筑遗产项目。中国国家图书馆前身是筹建于1909年9月9日的京师图书馆，1931年，文津街馆舍落成（现为国家图书馆古籍馆）；新中国成立后，更名为北京图书馆。1987年新馆落成，1998年12月12日经国务院批准，北京图书馆更名为国家图书馆，对外称中国国家图书馆。

浮山此藏轩《浮山在陆居此藏轩》是明末清初方以智写的一首五言律诗，后以此名命名自己的文集。

方以智（公元1611—1671年），字密之，号鹿起，桐城（今属安徽省）人。明崇祯十三年（公元1640年）进士，官翰林检讨。明亡后出家为僧法名弘智，字愚者，一字无可，人称“药地和尚”。有《通雅》《浮山集》等。

黄虞稷（公元1629—1691年），字俞邰，号楮园，上元（今江苏省南京市）人，原籍晋江（今福建泉州），是明末清初著名图书馆学家和目录学家。

揭暄（公元1613—1695年），字子宣，号韦纶，别号半斋，又号参膺，广昌人。明末清初杰出的物理学家。一生著述甚丰，撰有《揭子兵经》《揭子战书》《揭子性书》等17种。同时，还曾为方以智的《物理小识》和游艺的《天经或问后集》做注解。

姚文燮（公元1628—1692年），字经三，号羹湖，安徽桐城人。清顺治十六年（公元1659年）进士。善画，著有《黄檗山房集》，画作有《赐金园图》《山水册页》等。

侯外庐（公元1903—1987年），现代史学家、思想家教育家。山西平遥人。早年就读于中国政法大学、北京师范大学。自撰学术传记《韧的追求》，重要史学论文编为《侯外庐史学论文选集》。

冒怀辛（公元1924—？年），生于北京，祖籍江苏，著名学者冒广生之孙，1952年毕业于东吴大学政治系。继承家学1959年考为侯外庐中国思想史研究生，曾任安徽大学副教授，1978年经侯外庐先生、国务院调回社会科学院历史研究所，从事易学史与宋明清思想文化史的研究，并给予很高评价。其人学问精粹，品行端方，在中国思想史研究方面作出了宝贵的贡献。

张裕叶（生卒年不详），字侍乔，清科学家，安徽桐城人。副贡生，乾隆中官滁州学正。精通天文、数学。曾著《开方捷法》，又发明“燥湿表”，预测天气晴雨，颇有贡献。

郑樵（公元1104—1162年），字渔仲，南宋兴化军莆田（今福建省莆田市）人，世称夹漈先生，宋代史学家、目录学家。毕生从事学术研究，在经学、礼乐学、语言学、自然科学、文献学、史学等方面都取得了成就，今存《通志》《夹漈遗稿》《尔雅注》《诗辨妄》等遗文，其中《通志》堪称世界上最早的一部百科全书。

马端临（公元1254—1323年），字贵与，饶州乐平（今属江西）人，宋元之际史学家。元初任慈湖、柯山两书院山长。30岁前后开始编写《文献通考》历二十年始成，为记述历代典章制度的重要著作。

杨慎（公元1488—1559年），字用修，号升庵，四川新都人，明武宗正德六年（公元1511年）状元及第，授翰林院修撰，参与编修《武宗实录》。世宗嘉靖即位，充任经筵讲官。嘉靖三年（公元1524年）召为翰林学士。以《大议礼疏》触犯世宗，谪戍云南永昌卫（今云南省保山市）。此后虽往返于四川、云南等地，仍终老于永昌卫。熹宗天启初追谥“文宪”，世称“杨文宪”。杨慎诗、文词、曲及杂著有四百余种，后人辑为《升庵全集》。

陈耀文（生卒年不详），字晦伯，号笔山。确山（今属河南省）人。嘉靖二十九年（公元1550年）进士，官至监察御史。年八十二卒。有《经典稽疑》《天中记》等。

焦竑（公元1540—1620年），字弱侯，号漪园、澹园，生于江宁（今江苏省南京市），祖籍山东日照，祖上寓居南京。明神宗万历十七年（公元1589年）会试北京，得中一甲第一名进士（状元），官翰林院修撰，后曾任南京司业。明代著名学者，著作甚丰，著有《澹园集》（正、续编）《焦氏笔乘》《焦氏类林》《国朝献徵录》《国史经籍志》《老子翼》《庄子翼》等。

李贽（公元1527—1602年），号卓吾，又号宏甫，别号温陵居士、百泉居士等。泉州晋江（今属福建省）人。明嘉靖三十一年（公元1552年）进士，曾任南京礼部司务、刑部主事、员外郎，调云南姚安知府因不满官场黑暗，五十四岁愤而辞官，到湖北麻城龙潭湖芝佛院为僧。万历三十年（公元1602年）遭劾入狱，自刎而死。著有《焚书》《续焚书》《李温陵集》等。

顾炎武（公元1613—1682年），初名绛，字宁人，曾化名蒋山佣，江苏昆山亭林镇人。早年与归庄同入"复社"，参加反对宦官权贵的斗争。清军南下，参加昆山、嘉定的抗清战役。明亡，亡命北方，仍观察山川形势，联络遗民，图谋复明。有《日知录》《亭林诗文集》等。

阎若璩（公元1636—1704年），字百诗，号潜邱。山西太原人，迁居江苏淮安，清经学家，乾嘉派先导学者。康熙中，应博学鸿词科，不第，遂研习经史，遇有疑义，则反复穷究，必得解答乃止。后客于徐乾学晚年声名颇著，曾为雍正所礼遇。专注考据训访，但未否定宋儒义理之学，认为"天不生宋儒，仲尼如长夜"，其意仅欲以汉儒博物考古，与宋儒阐明义理相印证。另有《潜邱札记》《孟子生卒年月考》。

朱彝尊（公元1629—1709年），字锡鬯，号竹垞，浙江秀水（今浙江省嘉兴市）人。清朝词人、学者、藏书家。康熙十八年（公元1679年）举博学鸿词科，授检讨，与修明史。其学长于考证，工古文。诗与王士祯称南北两大宗，又好为词，与陈维崧称"朱陈"。著有《曝书亭集》，又辑有《明诗综》《词综》《日下旧闻》等。

参考文献

[1]中国学术名著提要编委会.中国学术名著提要第四卷·明代编[M].上海：复旦大学出版社，2019：173.

[2]张岱年.中国哲学大辞典[M].上海：上海辞书出版社，2010：710.

[3]陈莹，牛云龙.《通雅》的现存版本及其性质[J].吉林师范大学学报（人文社会科学版），2006（02）：94-97.

[4]徐中玉.元明清诗词文[M].广州：广东人民出版社，2019：310.

[5]桐城派研究会.桐城明清诗选[M].合肥：安徽美术出版社，2011：72.

[6]吴海林，李延沛.中国历史人物辞典[M].哈尔滨：黑龙江人民出版社，1983：669.

[7]罗福惠，罗芳.名人咏武昌[M].武汉：武汉出版社，2019：153.

贰 舆服

一　西晋司马彪撰《后汉书·舆服志》

南宋庆元年建安黄善夫刻刘元起刊本

晋司马彪撰《后汉书·舆服志》南宋庆元年间建安黄善夫刻刘元起刊本，现藏于日本国立历史民俗博物馆。南朝宋人范晔初作《后汉书》，南朝梁刘昭为其作注，并将晋人司马彪《续汉书》八志（即律历志、礼仪志、祭祀志、天文志、郡国志、百官志、舆服志）三十卷补入，与范晔原作纪十卷和列传八十卷相合，形成一百二十卷本《后汉书》。《后汉书·舆服志》的版本包括乾兴本、景祐本、熙宁本、绍兴本、宋黄善夫刻本、元小字本、明南北雍本、明闽本、清代武英殿本、汲古阁本、百衲本、王先谦集解本、何焯过录本等。现藏于中国国家图书馆的南宋绍兴本是该书现存最早的刻本，南宋高宗绍兴末年（公元1162年）开始刊刻，到宋孝宗时成书，元明以后多据此本翻刻。近现代有刘氏嘉业堂影刻宋一经堂本，1927年上海书局《四部备要》铅印本，以及中华书局1965年版《后汉书》点校本等。（图2-1）

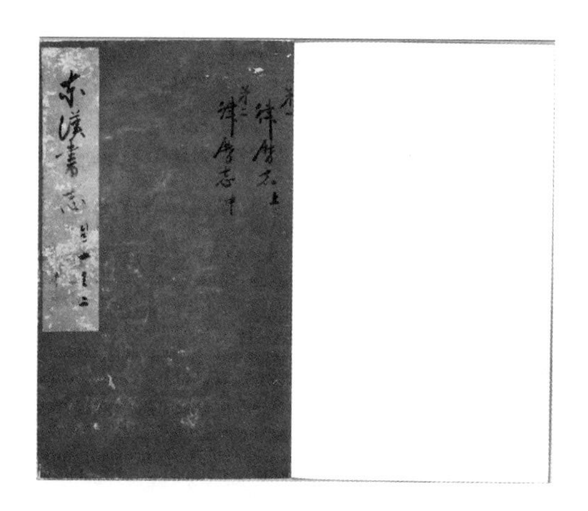

图2-1　封面·晋司马彪撰《后汉书·舆服志》南宋庆元年建安黄善夫刻刘元起刊本　日本国立历史民俗博物馆藏

《舆服志》作为志的新体例在《后汉书》中初现，是司马彪作八志的新创，其结构严谨，脉络分明，所载史料详而不杂，且行文未受东汉一朝所限，上溯商周，下览秦和西汉，加之成书较早，成为后世人撰写典制体史书的经典案例。

《后汉书·本纪·显宗孝明帝纪》“二年春正月辛未武皇帝于明堂，帝及公卿列侯始服冠冕、衣裳、玉佩、絇履以行事。”记录了东汉时期冕服制度规范构成的关键时间节点，《后汉书·舆服志》则是侧重具体舆服制度的记录。所谓“舆服”，即车舆、冠服与各种仪仗的总称，书中内容主要分为两部分，上篇记述关于车舆制度，下篇记录礼仪服饰及冠帻制式与服色规制，分列皇帝、皇（太）后、嫔妃、公主、诸王及百官详述，是研究汉代服饰制度重要的参考资料，具有极高的文献学价值。（图2-2）

> “公主、贵人、妃，嫁娶得服锦绮罗縠缯，采十二色，重缘袍。”
>
> “特进、列侯以上锦缯，采十二色。六百石以上重练，采九色，禁丹紫绀。三百石以上五色采，青绛黄红绿。二百石以上四采，青黄红绿。贾人，缃缥而已。”
>
> ——《后汉书·舆服志》

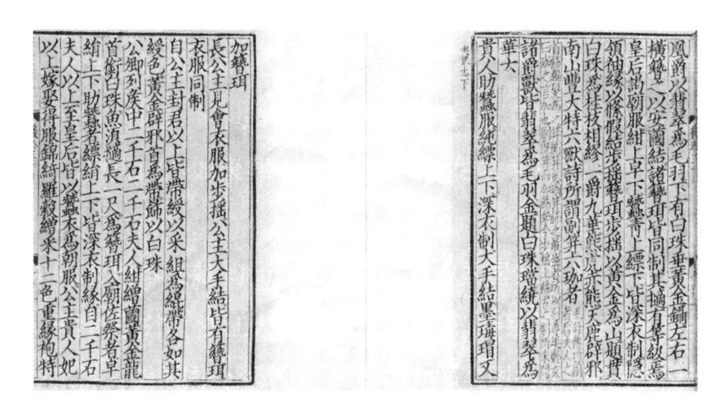

鳳爵以翡翠爲毛羽下有白珠垂黃金鑷左右一
橫簪之以安蔮結諸簪珥皆同制其擿有等級焉
皇后謁廟服紺上皁下蠶青上縹下皆深衣制隱
領袖緣以絛假結步搖簪珥步搖以黃金爲山題貫
白珠爲桂枝相繆一爵九華熊虎赤羆天鹿辟邪
南山豐大特六獸詩所謂副笄六珈者
諸爵獸皆以翡翠爲毛羽金題白珠璫繞以翡翠爲
華云
貴人助蠶服純縹上下深衣制大手結墨瑇瑁又

加簪珥
長公主見會衣服加步搖公主大手結皆有簪珥
衣服同制
自公主封君以上皆帶綬以采組爲緄帶各如其
綬色黃金辟邪首爲帶鐍以白珠
公卿列侯中二千石二千石夫人紺繒蔮黃金龍
首銜白珠魚須擿長一尺爲簪珥入廟佐祭者皁
絹上下助蠶者縹絹上下皆深衣制緣自二千石
夫人以上至皇后皆以蠶衣爲朝服公主貴人妃
以上嫁娶得服錦綺羅縠繒采十二色重緣袍特

图2-2　志三十·晋司马彪撰《后汉书·舆服志》南宋庆元年建安黄善夫刻刘元起刊本　日本国立历史民俗博物馆藏

拓展资料

日本国立历史民俗博物馆是日本第一所国立历史博物馆，位于日本千叶县佐仓市。1977年动工建造，1983年起陆续开放。占地面积115 232平方米，建筑面积为31 162平方米。主要收藏日本的历史、文化、考古、民俗方面的文物、资料。

范晔（公元398—446年），字蔚宗，顺阳郡顺阳县（今河南省淅川县李官桥镇）人。南朝宋时期著名史学家、文学家、官员。

司马彪（公元？—306年），字绍统，河内温县（今河南温县）人，西晋宗室、史学家。司马懿六弟司马进之孙，高阳王司马睦长子，出继叔祖父司马敏为后。晋武帝时，任秘书郎、秘书丞、散骑侍郎等职。晋惠帝末年于家中去世，享年六十余岁。

黄善夫（生卒年不详），名宗仁，字善夫，南宋时期福建建安人，其事迹史无记载，以刻书闻名于后世。

刘昭（生卒年不详），字宣卿，平原高唐（今山东禹城县）人。南朝梁史学家、文学家。刘昭搜集诸本《后汉书》，参校同异，注范晔《后汉书》。

刘元起（生卒年不详），字之问，南宋庆元间建安人，庆元元年（公元1195年）刻印过《汉书注》。

参 考 文 献

[1]王玲娟，龙红.艺海撷英中国古代文献选读[M].成都：西南交通大学出版社，2018：302.
[2]华梅等.中国历代《舆服志》研究[M].北京：商务印书馆，2015：51.
[3]黄立振.八百种古典文学著作介绍[M].郑州：中州书画社，1982：30.
[4]周国伟.二十四史述评[M].苏州：苏州大学出版社，2017：51.
[5]陈碧芬.《后汉书·舆服志》服饰语汇研究[D].重庆：重庆师范大学，2014.
[6]杨艳芳.《后汉书·舆服志》探析[D].新乡：河南师范大学，2011.
[7]瞿冕良.中国古籍版刻辞典[M].苏州：苏州大学出版社，2009：224.
[8]王巍.中国考古学大辞典[M].上海：上海辞书出版社，2014：92.

二　南朝齐萧子显撰《南齐书·舆服志》

清乾隆四年武英殿刊本

南齐萧子显撰《南齐书·舆服志》清乾隆四年武英殿刊本，现藏于中国国家图书馆。《南齐书》原称《齐书》，梁天监年间成书，宋时为与李百药的《北齐书》相区分故而更名。其历代刊印版本众多，有宋大字本，明南监本、北监本、汲古阁本，清武英殿本、金陵书局本等。通行本为1972年中华书局版，其以1936年商务印书馆影印宋大字本（亦称百衲本）为底本，重新点校而成。

《南齐书》作为二十四史之一，是现存关于南齐最早的纪传体断代史。记述了南朝萧齐王朝自齐高帝建元元年（公元479年）至齐和帝中兴二年（公元502

年），共二十三年史事。初为六十卷，至唐佚失一卷序录，今可见五十九卷。书中除记述帝王、公卿生平的“本纪”八卷和“列传”四十卷外，有“志”十一卷，其中卷十七、志第九为舆服志，记录了皇室与各级官吏在车舆服饰及玺绶方面的规制。

“清代《四库全书总目》对《南齐书》尽管有批评，但肯定了这本书的史料价值，说其书撰写‘直书无隐，尚不失是非之公’‘有史家言外之意焉’，是比较公允的评价。赵翼在《廿二史劄记》中对《南齐书》的史法也比较称赞，认为萧子显善于寓褒贬之意于史实之中，对史中人物‘不著一议，而人品自现，亦良史也’。后来的学者从史学角度也都对《南齐书》持肯定态度，我的老师缪钺先生为我们讲授《魏晋南北朝史籍》课程，对这本书也是推重的。”

——景蜀慧谈《南齐书》的编纂、点校与修订

南齐永明年间，武帝诏令王俭制定新的礼仪制度，其中有关郊祭车服之仪基本承袭汉制，并强调“车服之仪，率遵汉制……衮冕之服，诸祠咸用”。

“太元中，苻坚败后，又得伪车辇，于是属车增为十二乘。义熙中，宋武平关、洛，得姚兴伪车辇。宋大明改修辇辂，妙尽时华，始备伪氐，复设充庭之制。永明中，更增藻饰，盛于前矣。”

在车舆方面，与前代相比，装饰愈加繁缛，规模愈加盛大，以至竟陵王萧子良以有违古制为由劝谏：

“臣闻车旗有章，载自前史，器必依礼，服无舛法。凡盖员象天，轸方法地，上无二天之仪，下设两盖之饰，求之志录，恐为乖衷。又假为麟首，加乎马头，事不师古，鲜或可施。”

在服饰方面，南齐服制基本循汉制，对帝后、贵族乃至文武官员服装都有相应的礼制要求，不同冠服组合的规制，例如：

"通天冠，黑介帻，金博山颜，绛纱袍，皂缘中衣，乘舆常朝所服。旧用驳犀簪导，东昏改用玉。其朝服，臣下皆同。"

"黑介帻，单衣，无定色，乘舆拜陵所服。其白帢单衣，谓之素服，以举哀临丧。"

"远游冠，太子诸王所冠。太子朱缨，翠羽緌珠节。诸王玄缨，公侯皆同。"

另及平冕、进贤冠、武冠和高山冠等均有记述。此外，书中还记录了南朝衮服章纹装饰工艺的变迁与"天衣"典故的由来。南朝宋末采用刺绣和织造相结合的工艺，南齐建武年间，明帝以织成面料过于厚重为由，改用轻薄面料彩绘章纹，并于其纹路之上添加金银薄片作为装饰，故世人称之为"天衣"。

"衮衣，汉世出陈留襄邑所织。宋末用绣及织成。建武中，明帝以织成重，乃采画为之，加饰金银薄，世亦谓为天衣。"

由此可见，尽管南齐国祚不过短短二十余载，但其对舆服制度的确立与延续在古代服饰文化发展进程中仍具有重要的标识作用，《南齐书·舆服志》也因此成为研究古代纺织文化遗产重要的参考资料。

拓展资料

萧子显（公元约489年—537年），字景阳，东海郡兰陵县（今山东临沂市）人。南朝梁史学家，齐高帝萧道成之孙，豫章文献王萧嶷之子，编修《南齐书》《鸿序赋》《普通北伐记》。永明十一年（公元493年），册封宁都县侯，聪慧好学，工于作文。梁朝建立后，降封宁都县子，历任太子中舍人、国子祭酒、侍中、吏部尚书、吴兴太守等。大同三年（公元537年）去世，追赠吏部尚书，谥号骄。

李百药（公元565—648年），字重规，定州安平（今属河北）人，唐代史学家，擅作诗文，尤其擅长五言诗。诗作题材广泛，现存传世之作众多。唐太宗贞观年间，奉诏撰写《齐书》。

刘裕（公元363—422年），宋武帝，字德舆，小名寄奴，彭城县绥舆里（今江苏铜山）人，东晋后期杰出政治家、军事家，南北朝时期刘宋王朝的开国皇帝，公元420—422年在位。

姚兴（公元366—416年），后秦君主，字子略，姚苌之长子。苻坚时任太子舍人。

王俭（公元452—489年），字仲宝，南朝齐琅琊临沂（今山东临沂北）人。《南齐书》《南史》有传，祖县首，宋右光禄大夫。

萧子良（公元460—494年），字云英，兰陵（治今江苏常州西北）人，南朝齐贵族武帝次子。宋时官会太守，封闻喜公。齐武帝时封竟陵王，任南徐州刺史，加都督，后为正位司徒，领尚书令，扬州刺史。曾于其鸡笼山西邸集学士，抄五经百家，依《皇览》例，为《四部要略》千卷。

参考文献

[1]汪旭.唐诗全解[M].沈阳：万卷出版公司，2015：25.
[2]门岿.二十六史精要辞典（中）[M].北京：人民日报出版社，1993：991.
[3]陈德弟.先秦至隋唐五代藏书家考略[M].天津：天津古籍出版社，2011：48.
[4]张岱年.孔子百科辞典[M].上海：上海辞书出版社，2010：466.
[5]彭珊珊.景蜀慧谈《南齐书》的编纂、点校与修订[J/OL].澎湃新闻，2017-09-17 [2023-07-13].https：//www.thepaper.cn/newsDetail_forward_1796026.

三 南朝梁沈约奉敕撰《宋书》

明崇祯七年汲古阁刊本

南朝梁沈约奉敕撰《宋书》明崇祯七年汲古阁刊本，日本早稻田大学图书馆藏。《宋书》成书于南朝齐、梁之际（公元6世纪初），撰成后，自宋而下，或有重刻。曾有北宋仁宗嘉祐六年（公元1061年）国子监本；南宋宋高宗绍兴十四年（公元1144年）眉山七史本（又称蜀大字本），已佚。现存版本有：宋元递修本、明初南京国子监本、宋元明三朝递修本（三朝本）。明万历二十四年（公元1596年）北监本，崇祯七年（公元1634年）汲古阁刊本（即本案）。清顺治十三年（公元1656年）汲古阁刊本，乾隆四年（公元1739年）武英殿刊本，同治十二年（公元1873年）金陵书局本，光绪十四年（公元1888年）上海图书集成印书局铅印本，光绪二十八年（公元1902年）上海文澜书局石印本等。1916年涵芬楼影印本，民国张元济辑印《百衲本二十四史》收录。1974年，中华书局点校本，结合三朝本、北监本、汲古阁本、殿本、局本、百衲本互校，择善而从，形成了现行较好的通本。

《宋书》系二十四史之一的纪传体断代史书，齐永明五年（公元487年）沈约奉敕编撰，何承天、徐爰等补充修订，删晋代桓玄等十三人列传，增补永光元年（公元465年）至升明三年（公元479年）十四年史事，以及前废帝至刘宋灭亡前人物列传，记刘宋六十年史事，共一百卷。其中，帝纪十卷、列传六十卷、志三十卷，但其中个别列传已佚。志分八目，上溯魏晋乃至秦汉，弥补了三国前史缺略，有《律历志》三卷、《礼志》五卷、《乐志》四卷、《天文志》四卷、《符瑞志》三卷、《五行志》五卷、《州郡志》四卷、《百官志》二卷。诸志前有《志序》一篇，概述志之源流，并说明所作八志缘由，但书中缺少食货、刑法、艺文三志，清以后出现补撰之作。八志篇幅占全书之半，记载翔实，历来为人所重。其中《礼志》部分，叙述始自魏文帝曹丕代汉建魏，记录了历代礼仪制度的各项内容及其变迁，不但涉及婚丧祭祀仪注，而且包括旗章、舆服、器物等，内容庞杂，是研究南朝礼制、文化和社会生活的重要历史资料。例如《卷十八·志第八·礼五》对天子祭服的记载：

“天子礼郊庙，则黑介帻，平冕，今所谓平顶冠也。皂表朱绿里，广七寸，长尺二寸，垂珠十二旒。以组为缨，衣皂上绛下，前三幅，后四幅，衣画而裳绣，为日、月、星辰、山、龙、华、虫、藻、火、粉米、黼、黻之象，凡十二章也。素带广四寸，朱里，以朱缘裨饰其侧。中衣以绛缘其领袖，赤皮蔽膝。蔽膝，古之韨也。绛袴，绛袜，赤舄。未元服者，空顶介帻。其释奠先圣，则皂纱裙，绛缘中衣，绛袴袜，黑舄。其临轩亦衮冕也。其朝服，通天冠，高九寸，金博山颜，黑介帻，绛纱裙，皂缘中衣。其拜陵，黑介帻，绶单衣。其杂服，有青赤黄白缃黑色介帻，五色纱裙，五梁进贤冠，远游冠，平上帻，武冠。其素服，白单衣。《汉仪》，立秋日猎服缃帻。晋哀帝初，博士曹弘之等议：立秋御读令，不应缃帻，求改用素。诏从之。宋文帝元嘉六年，奉朝请徐道娱表：不应素帻。诏门下详议，帝执宜如旧，遂不改。”

又如，对后妃祭祀服饰的记述：

“汉制，太后入庙祭神服，绀上皂下；亲蚕，青上缥下，皆深衣。深衣，即单衣也。首饰剪牦帼。汉制，皇后谒庙服，绀上皂下；亲蚕，青上缥下。首饰，假髻，步摇，八雀，九华，加以翡翠。晋《先蚕仪注》，皇后十二镆，步摇，大手髻，衣纯青之衣，带绶佩。今皇后谒庙服袿襡大衣，谓之祎衣。公主三夫人大手髻，七镆蔽髻。九嫔及公夫人五镆。世妇三镆。公主会见，大手髻。其长公主得有步摇。公主封君以上皆带绶，以采组为绲带，各如其绶色。公特进列侯夫人、卿校世妇、二千石命妇年长者，绀缯帼。佐祭则皂绢上下；助蚕则青绢上下。自皇后至二千石命妇，皆以蚕衣为朝服。”

就纺织文化遗产而言，《宋书·礼志》的服制信息是研究秦汉至刘宋时期服饰发展历程重要的参考资料。值得注意的是，现有刊本部分记载有误，如：谨案晋博士曹弘之议，立秋御读令，上应著缃帻，遂改用素，相承至今。（中华书局本《卷十五·礼二》）按，“上应”，金陵书局本《宋书》作“不应”。《礼志五》记同一事“晋哀帝初，博士曹弘之等议‘立秋御读令，不应缃帻，求改用素。’诏从之。宋文帝元嘉六年，奉朝请徐道娱表‘不应素帻。’诏门下详议，帝执宜如旧，遂不改。”明作“不应缃帻”。又《晋书·舆服志》《太平御览》《册府元龟》记此事亦作“不应”。故此在使用此书时，需借助同时期舆服文献互相参证。

拓展资料

沈约（公元441—513年），字休文，吴兴武康（今浙江武康县）人。历仕宋、齐、梁三朝，梁时为尚书左仆射，封建昌侯，迁尚书令，领中书令。著作繁富，现除《宋书》一百卷和文集九卷外，其他均已佚。沈约是齐梁文坛的领袖人物，与王融、谢朓等共创“永明体”，探究诗歌声律问题，影响较大。

何承天（公元370—447年），刘宋朝一代名臣，东海郯（今山东郯城县）人，历官衡阳内史、尚书祠部郎，尚书左丞、御史中丞等，世称何衡阳。曾奉诏纂《宋书》，编写其中《天文志》和《律历志》。

徐爰（公元394—475年），字长玉，本名瑗，因与傅亮父同名，改作爰。南琅琊开阳（今属江苏）人。曾官任尚书左丞、太中大夫等职。著有《宋书》《南史》等。

桓玄（公元369—404年），名灵宝，字敬道，东晋谯国龙亢（今安徽怀远西）人。大司马桓温子，袭爵南郡公。初为义兴太守，后弃官居江陵。隆安二年（公元398年）任江州刺史。次年领荆、江二州刺史，都督荆、江八州军事，控制长江中游地区，与朝廷相抗衡。元兴元年（公元402年）举兵攻入建康，掌握朝政。次年底迫晋安帝禅位，改国号楚，年号建始，旋更永始。不久，北府将领刘裕等起兵声讨，退回江陵，兵败被杀。治易学，为《系辞》作注，已佚，清马国翰

《玉函山房辑佚书》辑有《周易系传桓氏注》一卷。

上海图书集成印书局，1884年于上海创办，英商美查创办，后交席子眉、席子佩经营，社址设在天保路（今热河路），至1907年后歇业。

上海文澜书局，创办于1898年，曾刊印发行无锡三等学堂国文修身算学等课本，以及石印《二十四史》。

涵芬楼，中国商务印书馆编译所的藏书室。1907年建于上海，1909年定名涵芳楼，1910年底改称涵芬楼。1924年藏书移入商务印书馆所建的东方图书馆，古籍善本室仍称涵芬楼。涵芬楼藏书以古籍善本和地方志著称。先后收有熔经铸史斋、秦汉十印斋、谀闻斋、持静斋、意园、艺风堂、密韵楼以及天一阁等藏书楼散出的藏书多种。至1931年底，经鉴定整理的善本共有3 745种，35 083册。加上当时新得而尚未整理的扬州何家藏书中的善本，总数接近5万册。其中收藏的《永乐大典》2册和宋绍兴刻本《春秋左传正义》、宋建安黄善夫家塾刻本《史记集解索隐正义》（残）、宋刻元递修本《资治通鉴》（残）、宋绍兴刻元明递修本《六臣注文选》等都是海内稀有的善本精品。所收地方志共2 641种，2.56万余册。20世纪20年代前后，商务印书馆以涵芬楼和国内外公私收藏的善本为母本，影印出版《涵芬楼秘笈》《续古逸丛书》《四部丛刊》、百衲本《二十四史》等丛书，在古籍整理、出版、传播等方面作出了杰出贡献。1931年“九一八”事变，商务印书馆总厂及东方图书馆毁于日军炮火。涵芬楼藏书除移藏在银行保险库中的574种，5 000余册善本精品得以幸免外，其余均与东方图书馆的一般藏书一齐全部化为灰烬，总计约46万余册。涵芬楼先后编有古籍藏书目录四编三册，但不含上述幸存的善本精品。“九一八”事变后编制了《涵芬楼烬余书录》，附录已毁善本1 700种。1951年，商务印书馆将涵芬楼收藏的574种善本精品转让，其中《永乐大典》25册由北京图书馆（今中国国家图书馆）收藏。

参考文献

[1]李翰.《宋书》文学研究[M].上海：上海大学出版社，2017：21.

[2]方一新，王云路.中古汉语读本修订本[M].上海：上海教育出版社，2018：213.

[3]中国学术名著提要编委会.中国学术名著提要第一卷·先秦两汉编魏晋南北朝编[M].上海：复旦大学出版社，2019：535–537.

[4]邵春驹.《宋书·礼志》点校辨误[J].图书馆理论与实践，2013（09）：56–57.

[5]张徽.《宋书》校释[D].苏州：苏州大学，2009.

四 唐令狐德棻等撰《周书》

清乾隆四年武英殿刊本

唐令狐德棻等撰《周书》清乾隆四年武英殿刊本，现藏于中国国家图书馆。北宋嘉祐六年（公元1061年），仁宗下令馆臣校南北朝诸史，由王安国校定《周书》，即北宋本，今已佚。现存最早刻本为南宋临安翻刻本，后经由宋、元、明三代递修成“三朝本”。此外，有明万历年间南京国子监本、北京国子监本，明末汲古阁本，清同治十三年（公元1874年）金陵书局本等。以上南监本、北监本、汲本、殿本、局本、百衲本六个版本都属同一个系统，直接或间接同祖“三朝本”，但均有所校改。1934年，商务印书馆据潘氏范砚楼藏本和涵芬楼自藏本影印，编成“百衲本”。今通行本为中华书局1971年《周书》点校本，以清乾隆武英殿本为底本，与六个版本互校，并对《册府元龟》和《北史》中相关进行通校。

《周书》是记述北朝北周历史的纪传体正史，包括本纪八卷，列传四十二卷，共五十卷。唐武德五年（公元622年），令狐德棻与陈叔达、庾俭负责修周史，迄未功成。唐贞观三年（公元629年），太宗诏修梁、陈、齐、周、隋五代史，以令狐德棻修撰《周书》，秘书郎岑文本和殿中侍御史崔仁师协助，至贞观十年（公元636年）编撰完成。北宋时，《周书》在流传过程中有所散失，后人据唐李延寿《北史》、高峻《小史》等书加以改纂补充。《周书》面世以前，曾有西魏史宫柳虬所写的“国史”和隋代牛弘撰述的“周史”（仅有18卷），二者虽未成书却也为《周书》的撰写提供了重要资料。

《周书》虽以“周”题名，但实际上记述的是从东、西魏分裂，西魏大统到建隋为止，西魏和北周共四十八年的历史。内容涉及两朝政治、经济、文化等方面。本纪八卷为《文帝纪》上下两卷、《孝闵帝纪》一卷、《明帝纪》一卷、《武帝纪》二卷、《宣帝纪》一卷、《静帝纪》一卷。记载了从文帝宇文泰到静帝宇文阐等六位皇帝的统治情况。纪的部分以年月为纲，以时间先后为序，记录了西魏北周历史发展的重大事件。令狐德棻等为了表明北魏——西魏——北周的“正统”承继关系，解决西魏历史在正史中鲜少出现的问题，在《文帝纪》中以西魏年号记事，记述了西魏文帝、废帝、恭帝共二十二年的政治、军事大事。列传四十二卷包括：《皇后列传》一卷、《王公列传》四卷、《诸臣列传》三十一卷、《儒林列传》一卷、《艺术列传》一卷、《萧詧列传》一卷、《孝义列传》一卷、《异域列传》二卷。传文的编撰，则采取类传的形式，以类相从。其中《异域传》，不仅记录了中国境内的西南、西北特别是今新疆境内古代民族生活与交往的历史，同时还提及了朝鲜半岛古代政权，以及中亚、西亚部分地区古代民族的历史。

> "帝大悦，赐奴婢三十人，及杂缯帛千匹，进位上柱国。"
>
> "有鸱飞鸣于殿前，帝素知炽善射，因欲示远人，乃给炽御箭两只，命射之。鸱乃应弦而落，诸番人咸叹异焉。帝大悦，赐帛五十匹。"
>
> "于时隋文帝执政，赐翼杂缯一千五百段、粟麦一千五百石，并珍宝服玩等，进位上柱国，封任国公，增邑通前五千户，别食任城县一千户，收其租赋。"
>
> ——《周书·列传·卷三十》

值得注意的是，书中部分内容涉及有关纺织品的记录，例如《周书·列传·卷三十》中提到，杂缯帛、帛、杂缯等均为赏赐臣下之物。此外，《周书》亦保存了不少与典章制度相关的史料，于东魏、北齐、梁、陈史事也多有涉及，还收录了一些书信、时策、诗赋等。北宋时，魏澹《魏书》亡佚，《周书》所述西魏史事便成为后人了解西魏一朝历史的第一手材料，且由于其成书较早，保存的资料也最为接近旧貌，作为"二十四史"之一，史料价值弥足珍贵。

拓展资料

令狐德棻（公元583—666年），字季馨，宜州华原（今陕西耀州区）人，唐初政治家，史学家。他出身名门望族，才华出众，博涉文史，多次参加官书的编写。

赵翼（公元1727—1814年），字云崧、耘松，号瓯北，江苏阳湖（今常州）人。清代史学家、文学家。乾隆二十六年（公元1761年）进士，授翰林院编修。担任方略馆纂修官撰文，修《通鉴辑览》。著有《廿二史札记》《陔馀丛考》《瓯北诗话》等。

王安国（公元1028—1074年），字平甫，王安石之弟，抚州临川（今属江西省）人。宋神宗熙宁元年（公元1068年）赐进士及第，官至大理寺丞、集贤校理。其政见与王安石不合。他长于创作散文、诗与词。其词作内容多写离情别绪，但善于刻画人物内心世界，情景交融，构思精巧。世称王安礼、王安国、王雱为"临川三王"。

陈叔达（公元？—635年），字子聪，吴兴（今浙江长兴）人，唐朝宰相。出身陈朝皇室，为陈宣帝陈顼第十七子、陈后主陈叔宝异母弟。曾授侍中，封义阳王。陈亡入隋，历任内史舍人、绛郡通守。后归降唐高祖，担任丞相府主簿，封汉东郡公。唐朝建立后，陈叔达历任黄门侍郎、纳言、侍中、礼部尚书，进拜江国公。逝后，追赠户部尚书，初谥缪，后改为忠。《全唐诗》收存其诗八首。

庾俭（生卒年不详），唐代著名天文学家，新野（今属河南）人。庾质子，传父业。仕隋为齐王府属，李渊立恭帝，用俭为太史令。

岑文本（公元595—645年），字景仁，邓州棘阳（今河南南阳）人，唐朝宰相。岑文本历任别驾、行台考功郎中、秘书郎、中书侍郎、中书令等职。他擅长写作，才思敏捷，草拟文稿下笔立成，深受太宗信任、重用。在随太宗征伐高句丽时，他事必躬亲，唯恐出错辜负太宗，以致心力交瘁而死。

崔仁师（公元592—652年），唐臣，定州安喜（河北定县）人。史官，曾修梁、魏史。贞观初，任殿中侍御史。累迁给事中、民部侍郎、中书侍郎，参知政务。武德五年（公元622年），侍中陈叔达荐其才堪任史职，授右武卫录事参军，预修南朝梁、北魏等史。

李延寿（生卒年不详），字遐龄，相州（今河南安阳）人，唐初史学家。任崇贤馆学士、符玺郎兼修国史，参加编撰《五代史志》《晋书》，著有《太宗政典》。继承其父李太史遗志，以一人之力，整理南北八朝史事，经十六年编成《南史》《北史》两书。

高峻（生卒年不详），长于史学，元和间宫殿中丞。著有《高氏小史》，全书采《史记》至《陈书》《隋书》等各代史书，唐代则据各朝实录，纂录自上古至唐文宗时史事，分为十例。宋代此书尚存，今已佚。

柳虬（公元501—554年），字仲盘，北魏河东解（今山西省临猗县）人。历官北魏、西魏两朝，官至秘书监、车骑大将军、仪同三司，是朝廷执掌职典简牍的文官。

牛弘（公元545年—610年），字里仁，安定鹑觚（今甘肃灵台）人，隋朝有名的政治家、军事家和学者。父亲牛允是西魏侍中、工部尚书，封为临泾公。

魏澹（生卒年不详），字彦深，隋朝文学家、史学家。巨鹿下曲阳（今河北晋县西）人。北齐时官至中书舍人，与李德林同修北齐史。隋初，任散骑常侍、太子舍人等职。文帝以魏收所作《魏书》褒贬不当，令其别撰《魏史》，以西魏为正统，自道武帝至恭帝，共九十二卷。原书已佚，《太宗纪》存有残文。另有文集三十卷，今佚。

参考文献

[1]白寿彝.中国通史7（第5卷）中古时代·三国两晋南北朝时期上[M].上海：上海人民出版社，2015：16.

[2]许焕玉，周兴春等.中国历史人物大辞典[M].济南：黄河出版社，1992：236.

[3]《传世经典》编委会.二十四史详解[M].南京：江苏凤凰美术出版社，2015：147.

[4]（清）赵翼.陔馀丛考[M].北京：商务印书馆，1957：125-147.

五 唐房玄龄等撰《晋书·舆服志》

清乾隆四年武英殿刊本

唐房玄龄等撰《晋书·舆服志》清乾隆四年武英殿刊本，现藏于哈佛大学哈佛燕京图书馆。《晋书》成书于唐代，宋元至明清皆有刻之，今存最早版本为宋刊本，经商务印书局影印后收入《百衲本二十四史》，故又称百衲本。宋刻本有南宋绍兴重刊北宋本、宋刊十四行小字本、宋宝祐刊九行大字本等。元刻本有元刊十行本、元刊二十二行本（又称元大德九路刊本）。明刻本有南监重修本、北监方从哲修本、藩府刊十行大字本、万历年间周氏（周若年）翻宋刊九行大字本、吴琯西爽堂校刊本、钟仁杰刊本、钟惺评本、蒋之翘更定本、汲古阁刊《十七史》本等。清刻本有乾隆武英殿刻《二十四史》本（即本案）、席氏扫叶山房刊《廿一史》本、同治年间金陵书局刻本、光绪年间湖南宝庆三味书坊翻刻殿本；另有影印本石印本，如同文书局影印殿本、竹简斋石印本、史学斋石印横行本、竣实斋石印本等。中华书局1974年以金陵书局本为底本出版的点校本，系与宋本（百衲本）和清武英殿本互校，并参考多部传世刊本加以修正而成，是当下最流行的版本。（图2-3）

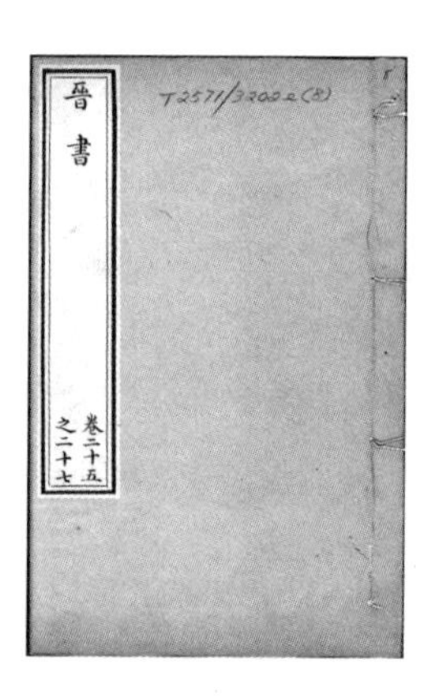

图2-3 书影·唐房玄龄等撰《晋书·舆服志》清乾隆四年武英殿刊本
哈佛大学哈佛燕京图书馆藏

唐太宗贞观二十二年（公元648年），房玄龄、褚遂良、令狐德棻等二十一人，历时三年，撰成《晋书》一百三十二卷，包括叙例、目录各一卷，帝纪十卷，志二十卷，列传七十卷，载记三十卷。后叙例、目录失佚，今存一百三十卷，记载了从司马懿到晋恭帝，涵盖西晋、东晋和十六国时期的重要史事。卷二十五志第十五《舆服》，详述车旗、服饰制度，并及朝觐、祭祀、出行等重大活动的礼制服章。

“史臣曰：昔者乘云效驾，卷领垂衣，则黄帝皂衣裳，放勋彤车白马，叶三微之序，舍寅丑之建，玄戈玉刃，作会相晖。若乃参旗分景，帝车含曜，又所以营卫南宫，增华北极。《月令》季夏之月，‘命妇’官染彩，赪丹班次，各有品章矣。高旗有日月之象，式视有威仪之选，衣兼鞘佩，衡载鸣和，是以闲邪屏弃，不可入也。若乃正名百物，补缉四维，疏怀山之水，静倾天之害，功尤彰者饰弥焕，德愈盛者服弥尊，莫不质良，用成其美。”

——《晋书·舆服志》

舆者，车马也。《老子》云：“虽有舟舆，无所乘之。”服者，衣冠也。《尚书·皋陶谟》记“天命有德，五服五章哉！”故所谓“舆服”，即车舆、冠服与各种仪仗之总称。《晋书·舆服志》中还详录了三十多种车的制式，除《后汉书·舆服志》中已有的玉辂、安车、立车、法驾、大使车、小使车等以外，又详细描述了金辂、象辂、革辂、木辂、五牛车、辇、游车、云罕车、皮轩车、鸾旗车等类型，并对皇太后、皇后、贵人、公主、王妃、世妇、公侯各等乘车制度做了详细记录。

冠服方面，较之《后汉书·舆服志》新增介帻、平冕、缁布冠、高山冠、韦弁、雀弁、巾、佩剑、革带、裤褶、执笏等内容，并记录了天子、皇后、三夫人、九嫔、

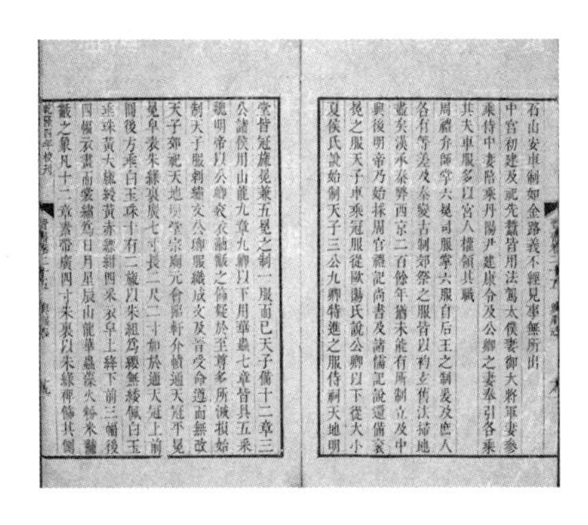
石山安車，制如金路，義不經見，事無所出。
中宮初建，及祀先蠶，皆用法駕，太僕妻御，大將軍妻參
乘，侍中妻陪乘，丹陽尹、建康令及公卿之妻奉引，各乘
其夫車服，多以宮人權領其職。
周禮弁師掌六冕，司服掌六服，自后王之制，爰及庶人，
各有等差。及秦變古制，郊祭之服皆以袀玄，舊法掃地
盡矣。漢承秦弊，西京二百餘年，猶未能有所制立。及中
興後，明帝乃始採周官、禮記、尚書及諸儒記說，還備袞
冕之服。天子車乘冠服從歐陽氏說，公卿以下從大小
夏侯氏說。始制天子、三公、九卿、特進之服，侍祠天地明
堂，皆冠旒冕，兼五冕之制，一服而已。天子備十二章，三
公諸侯用山龍九章，九卿以下用華蟲七章，皆具五采。
魏明帝以公卿袞衣黼黻之飾，疑於至尊，多所減損，始
制天子服刺繡文，公卿服織成文。及晉受命，遵而無改。
天子郊祀天地明堂宗廟，元會臨軒，介幘，通天冠，平冕。
冕，皁表，朱綠裏，廣七寸，長二尺二寸，加於通天冠上，前
圓後方，垂白玉珠，十有二旒，以朱組為纓，無緌。佩白玉，
垂珠黃大旒，綬黃赤縹紺四采。衣皁上，絳下，前三幅，後
四幅，衣畫而裳繡，為日、月、星辰、山、龍、華蟲、藻、火、粉米、黼
黻之象，凡十二章。素帶廣四寸，朱裏，以朱綠裨飾其側。

图2-4 正文·唐房玄龄等撰《晋书·舆服志》清乾隆时期武英殿刊本
哈佛大学哈佛燕京图书馆藏

贵人、皇太子妃、太夫人、世妇各等服章规制。例如“天子郊祀天地明堂宗庙，元会临轩，黑介帻，通天冠，平冕。冕，皂表，朱绿里，广七寸，长二尺二寸，加于通天冠上。”除记述冠冕和十二章外，还专门提到“赤皮为韨”。韨即蔽膝，是一种从商代护前腹而后发展为礼服装饰的特殊部件。《晋书·舆服志》上承两汉、下启南北朝，是研究纺织文化遗产的重要史料。（图2-4）

拓展资料

房玄龄（公元579—648年），名乔，字玄龄，齐州临淄人。唐朝初年名相、政治家、史学家，隋朝泾阳令房彦谦之子。先后监修成《高祖实录》《太宗实录》《晋书》。后世以他和杜如晦为良相的典范，合称“房杜”。

武英殿本，清代官刻本之一，简称“殿本”或“殿版”。武英殿位于紫禁城西华门内北迤，据咸丰二年（公元1852年）《钦定总管内务府现行则例·武英殿修书处》记，康熙十九年十一月（公元1680年）于武英殿设修书处，开书作、刷印作，校对官吏、写刻工匠咸集于此，遣翰林院词臣总领其事。此后大凡钦定、御制、敕撰诸书，以及经、史群籍，均由武英殿校订版行。乾隆四年（公元1738年），诏刻《十三经注疏》《二十一史》，乾隆十二年（公元1747年），先刻《明史》《大清一统志》，又刻《三通》《旧唐书》，均以写刻工精，纸张优良，校勘精审闻名于世，殿本之名也因此卓著。然嘉庆以后各朝，刻书渐少。

二十四史是中国古代各朝撰写的二十四部正史的总称，均以纪传体编撰。它上起传说中的黄帝时期（约公元前2550年），下至明朝崇祯十七年（公元1644年）。涵盖中国古代政治、经济、军事、思想、文化、天文、地理等各方面的内容。共计3 213卷，约4 000万字。

同文书局，由中国人自办的第一家近代石版印刷图书出版机构。光绪七年（公元1881年），由徐鸿复、徐润等集股设立于上海。所印书除《古今图书集成》《二十四史》等大部头书外，还有《佩文斋书画谱》《通鉴辑览》殿本《子史精华》《康熙字典》《快雪堂法书》等。

金陵书局，同治三年（公元1864年）由曾国藩组建。金陵官书局是清末创办较早而又影响较大的官书局之一，所刻印的书籍，因其校雠皆四方饱学之士，且有雄厚的经济实力作后盾，加之底本多为善本，曾国藩又坚持“但求校雠之精审，不问成书之迟速”的原则，故刊本质量上乘，所刻各书当时人们皆视为善本。

钟惺（公元1574—1625年），明代文学家。字伯敬，号退谷，湖广竟陵（今湖北天门市）人。万历三十八年（公元1610年）进士。著有《史怀》《邺中歌》。

褚遂良（公元596—659年），字登善，杭州钱塘（今浙江省杭州市）人。唐朝宰相、政治家、书法家。传世墨迹有《孟法师碑》《雁塔圣教序》等。

司马懿（公元179—251年），字仲达，河内郡温县孝敬里（今河南省焦作市温县）人。三国时期曹魏政治家、军事谋略家、权臣，西晋王朝的奠基人之一。

《尚书·皋陶谟》，儒家“五经”之一的《尚书》中的一篇散文。皋陶，相传是舜的大臣，掌管刑法狱讼。《史记·五帝本纪》曰：“皋陶为大理，平，民各伏得其实。”史载当时帝舜临朝，禹、伯夷、皋陶相与语帝前。皋陶述其谋。故作此篇。该篇内容记述舜与大臣讨论部落联盟大事，当是后世史官追述当时讨论的对话写成的，是中国古代最早的议事记录。

参考文献

[1]华梅等.中国历代《舆服志》研究[M].北京：商务印书馆，2015：97.

[2]中国学术名著提要编委会.中国学术名著提要第二卷·隋唐五代编[M].上海：复旦大学出版社，2019：87–89.

[3]华梅，周梦.服装概论第2版[M].北京：中国纺织出版社，2020：212.

[4]李之檀.中国服饰文化参考文献目录[M].北京：中国纺织出版社，2001：233.

[5]二十五史百衲本第5册宋史上[M].杭州：浙江古籍出版社，1998：404.

六 唐魏徵长孙无忌等奉敕撰《隋书·礼仪志》

清乾隆四年武英殿刊本

唐魏徵长孙无忌等奉敕撰《隋书·礼仪志》清乾隆四年武英殿刊本，现藏于哈佛大学哈佛燕京图书馆。《隋书》成书于唐显庆元年（公元656年），宋元明清皆刻之。原有北宋天圣二年（公元1024年）刻本，但今已佚。南宋嘉定年间刻本又称宋小字本今存残卷六十五卷，收入《中华再造善本丛书》。另有南宋中字本，今存八卷，其中五卷（卷二四至二五、卷八三至八五）收入《中华再造善本丛书》；另三卷（卷九至十一）藏于台北的“国家图书馆”。元代刻本有二，元大德饶州路儒学刻本（原点校本称元十行本）和元至顺瑞州路刻本（原点校本称元九行本）。明南监本以元大德本为底本翻刻，以此又衍生出北监本。明末毛氏汲古阁本以南监本为底本，校以宋本印行。清乾隆四年武英殿刊本（即本案）以明南监本为底本，兼合南宋本、北监本和汲古阁本校对而成。近现代以来，商务印书馆以元大德九路刻本为底本，武英殿本为校本整理影印，称百衲本。1973年，中华书局以百衲本为底本，参校宋小字本和两种元刻本及其他各种版本择善而从，出版点校本《隋书》，是现行较好的通本。（图2–5）

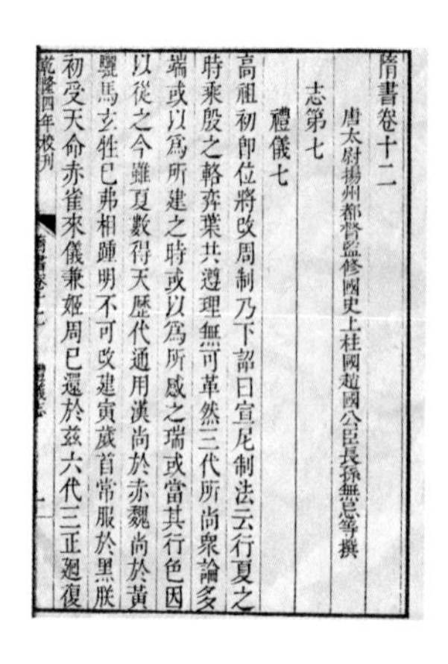
隋書卷十二

唐太尉揚州都督監修國史上柱國趙國公臣長孫無忌等撰

志第七

禮儀七

高祖初即位將改周制乃下詔曰宣尼制法云行夏之時乘殷之輅弈葉共遵理無可革然三代所尚衆論多端或以爲所建之時或以爲所感之瑞或當其行色因以從之今雖夏數得天歷代通用漢尚於赤魏尚於黃驪馬玄牲已弗相踵明不可改建寅歲首常服於黑朕初受天命赤雀來儀兼姬周已還於兹六代三正廻復

乾隆四年校刊

图2-5　礼仪七·唐魏徵长孙无忌等奉敕撰《隋书·礼仪志》清乾隆四年武英殿刊本　哈佛大学哈佛燕京图书馆藏

《隋书》是唐初设史馆制度后完成的官修史书，全书共八十五卷，包括帝纪五卷，志三十卷，列传五十卷。记载上起隋文帝开皇元年（公元581年），下至隋恭帝义宁二年（公元618年）共三十八年的历史。其纪、传和志由不同作者先后撰成。唐太宗贞观三年（公元629年）由魏徵总负责，颜师古、孔颖达、许敬宗等人奉敕编撰《隋书》纪传，魏徵监修，贞观十年（公元636年）《隋书》的纪、传与其他四史同时完成，合称“五代史”，但仍缺少“志”。贞观十五年（公元641年），又命于志宁、李淳风、韦安仁、李延寿、颜师古等人续修“五代史志”。初由令狐德棻监修，后改由长孙无忌监修。至显庆元年（公元656年）修成，历时二十七年。原称《五代志史》，后编入《隋书》。每志皆有序论概述历史源流和本志要旨，并按五个朝代（梁、陈、北齐、北周、隋）分段记述史实，脉络严整。其中《卷十二·志第七·仪礼志》记载了隋朝以及梁、陈、北齐、北周的重要节令、祭祀、射猎、封赠、婚嫁、丧葬、车服仪仗、君臣所践行的仪式等礼仪规制。

“衮冕之制，案《礼·玉藻》十有二旒。《大戴礼》云：冕而加旒，以蔽明也，琇纩塞耳，以蔽聪也。又《礼含文嘉》：前后邃延，不视邪也，加以黈纩，不听谗也。三王之冕，既不通制，故夫子云：行夏之时，服周之冕。今以采綖珠，为旒十二。邃延者，出冕前后而下垂之，旒齐于髆，纩齐于耳，组为缨，玉笄导。其为服之制，案《释名》云：衮，卷也，谓画龙于上也。”

——《隋书·礼仪志》

就纺织文化遗产研究而言,《隋书·礼仪志》是研究隋朝以及梁、陈、北齐、北周的服饰制度和社会风俗的重要史料。其卷一至卷三记载了梁制、陈制直至隋制下,从天子到百官丧葬之礼、朝观之礼,包括时间、祭祀名目、礼节、所用牲畜的规定以及忌讳等。例如:

"皇帝本服大功已上亲及外祖父母、皇后父母、诸官正一品丧,皇帝不视事三日。皇帝本服五服内亲及嫔、百官正二品已上丧,并一举哀。太阳亏、国忌日,皇帝本服小功缌麻亲、百官三品已上丧,皇帝皆不视事一日。"

卷四记载了册封皇后、诸王、太子等礼仪规制。例如:

"诸王、三公、仪同、尚书令、五等开国、太妃、妃、公主恭拜册,轴一枚,长二尺,以白练衣之。用竹简十二枚,六枚与轴等,六枚长尺二寸。文出集书,书皆篆字。哀册、赠册亦同。"

卷五记载了从天子至文武百官出行车辇的等级规定:

"舆辇之别,盖先王之所以列等威也。然随时而变,代有不同"。

"皇太子鸾辂,驾三马,左右骓。朱班轮,倚兽较,伏鹿轼,九旒,画降龙,青盖,画幡。文辀,黄金涂五末。近代亦谓之鸾辂,即象盖也。梁东宫初建及太子释奠、元正朝会则乘之。"

卷六、卷七记载了天子、皇后、太子、诸王以及文武百官在不同场合的服色规定,包括朝服、礼服、丧服、常服以及所佩戴的饰物等。例如:

"衮冕,青珠九旒,以组为缨,色如其绶。自此已下,缨皆如之。服九章,同皇太子。王、国公、开国公初受册,执贽,入朝,祭,亲迎,则服之。三公助祭者亦服之。"

"鷩冕,侯八旒,伯七旒。服七章。衣,华虫、火、宗彝三章;裳,藻、粉米、黼、黻四章。八旒者,重宗彝。侯、伯初受册,执贽,入朝,祭,亲迎，则服之。”

“毳冕，子六旒，男五旒。服五章。衣，宗彝、藻、粉米三章；裳，黼、黻二章。六旒者裳重黻，子、男初受册，执贽，入朝，祭，亲迎，则服之。”

“絺冕，三品七旒，四品六旒，五品五旒。服三章。七旒者，衣粉米一章为三重；裳，黼、黻二章各二重。六旒者，减黼一重。五旒，又减黻一重。正三品已下，从五品已上，助祭则服之。”

值得注意的是，隋朝并没有修撰国史，文献又多散佚，所以唐初修史的依据较少，有些传中称“史失其事”，加之书出众手，纪传与志的修撰又在不同时期由不同人执笔，所以二者之间缺乏联系，互不照应。如《隋书》卷六八《阎毗传》，议辇辂车舆事，称“语在舆服志”，但《隋书》十志中并无“舆服志”，舆服等内容在《礼仪志》五、六、七诸卷，阎毗议增损车舆事见于《礼仪志》五，故在使用时应注意与该书列传部分比较研究。

拓展资料

魏徵（公元580—643年），字玄成，下曲阳县人。唐朝初年杰出的政治家、思想家、文学家和史学家。魏徵曾参与修撰《群书治要》及《隋书》序论，《梁书》《陈书》《齐书》的总论等，其言论多见《贞观政要》。后世辑存有《魏郑公集》。

中华再造善本工程，该工程通过大规模、成系统地复制出版，合理保护、开发、利用善本古籍，使其化身千古，为学界所应用，为大众所共享。“中华再造善本工程”分为五编进行，自唐迄清分为《唐宋编》《金元编》《明代编》《清代编》《少数民族文字文献编》，每编下以经、史、子、集、丛编次。选录范围以我国内地收藏为主，还将陆续与香港、澳门、台湾地区进行接触，最大范围涵盖中华文化典籍的精髓。

孔颖达（公元574—648年），字冲远，冀州衡水（今河北省衡水市）人。唐初经学家、秦王府十八学士之一，孔安之子，孔子三十二代孙。奉命编纂《五经正义》，融合了诸多经学家的见解，是集魏晋南北朝以来经学大成的著作。

许敬宗（公元592—672年），字延族，杭州新城（今浙江杭州市富阳区）人。唐朝宰相，隋朝礼部侍郎许善心之子，东晋名士许询后代。贞观十七年（公元643年），参与完成《武德实录》《贞观实录》的撰写工作。

于志宁（公元588—665年），本姓万忸于氏，字仲谧，雍州高陵（今陕西省西安市高陵区）人，鲜卑族，唐朝宰相，北周太师于谨曾孙，中书舍人于宣道次子。著有《于志宁集》四十卷、《谏苑》二十卷。

李淳风（公元602—670年），道士，岐州雍县人。唐代天文学家、数学家、易学家，精通天文、历算、阴阳、道家之说。李淳风一生著述颇丰，除《五代史志》，还有《乙巳占》《皇极历》一卷、《悬镜》十卷、《文史博要》《典章文物志》《秘阁录》十几部，并对《齐民要术》《本草》等几十部书籍进行过校注。

参考文献

[1]刘雨婷.中国历代建筑典章制度下[M].上海：同济大学出版社，2010：1.

[2]郝时晋，梁光玉，萧祥剑.群书治要续编1[M].北京：团结出版社，2021：465.

[3]周峰.中国古代服装参考资料（隋唐五代部分）[M].北京：北京燕山出版社，1987：261.

[4]白寿彝.中国通史7（第5卷）中古时代·三国两晋南北朝时期上第2版[M].上海：上海人民出版社，2013：17.

[5]张舜徽.中国史学名著题解[M].北京：东方出版社，2019：127.

七 后晋刘昫等奉敕撰《旧唐书·舆服志》

清乾隆四年武英殿刊本

后晋刘昫等奉敕撰《旧唐书·舆服志》清乾隆四年武英殿刊本，现藏于中国国家图书馆。《旧唐书》原称《唐书》，于后晋开运二年（公元945年）成书。百年后，宋仁宗以其内容芜杂不精为由，命宋祁、欧阳修等人重修，于嘉祐五年（公元1060年）成书并“布书于天下”，为与后晋刘昫所撰《唐书》区别得名《新唐书》，而前者则被称为《旧唐书》。

《旧唐书》现存最早的刻本为南宋绍兴间浙东路茶盐司刻本（残本），明嘉靖十七年（公元1538年），浙江余姚人闻人诠以苏州征借所得南宋绍兴重刻本为底本，聘苏州府学训导沈桐作校对并开版印刷，使《旧唐书》重新刊行。清人沈德潜依据此本详加校订成武英殿本（即本案）。道光年间，扬州岑建功重刻殿本，广为印行。1936年，商务印书馆以南宋残本六十九卷刻本为底本，据闻人诠本补齐缺损，重新出版《旧唐书》（百衲本）。1975年，中华书局以岑氏刻本为底本，参校其他各种版本择善而从，出版点校本《旧唐书》，是现行较好的通本。

《旧唐书》系纪传体断代史通史，全书共二百卷，包括本纪二十卷、志三十卷、列传一百五十卷。记事上起唐高祖武德元年（公元618年），下迄哀帝天祐四年（公元907年），共计二百九十年的历史。其中卷四十五（志第二十五）为《舆服志》，除记录皇帝、皇太子、亲王、文武官、后妃、命妇服制外，还简述宰相、将军、舍人、太尉、都督、检校官、中郎将、御史、司隶、宝林和女官的服饰规范，以及鱼符、革带、大带、剑、珮、绶等佩饰。除此之外，亦载庶人、士庶妻、军人、商人、出嫁女子、侍儿、奴婢等衣着服色。例如，书中记载唐初承袭周礼的天子六冕：

"唐制，天子衣服，有大裘之冕、衮冕、鷩冕、毳冕、绣冕、玄冕、通天冠、武弁、黑介帻、白纱帽、平巾帻、白帢，凡十二等。"

又如皇后礼服：

"袆衣，首饰花十二树，并两博鬓，其衣以深青织成为之，文为翚翟之形。素质，五色，十二等。素纱中单，黼领，罗縠褾，皆用朱色也。蔽膝，随裳色，以为领，用翟为章，三等。大带，随衣色，朱里，纰其外，上以朱锦，以绿锦，纽约用青组。以青衣，革带，青袜、舄，舄加金饰。白玉双珮，玄组双大绶。章彩尺寸与乘舆同。受册、助祭、朝会诸大事则服之。"

以及各级官员所用佩饰规范：

"诸珮绶者，皆双绶。亲王纁朱绶，四彩，赤、黄、缥、绀。纯朱质，纁文织。长一丈八尺，二百四十首，广九寸。一品绿綟绶，四彩，紫、黄、赤，纯绿质，长一丈八尺，二百四十首，广九寸。二品、三品紫绶，三彩，紫、黄、赤，纯紫质，长一丈六尺，一百八十首，广八寸。四品青绶，三彩，青、白、红，纯青质，长一丈四尺，一百四十首，广七寸。五品黑绶，二彩，青、绀，纯绀质，长一丈二尺，一百首，广六寸……有绶者则有纷，皆长六尺四寸，广二尺四分，各随绶色。诸鞶囊，二品以上金镂，三品金银镂，四品银镂，五品彩镂。诸珮，一品珮山玄玉，二品以下、五品以上，佩水苍玉。"

"准武德初撰《衣服令》，天子祀天地，服大裘冕，无旒。臣无忌、志宁、敬宗等谨按《郊特牲》云：'周之始郊，日以至。''被衮以象天，戴冕藻十有二旒，则天数也。'而此二礼，俱说周郊，衮与大裘，事乃有异。按《月令》：'孟冬，天子始裘。'明以御寒，理非当暑，若启蛰祈谷，冬至报天，行事服裘，义归通允。至于季夏迎气，龙见而雩，炎炽方隆，如何可服？谨寻历代，唯服衮章，与《郊特牲》义旨相协。按周迁《舆服志》云，汉明帝永平二年，制采《周官》《礼记》，始制祀天地服，天子备十二章。"

——《旧唐书·舆服志》

就纺织文化遗产研究而言，《旧唐书·舆服志》与《新唐书·车服志》均是研究唐代服饰文化的重要史料。《新志》修成后，宋人论《旧志》"纪次无法，详略失中，文采不明，事实零落。"然主编曾公亮曾上皇帝表："其事则增于前，其文则省其旧。"故《旧志》与《新志》相比，在编写方式和内容上略有区别。例如，《旧志》叙述冕服公服朝服时，将男服按等级排列在前，女服按等级排列在后，而《新志》则是将男服与女服按君臣等级合并排列，先叙天子、皇后之服，然后顺序是皇太子、皇太子妃；群臣、内外命妇等。《旧志》更重令式作用，强调令式规定与实际使用情况，《新志》为追求文字简练，将此类叙述尽数删除，故《新志》的部分内容不及《旧志》详细、具体，例如记载时间多用"初""中叶"等字样，并没有准确的纪年，又如删减了婚嫁、丧葬服制的描述。此外，《旧志》与《新志》对于某些服饰的记述也有所不同，例如《旧志》写冕服有十二等，而《新志》则记有十四等；《旧志》写群臣之服有十等，而《新志》记载有二十一等。因此，深入了解唐代服制的全貌需将《旧志》与《新志》结合对比研究。

拓展资料

刘昫（公元887—946年），字耀远，涿州归义（今属河北雄县）人，五代时期历史学家，后晋政治家。后唐庄宗时任太常博士、翰林学士。后晋时，官至司空、平章事。后晋出帝开运二年（公元945年）受命监修国史、负责编纂《旧唐书》。

闻人诠（生卒年不详），字邦正，明余姚（今属浙江）人。嘉靖五年（公元1526年）进士，授宝应知县，升南京提学御史，累官至湖广按察司副使。少从王阳明学，学问赅博，著有《东关图》，又校补《五经》《三礼》《旧唐书》诸书行世。知宝应县时，曾纂成《宝应县志略》四卷。

宋祁（公元998—1061年），字子京，小字选郎。司空宋庠之弟，宋祁与兄长宋庠并有文名，时称"二宋"。曾与欧阳修等合修《新唐书》，代表词作《玉楼春》《蝶恋花·情景》等。

沈德潜（公元1673—1769年），字确士，号归愚，江苏苏州府长洲（今江苏苏州）人。清代大臣、诗人、学者。选编《古诗源》《唐诗别裁集》《明诗别裁集》。

参考文献

[1]张舜徽.中国史学名著题解[M].北京：东方出版社，2019：131.

[2]曹之.中国古籍版本学[M].武汉：武汉大学出版社，1992：537.

[3]黄正建.《旧唐书·舆服志》与《新唐书·车服志》比较研究[J].艺术设计研究，2019（04）：31-36.

[4]孙机.中国古舆服论丛（增订版）[M].北京：文物出版社，2001：337-487.

[5]曹之.中国古籍编撰史[M].武汉：武汉大学出版社，2006：120.

八 北宋欧阳修等撰《新唐书·车服志》

清乾隆四年武英殿刊本

宋欧阳修等撰《新唐书·车服志》清乾隆四年武英殿刊本，现藏于中国国家图书馆。《新唐书》撰成于北宋嘉祐年间，宋元至明清皆有刻之。今存最早版本为北宋嘉祐本，又称“十四行本”。至南宋时期，除“十行本”行世外，另有十四行残本，旧藏皕宋楼，现藏日本静嘉文库。元刻本有元十七史本。明代刻本有成化年间国子监刻本，万历年间国子监二十一史本以及明末毛晋汲古阁十七史本。清刻本众多，有乾隆四年（公元1739年）武英殿刻本，附宋董冲《唐书释音》25卷（即本案）。据殿本又有翻刻本、影刻本、排印本、缩印本以及五局合刻本、开明二十五史本等。民国时期，商务印书馆汇集传世宋本，如影印北宋嘉祐十四行本，残缺之处则以北宋十六行本、南宋十行本的内容补入，刊印成“百衲本”。1975年，中华书局以“百衲本”为基础，参校北宋闽刻十六行本、南宋闽刻十行本、毛晋汲古阁本、清武英殿本及浙江书局本等印行点校本《新唐书》，是当下最为通行的版本。

《新唐书》为纪传体史书，共225卷，记事时间大体与《旧唐书》相似。北宋时期，仁宗以《旧唐书》“记述失序，使兴败成坏之迹，晦而不章”为由，先诏王尧臣、张方平等对《旧唐书》进行修改。至庆历年间，又诏欧阳修、宋祁等进行重修为《新唐书》，于嘉祐六年（公元1061年）成书，形成本纪十卷，志五十卷，列传一百五十卷。其中卷二十四（志第十四）为《车服志》，详述了唐代朝觐、祭祀、出行等重大活动的礼制服章。

> “显庆元年，长孙无忌等曰：武德初，撰《衣服令》，天子祀天地服大裘冕。按周郊被衮以象天。戴冕藻十有二旒，与大裘异。《月令》‘孟冬，天子始裘以御寒。若启蛰祈谷，冬至报天，服裘可也。季夏迎气，龙见而雩，如之何可服？故历代唯服衮章。’汉明帝始采《周官》《礼记》制祀天地之服，天子备十二章，后魏、周、隋皆如之。伏请郊祀天地服衮冕，罢大裘。又新礼，皇帝祭社稷服絺冕，四旒，三章；祭日月服玄冕，三旒，衣无章。按令文，四品、五品之服也。三公亚献皆服衮，孤卿服毳、鷩，是天子同于大夫，君少臣多，非礼之中。且天子十二为节以法天，乌有四旒三章之服？若诸臣助祭，冕与王同，是贵贱无分也。”
>
> ——《新唐书·车服志》

唐高祖李渊于武德七年（公元624年）颁布的“武德令”既已含服章，其内容基本袭隋朝旧制，天子之服十四为大裘冕、衮冕、鷩冕、毳冕、絺冕、玄冕、通天冠、缁布冠、武弁、弁服、黑介帻、白纱帽、平巾帻、白帢；皇太子之服六为衮冕、远游冠、公服、乌纱帽、弁服、平巾帻；皇后之服三为袆衣、鞠衣、钿钗襢衣；命妇之服六为翟衣、钿钗礼衣、礼衣、公服、半袖裙襦、花钗礼衣。《新唐书·车服志》详述了以上各类服饰的配套方式、服用者对象及应用场合。

例如天子之服有“大裘冕者，祀天地之服也。广八寸，长一尺二寸，以板为之，黑表，纁里，无旒，金饰玉簪导，组带为缨，色如其绶，黈纩充耳。大裘，缯表，黑羔表为缘，纁里，黑领、襟、襟缘，朱裳，白纱中单，皂领，青襟、裾，朱袜，赤舄。”

另含服饰禁令，如“文宗即位，以四方车服僭奢，下诏准仪制令，品秩勋劳为等级。职事官服绿、青、碧，勋官诸司则佩刀、砺、纷、帨。诸亲朝贺宴会之服：一品、二品服玉及通犀，三品服花犀、班犀。车马无饰金银。衣曳地不过二寸，袖不过一尺三寸。妇人裙不过五幅，曳地不过三寸，襦袖不过一尺五寸。”

由此可见，《新唐书·车服志》不仅对考释唐代舆服制度有着重要的文献价值，更是研究纺织文化遗产必要的参考资料。

拓展资料

皕宋楼，清末陆心源藏书楼之一。以皕宋为楼名，意谓内藏宋刻本有200种之多。陆氏藏书多得自上海郁松年宜稼堂，其中大部分为汪士钟艺芸书舍所收乾嘉时苏州黄丕烈士礼居、周锡瓒水月亭、袁廷梼五砚楼、顾之逵小读书堆等四大家之旧藏，极为珍贵。光绪三十三年（公元1907年）六月，皕宋楼和守先阁藏书15万卷，由陆心源之子陆树藩以10万元全部售与日本岩崎氏的静嘉堂文库。

建阳书坊，位于福建省南平市，在宋代即享有“图书之府”的美誉，是全国三大雕版印书中心之一，其刊印之书称“麻沙本”或“建本”。

嘉业堂藏书楼，系刘镛孙刘承幹于1920年所建，因清帝溥仪所赠“钦若嘉业”九龙金匾而得名。藏书楼鼎盛时期的藏书全部为五十几万卷，号称六十万卷，共十六七万册，至1949年藏书仅存十万册左右，其中最著名的是《清实录》和《清史列传》底稿。

王尧臣（公元1003—1058年），字伯庸。应天府虞城县（今河南虞城）人。北宋大臣、文学家、书法家。王尧臣工诗词，擅书，以文学名，典内外制十余年，文辞温丽。又精于目录学，有《崇文总目》传世。

张方平（公元1007—1091年），字安道，号乐全居士，谥“文定”，北宋大臣，应天府南京（今河南商丘）人。代表作品《乐全集》四十卷。

参考文献

[1]黄能馥，陈娟娟.中国服饰史第2版[M].上海：上海人民出版社，2014：230.
[2]尤炜祥.两唐书疑义考释《新唐书》卷[M].杭州：西泠印社出版社，2012：35.
[3]周峰.中国古代服装参考资料（隋唐五代部分）[M].北京：北京燕山出版社，1987：353.
[4]邓之诚.中华二千年史卷3隋唐五代[M].北京：东方出版社，2013：120.
[5]黄正建.《旧唐书·舆服志》与《新唐书·车服志》比较研究[J].艺术设计研究，2019（04）：31-36.

九 南宋张棣撰《金虏图经》

1987年上海古籍出版社《三朝北盟会编》影印本

南宋张棣撰《金虏图经》1987年上海古籍出版社《三朝北盟会编》影印本。《金虏图经》成书时间不详，只收录于《三朝北盟会编》。《三朝北盟会编》成书于光宗绍熙五年（公元1194年），自南宋直到清代中叶年间仅有抄本流传，无任何人为之刻版印行。清乾隆年间编修《四库全书》时，以著录《三朝北盟会编》底本为抄本之一，《于文襄手札》记载当四库馆臣收录此书之时，任正总裁的于敏中曾致函总纂官陆锡熊说："《北盟会编》历来引用极多，未便轻改。或将其偏驳处于《提要》中声明，仍行抄录，似亦无妨。但此难于遥定，或俟相晤时取一二册面为讲定何如？"此后，仍把他们认为违碍的字样，由纂修官平恕等一一加以篡改。现今流传版本多有讹误、脱漏以及文句甚至段落先后颠倒之处，即使经过著名学人雠刊者，也仍不能悉数予以订补和校正。光绪四年（公元1878年），如皋人袁祖安假得川人方功惠所藏抄本，用木活字排版五百部，是为最早的印本。但其所据底本多有虫蚀残损，排印时亦不精审。故1908年，清苑人许涵度鉴于活字本"夺讹特甚"，便又从陶家瑶假得修四库时所用底本刻印行世，凡经四库馆臣涂抹的字句，均照原抄刻作正文，四库馆臣改人之文字则一律跨注正文之下。此刻本首尾完整，远胜于活字本，但讹脱之处，在所难免，又疏于校勘，以致有许多讹脱之字句均勘正于每卷后之校勘记中。

《金虏图经》异名甚多，《三朝北盟会编》卷首所载引用书目云："《金虏图经》，一曰《金虏志》。归正官张棣。"《三朝北盟会编》卷二四四有"张棣《金虏图经》曰"的记载。《建炎以来系年要录》却有张棣《金志》、张棣《图经》、张棣《金国志》、张棣《金国记》诸名（分别见该书卷一、卷二、卷一三〇、卷一六一）。此外，该书另有《金人志》一名。目前诸多学者对此亦有探讨，如陈乐素在《〈三朝北盟会编〉考》"引用书杂考"一节中对《金虏图经》书名作了考证，认定《金虏图经》即《金国志》。傅朗云在《〈张棣金图经〉杂考》中认为："《金虏图经》应是最原始的书名，《金虏志》系简称。《金人志》《金图经》《图经》《金国记》《金国志》《金志》均为后人篡改。《金图经》《图经》均带图。《金志》《金国志》《金国记》《金人志》可能仅存文字部分。"日本学者三上次男在《张棣的〈金国志〉就是金图经》中认为："正确的名称应该是《金国志》或《金图经》，但《会编》的编者却称此书作《金虏图经》《金虏志》，这不外是表示宋人对金的敌忾之情，这与宋朝周辉在使北日记《北辕录》中称金人为虏人是一样的。"

《金虏图经》一书自南宋以来就有二卷本和一卷本之争。就《三朝北盟会编》卷二四四引张棣《金虏图经》佚文分析，以一卷为宜。根据《三朝北盟会编》所引《金虏图经》是由京邑、宫室、宗庙、禘祫、山陵、仪卫、旗色、冠服、官品、取士、屯田、用师、田猎、刑法、京府节镇防御军、地里驿程十六门组成。但《四库全书总目提要》却记载为“自京邑至族帐部曲凡十七门”，与《三朝北盟会编》记载不同。东北师范大学古籍整理研究所从《建炎以来系年要录》卷一三〇中发现张棣《金国志·世系篇》，同《三朝北盟会编》卷二四五《族帐部曲录》的文字对照研究，十分相近，该所认为这两部分文字可以构成《金虏图经》卷二的内容。这不仅与《直斋书录解题》卷五所载《金国志》二卷吻合，也接近于《四库全书总目提要》卷五十“自京邑至族帐部曲凡十七门”的提法。后经东北师范大学古籍整理研究所辑佚重编的《金虏图经》目次如下：“卷一：京邑、宫室、宗庙、禘祫、山陵、仪卫、旗帜、冠服、官品、取士、屯田、用师、田猎、刑法、京府节镇防御州军、地里驿程凡十六目；卷二世系篇：族帐部曲录凡二目。总计二卷十八目或十八门。”

其中，卷二百四十四“冠服”部分，记载了君臣之服品级样式。例如，对君臣之服的记载为：“虏君臣之服，大率与中国相似，止左衽异焉，虽虏主，服亦左衽。其臣下之服不从乎职，而从于官，如五品官，便可衣五品服，虽职上下，并不改。至于服绯紫，亦无岁月可限，但官与服色等，则服焉。如文武臣四品，皆横金，文臣则加鱼，不待赐而自许服焉。”

此外，该卷“旗帜”部分，记载了金国在军事征伐和出行时使用不同旗帜，以示其不同的用途和地位。例如，对旗帜颜色与形制的记载为：“虏人以水德，凡用师行征伐，旗帜尚黑，虽五方皆具，必以黑为主。寻常车驾出入，止用一色日旗，与后同乘，加月焉，三旗相闲而陈，或数百队，或千余队，日旗即以红帛为日，刺于黄旗之上，月旗即以素帛为月刺于红旗之上。又有大绣日月旗。”

就纺织文化遗产研究而言，《金虏图经》详细描述了纺织品在文化交流和融合中的角色，提到女真服饰与中原服饰的相似之处，反映了不同文化间的相互影响和交流，如“虏君臣之服，大率与中国相似，止左衽异焉”。但值得注意的是，该书内容或存在误传、遗漏或篡改等影响其中信息准确性的问题，此外，关于《金虏图经》作者、资料来源等方面仍在学界存有争议，故此书在使用时需与同时期舆服文献结合考证。

拓展资料

徐梦莘（公元1126—1207年），江西清江人，绍兴二十四年（公元1154年）进士，大部分时间在家著述。

《三朝北盟会编》成书于光宗绍熙五年（公元1194年），上帙政宣25卷、中帙靖康75卷、下帙炎兴150卷。记载自政和七年（公元1117年）海上之盟，迄绍兴三十二年（公元1162年）完颜亮伐宋，共计46年宋金关系的史料。三朝是指宋徽宗赵佶、宋钦宗赵桓、宋高宗赵构三朝，该书成书于光宗绍熙五年（公元1194年），史料收罗广泛，凡诏敕、制诰、书疏、奏议、记传、行实、碑志、文集、杂著等，悉取尽收，按年、月、日标示事目，加以编排，征引文献达二百多种。

于敏中（公元1714—1799年），字叔子，一字重棠，号耐圃，清朝官员。江南镇江府金坛县（今江苏省常州市金坛区）人。状元及第，官至文华殿大学士兼户部尚书，谥文襄。

《于文襄手札》，于敏中任四库馆总裁的乾隆三十八年至四十一年间（公元1773—1776年），致时任四库馆总纂官陆锡熊的信函，内容包括二人对《四库全书》编修和对四库馆管理事务所作讨论，是研究四库馆早期制度建设与运作规程的重要资料。

袁祖安（生卒年不详），江苏如皋人。清朝政治人物，同治元年（公元1862年）壬戌科进士。光绪五年（公元1879年），担任清朝广州府南海县知县。累官广东钦州直隶州知州。

许涵度（公元1853—1914年），字紫蕤，河北清苑人。清同治十三年（公元1874年）贡士。光绪二年（公元1876年）补殿试，中进士，以知县分试山西。五年（公元1879年），补授凤台知县。后任忻州（今属山西）知州，在任16年，迁潞安府（治今山西长治）知府。

陶家瑶（公元1871—？年），字星如，江西南昌县人，原籍浙江会稽县。清末贡生，曾任四川盐运使等职。1913年起，历任江西内务司司长，北京政府财政部整理赋税所议员、长芦盐运使、安福会参议院议员。1923年调任江西省长。1926年7月任全国水利局总裁，1928年去职，后寓居上海。

《建炎以来系年要录》，是宋代李心传撰写的记述宋高宗赵构一朝时事的编年史书，记述了建炎元年（公元1127年）至绍兴三十二年（公元1162年）共三十六年的史事，有二百卷。高宗一代曾有大量的时事记载，由于这些记载的见闻、详略、政见不同，对人物的评论也有所不同，故事多歧互，众说纷纭。李心传以《高宗日历》《中兴会要》等官书为基础，参考其他官书，以及一百多种私家记载、文集、传记、行状、碑铭等，进行了细致的考订，采用了他认为是可信的，辨别了他认为不可信的，并一一注明。对重要事件，书中不能全载的，也另加注明。但因作者撰写该书是在秦桧、秦熺父子恣意篡改官史之后，《要录》便不免因袭旧章，承其谬误。《建炎以来系年要录》一书，包括宋高宗一代政治、军事、经济、文化等各方面的叙述，也记录了金太宗完颜晟、金熙宗完颜亶、金海陵王完颜亮三代的史事，为研究宋、金等史的基本史籍之一。该书可与徐梦莘《三朝北盟会编》互为补充，前者有较为全面的叙述，后者则保存了较多的原始记述。有此两书，对高宗一代史实可以得到较清晰地了解。《建炎以来系年要录》有清《四库全书》本、光绪仁寿萧氏刻本和广雅书局刻本传世。

陈乐素（公元1902—1990年），我国著名历史学家，广东省新会县（今为江门市新会区）棠下镇石头乡（今属江门市蓬江区）人，是我国著名教育家、历史学家陈垣的长子。著有《求是集》《宋史艺文志考证》《宋元文史研究》《援庵史学论著选》等。

三上次男（公元1907—1987年），日本东方学家和考古学家。东京大学名誉教授，以研究东方历史（尤其是亚洲东北部历史）、游牧民族史和东方陶瓷史而知名。特别是开创了一个新的研究领域，即"陶瓷贸易史"，研究海上丝绸之路上的东西方交流。

《北辕录》，南宋周辉撰，共1卷。记载了淳熙四年（公元1177年）敷文阁待制张子正充贺金国生辰使，右监门卫大将军赵士褒为副使，率团出使金国的经过。使团从临安（今浙江杭州）出发，至盱眙军（治今江苏盱眙）过境，由金国的泗州（治今江苏盱眙北）经南京开封府（今属河南），再北上至中都大兴府（今北京），参加了金国皇帝的生辰祝贺仪式活动后，返回临安，往返96天。本书叙述了一路上所经金国各地的风土人情、名胜古迹，及使团的吃住招待、车船接送等情况，尤其对京城中都的建筑风貌、官场礼仪等更有细致描绘。为后人研究金朝文化及宋金关系，提供了宝贵的第一手资料。有《续百川学海》本、《古今说海》本等。

参考文献

[1]傅朗云.张棣《金图经》杂考[J].北方文物，1987（02）：93–94.

[2]孙建权.关于张棣《金虏图经》的几个问题[J].文献，2013（02）：131–137.

[3]三上次男，曾贻芬.张棣的《金国志》就是金图经——《大金国志》与《金志》的关系[J].史学史研究，1983（01）：69–74.

十 南宋宇文懋昭撰《大金国志》

清嘉庆二年扫叶山房校藏本（重刻）

南宋宇文懋昭撰《大金国志》清嘉庆二年扫叶山房校藏本（重刻），乾隆六十年（公元1795年）初刻，嘉庆二年（公元1797年）重印，现藏于日本内阁文库。该书于南宋端平元年（公元1234年）或略晚成书，旧题宋宇文懋昭撰，但据有关学者推断，作者实为托名。在扫叶山房版初刻以前，虽可能有刻本，但仅有钞本行世。清末藏书家章钰曾指出《大金国志》亦有元刻本，但早已亡佚。现存较早钞本有三：其一，罗振玉藏读画斋本；其二，海丰吴氏藏五砚楼钞校本；其三，傅增湘藏天一阁钞本（蓝格，棉纸，每半叶九行十二字）。三本卷首都有金国初兴本末"经进大金国志表""金国九主年谱"及"金国世系图"，正文亦有天头记事标目。清代经名家校跋钞本亦有十余种，主要有：清初钱曾跋钞本、叶树廉钞本、查慎行批校钞本，三者天头均有记事标目。今通本以1986年中华书局崔文印校证本为代表。（图2–6）

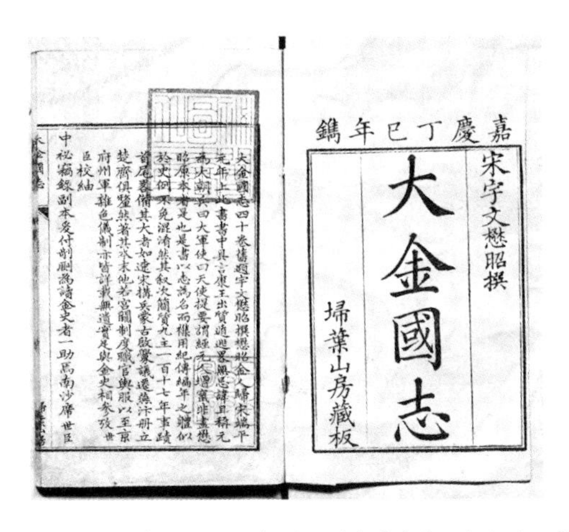
嘉慶丁巳年鐫

宋宇文懋昭撰

大金國志

埽葉山房藏板

图2-6 首页·南宋宇文懋昭撰《大金国志》清嘉庆二年扫叶山房校藏本（重刻）

《大金国志》是记载完颜氏金朝始末的纪传体著作。全书共四十卷，卷首有九主年谱一卷，帝纪二十六卷，传三卷，录二卷，杂录册文一卷，天文、地理、杂载风俗制度七卷，行程录一卷。卷一至卷二十六为金朝诸帝纪，卷二十七为开国功臣传，卷二十八、二十九为文学翰苑传，卷三十至卷三十二为杂录，载有金朝所立傀儡张邦昌、刘豫诸事。卷三十三至卷三十九为制度，涵盖了天文、地理、燕京制度、汴京制度、陵庙制度、仪卫、旗帜、车伞、服色、千官品列、杂色仪制、诰敕、除授、天会皇统科举、天德科举、皂隶、浮图、道教、科条、赦宥、屯田、田猎、兵制、初兴风土、男女冠服、婚姻、饮食等各种制度。卷四十节记录了许亢宗奉使行程录。全书体例不整，前二十六卷以编年体的形式记载了太祖完颜旻至义宗皇帝金朝九主的史事，而后十四卷则为纪传体，与二十四史中的列传、志相似。

> “黄荛翁得残《契丹国志》十七卷，上方有小字标目，定为元刻本。海丰吴氏藏旧钞十一行二十二字本，上方有标目，与黄说同，则必景元本也。《大金国志》则未闻有标目之说，而吴氏又藏一钞本，亦十一行二十二字，上有标目，与《契丹国志》一律，可知元时两志必有同时同地刻本，特《大金国志》已断种耳。”
>
> ——傅增湘《藏园群书题记》

《大金国志·卷三十四·服色》中记载了各级文武官员服色、佩带及佩鱼制度，例如“国主视朝服，纯纱幞头，窄袖赭袍，玉匾带黄满头，如遇祭祀册封告庙，则加衮冕法服，平居闲暇皂巾杂服，与士庶无别。太子服纯纱幞头，紫罗宽袖袍，象简玉带，佩双玉鱼。王公服谓亲王及三公服，紫罗宽袖袍，纱制幞头，象简玉带，佩玉鱼。正一品……紫罗宽袖袍，象简玉带，佩金鱼。从一品……紫罗袍，象简金带，佩金鱼。”

《大金国志·卷三十九·男女冠服》对男女日常着装进行了阐述：“金俗好衣白，辫发垂肩，与契丹异，（耳）垂金环，留颅后发，系以色丝，富人用金珠饰，妇人辫发盘髻，亦无冠。自灭辽侵宋渐有文饰，妇人或裹逍遥巾或裹头巾，随其所好，至于衣服，尚如旧俗。土产无桑蚕，惟多织布，贵贱以布之麄细为别。又以化外不毛之地，非皮不可御寒，所以无贫富皆服之。富人春夏多以紵丝绵细为衫、裳，亦间用细布。秋冬以貂鼠、青鼠、狐貉皮或羔皮为裘，或作紵丝四袖。贫者春夏并用为衫裳，秋冬亦衣牛、马、猪、羊、猫、犬、鱼、蛇之皮，或獐、鹿皮为衫。袜袴皆以皮。至妇人衣（曰）大袄子，（不领）如男子道服，裳曰锦裙，（裙）去左右各阙二尺许，以铁条为圈，裹以绣帛，上以单裙笼之。”

总的来看，《大金国志》在编纂体例上略有冗杂失次，甚至被视为伪书的缺陷。但尽管如此，它将金太祖至哀宗共一百一十七年金国事迹裒集成编，仍保存了较多史料。所载服色规制等或为他书所不载，其内容亦可与《金史》两相印证，是研究金代纺织文化遗产重要的参考资料。

拓展资料

宇文懋昭（生卒、字号、籍贯均不详），南宋端平元年稍前，在淮西弃金归宋，被授予工部架阁。纂修《大金国志》事无可详考。该书所附进书表署端平元年正月十五日，金亡即在是月十日，相距仅五日，即成书进献，且书中对金、宋两国俱直斥其号，独称元为大朝，文学翰苑诸传皆全录元好问《中州集》中小传略加删削，故李慈铭《郇学斋日记》癸集下谓：“此书前人多疑之，余谓实伪作也。宇文懋昭之名，亦是景撰，盖是宋元间人钞撮诸记载，间以野闻里说。”

章钰（公元1865—1937年），字式之，号茗簃，一字坚孟，号汝玉，别号蛰存、长孺、曙戒学人、北池逸老、霜根老人、全贫居士等，藏书室名四当斋，今江苏苏州人。章钰少孤力学。光绪二十九年（公元1903年）中进士，以主事分部学习。返乡举办初等小学堂多所以启发民智，是苏州开办小学的创始人。曾于刑部湖广清吏司行走，为南洋、北洋大臣幕僚，京师图书馆编修。

参考文献

[1]（宋）宇文懋昭撰.大金国志校证[M].崔文印，校证.北京：中华书局，1986.
[2]杨丽莹.扫叶山房史研究[M].上海：复旦大学出版社，2013：66−69.
[3]杨共乐.《史学史研究》文选中国古代史学卷·下[M].北京：华夏出版社，2017.
[4]李峰.苏州通史·人物卷（下）中华民国至中华人民共和国时期[M].苏州：苏州大学出版社，2019.
[5]中国学术名著提要编委会.中国学术名著提要第三卷·宋辽金元编[M].上海：复旦大学出版社，2019.

十一 南宋叶隆礼撰《契丹国志》

清乾隆五十八年承恩堂刻本

南宋叶隆礼撰《契丹国志》清乾隆五十八年承恩堂刻本，现藏于日本国立公文书馆，中国国家图书馆亦有同版收藏。清黄丕烈题跋元刻本为已知最早刊本（现藏于中国国家图书馆），其后有明数卷摘抄本（复旦大学图书馆藏），清毛氏汲古阁抄本，同治十三年（公元1874年）刘履芬抄本，《四库全书》总纂纪昀等“详加校勘，依例改纂”的重订本，乾隆五十八年（公元1793年）承恩堂刻本（即本案），清嘉庆二年（公元1797年）席世臣扫叶山房刻本传世，近现代以来有上海古籍出版社贾敬颜、林荣堂的点校本。此外，不同的版本卷首分别附有《经进契丹国志表》《契丹国初兴本末》《契丹国九主年谱》《契丹世系之国》《契丹地理之图》《晋献契丹全益之图》。

《契丹国志》旧题南宋叶隆礼奉敕撰，但其作者身份存疑。程晋芳在《勉行堂文集》卷五中《契丹国志》跋文中提到“（淳祐七年）上距淳熙七年且六十七年，乌有淳祐七年进士转于七十年前献书者乎？或淳祐误作淳熙，然亦无是年成进士即官秘书丞之理。凡此皆有可疑。”20世纪30年代，余嘉锡先生作《四库提要辨证》，也曾指出《契丹国志》进书表中的矛盾，并据此提出此书“疑是后人所伪撰，假隆礼之名以行，犹之《大金国志》托名宇文懋昭耳”。

《契丹国志》系纪传体史书，全书共二十七卷，包含帝纪十二卷，列传七卷，后晋、辽国及北宋往来文书一卷，各国馈贡礼物数一卷，地理一卷，风俗及各种制度一卷，行程录及使北记两卷，诸番杂记一卷，岁时杂记一卷。其中卷二十三记有政治制度，具体涵盖了国土风俗、建官制度等九种，其中“衣服制度”记载了契丹国“藩汉”并举的二元制度下的服饰特征。（图2–7）

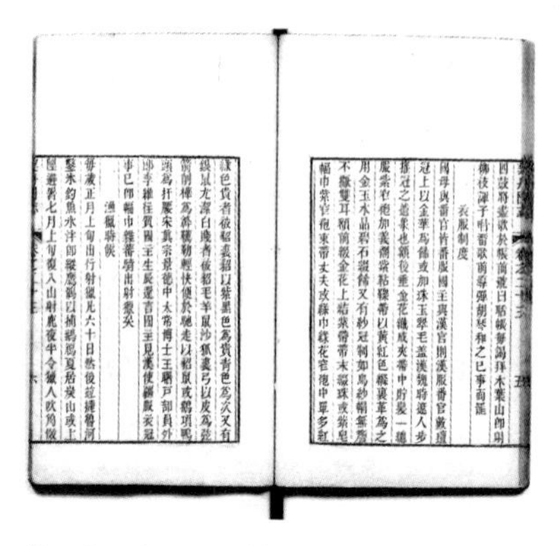

图2–7 卷二十三（衣服制度）·南宋叶隆礼撰《契丹国志》
清乾隆五十八年承恩堂刻本 日本国立公文书馆藏

“国母与番官皆胡服，国主与汉官则汉服。胡官戴毡冠，上以金华为饰，或以珠玉翠毛，盖汉、魏时辽人步摇冠之遗象也。额后垂金花织成夹带，中贮发一总。服紫窄袍，加义襕系鞊鞢带，以黄红色绦裹革为之，用金、玉、水晶、碧石缀饰。又有纱冠，制如乌纱帽，无檐，不擫双耳，额前缀金花，上结紫带，带末缀珠。或紫皂幅巾，紫窄袍，束带。大夫或绿巾，绿花窄袍，中单多红绿色。贵者被貂裘，貂以紫黑色为贵，青色为次，又有银鼠，尤洁白；贱者被貂毛、羊、鼠、沙狐裘。弓以皮为弦，箭削桦为簳，鞯勒轻快，便于驰走。以貂鼠或鹅项、鸭头为扞腰。宋真宗景德中，太常博士王曙、户部员外郎李维往贺国主生辰，还，言国主见汉使彊服衣冠，事已，即幅巾杂蕃骑出射猎矣。”

——叶隆礼《契丹国志·卷二十三》

就纺织文化遗产研究而言，《契丹国志》尽管是除元修《辽史》之外最系统的辽代史书，但行文中存在“体例混淆，书法讹舛”的情况，所载史事亦有失当之处，且编撰者生平与进书表表述之间的矛盾和真伪之辨至今尚未解决，故在使用时应对其内容详细甄别，并注意与其他文献、图像和实物史料比较研究。

拓展资料

叶隆礼（生卒年不详），字士则，号渔村，南宋嘉兴府（治今浙江湖州）人，一说台州（治今浙江临海）人。淳祐七年（公元1247）进士，历任建康府通判、国子监主簿、两浙转运判官、知临安府等职。景定元年（公元1260年）以朝奉大夫、直宝文阁知绍兴府。

日本国立公文书馆（National Archives of Japan），1971年7月成立，是日本国家级档案馆，隶属总理府，负责管理国家行政档案和其他文书档案、图书和古代文献资料，并提供借阅、进行调研和从事档案外事活动。馆藏档案对外开放，图书实行开架阅览。该馆每年春秋两季定期举办各种档案展览，还编辑出版有《国立公文书馆年报》和《北之丸》杂志。

傅增湘（公元1872—1949年），字沅叔，别署双鉴楼主人、藏园居士、藏园老人、清泉逸叟、长春室主人等，四川江安县人，现代著名藏书家。1927年10月到1929年3月任故宫博物院管理委员会委员，兼故宫图书馆馆长。

《四库全书》，全称《钦定四库全书》，是清代乾隆时期编修的大型丛书。分经、史、子、集四部，故名“四库”。在清高宗乾隆帝的主持下，由纪昀等360多位高官、学者编撰，3 800多人抄写，耗时十三年编成。据文津阁藏本，共收录3 462种图书，共计79 338卷，36 000余册，约八亿字。《四库全书》是中国古代最大的文化工程，对中国古典文化进行了一次最系统、最全面的总结，呈现出了中国古典文化的知识体系。

《四库全书总目》，又名《钦定四库全书总目提要》，清代纪昀总纂。以经史子集提纲，部下分类，全书共分四部、四十四类、六十七个子目，收录《四库全书》的著作3 461种（79 307卷），又附录了未收入《四库全书》的著作6 793种（93 551卷）。基本包括了清乾隆以前我国重要的古籍，特别是元代以前的书籍更完备。

参考文献

[1]杨共乐.《史学史研究》文选中国古代史学卷下[M].北京：华夏出版社，2017.

[2]杨倩描.宋代人物辞典下[M].河北：河北大学出版社，2015.

[3]中国学术名著提要编委会.中国学术名著提要第三卷·宋辽金元编[M].上海：复旦大学出版社，2019：248–249.

[4]夏征农.辞海中国古代史分册[M].上海：上海辞书出版社，1988.

[5]中国历史大辞典辽夏金元史卷编纂委员会.中国历史大辞典辽夏金元史[M].上海：上海辞书出版社，1986：346.

[6]任松如.四库全书答问[M].上海：上海科学技术文献出版社，2016.

[7]杨翼骧.增订中国史学史资料编年宋辽金卷[M].北京：商务印书馆，2013.

十二 南宋叶隆礼撰《辽志》

明万历年间《历代小史》刊本

南宋叶隆礼撰《辽志》明万历年间《历代小史》刊本，今藏于哈佛大学哈佛燕京图书馆。另有明万历年间《古今逸史》刻本、清顺治四年（公元1647年）《说郛》宛委山堂刻本、道光元年（公元1821年）《古今说海》苕溪邵氏酉山堂刊本、1937年《景印元明善本丛书十种》影印本，1936年商务印书馆《丛书集成初编》排印本等。

《辽志》为作者所撰《契丹国志》的节本，不分卷，其内容反映了契丹族的族姓、风俗、节日以及各种制度等。该书卷首“初兴始末”与原书卷首相同，而“族姓原始”“国土风俗”“并今部落”“兵马制度”“建官制度”“宫室制度”“衣服制度”“渔猎时候”“试士科制”皆摘取原书二十三卷，“岁时杂记”等选自原书二十七卷，其他皆未取。其中“衣服制度”篇内容同《契丹国志》一致，记载了契丹国“藩汉”并举的二元制度下的服饰特征。如“国母与番官皆胡服，国主与汉官即汉服。番官戴毡冠，上以金华为饰，或以珠玉翠毛。盖汉、魏时辽人步摇冠之遗像也。额后重金花织成夹带，中贮发一总。服紫窄冠，加义襴，系鞢带，以黄红色绦裹革为之，用金、玉、水晶、碧石缀饰。又有纱冠，制如乌纱帽，无檐，不擫双马，额前缀金花，上结紫带，带末缀珠或紫皂幅巾，紫窄袍，束带。大夫或绿巾，绿花窄袍，中单多红绿色。贵者被貂裘，貂以紫黑色为贵，青色为次。又有银鼠，尤洁白。贱者被貂毛、羊、鼠、沙狐裘。弓以皮为弦，箭削桦为簳，鞯勒轻快，便于驰走。以貂鼠或鹅顶、鸭头为扞腰。宋真宗景德中，太常博士王曙、户部员外郎李维，往贺国主生辰，还，言国主见汉使，强服衣冠，事已，即幅巾杂番骑出射猎矣。”

就纺织文化遗产研究而言，《辽志》原书《契丹国志》记载了辽代二百一十八年的历史，收录了许多今已失传的珍贵史料记载，并且对于书中内容多引用原文而无所更改，如本书“衣服制度”部分内容系引用南宋李焘撰《续资治通鉴长编》对辽国朝廷衣服制度的记载“其衣服之制，国母与蕃官国服，国主与汉官即汉服。”但值得注意的是，《辽志》与《契丹国志》在行文中均存在“体例混淆，书法讹舛”的情况，所载部分史事亦有失当之处，且编撰者生平与进书表表述之间的矛盾和真伪之辨至今尚未解决，故在使用时应对其内容详加考证。

拓展资料

叶隆礼（生卒年不详），字士则，号渔林。嘉兴（今属浙江）人。生卒年未详。南宋理宗淳祐七年（公元1247年）进士。曾为建康府西厅判官，淳祐十二年，改授国子监簿，理宗开庆元年（公元1259年）调两浙转运通判。以朝散郎直秘书阁，自两浙转运判官除军器少监兼知临安府。景定元年（公元1260年），除军器监、除直宝文阁，知绍兴府，是年以次宫离任。宋末谪居袁州（江西宜春），入元隐居不仕。

《历代小史》，明万历间李栻辑。栻字孟敬，江西丰城人。嘉靖进士，官至浙江按察司副使。是书收汉至明著作一百零六种。每种摘录数条，汇为一卷。内容主要是历史琐闻、笔记、杂录，依所记史实先后排列，有宋罗泌《路史》、晋王嘉《王子年拾遗记》、汉刘歆《西京杂记》、汉班固《汉武故事》、刘宋刘义庆《世说新语》、唐刘餗《隋唐嘉话》、宋孙光宪《北梦琐言》、宋陈彭年《江南别录》、宋张唐英《蜀梼杌》、宋周必大《玉堂杂记》、宋钱惟演《钱氏私志》、宋杨万里《挥尘录》、佚名撰《朝野佥言》、宋周密《齐东野语》、宋岳珂《程史》、宋叶隆礼《辽志》、宋宇文懋昭《金志》、元郑元祐《遂昌山樵杂录》、明皇甫录《皇明纪略》、明陈洪谟《继世纪闻》等，每种各一卷，书前有李栻同年进士陈文烛序。该丛书所收诸书并非全属史部书，又多割裂不全，如《辽志》《金志》《松漠纪闻》等皆为节本。

《古今说海》，明陆楫编。楫字思豫，上海人。是编辑录前代至明小说，分四部七家。一曰说选，载小录编记二家，二曰说渊，载别传家。三曰说略，载杂记家。四曰说纂，载逸事、散录、杂纂三家。所采凡一百三十五种，每种各自为帙，而略有删节。考割裂古书，分隶门目者，始魏缪袭、王象之《皇览》。其存于今者，修文殿《御览》以下，皆其例也。

《古今逸史》是明代万历年间吴琯所编的一部专门收罗古代逸书的大型丛书。采用明万历时期吴中珩重订刊刻本为底本影印。共收录古籍55种，分为逸志和逸记两大类，合志、分志、纪、世家、列传等五小类。内容驳杂，涉及语言、文学、艺术、历史、传记、地理、制度、风俗、园林、宗教、杂闻轶事等诸多门类，故统称“逸史”。

《续资治通鉴长编》南宋李焘撰，五百二十卷。作者取北宋九朝史事，仿司马光《资治通鉴》体例，著为此书。自孝宗隆兴元年（公元1163年）至淳熙四年（公元1177年），分四次上进。淳熙十年，重编定为九百八十卷，并上《举要》六十八卷，《修换事目》十卷，《目录》五卷，共计一千零六十三卷。记实录、国史、会要、野史、家乘、墓志铭、行状等有关资料。其中分注考异，详引他书，保存大量史料，既可考定《宋史》《辽史》及现存文集、笔记传写之误，又可从中辑存佚文、佚书。

参考文献

[1]中国历史大辞典辽夏金元史卷编纂委员会.中国历史大辞典辽夏金元史[M].上海：上海辞书

出版社，2010：131.
[2]白寿彝.中国通史11（第7卷）中古时代·五代辽宋夏金上[M].上海：上海人民出版社，2004：4.

十三 元脱脱阿鲁图等撰《宋史·舆服志》

清乾隆四年武英殿刊本

元脱脱阿鲁图等撰《宋史·舆服志》清乾隆四年武英殿刊本，现藏于中国国家图书馆。《宋史》撰成于元末至正三年（公元1343年），刊刻版本诸多。现存最早版本为元代至正六年（公元1346年）杭州路刻至正本。明代有成化十六年（公元1480年）本，此本为朱英在广州据元刻本之抄本翻刻，后世诸本多以此为底本；另有嘉靖年间南京国子监本（南监本）、万历年间北京国子监本（北监本）。清代有乾隆四年（公元1739年）武英殿本即殿本（即本案）；清光绪年间浙江书局本即局本。近现代以来，商务印书馆1934年将元至正本与明成化本配补影印为百衲本。中华书局1977年出版标点校勘本，以百衲本为底本，校以殿本、局本，并参考叶渭清《元椠宋史校记》和张元济《宋史校勘记》等有关资料进行整理，是现行较好的通本。

《宋史》系纪传体断代史通史，记载了两宋上起宋太祖建隆元年（公元960年）下至南宋少帝（赵昺）祥兴二年（公元1279年）三百二十年的历史。元初，世祖忽必烈即诏令修宋、辽、金三史。《元史·欧阳玄传》载“诏修辽金宋三史，召为总裁官，发凡举例，稗论撰者有所依据。史官中有悻悻露才、议论不公者，玄不以口舌争，俟其呈稿，援笔窜定之，统系自正。至于赞、论、表、奏，皆玄属笔。”右丞相脱脱、阿鲁图拟进三史表亦由欧阳玄代笔，成书于元末至正三年（公元1343年），共四百九十六卷，计本纪四十七卷，志一百六十二卷，表三十二卷，列传二百五十五卷。在本纪中，北宋九朝不载诏令，南宋间有载之。志占全书的三分之一，每志皆有序，叙其源流、要领，反映了当时政治、军事、经济、文化各方面的情况。其中卷一百四十九（志一百二）为《舆服志》，记录了宋代乘舆、仪仗、冠服的相关名目、配伍、等级规制及其变化大致过程。

“三十二年六月，孝宗即位，诏承务郎以上服绯、绿及十五年者，并许改转服色。然计年之法，亦不轻许。无出身人自年二十出官服绿日起理，服绯人亦自年二十服绯日起理，有出身人自赐出身日起理；内并除豁丁忧年、月、日不理外，历任无过者方许焉。先是，殿中侍御史张震奏：‘今日之弊，在于人有侥幸。能革其俗，然后天下可治。且改转服色，常赦自升朝官以上服绿，大夫以上服绯，莅事及二十年，方得改赐。今赦自承务郎以上服绯、绿及十五年，便与改转。比之常赦，不惟年限已减，而又官品相绝，盖已为异恩矣。今窃闻省、部欲自补官日便理岁月，即是婴孩授命，年才十五者今遂服绯；而贵近之子，或初年赐绯，年才及冠者今遂赐紫。朱紫纷纷，不亦滥乎？况靖康、建炎恩赦，亦不曾以补官日为始。若始于出官之日，颇为折衷，盖比之莅事所减已多，而比之初补粗为有节。’帝从其言，故有是命。”

——《宋史·舆服志》

《宋史·舆服志》共六篇，其中舆服三至舆服五记述了皇帝、皇太子、后妃、命妇、诸臣以及士庶的冠服制度。舆服三为服饰制度的第一章，内含天子、皇太子、后妃及命妇服制。例如：

“天子之服，一曰大裘冕，二曰衮冕，三曰通天冠，绛纱袍，四曰履袍，五曰衫袍，六曰窄袍，天子祀享、朝会、亲耕及亲事、燕居之服也，七曰御阅服，天子之戎服也。中兴之后则有之。”

舆服四记内含诸臣朝服和祭服。例如：

“诸臣祭服。唐制，有衮冕九旒，鷩冕八旒，毳冕七旒，絺冕六旒，玄冕五旒。宋初，省八旒、六旒冕。九旒冕：涂金银花额，犀、玳瑁簪导，青罗衣绣山、龙、雉、火、虎蜼五章，绯罗裳绣藻、粉米、黼、黻四章，绯蔽膝绣山、火二章，白花罗中单，玉装剑、佩，革带，晕锦绶，二玉环，绯白罗大带，绯罗袜、履，亲王、中书门下奉祀则服之。其冕无额花者，玄衣纁裳，悉画，小白绫中单，师子锦绶，二银环，余同上，三公奉祀则服之。”

舆服五主要记述了诸臣的公服和常服以及士庶阶层的服饰。如百官公服和常服以服色定品级，宋朝初年沿用唐制，其服色为“三品以上服紫，五品以上服朱，七品以上服绿，九品以上服青。”至宋神宗元丰元年（公元1078年）去青不用，改为：“四品以上服紫，六品以上服绯，九品以上服绿。武臣、内侍皆服紫。”

值得注意的是，《宋史·舆服志》在撰修时既采纳了像《国史》《会要》《太常因革礼》《政和五礼新仪》《中兴礼书》等官修史料，又采集了如王应麟《玉海》、马端临《文献通考》、李焘《续资治通鉴长编》等私人著述，但在编撰体例上并未统一，以至于出现引文前后不一、删减缺如、考订不精的情况，进而影响对于其内容的理解，故在使用时应注意与《国史》《会要》等原文记录的比较研究。

拓展资料

脱脱（公元1314—1356年），亦作托克托、脱脱帖木儿，蔑里乞氏，字大用，蒙古蔑儿乞人，元朝末年政治家、军事家。主持编撰《辽史》《金史》《宋史》。

阿鲁图（生卒年不详），蒙古族，蒙古阿儿剌部人，元朝末期重臣。主持修纂《宋史》。

朱英（公元1417—1485年），字时杰，号澹庵，又号诚庵、任真子。郴州桂阳县（今湖南省郴州市汝城县）人。明朝中期政治家、诗人。著有《认真子集》《澹庵纪年》《诚庵奏稿》等。

叶渭清（公元1886—1966年），字左文，号俟庵，浙江兰溪人，定居开化。1935年补订《宋史》，并编定邵康节、陆放翁、程北山年谱。1949年从杭州回衢州，继续研究《宋史》，以毕生精力著《元椠宋史校记》，手稿本现存于衢州市文物管理委员会。

欧阳玄（公元1273—1358年），字原功，号圭斋，又号霜华山人、平心老人。原籍居庐陵，至曾祖辈迁潭州之浏阳。中国元代官员、史学家、文学家、书法家。曾负责编修《四朝实录》，并担任《宋史》《辽史》《金史》的总裁官。

参考文献

[1]中国学术名著提要编委会.中国学术名著提要第三卷·宋辽金元编[M].上海：复旦大学出版社，2019：272.

[2]张舜徽.中国史学名著题解[M].北京：东方出版社，2019：149.

[3]邓之诚.中华二千年史卷4宋辽金夏元[M].北京：东方出版社，2013：451.

[4]（元）脱脱等.宋史[M].北京：中华书局，1977：3518.

[5]孙机.中国古舆服论丛[M].上海：上海古籍出版社，2013：296.

十四 元脱脱等修撰《辽史·仪卫志二·国服·汉服》

清乾隆四年武英殿刊本

元脱脱等修撰《辽史·仪卫志二·国服·汉服》清乾隆四年武英殿刊本，现藏于中国国家图书馆。《辽史》自元至正四年（公元1344年）纂修完毕后于次年刊刻百部，但原本今已佚。明《永乐大典》载《辽史》据传引自元至正初刊本，另有南监本、北监本。清代有乾隆殿本、四库本、道光殿本。1936年，商务印书馆用几种元末明初翻刻本之残本修成百衲本。1974年，冯家昇、陈述相继以百衲本为基础，采用各种版本进行参校，改错补漏，于中华书局出版《辽史》标点校勘本。2016年，中华书局又出版了标点校勘本《辽史》的修订本，是目前较好的版本。

《辽史》作为二十四史之一的纪传体断代史，较为完整而系统地记载了辽代自辽太祖耶律阿保机到天祚帝耶律延禧间二百多年（公元907—1125年）的历史，内容主要源自辽耶律俨《辽实录》、金陈大任《辽史》、南宋叶隆礼《契丹国志》。全书共一百一十六卷，其中本纪三十卷，志三十二卷，表八卷，列传四十五卷，另附国语解一卷，是研究和学习辽史的主要文献。《辽史》内容丰富，部分志、表为其独创。如《营卫志》中记载了契丹人的部落族帐、斡鲁朵和行营捺钵。《百官志》记录了辽代南北面官制。《礼志》记载了汉礼和契丹礼。《仪卫志》记载了“国舆”“汉舆”“国服”“汉服”“国仗”“渤海仗”“汉仗”等。

据《辽史·百官志一》记载：“以国制治契丹，以汉制待汉人。”由此在服制方面形成了“辽国自太宗入晋之后皇帝与南班汉官用汉服，太后与北班契丹臣僚用国服，其汉服即五代晋之遗制也，考之载籍之可以征者著舆服篇正式，冠诸仪卫之首。”的双轨服制。

《辽史·仪卫志二》记国服和汉服二篇。国服分为祭服、朝服、公服、常服、田猎服、吊服、素服。“祭服，辽国以祭山为大礼，服饰尤盛。”“大祀，皇帝服金文金冠，白绫袍，红带，悬鱼，三山红垂。饰犀玉刀错，络缝乌靴。小祀，皇帝硬帽，红克丝龟文袍。皇后戴红帕，服络缝红袍，悬玉佩，双同心帕，络缝乌靴。臣僚、命妇服饰，各从本部旗帜之色。”

汉服分为祭服、朝服、公服、常服四类，每一类又依照由上至下的着装等级和秩序进行描述。朝服、公服和宫常服用于皇帝、皇太子、亲王、诸王和品官，祭服只有用于皇帝的记述。辽代汉服制度则体现了唐代至后晋以来服饰制度的延续“唐以冕冠、青衣为祭服；通天、绛袍为朝服，平巾帻、袍襕为常服。”其中对皇帝祭服的描述：“衮冕，祭祀宗庙，遣上将出征、饮至、践阼、加元服、纳后若元日受朝则服之。金饰，垂白珠十二旒，以组为缨，色如其绶，黈纩充耳，玉簪导。玄衣……青褾襈裾，韨革带、大带，剑佩绶，舄加金饰。元日朝会仪，皇帝服衮冕。”

由此可见，《辽史·仪卫志二·国服·汉服》对纺织文化遗产研究而言具有较高的史料价值。另外，书中载《国语解》一卷，记契丹语官志、地名、部族等注释，又纪、传事迹互见，表、志内容互证。事实上，金代曾两修《辽史》，但终未刊行。及至元代重修《辽史》时，又因朝代更迭文献散失，且《辽史》自至正三年（公元1343年）四月开局编修，次年三月成书，历时不足经年，缺乏周密安排和详审考订，故疏漏、重复、抵牾之处所在多有，使用时可参考《辽史补注》等文献。

拓展资料

陈大任（生卒年不详），金章宗时人。官翰林直学士，奉命以本职专修《辽史》，泰和七年（公元1207）十二月书成，世称陈大任《辽史》，未得刊行。蒙古军至中都（今北京）宣宗南迁汴京（今河南开封），简册散佚，后访得。元脱脱等纂修《辽史》，多据此书。今可考者，有《兵志》《礼仪志》《刑法志》《皇族传》《后妃传》《公主传》《方伎传》等。

耶律俨（公元？—1113年），辽朝大臣。析津（今北京）人。字若思。本姓李，其父仲禧官南院枢密使，封国公，赐姓耶律。咸雍进士。道宗梓，任知枢密院事，封越国公，主修《皇朝实录》七十卷，为元人修《辽史》时所本。大安六年（公元1106年），封漆水郡王，迎合天祚帝，又与萧奉先勾结，得以执政十余年。死后，赠尚父，谥忠懿。

参考文献

[1]（元）脱脱，阿鲁图等撰.辽史[M].北京：中华书局，1974.
[2]（清）赵翼.廿二史劄记校证[M].王树民，校证.北京：中华书局，1984.
[3]李芽，王永晴等.中国古代首饰史[M].南京：江苏凤凰文艺出版社，2020：430–434.
[4]孙文政.辽代服饰制度考[J].北方文物，2019（04）：87–92.
[5]中国历史大辞典·史学史卷编纂委员会.中国历史大辞典·史学史卷[M].上海：上海辞书出版社，1983：253.

十五 元脱脱阿鲁图等撰《金史·舆服志》

清乾隆四年武英殿刊本

元脱脱阿鲁图等撰《金史·舆服志》清乾隆四年武英殿刊本，现藏于中国国家图书馆。历代重要刊刻有：元至正刊本，明南监本、北监本、《永乐大典》残本等，清武英殿刊本、江苏书局本等。近现代以来，有1936年商务印书馆以初刻元至正刊本八十卷，元末以后复刻本五十五卷及涵芬楼藏元覆本配补而成的百衲本。1975年，中华书局以百衲本为底本，参照其他各本点校再行出版，是目前较好的通本。

《金史》作为二十四史之一的纪传体断代史，是一部较为完整、系统地记载金代历史的官修史书。该书早在元世祖时期就已开始拟定修撰，但直到元顺帝至正四年（公元1344年）才编修完成，据《元史·欧阳玄传》记载，其实际执行总裁官为欧阳玄。全书含本纪十九卷，志三十九卷，表四卷，列传七十三卷，并附《金国语解》一卷，共一百三十五卷。其中，"志"第二十四为《舆服志》，分上、中、下三篇。上为舆制，包括天子车辂，皇后妃嫔车辇，皇太子车制和王公以下车制及鞍勒饰。中为天子衮冕、视朝之服、皇后冠服、皇太子冠服、宗室外戚及一品命妇服用、臣下朝服、祭服公服。下为衣服通制，包括官民服制。

金代冠服制度于章宗时期初定，至熙宗时期执行：

"（天眷二年）四月甲戌，百官官朝参，初用朝服。……六月己酉朔，初御冠服。……黄统元年正月……初御衮冕。"

"天子衮冕：昔者，圣人制为玄黄黼黻之服，以象天地之德，以章贵贱之仪。夏、商损益，至周大备，不可以有加矣。自秦灭弃礼法，先王之制靡敝不存，汉初犹服袀玄以从大祀，历代虽渐复古，终亦不纯而已。金制皇帝服通天、绛纱、衮冕、偪舄，即前代之遗制也。"

这表明金代皇帝衮冕之服乃仿效古礼而成，皇后衣冠同样如此：

"袆衣，深青罗织成翚翟之形，素质，十二等。领、褾、襈，并红罗织成云龙，中单以素青纱制，领织成黼形十二，褾袖襈织成云龙，并织红縠造，裳八副，深青罗织成翟文六等，褾襈织成红罗云龙，明金带腰。”

尽管在元代官修的三部通史中“《金史》叙事最详略，文笔亦极老洁，迥出宋、元二史之上。”但仍然存在不少疏漏或相悖之处，因此引用时最好能将三史比照使用，另清施国祁《金史详校》、汪辉祖《辽金元三史同名录》，今人陈述《金史拾补五种》亦可参考借鉴。

拓展资料

施国祁（公元1750—1824年），清浙江乌程（今吴兴）人，字非熊，号北研，工诗文，善填词，尤熟金史。尝病金史芜杂，详加考订，积二十余年之力，成《金史详校》。继以卷帙繁多，乃列举条目为《金源札记》，另作《元遗山集笺注》《金源杂兴诗》等。

汪辉祖（公元1731—1807年），字焕曾，号龙庄，晚号归庐，生于浙江萧山县。乾隆四十年，登进士第，授湖南宁远县，著有《元史本证》《读史掌录》《史姓韵编》等书。

参考文献

[1]（元）脱脱等.金史[M].北京：中华书局，1975.

[2]中国历史大辞典·史学史卷编纂委员会编.中国历史大辞典·史学史卷[M].上海：上海辞书出版社，1983：294.

[3]张舜徽.中国史学名著题解[M].北京：东方出版社，2019：158.

[4]（宋）宇文懋昭.大金国志校证[M].崔文印，校证.北京：中华书局，1986.

[5]张玮等.大金集礼附识语校勘记[M].上海：商务印书馆，1936.

[6]顾晓鸣.二十四史鉴赏辞典下[M].上海：上海辞书出版社，2017：1334.

十六 明宋濂王祎等撰《元史·舆服志》

天启三年南监本

明宋濂王祎等奉敕撰修《元史》明天启三年南监本，哈佛大学哈佛燕京图书馆藏。该书于洪武二年至三年（公元1369—1370年）分两次修成。嘉靖时南京国子监据洪武旧版重刻，并补修损坏版页，通称南监本（即本案）。万历二十四年至三十四年（公元1596—1606年），北京国子监重刻二十一史，《元史》位列其中，通称北监本。清乾隆四年（公元1739年）武英殿仿北监本重刻，乾隆四十六年（公元1781年）“挖改”殿本的木版重印。道光四年（公元1824年），又作进一步的改动，较原文出入更大。1935年，商务印书馆洪武本和南监本合配影印出版，称百衲本，最接近原书面貌。1976年4月，中华书局出版点校本《元史》，以百衲本为底本，并吸收前人对《元史》的校勘成果，形成了目前较好的通本。

《元史》系明太祖朱元璋敕令编撰的纪传体史书，全书共二百一十卷，收录本纪四十七卷、志五十八卷、表八卷、列传九十七卷。明初纂修《元史》的主要材料来源有成吉思汗至宁宗共十三朝实录和元文宗时所修《皇朝经世大典》等，但这部分原书大多已经散失。列传部分大体根据墓志、神道碑、家传和行述编写而成，亦有部分内容引自《元朝名臣事略》等书。

舆服部分由三卷构成，其中《志第二十八·舆服一》，记载了天子冕服、皇太子冠服、质孙、百官公服和仪卫服色。如“天子冕服：衮冕，制以漆纱，上覆曰綖，青表朱里。綖之四周，匝以云龙。冠之口围，萦以珍珠。綖之前后，旒各十二，以珍珠为之。綖之左右，系黈纩二，系以玄紞，承以玉瑱，纩色黄，络以珠。冠之周围，珠云龙网结，通翠柳调珠。綖上横天河带一，左右至地。珠钿窠网结，翠柳朱丝组二，属诸笄，为缨络，以翠柳调珠。簪以玉为之，横贯于冠。”（图2-8）

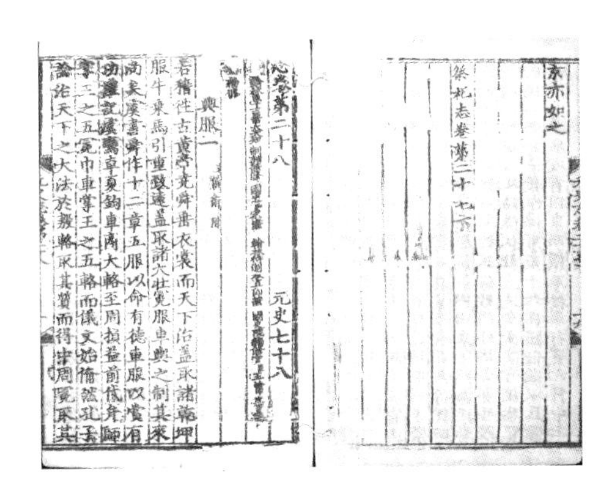
志第二十八
元史七十八
輿服一

图2-8　舆服一·明宋濂王祎等奉敕撰修《元史·舆服志》明天启三年南监本　哈佛大学哈佛燕京图书馆藏

《志二十九·舆服二》为仪仗和外仗，详细记载了仪仗和外仗各队人员服饰仪仗具配执的典章规制，如朱雀队：“舍人一人，四品服，骑而前。次朱雀旗一，执者一人，引护者四人，锦帽，绯絁生色凤花袍，铜带，朱云靴，皆佩剑而骑，护者加弓矢。次金吾折冲一人，交角幞头，绯絁绸抹额，紫罗绣辟邪裲裆，红锦衬袍，金带，锦螣蛇，乌靴，横刀，佩弓矢而骑，帅甲骑凡二十有五，弩五人，次弓五人，次槊五人，次弓五人，次槊五人，皆冠甲骑冠，朱画甲，青勒甲绦，镀金环，白绣汗胯，束带，红靴，带弓箭器仗，马皆朱甲、具装珂饰全。舍人、金吾折冲从者凡二人，服同前队。"

《志三十·舆服三》记载了仪卫典章规制，包含殿上执事、殿下执事、殿下黄麾仗、殿下旗仗、宫内导从、中宫导从、进发册宝等。如"殿下黄麾仗：右前列……冠展角幞头，服绯絁生色宝相花袍，勒帛，乌靴。次二列……冠武弁，服同前执盖者。次三列，执黄麾幡十人，武弁，青絁生色宝相花袍，青勒帛，乌靴。执绛引幡十人，武弁，绯絁生色宝相花袍，绯勒帛，乌靴。执信幡十人，冠服同上，其色黄。执传教幡十人，冠服同上，其色白。执告止幡十人，冠服同上，其色紫。次四列以下，执葆盖四十人，武弁，服绯絁生色宝相花袍，勒帛，乌靴。执仪镗斧四十人，冠服同上，其色黄。执小戟蛟龙掌四十人，冠服同上，其色青。左列亦如之。皆以北为上。押仗四人，行视仗内而检校之，冠服同警跸者。"

就纺织文化遗产研究而言，明版《元史》引用了众多现今已佚的元代典籍和文献，对考释元代舆服制度有着重要的参考价值，但在使用时应注意与清刻本相区分。

拓展资料

宋濂（公元1310—1381年），字景濂，号潜溪，别号龙门子、玄真遁叟等，祖籍金华潜溪，后迁居金华浦江（今浙江省浦江县）。元明初著名政治家、文学家、史学家、思想家。著有《孝经新说》《周礼集说》《诸子辩》《龙门子凝道记》二十四篇等，他曾主编《元史》二百一十卷。除《洪武圣政记》一向单行及《元史》集体所撰外，其他作品后合刻为《宋学士全集》七十五卷，亦称《宋文宪公全集》或《宋学士文集》。

王袆（公元1322—1373年），字子充，浙江义乌人。少时从学于黄溍、柳贯、遂以文章名世。元至正十八年（公元1358），朱元璋用为中书省掾史，称其才思之雄胜于宋濂。置礼贤馆，使居之。累迁侍礼郎，掌起居注，同知南康府事。明洪武二年（公元1369年）召修《元史》，与宋濂同充总裁官。书成，擢翰林待制，同知制诰兼国史院编修官。明洪武五年（公元1372年），赴云南招谕元梁王，死于节，赠翰林学士，谥号文节，改忠文。著有《造邦勋贤录》《王忠公文集》等。

参考文献

[1]谢谦.国学词典[M].成都：四川辞书出版社，2018：528.
[2]徐浩.廿五史论纲[M].上海：上海科学技术文献出版社，2019：262.
[3]徐元勇.中国古代音乐史史料备览1[M].合肥：安徽文艺出版社，2017：395
[4]中外名人研究中心，中国文化资源开发中心.中国名著大辞典[M].合肥：黄山书社，1994：59.
[5]中国历史大辞典辽夏金元史卷编纂委员会.中国历史大辞典辽夏金元史[M].上海：上海辞书出版社，1986：59.
[6]白寿彝.中国通史13（第8卷）中古时代·元时期上（修订本）[M].上海：上海人民出版社，1999：2-4.

十七 清张廷玉等撰《明史·舆服志》

乾隆四年武英殿刊本

清张廷玉等撰《明史·舆服志》乾隆四年武英殿刊本，现藏于中国国家图书馆。清顺治二年（公元1645年）设明史馆后，于康熙十八年（公元1679年）始撰《明史》，至雍正十三年（公元1735年）定稿，先后以张玉书、王鸿绪、张廷玉等任总裁。乾隆四年（公元1739年）作武英殿刻本，其后刊印多源于此。今通行本有商务印书馆影印本和中华书局点校本。

《明史》作为一部纪传体史书，编纂体例沿袭前朝诸史，分本纪二十四卷、志七十五卷、表十三卷、列传二百二十卷，共三百三十二卷，另有目录四卷。其中六十五卷至六十八卷为《舆服志》，较为完整地记载了明代的舆服制度。第六十五卷主要罗列了自天子至庶民乘舆的种类、形制、色彩、装饰等，并详列了明廷对百官至庶民乘车、伞盖等的一系列严格而细致的规定。六十六卷记皇帝冕服、后妃冠服、皇太子亲王以下冠服。六十七卷记录文武官冠服、命妇冠服、内外官亲属冠服、内使冠服、侍仪以下冠服、士庶冠服、乐工冠服、军隶冠服、外蕃冠服、僧道服的形制及洪武、天顺、弘治、嘉靖时期的服饰禁令等。六十八卷主要记录皇帝宝玺、皇后册宝、皇妃以下册印，以及皇太子、皇太子妃册宝和亲王以下的册宝、册印、铁券、印信、符节、宫室制度、臣庶室屋制度和器用。（图2-9）

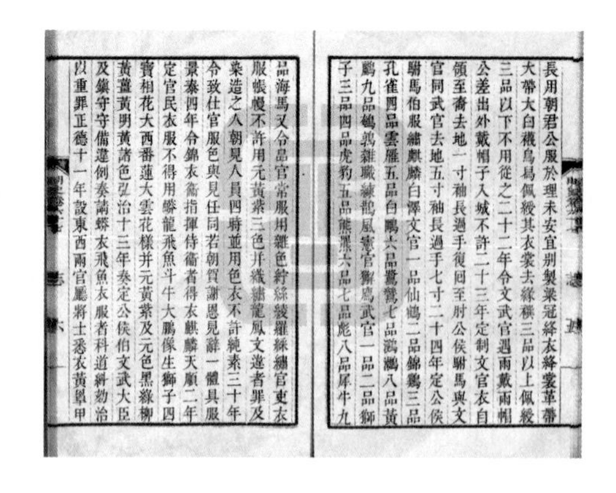
長用朝君公服於理未安宜刪製梁冠絳衣絳裳革帶
大帶大白襪烏舄佩綬其衣裳去緣襈三品以上佩綬
三品以下不用從之二十二年令文武官遇雨戴雨帽
公差出外戴帽子入城不許二十三年定制文官衣自
領至裔去地一寸袖長過手復回至肘公侯駙馬與文
官同武官去地五寸袖長過手七寸二十四年定公侯
駙馬伯服繡麒麟白澤文官一品仙鶴二品錦雞三品
孔雀四品雲雁五品白鷴六品鷺鷥七品鸂鶒八品黃
鸝九品鵪鶉雜職練鵲風憲官獬廌武官一品二品獅
子三品四品虎豹五品熊羆六品七品彪八品犀牛九
品海馬又令品官常服用雜色紵絲綾羅綵繡官吏衣
服帳幔不許用元黃紫三色并織繡龍鳳文違者罪及
染造之人朝見人員四時並用色衣不許純素三十年
令致仕官服色與見任同若朝賀謝恩見辭一體具服
景泰四年令錦衣衞指揮侍衞者得衣麒麟天順二年
定官民衣服不得用蟒龍飛魚斗牛大鵬像生獅子四
寶相花大西番蓮大雲花樣并元黃紫及元色黑綠柳
黃薑黃明黃諸色弘治十三年奏定公侯伯文武大臣
及鎮守守備違例奏請蟒衣飛魚衣服者科道糾劾治
以重罪正德十一年設東西兩官廳將士悉衣黃罩甲

图2-9 补子·清张廷玉等撰《明史·舆服志》乾隆四年武英殿刊本 中国国家图书馆藏

“对明代服饰进行系统整理和研究的著述是(清)王鸿绪奉敕纂修的《明史稿》和张廷玉等撰《明史》等官修著述，书中不仅对明代的服饰制度做了系统地分类，确立了明代服饰制度的基本体系，而且对其发展沿革过程作了研究和分析，为研究明代服饰制度及其发展变化提供了基本的史料和思路。”

——王熹《明代服饰研究简述》

《明史·舆服志》较为详细地记录了明代服章制度的形成过程，尤其是洪武年间四次完善并逐步确定明代服制的历史进程，例如，以洪武二十四年(公元1391年)改制为节点，出现了官服区别官阶秩序的标志——补子。

“洪武二十四年定，公、侯、驸马、伯服，绣麒麟、白泽。文官一品仙鹤，二品锦鸡，三品孔雀，四品云雁，五品白鹇，六品鹭鸶，七品鸂鶒，八品黄鹂，九品鹌鹑；杂职练鹊；风宪官獬廌。武官一品、二品狮子，三品、四品虎豹，五品熊罴，六品、七品彪，八品犀牛，九品海马。”

——《明史·卷六十六·舆服二》

此外，现存孔府旧藏明代服饰、海外赐服画像(李氏朝鲜时期)以及出土实物修复整理获得的各类资料，均可与《明史·舆服志》中记录的服饰制度两相印证，由此将明代服饰文化以更加多元化的视角展现在世人面前，对深入解析明代服饰的结构与形制、考释明代纺织文化具有重要的史料价值。

拓展资料

张玉书（公元1642—1711年），字素存，号润甫，江南丹徒（今江苏镇江）人。历任翰林院编修.国子监司业侍讲学士。康熙十八年（公元1679年）主持修《明史》、先后出任《平定朔漠方略》《佩文韵府》（公元1704年—1711年）、《康熙字典》的总裁官。后从圣祖出巡热河，病死，谥文贞，入祀贤良祠。所作古文辞，舂容大雅，著有《张文贞集》。

王鸿绪（公元1645—1723年），字季友，号俨斋，松江华亭人（今属上海市）。康熙十二年（公元1673年）进士，官至户部尚书。著有《横云山人集》，诗文有《赐金园集》。

参考文献

[1]张舜徽.中国史学名著题解[M].北京：东方出版社，2019：171.
[2]白寿彝.中国通史15（第9卷）中古时代·明时期上[M].上海：上海人民出版社，2015：22-44.
[3]李甍.历代舆服志图释·辽金卷[M].上海：东华大学出版社，2016：3.
[4]中国明史学会.明史研究第11辑[M].合肥：黄山书社，2010：268.

十八 清张鹏一编著徐清廉校补《晋令辑存》

1989年三秦出版社版

张鹏一编著徐清廉校补《晋令辑存》，1989年三秦出版社出版。张鹏一原稿引书广博，且以令史相证，分类得体，但取材、考补严密不足。后徐清廉对此进行大量考补，使其成为目前较好的辑佚之作。《晋律》于晋泰始三年（公元267年）修成，其中的临时条款作《晋令》颁布，共四十卷，但全文已佚，内容散见于《汉书注》《宋礼志》《太平御览》《北堂书钞》等书。另有以清严可均《全晋文》和程树德《九朝律考》为代表的《晋令》辑补之作传世。

《晋令》成文于晋武帝泰始四年（公元269年），南朝多循之，后成为唐令底本。《隋书·经籍志》和《旧唐书，经籍志》曾记载《晋令》为四十篇，贾充等撰，但有篇无目。《大唐六典》亦载之，但有目无令。《晋令》可考篇目有：户、学、贡士、官品、吏员、俸廪、服制、祠、户调、佃、复除、关市、捕亡、狱官、鞭杖、医药疾病、丧葬、杂上、杂中、杂下、门下散骑中书、尚书、三台秘书、王公侯、军吏员、选吏、选将、选杂士、宫卫、赎、军战、军水战，另有六篇属军法、二篇属杂法，共二千三百零六条，九万八千六百四十三字。

秦汉时期，令与律具有类似的意义，区别仅在于其制定者和稳定性，且令多是律的补充。西晋制订《泰始律》时，开始将情节较轻的违法行为，以及有关国家制度方面的规定，编为专门的令典。唐以前，以君主命令形式发布的临时性法规——令、格，两者之间也没有明确界限。随着社会发展，各种法律形式之间出现了比较明确的区别，逐步出现了独立、规范的令典，至宋、明、清时期逐步完善。晋令在这一体系形成的过程中，发挥着重要的作用。

“诸在官品令第二品以上，其非禁物者皆得服之。第三品以下（《御览·卷八一六》，此句下有：‘得服杂彩之绮’六字），加不得服三镆以上。蔽结（结，当做髻），爵叉假真珠、翡翠校饰，璎佩杂采，衣栢文绮、齐绣镳离袿袍。（《宋书·礼志五》，下同）。第六品以下，得服金钗以蔽髻。女奴不得服银钗（以上十九字，御览卷七一八引晋令，书抄卷一三六作：‘第七品以下始服金钗’），加不得服金镆，绫锦绣七彩绮（《御览·卷八一六》引作‘得服七彩绮’），罗绡《初学记·卷二十七》《御览·卷八一六》引有此二字），貂裘，金钗环铒，及金校饰器物，张绛帐（以上八字，《类聚·卷八十五》引《晋令》作：‘六品以下不得服今缬绫锦。’），有私织者録付尚方（《初学记·卷二十七》《御览·卷八一六》有私织以下八字。）”补《御览·卷七七三》引《晋令》曰：‘第一品以下不得服罗绡’。”

——《晋令辑存·服制令第七》

《晋令辑存·服制令第七》中对帝后、宗室、后妃及各品级官员服饰作出了较为具体的规范，如衣物材质形制，金银佩饰和色彩等。其次，令中对于低级官吏及庶人奴仆，多用否定、禁止式的语言，“不得”“禁物”成为习语。张鹏一原稿收录《晋令》残文，括号中文字为徐清廉校补内容。

“天子郊祀天地明堂宗庙，元会临轩，介帻通天冠，平冕冕皂表，朱绿里。广七寸，长二尺二寸，加于通天冠上。前圆后方，垂白玉珠十有二旒，绶黄赤，缥，绀四彩，衣皂上绛下，前三幅，后四幅，衣画而裳绣，为日、月、星辰、山、龙、华虫、藻、火、粉米、黼、黻之象，凡十二章。”

——《晋令辑存·服制令第七》

此令记载皇帝祭服的规制，详细描绘了通天冠的形制、色彩和尺寸。绶带的色彩规定，上衣下裳的形制，裁剪结构，以及十二章纹样的使用。对研究晋时帝王祭服服制有着极大的意义。

除此之外，晋令记述了纺织品的比价，因纺织品品种多，价值各不相同，在市场上的价格也有差异。例如：

“其赵郡，中山，常山国输缣当绢者，及余处常输疏布当绵绢者，缣一匹当布六丈，疏布一匹当绢一匹，绢一匹当绵二斤。”

“旧制，人间所织绢布等，皆幅广二尺二寸，长四十尺为一端，令任服。”

“乃渐至滥恶，不依尺度。”

——唐徐坚辑《初学记》卷二十七《宝器部·绢》引《晋令》

纺织品的单位“匹”“端”等，各个时期也有变化。初始制定纺织品的明确布幅，后来尺寸往往不按照原来规定的尺度，给正常的商品交易带来不便。由此可对晋时纺织品的发展脉络进一步了解，是考释晋代纺织文化遗产重要的史料。

拓展资料

张鹏一（公元1867—1943年），字扶万，号在山主人，晚年号一翁、一叟，笔名树叟。祖籍山西曲沃，生于陕西富平，遂以富平为籍。康有为门生，参与维新运动。曾任山西省长治县代理知县、陕西考古委员会委员长、陕西省临时参议会参议员等职。光绪三十三年（公元1907年）出版了《节本原富》，开创了清末西北学者介绍国外资产阶级经济学名著之先河。撰写了《礼记今释》《诗经今释》《尚书今释》等一系列著作。一生勤奋治学，著作甚丰，已刊的著述近20种，文章多篇；未刊印的著作有近40种，是研究中国古代传统文化及近代历史非常珍贵的资料。

严可均（公元1762—1843年），字景文，乌程人。嘉庆五年（公元1800年）举人，官建德县教谕，引疾归。可均博闻强识，精考据之学。与姚文田同治《说文》，为《说文长编》，亦谓之《类考》。有天文、算术、地理类，草木、鸟兽、虫鱼类，声类，《说文》引群书、群书引《说文》

类，计四十五册。又辑钟鼎拓本，为《说文翼》十五篇。将校定《说文》，撰为《疏义》。又校辑诸经逸注及佚子书等数十种，合经、史、子、集为《四录堂类集》一千二百余卷。

程树德（公元1876—1944年），字郁庭。福建闽侯（今福州）人。毕业于日本法政大学。归国后历任北洋政府参政院参政、国务院法制局参事、帮办，北京大学、清华大学等校教授。其主要著作还有《中国法制史》《论语集释》等。

贾充（公元217—282年），字公闾，平阳襄陵（今山西襄汾东北）人，三国曹魏末期至西晋初期重臣，曹魏豫州刺史贾逵之子。太康三年（公元282年）贾充去世西晋朝廷追赠他为太宰，礼官议谥曰荒，司马炎不采纳，改谥为武。有集五卷。

徐坚（公元660—729年），字元固，浙江长兴人。唐玄宗朝重臣，以文行于世。少举进士，累授太学。初官为参军，多次升迁，深得玄宗信任，奉敕修撰《则天实录》《初学记》等书籍。唐玄宗开元十七年（公元729年）卒，赠从一品太子少保。

参考文献

[1]张鹏一.晋令辑存[M].徐清廉，校补.西安：三秦出版社，1989.
[2]胡守为，杨廷福.中国历史大辞典魏晋南北朝史[M].上海：上海辞书出版社，2000：568.
[3]刘雨婷.中国历代建筑典章制度上[M].上海：同济大学出版社，2010：175.
[4]马韶青.晋令在中国古代法律体系中的历史地位[J].安庆师范学院学报（社会科学版），2011，30（07）：37–39.
[5]李俊强.魏晋令制研究[D].长春：吉林大学，2014.
[6]魏明孔.中国手工业经济通史魏晋南北朝隋唐五代卷[M].福州：福建人民出版社，2004：60.
[7]王烨.中国古代纺织与印染[M].北京：中国商业出版社，2015：82.

叁 典 章

一　唐玄宗御撰李林甫奉敕注《大唐六典》

日本享保九年近卫家熙校刊本

唐玄宗御撰李林甫奉敕注《大唐六典》日本享保九年（公元1724年）近卫家熙校刊本，现藏于日本早稻田大学图书馆。《大唐六典》成书于开元二十六年（公元738年），宋明清皆有刻之，国内国外均有流传。曾有北宋元丰三年本（公元1080年），今已佚，现有南宋绍兴四年（公元1134年）温州刊刻残本，但仅存卷一至卷三第一页，卷三、卷七至卷十五、卷二十八至卷三十，共计十五卷（内有缺页），分藏于北京图书馆、南京博物院、北京大学图书馆。清光绪间黎庶昌《古逸丛书》合此三本并据《宋元书式》补入卷三第十五页，影印出版。明代刻本有二，正德十年（公元1515年）席书、李承勋刻本，嘉靖二十三年（公元1544年）浙江按察司刻本。清代刻本有嘉庆五年（公元1800年）扫叶山房本、光绪二十一年（公元1895年）广雅书局本，以及彭氏知圣道斋抄本等。1992年，陈仲夫以南宋本与明正德本为底本重新点校，并于中华书局出版，是现行较好的版本。《大唐六典》在国外流传甚早，约在9世纪末成书的《日本见在书目》，即有著录。日本现存古刻本有享保九年（公元1724年）近卫家熙刻本（即本案）与天保七年（公元1836年）官刻本，以近卫本较好。1973年，日本广池学园事业部影印《大唐六典》，系以近卫本为底本，参校玉井是博《南宋本大唐六典校勘记》的校勘成果，是日刊现行较好的通本。（图3-1）

图3-1　书影·唐玄宗御撰李林甫奉敕注《大唐六典》日本享保九年近卫家熙校刊本　日本早稻田大学图书馆藏

《大唐六典》又称《唐六典》，旧题“唐玄宗御撰”“李林甫等奉敕注”，实为张说、张九龄等人主持编纂，李林甫奏呈，是我国现存最早的一部会典，所载官制源流自唐初至开元止。六典之名出自周礼，原指治典、教典、礼典、政典、刑典、事典，后世设六部即本于此。书中以唐代诸司及各级官佐为纲目，多直接取自当时颁行的令、式。正文备述盛唐职官建制，注文则按实际情况作补充说明，附录相关文献，或述职官沿革，多取自前代典籍，是研究唐代官制的重要史料。（图3-2）

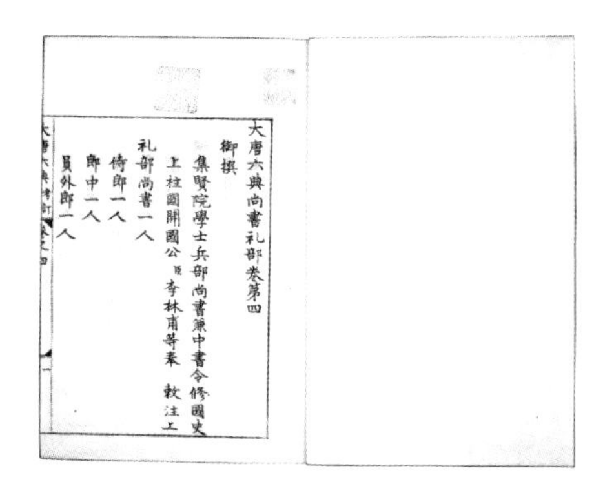
大唐六典尚書礼部卷第四
御撰
集賢院學士兵部尚書兼中書令修國史上柱國開國公臣李林甫等奉敕注
礼部尚書一人
侍郎一人
郎中一人
員外郎一人

图3-2 大唐六典尚书礼部卷第四唐玄宗御撰李林甫奉敕注《大唐六典》
日本享保九年近卫家熙校刊本 日本早稻田大学图书馆藏

“皇帝服通天冠。皇太子称觞献寿，次上公称觞献寿，侍中宣赐束帛有差。其日，外命妇朝中宫，为皇后称觞献寿，司宫宣赐束帛有差。凡冬至大陈设如元正之仪，其异者，皇帝服通天冠，无诸州表奏、祥瑞、贡献。凡元正、冬至大会之明日，百官、朝集使皆诣东宫，为皇太子献寿。凡千秋节，皇帝御楼，设九部之乐，百官袴褶陪位，上公称觞欤寿。凡京司文武职事九品已上，每朔、望朝参；五品已上及供奉官、员外郎、监察御史、太常博士，每日朝参。凡蕃国主朝见，皆设宫县之乐及贵麾仗；若蕃国使，则减黄麾之半。凡册皇后、皇太子、皇太子妃、诸王、王妃、公主，并临轩册命，陈设如冬、正之仪；讫，皆拜太庙。凡车驾巡幸及还京，百官辞迎皆于城门外；留守宫内者，在殿门外。”

——《大唐六典·礼部尚书》

《大唐六典》以唐代中央及地方机构为篇目，首卷为三师、三公、尚书都省；其下依次分卷叙述吏、户、礼、兵、刑、工六部；后叙门下、中书、秘书、殿中、内侍等五省，以及御史台、九寺、五监、十二卫和东宫官属；末卷为地方职官，分叙三府、都督、都护、州县等行政组织。唐代重要法律制度均有记录，包括限制加重原则、类推适用原则、回避制度、覆奏制度等。其中卷十一尚衣局、卷十二宫官尚服、卷十四诸陵署主衣、卷二十二染织署、卷二十六内直局通过列述官员编制（定员与品级）及其职权范围辅以唐代服饰的配套方式、服用对象及应用场合。

例如，尚衣局“奉御二人，从五品上；（《周礼》有司服中士二人，‘掌王吉凶衣服，辨其名物与其用事’。战国有尚衣、尚冠之职。秦、汉少府属官有御府令、丞，掌供御服。龙朔二年改为奉冕大夫，咸亨元年复旧。）直长四人，正七品下；（隋改御府为尚衣局，始置直长，领主衣。皇朝因之。）主衣十六人。（隋置，皇朝因之。）尚衣奉御掌供天子衣服，详其制度，辨其名数，而供其进御；直长为之贰。凡天子之冕服十有三：一曰大裘冕，二曰衮冕，三曰鷩冕，四曰毳冕，五曰絺冕，六曰玄冕，七曰通天冠，八曰武弁，九曰弁服，十曰黑介帻，十一曰白纱帽，十二曰平巾帻，十三曰翼善冠。”

又如，尚服局“尚服二人，正五品。典宝二人，正七品；掌宝二人，正八品。司衣二人，正六品；典衣二人，正七品；掌衣二人，正八品。司饰二人，正六品；典饰二人，正七品；掌饰二人，正八品。司仗二人，正六品；典仗二人，正七品；掌仗二人，正八品。（皇后之服一曰袆衣，二曰鞠衣，三曰礼衣……鞠衣，黄罗为之，其蔽膝、大带及衣革带、韈、舄随衣色；余与袆衣同，唯无翟。亲蚕则服之。钿钗礼衣，十二钿，服通用杂色，制与上同；双佩，小绶；去舄，加履。宴见宾客则服之。）”

由此可见，《大唐六典》不仅对考释唐代官制有着重要的文献价值，更是研究纺织文化遗产的必要参考资料。

拓展资料

唐玄宗李隆基（公元685—762年），唐高宗李治与武则天之孙，唐睿宗李旦第三子，故又称李三郎，母窦德妃。唐朝在位最长的皇帝（公元712—756年）。主要作品《唐玄宗御注道德真经》《霓裳羽衣曲》。

李林甫（公元？—752年），小字哥奴，祖籍陇西，唐朝宗室、宰相，长平王李叔良曾孙。曾主持大规模修订法律条文，历时三年，完成了《开元新格》十卷，这部法律条文被编成律十二卷，律疏三十卷，令三十卷，式二十卷。后又组织人撰写了《格式律令事类》四十卷和《唐六典》。

近卫家熙（公元1667—1736年），法号豫乐院，日本江户时代中期公卿，是东山天皇及中御门天皇的摄政与关白，也是藤原北家摄关家的近卫氏当主。有书法作品《佛国禅师高泉和尚碑》传世。在有职故实上，他长年研究礼仪典籍，在享保九年（公元1724年）完成校勘，去世后刊行《唐六典》。

《宋元书式》，该书又称《宋元书影》，民国间上海有正书局影印。分经、史、子、集四部，共四册。《宋元书影》是了解宋元版本图书的最直接的资料，是鉴别宋元版本的好教材。

广雅书局，张之洞于光绪十三年（公元1887年）六月创办的一个机构。创办后，因"海内通经致用之士接踵奋兴，著述日出不穷，亟应续辑刊行"，在十月创立广雅书局。书局原设于菊坡精舍，后在省城旧机器局厂屋修葺应用，聘请顺德李文田学士为总纂，开局以后，雕刻成书者千余种，雕片逾十万。书局所刻的各种经籍图书，均赠藏广雅书院藏书楼（名冠冕楼），供院中诸生随意借阅研习。

席书（公元1461—1527年），字文同，号元山，明四川潼川州遂宁县（今四川省遂宁市船山区）人。明代学者、官员。主要作品《元山文选》《大礼集议》等。

李承勋（公元1473—1531年），字立卿，湖广承宣布政使司武昌府嘉鱼县（今湖北省咸宁市嘉鱼县）人。《皇明经世文编》辑录有《李康惠公奏疏》2卷。

《日本见在书目》亦称《日本国见在书目录》，是（日）藤原佐世编书目。此目专记从唐代传至日本之书，皆卷子本。所收唐及唐以前汉魏古籍1 568部，17 209卷。分经部为易、书、诗、礼、乐、春秋、孝经、论语、异说、小学；史部为正史，古史、杂史，霸史、起居注，旧事、职官、仪注、刑法、杂传、土地、谱系、录；子部为儒、道、法，名、墨、纵横、杂、农、小说、兵、天文、历数、五行、医方；集部为楚辞，别集、总集等四十类。

参 考 文 献

[1]中国政法大学法律古籍整理研究所.中国古代法律文献研究第3辑[M].北京：中国政法大学出版社，2007：310.

[2]中华文化通志编委会.中华文化通志39第四典制度文化法律志[M].上海：上海人民出版社，2010：72.

[3]张金龙.魏晋南北朝文献丛稿[M].兰州：甘肃教育出版社，2017：51.

[4]洪丕谟.中国古代法律名著提要[M].杭州：浙江人民出版社，1999：18.

[5]周连科.辽宁文化记忆珍贵古籍上[M].沈阳：辽宁人民出版社，2014：198.

二 唐杜佑撰清齐召南校订《通典》

清咸丰九年崇仁谢氏仿武英殿本重刊

唐杜佑撰清齐召南校订《通典》清咸丰九年崇仁谢氏仿武英殿本重刊，现藏于日本国立公文书馆。该书于贞元十七年（公元801年）修成，现存最早版本为北宋刊本，日本宫内厅书陵部藏。元明清历代有多种刻本流传，主要有元大德刊本、明嘉靖刊本、清乾隆十三年（公元1748年）武英殿“三通”合刻本、清咸丰九年（公元1859年）崇仁谢氏刊本（即本案）、光绪二十二年（公元1896年）浙江书局刊本和同治十年（公元1871年）广州学海堂刊本等。近现代以来，1935年至1937年，上海商务印书馆出版万有文库《十通》合刊本，附《十通索引》共计二十一册。《通典》是其中的第一册，书前有唐李翰作序，书后附考证一卷，是现行较好的通本。值得注意的是《十通索引》，它作为检索《十通》内容十分重要的工具书，由三个部分组成：一是说明，有“十通一览表”；二是四角号码索引，把所有的名词术语都按首字的四角号码顺序编排，下注书名和页数；三是分类详细目录，按类编排。

《通典》是我国第一部记述典章制度的通史，记事起上古传说中的黄帝，终唐玄宗天宝之末，附注间及肃、代两朝，记载了各类典章制度的历史沿革。今本《通典》共二百卷，分为九典，食货居首，次以选举、职官、礼、乐、兵、刑、州郡、边防，每典下系子目，有一千五百余事条，子目下分细目。贯通历代史志，广采群经、诸史、地志，汉魏六朝文集、奏疏、唐国史、实录、档案、诏诰文书、政令法

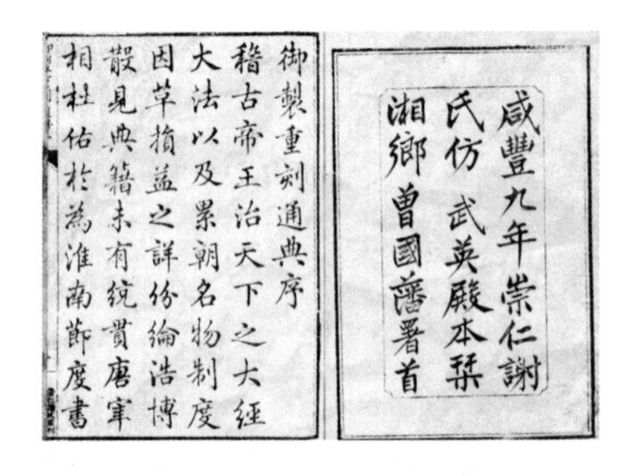

咸豐九年崇仁謝
氏仿武英殿本栞
湘鄉曾國藩署首

御製重刻通典序
稽古帝王治天下之大經
大法以及累朝名物制度
因革損益之詳條綸浩博
散見典籍未有統貫唐宰
相杜佑於為淮南節度書

图3-3 御制重刻通典序·唐杜佑撰清齐召南校订《通典》清咸丰九年崇仁谢氏刊本 日本国立公文书馆藏

规、大事记《大唐开元礼》及私家著述等，并按时间顺序分类纂次，是研究中唐以前各代政治、经济制度的重要史料。（图3-3）

“佑少尝读书，而性且蒙固，不达术数之艺，不好章句之学。所纂通典，实采群言，征诸人事，将施有政。夫理道之先在乎行教化，教化之本在乎足衣食。易称聚人曰财。洪范八政，一曰食，二曰货。管子曰：‘仓廪实知礼节，衣食足知荣辱。’夫子曰：‘既富而教。’斯之谓矣。夫行教化在乎设职官，设职官在乎审官才，审官才在乎精选举，制礼以端其俗，立乐以和其心，此先哲王致治之大方也。故职官设然后兴礼乐焉，教化隳然后用刑罚焉，列州郡俾分领焉，置边防遏戎敌焉。是以食货为之首，十二卷。选举次之，六卷。职官又次之，二十二卷。礼又次之，百卷。乐又次之，七卷。刑又次之，大刑用甲兵，十五卷。其次五刑，八卷。州郡又次之，十四卷。边防末之。十六卷。或览之者庶知篇第之旨也。本初纂录，止于天宝之末，其有要须议论者，亦便及以后之事。”

——《通典·食货典第一》

《通典》以事类为中心，按朝代先后编次。《食货》十二卷，叙述土地、财政制度及其状况；《选举》六卷，叙述选举士官，爵位制度及考核官吏治绩的政令；《职官》二十二卷，叙述官制源流沿革；《礼》一百卷，叙述各种礼仪制度；《乐》七卷，叙述乐制概略；《兵刑》二十三卷（兵十五卷，刑八卷），叙述兵略、兵法和刑法制度；《州郡》十四卷，叙述历代舆地沿革；《边防》十六卷，叙述历代四境外族邦国的情况。其中，《卷五十七·礼十七·嘉礼二》记载君臣冠冕巾帻等制度，如：

“隋采北齐之法，衮冕垂白珠十二旒，以组为缨，色如其绶，黈纩充耳，玉笄。太子庶子裴政奏：色并用玄，唯应著帻者，任依汉晋法。皇太子衮冕，垂白珠九旒，青纩充耳，犀笄。国公冕，青珠九旒，初受册命、执贽、入朝、祭祀、亲迎、三公助祭，并服之。侯伯则鷩冕，子男则毳冕。五品以上绣冕，九品以上爵弁。”

《卷六十一·礼二十一·嘉礼六》记载了君臣服章制度，尤其唐代服制最为详备。如：

“大唐制，天子衣服，有大裘、衮冕、鷩冕、毳冕、绣冕、玄冕、通天冠、武弁、黑介帻、白纱帽、平巾帻、白帢，凡十二等。贞观四年制，三品以上服紫，四品、五品以上服绯，六品、七品以上绿，八品、九品以上青。妇人从夫之色。仍通服黄。至五年七月敕，七品以上，服龟甲双巨十花绫，其色绿。九品以上，服丝布及杂小绫，其色青。”

《卷六十二·礼二十二·嘉礼七》记载后妃命妇服章制度，如记载：

“汉制太皇太后、皇太后、皇后入庙服，绀上皂下，蚕服，青上缥下，皆深衣制，隐领袖缘。贵人助蚕服，纯缥上下。长公主见会。自公主封君以上皆带绶，以采组为绲带，各如其绶色；黄金辟邪首为带镝，饰以白珠。公卿列侯、中二千石夫人入庙佐祭者，服皂绢上下；助蚕者，缥绢上下。自二千石夫人以上至皇后，皆以蚕衣为朝服。”

除汇集历代冠服制度外，还录引了部分前人评述。如：

“《左传》曰：晋侯问襄公年，大夫季武子对曰：‘会于沙随之岁，寡君以生。’晋侯曰：‘十二年矣，是谓一终，一星终也。国君十五而生子，冠而生子，礼也。君可以冠矣，大夫盍为冠具？’武子对曰：‘君冠必以祼享之礼行之，以金石之乐节之，以先君之祧处之。今寡君在行，未可具也。请及兄弟之国而假备焉。’晋侯曰：‘诺。’公还，及卫，冠于成公之庙，假钟磬焉，礼也。大戴礼公冠篇云：‘公冠四加。’家语冠颂云：‘诸侯之子，冠同于士。’”

《通典》是典章制度专史的开创之作，继其后又出现了宋郑樵的《通志》、元马端临的《文献通考》，三者合称为“三通”，之后又有“九通”。辛亥革命以后，刘锦藻编成《清朝续文献通考》，至此合成“十通”。《四库提要》论之云：“博取五经群史及汉魏六朝人文集奏疏之有裨得失者，每事以类相从。凡历代沿革悉为记载，详而不烦，简而有要，元元本本，皆为有用之实学，非徒资记问者可比，考唐以前之掌故者，兹编其渊海矣！”故《通典》在使用时应与《十通》互相参证而不可偏废。

拓展资料

杜佑（公元735—812年），字君卿，京兆万年（今陕西省西安市）人，唐朝著名政治家、史学家，诗人杜牧的祖父。杜佑曾用三十六年撰成《通典》二百卷，创立史书编纂的新体裁，开创中国史学史的先河。

齐召南（公元1703—1768年），字次风，号琼台，晚号息园，浙江天台人，清朝官吏。著有《史记功臣侯年表考证》5卷、《汉书考证》120卷、《历代帝王年表》13卷、《水道提纲》28卷、《温州府志》36卷、《天台山志要》12卷及《外藩书》若干卷等。

日本宫内厅书陵部，建立于明治十七年，其藏书由献纳和接受两种来源。如昭和二十四年三月，一次接受的书籍仅汉籍就有18 384册10 568帖，以红叶山文库的藏书为主献纳较多者如古贺家之藏书（古贺精里、古贺侗庵、古贺茶溪）于明治二十二年献纳于宫内厅书陵部德山藩主毛利元次亦于明治二十九年将其中善本献于宫内省。宫内厅书陵部的汉籍藏书经神田喜一郎整理编目，分别出版有《帝室和汉图书目录》《增加帝室和汉图书目录》《图书寮汉籍善本目录》。

马端临（公元1254—1340年），字贵与，一字贵舆，号竹洲。宋元之际著名的历史学家。饶州乐平（今江西乐平）人。右丞相马廷鸾之子，宋元之际著名的历史学家，著有《文献通考》《大学集注》《多识录》。

万有文库，近代王云五主编的综合性图书。1 721种、4 000册。1929年至1937年商务印书馆排印、影印本。总共两集。

《通志》南宋郑樵著纪传体中国通史，当今称其为以人物为中心的纪传体中国通史，但中国传统史学将其归入典章制度的政书，列为三通之一。也有将其列入百科全书类的。全书200卷，有帝纪18卷、皇后列传2卷、年谱4卷、略51卷、列传125卷。作者郑樵，一生勤于著述，曾几次献书。

刘锦藻（公元1862—1934年），原名安江，字澄如，浙江吴兴（今湖州）南浔镇人。南浔首富刘镛次子，承继于从父刘锵。著有《清朝续文献通考》400卷，为《十通》之一。

参考文献

[1]柴德赓.史籍举要[M].北京：商务印书馆，2015：210.
[2]李方.新疆历史古籍提要[M].北京：中国书籍出版社，2019：226.
[3]白寿彝.中国通史9（第6卷）中古时代·隋唐时期（上）[M].上海：上海人民出版社，2013：33.
[4]刘洪仁.古代文史名著提要[M].成都：巴蜀书社，2008：513.

三 北宋王溥撰《唐会要》

清乾隆年间《四库全书》本

宋王溥撰《唐会要》乾隆年间《四库全书》本，现藏于浙江大学图书馆。《唐会要》成书于建隆二年（公元961年），该书自撰成后，久无刊刻，传抄本脱误甚多，原本残缺不全。《四库全书总目》云："八卷题郊仪，而所载乃南唐事，九卷题曰杂郊仪，而所载乃唐初奏疏，皆与目录不相应。七卷、十卷亦多错入他文。盖原书残缺，而后人妄摭窜入，以盈卷帙。"故四库本（即本案）在整理补充时，补各卷注明原缺以示区别。通行本以"武英殿聚珍"本最佳，商务印书馆《国学丛书》即以其为底本。近现代以来，《唐会要》版本主要有三种：其一，1955年中华书局据《丛书集成初编》本重印版本，简称"中华书局版"；其二，1991年上海古籍出版社以江苏书局刻本为底本校以《武英殿聚珍版丛书》本和多种清抄本、清校本以及《旧唐书》《通典》《册府元龟》等，简称"上海古籍版"，是现行较好的通本，2006年收入上海古籍出版社《历代会要丛书》；其三，2005年古吴轩出版社《隋唐文明》影印的清光绪江苏书局刻本，简称"江苏书局本"。

《唐会要》全书共一百卷，分为帝系、礼、乐、学校、宗教、选举、职官、民政、封建、历数、灾异、刑法、食货、舆服、外国十五类，五百十四目，记述唐代各项制度的沿革变迁。唐德宗时苏冕编高祖至德宗九朝事，为《会要》四十卷，是"会要"体例之始。其后宣宗时，杨绍复续修四十卷。王溥重加整理，并补收唐末史事，编成本书。其内容和体例与《通典》相近，其中有《新唐书》《旧唐书》所未载入的史实，是研究唐代典章制度的重要资料。

"元和十一年三月，顺宗皇后王氏崩于南内之咸宁殿，谥曰庄宪。初，太常少卿韦缥进谥议，公卿署定，欲告天地宗庙。礼院奏议曰："谨按《曾子问》：'贱不诔贵。幼不诔长。礼也。'古者天子称天以诔之，皇后之谥，则读于庙。《江都集礼》引《白虎通》曰：'皇后何所谥之，谥之于庙。'又曰：'皇后无外事，无为于郊。'《传》曰：'故虽天子，必有尊也。'准礼，贱不得诔贵，子不得爵母。所以必谥于庙者，谥宜受成于宗庙；故天子谥成于郊，皇后谥成于庙。今请准礼，集百官连署谥状讫，读于太庙，然后上谥于两仪殿。既符故事，允合礼经。"

——《唐会要·卷三杂录》

该书卷三十一舆服上与卷三十二舆服下记载了唐代君臣冠冕巾帻制度、君臣服章制度和后妃命妇服章制度的沿革。如其记载冕服：

"旧制，天子之服，则有大裘冕，衮冕，鷩冕，毳冕，黼冕，玄冕，通天冠，武弁，爵弁，黑介帻，白纱帽，平帻，翼善冠之服。"

"武德四年七月定制，凡衣服之令，天子之服有二等，大裘冕，衮冕，鷩冕，毳冕，黼冕，玄冕，通天冠，武弁，黑介帻，白纱帽，平巾帻，白帢，是也。"

"显庆元年九月十九日，修礼官臣无忌、志宁、敬宗等言，准武德初撰《衣服令》。乘舆祀天地，服大裘冕，无旒。臣勘前件令。是武德初撰，虽凭周礼，理极未安，谨按《郊特牲》云："周之始郊，日以至。""被衮以象天，戴冕藻十有二旒，则天数也。"

"汉明帝永平二年，制采《周官》《礼记》，始制祀天地服，惟天子备十二章。沈约《宋书志》云：'魏晋郊天，亦皆服衮。'宋、魏、周、齐、隋礼令祭服悉同。斯则百王通典，炎凉无妨，复与礼经，事无乖舛。今请宪章故实，郊祭天地，皆服衮冕。"

值得注意的是，《唐会要》在流传时脱误颇多，如改唐代沙州升为都督府的时间"永泰二年"为"永徽二年"；删除原抄本"为大都护"四字，导致唐代存在"六大都护府"之说；又如增补唐代宰相名数、所载人名错误等。故在使用时，应当多者结合使用并加以考证。

拓展资料

汪启淑（公元1728—1798年），字慎仪，号讱庵、秀峰，自称"印癖先生"，徽州歙县（今属安徽黄山）绵潭人。中国清代徽商，藏书家、金石学家、篆刻家。汪启淑著有《焠掌录》《水漕清暇录》等。汇编《集古印存》《汉铜印原》《汉铜印丛》《静乐居印娱》《小粉场杂识》《讱庵诗存》《初庵集古印存》《飞鸿堂印谱》《飞鸿堂印人传》《撷芳集》《退斋印类》等20多种图书。

《册府元龟》是北宋四大部书之一，为政事历史百科全书性质的史学类书。景德二年（公元1005年），宋真宗赵恒命王钦若、杨亿、孙奭等十八人一同编修历代君臣事迹。《册府元龟》与《太平广记》《太平御览》《文苑英华》合称"宋四大书"，而《册府元龟》的规模，居四大书之首，数倍于其它各书。其中唐、五代史事部分，是《册府元龟》的精华所在，不少史料为该书所仅见，即使与正史重复者，亦有校勘价值。

苏冕（公元734—805年），字正元，唐京兆士曹参军、信州司户参军。京兆武功人，出身武功苏氏。著有《会要》四十卷、《贯至集》二十卷别十五卷、《古今国典》一百卷。

沙州古代行政区划，十六国前凉置沙州，治所在今敦煌，辖敦煌、晋昌、高昌三郡和西域都护、戊己校尉、玉门大护军三营；之后，西秦、北凉设有沙州，还有南朝册封吐谷浑、阴平国也有沙州名号。唐高祖武德五年（公元622年）改瓜州为西沙州，唐太宗贞观七年（公元633年）改西沙州为沙州，治所在敦煌县。安史之乱后，沙州归吐蕃。唐宣宗后，归义军收复，归义军的治所记载沙州。

参考文献

[1]刘安志.清人整理《唐会要》存在问题探析[J].历史研究，2018（01）：178-188.

[2]刘安志.《唐会要》所记唐代宰相名数考实[J].中国史研究，2019（01）：93-118.

[3]黄丽婧.《唐会要》校误[J].古典文献研究，2013（00）：590-605.

[4]刘安志，李艳灵，王琴.《唐会要》整理与研究成果述评[J].中国史研究动态，2017（04）：21-27.

四 北宋王溥撰《五代会要》

清乾隆年间《四库全书》本

北宋王溥撰《五代会要》清乾隆年间《四库全书》本，现藏于浙江大学图书馆。《五代会要》成书于宋太祖建隆二年（公元961年），另说乾德元年（公元963年）。主要刊本有北宋庆历六年（公元1046年）文彦博于蜀初刊本（今已佚），南宋乾道七年（公元1171年）施元之于衢州信安（今浙江衢州）复刊本（今已佚），元、明两朝无刊本。此外，抄本有何焯、彭元端校康熙六年（公元1667年）孙潜抄本和钱大昕、黄丕烈校清抄本，嘉庆十八年（公元1813年）贵征抄本，目前均藏于中国国家图书馆；吴任臣抄本、彭元端校跋本，今存于上海图书馆；周梦叶校本今存于首都图书馆。通行本有清乾隆时期武英殿聚珍本（又称为活字本，此本刊印前虽经四库馆臣校对，但仍有错页），乾隆年间《四库全书》本（即本案），嘉庆十四年（公元1809年）张海鹏辑《墨海金壶》本，光绪十二年（公元1886年）江苏书局本（改正了武英殿刊本错页之处），民国时期商务印书馆排印本。1978年上海古籍出版社以光绪十二年江苏书局本为底本，参校武英殿刊本、沈镇本和上海图书馆、复旦大学藏传抄本，参考新旧《五代史》《册府元龟》等书，重加编辑，并附校记，为目前较好通本。另有1985年、1988年、1998年中华书局本。

《五代会要》全书共三十卷，记载了后梁、后唐、后晋、后汉、后周五代的典章制度，分二百七十九目。体例与《唐会要》类似，虽在形式上未分大类，但将相近事物排于一处，在其各目中以朝代顺序排列，再按年代顺序排列史料，并将难以归入的细目资料编入杂录，排于细目后，便于检索。全书分帝系、礼仪、乐类、学校、刑法、历数、灾异、封建、兵类、职官、选举、食货等类。其中职官、食货收入了大量史料，占据较多篇幅。五代资料素来贫乏，《旧五代史》只存辑本，《新五代史》只存《司天》《职方》二考。而此书辑录了彼时各朝奏章、诏令等文书，还根据官私各书及其作者见闻，补充了大量史料，对五代五十余年的历史典章制度做了系统记载，可弥补正史之缺，如第八卷《经籍》目中，记载后唐长兴二年（公元931年）始依石经文字刻《九经》印版，至后周广顺三年（公元953年）刻成一事，是中国古代刻印经书最早且详细的记录。四库馆臣称此书“赖溥是编，得以收放失之旧闻，厥功甚伟。”“读五代史者，又何可无此一书哉。”柴德赓先生亦评价道：“此书详于典章，可补五代史之缺，更可纠五代史之乖谬。”

其中卷二“婚礼”、卷四“缘祀裁制”涉及有关服饰的内容，卷六记“内外官章服”，卷八记“服纪”，其余各卷虽也有对服饰的提及，但大多为只字片语，并不详备。例如，卷二婚礼部分的记载：“后唐同光元年七月，太常礼院奏：按本朝旧仪，自一品至三品婚姻，得服衮冕剑佩衣九章。今皇子兴圣宫使继岌，虽未封建，官是检校太尉，合准一品婚姻施行。其妃，凖礼妇人从夫之爵，亦准一品命妇礼。至亲迎日，太常卤簿鼓吹前导，乘辂车，其妃花钗九枝，博鬓，褕翟衣九等。其日平明，皇帝差官告亲庙一室，宗正卿摄婚主行礼。其夕亲迎，兴圣宫使乘辂车，卤簿鼓吹前导，至女氏之门，以结彩车御轮交车。从之。”

对内外官章服的记载：“周显德元年正月一日敕节文：今后升朝官，两任以上著录，十五周年者与赐绯。凡州县官历任内曾经五度参选者，虽未及十六考，与授朝散大夫阶，年七十以上合授优散官者并赐绯。非时特恩，不拘此例。”

又如对服纪部分的记载：“据尚书兵部侍郎马缟上疏言：‘古礼嫂叔无服，盖推而远之。案《五礼精义》，贞观十四年魏徵等议，亲兄弟之妻请服小功五月。今所司给假差谬为大功九月。’”

就纺织文化遗产而言，《五代会要》是研究五代时期服饰与服饰制度的重要实证资料。但值得注意的是，该书对服饰形制、颜色、服用人群等记载并不详尽，故在使用时需结合同时期舆服文献记载，方能获得更为全面的服饰信息。

拓展资料

王溥（公元922—982年），北宋并州祁县（今属山西）人，字齐物。后汉乾祐进士。历官授枢密副史、枢密使，迁中书侍郎、同平章事，太子太保等。主持修成《唐会要》一百卷，编成《五代会要》三十卷等。

文彦博（公元1006—1097年），字宽夫，号伊叟，汾州介休（今属山西）人。天圣五年（公元1027年）进士。历仕仁、英、神、哲四朝，有宋第一名相之称。封潞国公。著有《潞公集》等。

孙潜（生卒年不详），字潜夫，又字节生，清吴县（今属江苏）人。喜藏书，手钞手校之本世多流传。有"孙潜之印"及"孙二酉珍藏"诸印。

钱大昕（公元1728—1804年），字晓征，一字辛楣，号竹汀，晚号潜擘老人，江苏嘉定（今属上海市）人。清学者。乾隆进士。由编修累官至少詹事、广东学政。尤精校勘、音韵。著作有《十驾斋养新录》《恒言录》等。后辑为《潜擘堂全集》。

《墨海金壶》，清代张海鹏辑刻的综合性丛书之一。书分经、史、子、集，收书一百一十五种，七百二十七卷。内容皆依《四库全书》所录。嘉庆二十二年（公元1817年）版成。首取其原本久佚、辑自《永乐大典》者，次取其旧有传本、版已久废者。用王子年《拾遗记》所云"周时浮提之国献神道书者二人，肘间出金壶，中有墨汁如漆，洒之著物，皆成篆隶科斗之字"义，名此书《墨海金壶》。

《旧五代史》，原称《梁唐晋汉周书》或《五代史》《五代书》。此书由北宋薛居正监修，卢多逊、张澹、李昉等同修。全书一百五十卷，记叙公元907年至959年共五十三年间中原地区后梁、后唐、后晋、后汉、后周五个王朝以及南北方的吴、南唐、吴越、楚、闽、南汉、前蜀、后蜀、南平、北汉等十个割据政权的史实，是记载五代十国各民族历史的一部重要的官修正史。

《新五代史》，原名《五代史记》，属"二十四史"之一。后世为区别于薛居正等官修的五代史，称为《新五代史》。北宋欧阳修撰全书共七十四卷，本纪十二卷、列传四十五卷、考三卷、世家及年谱十一卷、四夷附录三卷。记载了自后梁开平元年（公元907年）至后周显德七年（公元960年）共五十三年的历史。

参考文献

[1]刘雨婷.中国历代建筑典章制度下[M].上海：同济大学出版社，2010：69.
[2]胡道静.简明古籍辞典[M].济南：齐鲁书社，1989：219，123-146.
[3]周谷城，姜义华.中国学术名著提要历史卷[M].上海：复旦大学出版社，1994：595.

[4]郑天挺，谭其骧.中国历史大辞典1[M].上海：上海辞书出版社，2010：227.
[5]广西壮族自治区通志馆.二十四史广西资料辑录2[M].南宁：广西人民出版社，1989：431.
[6]李峰.苏州通史·人物卷（中）明清时期[M].苏州：苏州大学出版社，2019：291-303.
[7]张福清.北宋戏谑诗校注[M].广州：暨南大学出版社，2020：30.

五 南宋郑樵撰《通志》

元大德三山郡庠刻元明递修本

南宋郑樵撰《通志》元大德三山郡庠刻元明递修本，现藏于哈佛大学哈佛燕京图书馆，中国国家图书馆亦有同版收藏。《通志》成书于绍兴三十一年（公元1161年），主要刊刻版本有：元至治元年（公元1321年）摹印元大德本，元大德三山郡庠刻元明递修本（即本案）、元大德三山郡庠刻元修本、元至治二年（公元1322年）福州刻本等；明代有元大德三山郡庠刻元明递修本明弘治公文纸印本、元至治二年三山郡庠刻明万历递修本；清代有乾隆十二年（公元1747年）刻本、乾隆十二年武英殿刻本、咸丰九年（公元1859年）崇仁谢氏刻本、光绪二十二年（公元1896年）浙江书局刻本、光绪二十七年（公元1901年）上海图书局石印本等。此外，《通志略》为《通志》的一部分，共二十篇，称为“二十略”，《通志略》主要刊刻版本有：明正德九年（公元1514年）刻本、嘉靖二十五年（公元1550年）陈宗夔校刊本；清乾隆十三年（公元1748年）金坛于氏刻本、乾隆十四年（公元1749年）汪启淑刻本，上海商务印书馆《国学基本丛书》本、《万有文库》本、中华书局《四部备要》本以及上海世界书局本等。1987年中华书局据上海商务印书馆出版的《万有文库·十通》合刊本重新影印刊行，1988年浙江古籍出版社亦有影印本出版。

《通志》全书共二百卷，分为本纪十八卷、年谱四卷、二十略五十二卷、世家三卷、列传一百一十五卷、载记八卷。记载上起三皇，下迄隋代的制度（二十略记上古至唐，纪传记三皇至隋）。其中，《帝纪》记三皇五帝至隋各代帝王事略；《后妃传》记西汉至隋各代后妃事迹；《年谱》记三皇五帝至隋各代重要史事；《略》记上古至唐各代典章制度的演变；《列传》主要记周至隋各代的重要人物及史事。全书中《帝纪》《后妃传》《列传》是从《史记》至《南史》《北史》等十五史及其他著作中增删编录而成。该书按时间顺序予以整理、编排、探其源流，是研究隋代以前各代政治、经济制度的重要史料。

> “迨汉建元元封之后，司马氏父子出焉。司马氏世司典籍，工于制作，故能上稽仲尼之意，会《诗》《书》《左传》《国语》《世本》《战国策》《楚汉春秋》之言，通黄帝、尧、舜至于秦汉之世，勒成一书，分为五体：本纪纪年，世家传代，表以正历，书以类事，传以著人，使百代而下，史官不能易其法，学者不能舍其书。六经之后，惟有此作。故谓周公五百岁而有孔子，孔子五百岁而在斯乎！是其所以自待者，已不浅。然大著述者，必深于博雅而尽见天下之书，然后无遗恨。当迁之时，挟书之律初除，得书之路未广，亘三千年之史籍，而局蹐于七八种书，所可为迁恨者，博不足也。凡著书者，虽采前人之书，必自成一家言。左氏，楚人也，所见多矣，而其书尽楚人之辞。公羊，齐人也，所闻多矣，而其书皆齐人之语。今迁书全用旧文，间以俚语，良由采摭未备，笔削不遑，故曰予不敢坠先人之言，乃述故事，整齐其传，非所谓作也。刘知几亦讥其多聚旧记，时插杂言，所可为迁恨者，雅不足也。”
>
> ——《通志·总序》

《通志·略》记载了上古至唐各代典章制度的演变。所谓略，即纲略之意，相当于正史中的“志”，因避免重复本书书名而取名为“略”。共有二十略五十二卷，分为《氏族略》六卷、《六书略》五卷、《七音略》两卷、《天文略》两卷、《地理略》一卷、《都邑略》一卷、《礼略》四卷、《谥略》一卷、《器服略》两卷、《乐略》两卷、《职官略》七卷、《选举略》两卷、《刑法略》一卷、《食货略》两卷、《艺文略》八卷、《校雠略》一卷、《图谱略》一卷、《金石略》一卷、《灾祥略》一卷、《昆虫草木略》两卷。其中《通志》卷四十七《器服略第一》记载了君臣冠冕巾帻制度、君臣服章制度、后妃命妇首饰制度、后妃命妇服章制度等。

如记载牟追冠：“夏后氏牟追冠长七寸、高四寸、广五寸、后广二寸，制如覆杯，前高广，后卑锐。殷因之，制章甫冠、高四寸半，后广四寸，前栉首。周因之，制委貌司服云‘凡甸，冠弁服。’甸，田猎也。汉制，委貌以皂缯为之，形如委谷之貌，上小下大，长七寸、高四寸，前高广，后卑锐，无笄有缨。行大射礼于辟雍，诸公卿大夫行礼者冠之。宋依汉制。”

又如记载：“周制，内司服掌王后之六服：袆衣、揄翟、阙翟、鞠衣、展衣、褖衣、素纱。王后之服，刻缯为之形而采画之，缀于衣以为文章。袆衣画翚者，揄翟画摇者，阙翟刻而不画，此三者皆祭服。从王祭先王则服袆衣，祭先公则服揄翟，祭群小祀则服阙翟。今世有圭衣者，盖三翟之遗俗。鞠衣，黄桑服也。色如麴尘，象桑叶始生。《月令》：三月荐鞠衣于上帝，告桑事。”

值得注意的是，唐代杜佑撰《通典》、南宋郑樵撰《通志》、元初马端临撰《文献通考》，合称“三通”。清乾隆时官修的《续通典》《清朝通典》《续通志》《清朝通志》《续文献通考》《清朝文献通考》，加之前面“三通”，称为“九通”。1921年，浙江南浔刘锦藻撰成《清朝续文献通考》，始有“十通”之名。

《通志》的体例和编纂方法，在史学发展史上有过一定的影响。清乾隆年间所修的《续通志》与《清朝通志》，就是根据《通志》编纂而成的。元马端临《文献通考》以及《九通》中的其他著作，在体例上也吸取了《通志》的成果，但它的体例和编纂方法仍有缺陷。《四库提要》论之云：“大抵门类既多，卷繁帙重，未免取彼失此。然其条分缕析，使稽古者可以案类而考。又其所载宋制最详，多《宋史》各志所未备，案语亦多能贯穿古今，折衷至当。虽稍逊《通典》之简严，而详赡实为过之，非郑樵《通志》所及也。”二十略的体例虽有所创新，但仍然没有突破正统旧史的格式，在史料的考订方面，也难免有主观片面的臆断，故在使用时应结合对比研究。

拓展资料

李翰（生卒年不详），字不详，赵州赞皇人，李华之子。翰文有前集三十卷，《新唐书·艺文志》传于世。李翰的著名作品《蒙求》被收录在《全唐诗》卷881-1。

《通典》，“十通”之一。中国历史上第一部体例完备的政书，专叙历代典章制度的沿革变迁，为唐代政治家、史学家杜佑所撰。全书共两百卷，内分食货、选举、职官、礼、乐、兵、刑法、州郡、边防九门，子目一千五百余条，约一百九十万字。《通典》记录了上起黄虞时代、下迄唐玄宗天宝末年典章制度之沿革，其中于唐代叙述尤详。唐德宗贞元十七年（公元801年）编成，北宋时就有刊本，以后元明清各代有多种刻本流传，其中以清朝乾隆武英殿刻“九通本”最为流行。

《十通索引》是1937年商务印书馆出版专为检索《十通》的工具书，分为三个部分：一是说明，有“十通一览表”；二是四角号码索引，把所有的名词术语都按首字的四角号码顺序编排，下注书名和页数；三是分类详细目录，按类编排，便于索引，是现行较好的通本。

参考文献

[1]黎恩.谈谈《通志》的几种版本[J].图书馆学刊，1983（01）：60–65.

[2]张富祥.宋代文献编纂述要[M].济南：山东大学出版社，2019：38.

[3]白寿彝.中国通史12（第7卷）中古时代·五代辽宋夏金时期下[M].上海：上海人民出版社，2015：1509.

[4]中山大学图书馆.中山大学图书馆古籍善本书目[M].桂林：广西师范大学出版社，2014：200.

六 金张玮等撰《大金集礼》

清光绪二十一年广雅书局刊本

金张玮等撰《大金集礼》清光绪二十一年广雅书局刊本，现藏于日本早稻田大学图书馆。《大金集礼》成书于金章宗明昌六年（公元1195年），原本已佚，今传本缺卷十二至十七、卷二十六和三十三，卷十、十八、十九、二十七亦有缺损和错简。主要刊本有清乾隆四十九年（公元1784年）《四库全书》本、清光绪二十一年（公元1895年）广雅书局本（即本案）及1935年商务印书馆《丛书集成》本。

《大金集礼》全书共四十卷，传世各本卷末皆附廖廷相识语一卷、缪荃孙校勘记一卷。书中记载了金太祖至金章宗近八十年的礼仪制度，分二十五门，包括尊号、册谥、祠祀、朝会、燕飨、仪仗、舆服等门，分类排纂。书中对诸制掌故始末记载甚详，首列金太祖、太宗即位仪，凡朝中大典、舆服制度、礼文皆有可考。其中卷二十九《舆服上》载辂辇、冠服、皇后车服和皇太子车服，卷三十《舆服下》则有宝、印、臣庶车服内容记录。（图3–4）

"呜呼，礼之为国也信矣夫！而况《关雎》《麟趾》之化，其流风遗思被于后世者，为何如也。宣宗南播，疆宇日蹙，旭日方升而爝火之燃，蔡流弗东而余烬灭矣！图籍散逸既莫可寻，而其宰相韩企先等之所论列，礼官张玮与其子行简所私著《自公纪》，亦亡其传。故书之存，仅《集礼》若干卷。其藏史馆者，又残缺弗完。姑掇其郊社、宗庙、诸神祀、朝觐会同等仪而为书，若夫凶礼则略焉。盖自熙宗、海陵、卫绍王之继弑，虽曰“卤簿十三节以备大葬”，其行乎否耶？盖莫得而考也，故宣孝之丧礼存，亦不复纪。噫！告朔饩羊虽孔子所不去，而史之缺文则亦慎之。作《礼志》。”

——《金史·礼志序》

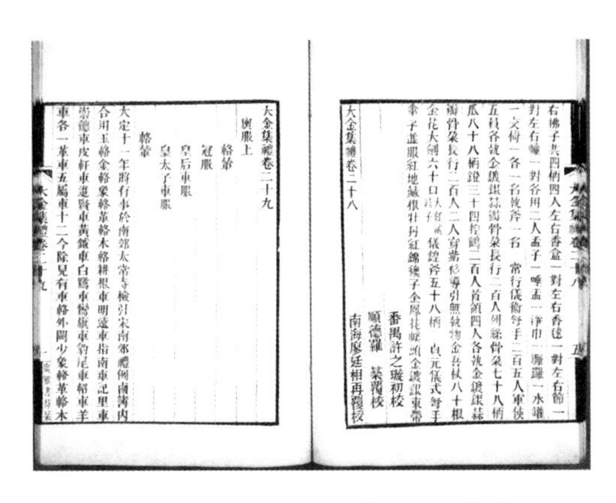
右拂子共四柄四人左右香盒一對左右香毬一對左右儱一
對左右輪一對各用二人盂子一唾盂一淨巾一攤羅一水罐
一交椅一各一名牝斧一名　常行儀衛弩手二百五人軍使
五員各執金鍍銀蒜鍮骨朶七十八柄
瓜八十八柄鐙三十四拉鷂二百人首領四人各執金鍍銀蒜
瓣骨朶長行二百人二人穿紫衫導引無執物金吾杖八十根
金花大劍六十口儀鐙斧五十八柄　貞元儀式弩手
傘子並服紅地藏根牡丹紅錦襖子金鳳花帨頭金鍍銀束帶
番禺許之璣初校
順德羅　棻覆校
南海廖廷相再覆校
大金集禮卷二十八

大金集禮卷二十九
輿服上
輅輦
冠服
皇后車服
皇太子車服
輅輦
大定十一年將有事於南郊太常寺檢引宋南郊禮例鹵簿內
合用玉輅金輅象輅革輅木輅耕根車明遠車指南車記里車
崇德車皮軒車進賢車黃鉞車白鷺車鸞旗車豹尾車韶車羊
車各一革車五屬車十二今除見有車輅外闕少象輅革輅木

图3-4　卷二十九舆服上·金张玮等撰《大金集礼》清光绪二十一年广雅书局刊本　日本早稻田大学图书馆藏

经比较研究发现，《金史·舆服志》中的大部分内容源自《大金集礼》。如《金史·舆服上》：“大定十一年，将有事于南郊，命太常寺检宋南郊礼，卤簿当用玉辂、金辂、象辂、革辂、木辂、耕根车、明远车、指南车、记里鼓车、崇德车、皮轩车、进贤车、黄钺车、白鹭车、鸾旗车、豹尾车、招车、羊车各一，革车五，属车十二。除见有车辂外，阙象、木、革辂、耕根、明远、皮轩、进贤、白鹭、羊车，大辇各一，革车三，属车四。”此部分完全照录了《大金集礼·舆服上》的开篇内容。又如《金史·舆服中》：“天眷三年有司以车驾将幸燕京，合用通天冠、绛纱袍，据见阙名件，依式成造。”以及皇帝冕制、衮部分共三段内容，都几乎原封不动地照录《大金集礼·舆服上》，唯个别细节删去。如《金史·舆服志》中的辂车部分，其名目、顺序以及具体形制与《大金集礼》中的内容几乎一致，只不过删去了“轮辕”颜色。

此外，值得关注的是《金史·舆服志》中的一些名目，未在《大金集礼》中出现的其叙述都比较简单。例如天子冠服的规制，《大金集礼》中的内容主要为天子服饰构成综述、衮与冕的形制规定以及天子用圭介绍，而《金史》在这部分中则添加了两种天子视朝之服。但相较前文详细的服制描述，这段只列举了服饰名目，较为简略。因此，深入了解金代服制的全貌，需注意将《大金集礼》与《金史》结合对比研究。

拓展资料

张玮（公元？—1216年），金朝大臣。字明仲，莒州日照县人。正隆五年（公元1160年）考中进士。为陈州（今河南淮阳）主簿、淄州（今山东淄川）酒税副使。在张玮主持下，赋税增加。升为昌乐县令。改任永清县令，补为尚书省令史，授为太常博士，兼任国子监助教。张玮清静寡欲，历任太常、礼部二十余年，通晓古今礼学，其家法亦为士族仪表。

《丛书集成》由王云五主编。1935年至1937年商务印书馆《丛书集成》排印、影印本。1935年—1937年陆续印出。该丛书系择宋代至清代重要丛书一百部，去其重复，重新分类编排而成。已出3 467册。未出者533册。1985年起中华书局用上海商务印书馆本影印，未出者亦补齐，共4 000册。所收之书，共分十类：总类、哲学类、宗教类、社会科学类、语文学类、自然科学类、应用科学类、艺术类、文学类、史地类。

《金史》作为二十四史之一的纪传体断代史，是一部较为完整、系统地记载金代历史的官修史书。该书早在元世祖时期就已开始拟定修撰，但直到元顺帝至正四年（公元1344年）才编修完成，据《元史·欧阳玄传》记载，其实际执行总裁官为欧阳玄。全书含本纪十九卷，志三十九卷，表四卷，列传七十三卷，并附《金国语解》一卷，共一百三十五卷。

廖廷相（生卒年不详），字子亮，又字泽群，广东南海人。清光绪二年（公元1876年）进士，改翰林院庶吉士，授编修，充国史馆协修。群经中，精研三礼，著《三礼表》一书。析粤东水道源流派别，著《粤东水道分合表》二卷。居京师时，撰《顺天人物志》六卷。还著有《经说》《韵学》《诸史札记》《金石考略》和文集等若干卷。

参考文献

[1]李甍.历代舆服志图释.辽金卷[M].上海：东华大学出版社，2016：20.
[2]包铭新.中国染织服饰史文献导读[M].上海：东华大学出版社，2006：18.
[3]周国伟.二十四史述评[M].苏州：苏州大学出版社，2017：138.
[4]胡建林.太原历史文献辑要第3册宋辽金元卷[M].太原：山西人民出版社，2013：455.

七 南宋徐天麟撰《西汉会要》

清乾隆年间《四库全书》本

南宋徐天麟撰《西汉会要》乾隆年间《四库全书》本，现藏于浙江大学图书馆。《西汉会要》成书于嘉定四年（公元1211年），主要刊刻版本有：宋嘉定八年（公元1215年）建宁郡斋元修本（已残缺不全）、明抄本、清乾隆三十九年（公元1774年）武英殿聚珍版刻本、清乾隆年间《四库全书》本（即本案）、清道光八年（公元1828年）活字印本、清光绪五年（公元1879年）岭南学海堂刻本、清光绪十年（公元1884年）江苏书局刻本、清光绪二十五年（公元1899年）广雅书局刻本、1955年中华书局本。1977年，上海人民出版社以中华书局版《汉书》点校本为底本，校正勘误后重新出版《西汉会要》，成为当下较好的通本。

《西汉会要》与《东汉会要》合称为《两汉会要》，其体例仿《唐会要》，取材自班固《汉书》所载制度典章见于纪、志、表、传者，同时将《史记》中有关西汉的典章制度一并收录。书中内容以类相从，分门编载，共七十卷，无进表，分帝系、礼、乐、舆服、学校、运历、祥异、职官、选举、民政、食货、兵、刑法、方域、蕃夷十五门。若有无可隶者，则循唐苏冕《会要》旧例，以杂录附于后，对研究西汉典章制度及其演变，有较高的参考价值。

其中卷二十三至二十四为该书舆服部分，第二十三卷舆服（上）为天子、百官等车旗，第二十四卷舆服（下）记天子、百官、臣庶等冠服。例如西汉时期天子冠服的记载："高祖为亭长，乃以竹皮为冠，令求盗之薛治，时时冠之，及贵，常冠，所谓刘氏冠也。八年，令爵非公乘以上毋得冠刘氏冠。（本纪，徐天麟按《后汉·舆服志》云，刘氏冠，楚冠制也，祀宗庙诸祀则冠之，此冠高祖所造，故以为祭服，尊敬之谓也。）高皇帝所述书《天子所服第八》，（天子衣服之制也，于施行诏书第八。）曰："大谒者臣章受诏长乐宫"，曰：'令群臣议天子所服，以安治天下。'相国臣何、御史大夫臣昌谨与将军臣陵、太子太傅臣通等议：'春夏秋冬天子所服，当法天地之数，中得人和。故自天子王侯有土之君，下及兆民，能法天地，顺四时，以治国家，身亡祸殃，年寿永究，是奉宗庙安天下之大礼也。臣请法之。中谒者赵尧举春，李舜举夏，兒汤举秋，贡禹举冬，四人各职一时。大谒者襄章奏，制曰：'可。'"

对百官冠服的记载："爵非公乘以上，毋得冠刘氏冠。景帝中六年，诏曰，吏者民之师也，车驾衣服宜称，亡度者或不吏服，出入闾里，与民亡异。……车骑从者不称其官衣服，下吏出入闾巷亡吏体者，二千石上其官属，三辅举不如法令者，皆上丞相御史清之。先是吏多军功，车服尚轻，故为设禁。”

又如对臣庶冠服的记载：“汉初定与民无禁。（叙传，师古曰，国家不设车旗衣服之禁。）高祖八年，贾人毋得衣锦绣绮縠絺纻罽。（本纪）文帝时，贾谊上疏言，今民卖僮者为之绣衣丝履偏诸缘，内之闲中，是古天子后服所以庙而不宴者也，而庶人得以衣婢妾，白縠之表，薄纨之里，緁以编诸，美者黼绣，是古天子之服，今富人大贾嘉会召客者以被墙。古者以奉一帝一后而节适，今庶人屋壁得为帝服，倡优下贱得为后饰。然而天下不屈者，殆未有也。且帝之身自衣皂绨，而富民墙屋被文绣，天子之后，以缘其领，庶人孽妾缘其履，此臣所谓舛也。（本传）”

就纺织文化遗产而言，《西汉会要》贯穿详洽，井然有序，书中内容不但有对服饰制度的记载，还有官员对服饰制度的进表，是研究西汉时期天子、百官、臣庶等冠服的重要参考依据。

拓展资料

徐天麟（生卒年不详），南宋临江军清江（今江西清江县西南）人，字仲祥，南宋史学家，开禧元年进士。历官临安府教授，宗学谕、武学博士，惠州、潭州通判，广西转运判官等。著有《西汉会要》《东汉会要令》《汉兵本末》《西汉地理疏》《山经》等。

《汉书》中国第一部纪传体断代史，二十四史之一。东汉班固编撰，共一百卷，分一百一二十篇，其体例与《史记》基本相同，只是将“书”改为“志”。全书包括十二纪，八表、七十传，记述了从汉高祖元年到王莽地皇四年，共230年历史，其资料丰富详实，语言典雅凝练，是研究西汉历史的重要资料。

参考文献

[1]《法学词典》编辑委员会.法学词典[M].上海：上海辞书出版社，1980：216.
[2]柴德赓.史籍举要[M].北京：商务印书馆，2015：230.
[3]周谷城，姜义华.中国学术名著提要历史卷[M].上海：复旦大学出版社，1994：601.
[4]顾明远.教育大辞典9中国古代教育史下[M].上海：上海教育出版社，1992：284.
[5]夏征农.辞海中国古代史分册[M].上海：上海辞书出版社，1988：549.
[6]白寿彝.中国通史5（第4卷）中古时代·秦汉时期上（修订本）[M].上海：上海人民出版社，2007.

八 南宋徐天麟纂《东汉会要》

清乾隆年间《四库全书》本

南宋徐天麟纂《东汉会要》清乾隆年间《四库全书》本，现藏于浙江大学图书馆。《东汉会要》成书于理宗宝庆二年（公元1226年），现流传的版本均以南宋抄本为底本（其中第三十七、三十八两卷全缺，三十六、三十九卷各佚其半），有宋宝庆二年（公元1226年）建宁郡斋刻本、乾隆四十二年（公元1777年）武英殿聚珍版书、乾隆年间《四库全书》本（即本案）、道咸年间蒋氏宜年堂刻本、光绪五年（公元1879年）学海堂刻本、光绪十年（公元1884年）江苏书局刻本、1935年商务印书馆《国学基本丛书》本、1986年台湾“商务印书馆”《景印文渊阁四库全书》本，此外，1978年上海人民出版社以中华书局版《汉书》点校本为底本，校正勘误后重新出版《东汉会要》，是当下较好的通本。（图3-5）

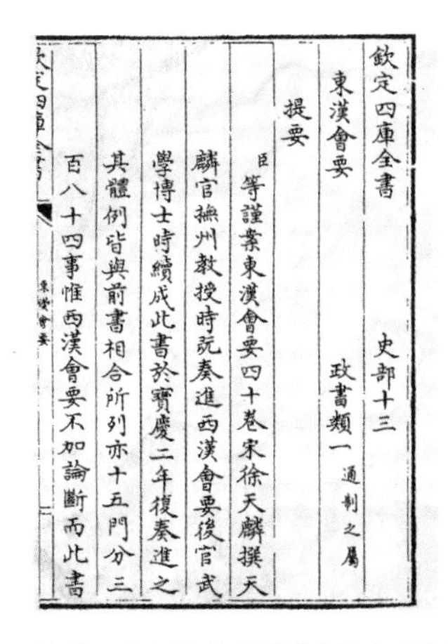
欽定四庫全書　史部十三
東漢會要　政書類一　通制之屬
提要
臣等謹案東漢會要四十卷宋徐天麟撰天
麟官撫州教授時既奏進西漢會要後官武
學博士時續成此書於寶慶二年復奏進之
其體例皆與前書相合所列亦十五門分三
百八十四事惟西漢會要不加論斷而此書

图3-5 提要·南宋徐天麟纂《东汉会要》清乾隆年间《四库全书》本 浙江大学图书馆藏

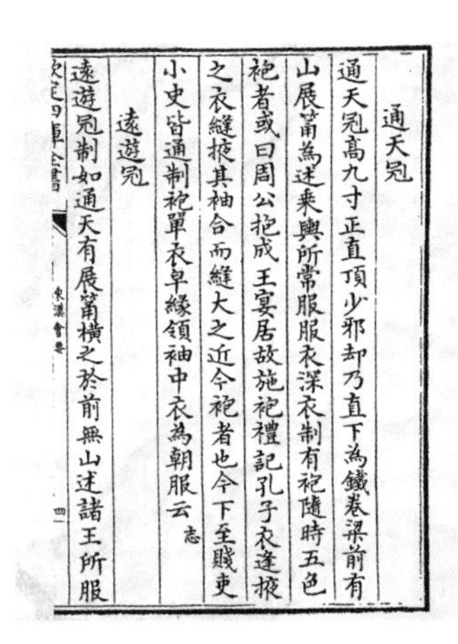
通天冠
通天冠高九寸正直頂少邪却乃直下為鐵卷梁前有
山展筩為述乘輿所常服服衣深衣制有袍隨時五色
袍者或曰周公抱成王宴居故施袍禮記孔子衣逢掖
之衣縫掖其袖合而縫大之近今袍者也今下至賤吏
小史皆通制袍單衣皁緣領袖中衣為朝服云志
遠遊冠
遠遊冠制如通天有展筩横之於前無山述諸王所服

图3-6 卷九舆服（上）·南宋徐天麟纂《东汉会要》清乾隆年间《四库全书》本 浙江大学图书馆藏

《东汉会要》与《西汉会要》合称为《两汉会要》，全书共四十卷，仿《西汉会要》体例，作者在其进表中阐明编撰目的：“虽纲维治道，常恪遵祖宗宏远之模；然参酌旧章，必博考汉唐沿革之绪。”“集事迹而为鉴，或可参往牒之言；条章奏而请行，期有补当今之务。”故全书内容分门别类加以排列，并记述其沿革演变情况，依次分帝系、礼、乐、舆服、文学、历数、封建、职官、选举、民政、食货、兵、刑法、方域、蕃夷十五门，子目记三百四十八事。与《西汉会要》相较，该书去学校、运历、祥异三门，增文学、历数、封建三门。此外，书中征引《后汉书》《东观汉记》《续汉书》《后汉记》《通典》《汉官仪》《汉杂事》《汉旧仪》等，对东汉史实考证大有裨益。（图3-6）

该书卷九至卷十为舆服门，卷九舆服（上）记载了不同身份、种类的乘舆、符玺等。卷十舆服（下）记载了不同形制的冠冕服饰、佩玉、佩刀、配印，以及诸侯、后妃、公主、贵人等绶带的颜色、尺寸等，此外还记录了夫人、后妃、公主的服饰形制、颜色、图案等。并将车服杂录赋予后。例如，该部分对通天冠的记载为：

“通天冠，高九寸，正直，顶少邪却，乃直下为铁卷梁，前有山，展筩为述，乘舆所常服。服衣，深衣制，有袍，随时五色，袍者，或曰，周公抱成王宴居，故施袍。《礼记》孔子衣逢掖之衣，缝掖其袖，合而缝大之，近今袍者也。今下至贱吏小史，皆通制袍，单衣，皂缘领袖中衣，为朝服云。”

如对绶带的记载：

“千石、六百石黑绶，三采，青赤绀，淳青圭，长丈六尺，八十首。四百石、三百石长同。”

又如对后妃服饰的记载：

“皇后谒庙服：绀上皂下，蚕青上，缥下，皆深。衣制：隐领袖，缘以绦，假结步摇，簪珥步摇，以黄金为山题，贯白珠为桂枝，相缪一爵；九华，熊、虎、赤罴、天鹿、辟邪、南山丰大特六兽诗，所谓副笄六珈者，诸爵兽皆翡翠为毛羽，金题白珠珰，绕以翡翠为华云。”

就纺织文化遗产而言，《东汉会要》相较于《西汉会要》所引材料更为广泛全面，所记事物更为详备，后者不加论断，前者附有按语、旁引他人论证等，冠以“臣天麟按”或他人“曰”。值得注意的是，《四库全书》本对个别词语有替换，例如“通天冠，高九寸，正直”，而《后汉书·舆服志》则记载为“通天冠，高九寸，正竖”。故此书虽作为研究东汉时期服饰制度及其变化的重要实证资料，但使用时仍需与其他史籍资料互为参考，结合使用。

拓展资料

徐天麟（生卒年不详），南宋临江军清江（今江西清江西南）人，字仲祥，南宋史学家，开禧元年进士。历官临安府教授，惠州、潭州通判，广西转运判官等。著有《西汉会要》《东汉会要令》《汉兵本末》《西汉地理疏》《山经》等。

《后汉书》南朝宋范晔撰，唐李贤注。共一百二十卷，记载了自汉光武至汉献帝一百九十五年史事。

参考文献

[1]中外名人研究中心，中国文化资源开发中心.中国名著大辞典[M].合肥：黄山书社，1994：239.
[2]夏征农.辞海中国古代史分册[M].上海：上海辞书出版社，1988：549.
[3]周谷城，姜义华.中国学术名著提要历史卷[M].上海：复旦大学出版社，1994：604.

九 元马端临撰《文献通考》

明正德十六年慎独斋刘洪刊本

元马端临撰《文献通考》明正德十六年（公元1521年）慎独斋刘洪刊本，原为钱恂旧藏，后移交至日本早稻田大学图书馆。该书编撰始于元世祖至元二十二年（公元1285年），成书于成宗大德十一年（公元1307年），共历时22年。最初刻于元泰定元年（公元1324年），有西湖书院刊本，已佚。现存版本有元后至元五年（公元1339年）余谦补修本，明正德十六年刊本（即本案），明嘉靖三年（公元1524年）司礼监刊本，嘉靖四年（公元1525年）冯天驭刊本，清乾隆十三年（公元1748年）武英殿刊“三通”合刻本，光绪二十二年（公元1896年）浙江书局刊本等。近代以来有1936年商务印书馆万有文库“十通”本。2011年，中华书局以清乾隆十三年（公元1748年）校刊的武英殿本为底本出版点校本，是现行较好的通本。

《文献通考》（简称《通考》）是宋马端临编撰的一部典章制度史，全书共三百四十八卷。因“引古经史谓之‘文’，参以唐宋以来诸臣之奏疏，诸儒之议论谓之‘献’，故名曰《文献通考》”。书中记载了上古至宋宁宗嘉定五年（公元1212年）典章制度的沿革，门类计有田赋考、钱币考、户口考、职役考、征榷考、市籴考、土贡考、国用考、选举考、学校考、职官考、郊社考、宗庙考、王礼考、乐考、兵考、刑考、经籍考、帝系考、封建考、象纬考、物异考、舆地考、四裔考等二十四门。每门皆有小序，合载于卷首。每门之下又分为若干子目，每一目的内容按时间先后排列。兼采经史、会要、传记、奏疏、论及其他文献等，所载资料较《通典》更详，于宋代典章制度尤称详备。（图3-7）

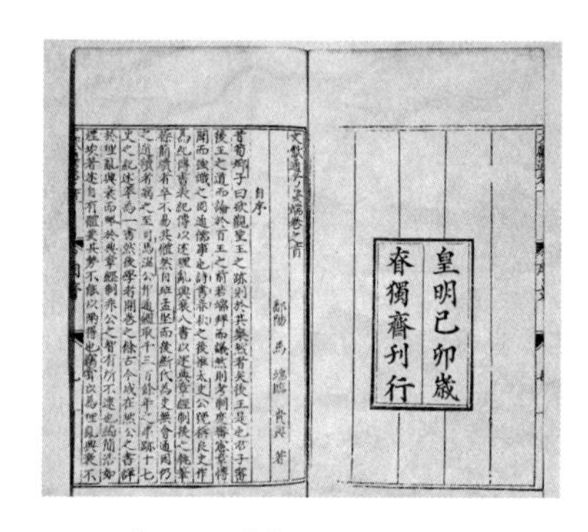
皇明己卯歲
春獨齋刊行

图3-7　自序宋马端临撰《文献通考》明正德十六年慎独斋刘洪刊本　日本早稻田大学图书馆藏

“昔荀卿子曰：‘欲观圣王之迹，则于其粲然者矣，后王是也。君子审后王之道，而论于百王之前，若端拜而议。’然则考制度，审宪章，博闻而强识之，固通儒事也。《诗》《书》《春秋》之后，惟太史公号称良史，作为纪、传、书、表，纪、传以述理乱兴衰，八书以述典章经制，后之执笔操简牍者，卒不易其体。然自班孟坚而后，断代为史，无会通因仍之道，读者病之。至司马温公作《通鉴》，取千三百余年之事迹，十七史之纪述，萃为一书，然后学者开卷之馀，古今咸在。然公之书详于理乱兴衰，而略于典章经制，非公之智有所不逮也，编简浩如烟埃，著述自有体要，其势不能以两得也。”

——《文献通考·自序》

《文献通考》卷一百十一至卷一百一十三王礼考六至八记载了君臣冠冕服章制度，尤宋代服制最为详备，如“宋制平天冕服，不易旧法。更名韨曰蔽膝。未加元服、释奠先圣、视朝、拜陵等服，及杂色纱裙、武冠素服，并沿旧不改。王公助祭郊庙，章服降杀亦如之。冠委貌者，衣黑而裳素，中衣以皂领袖。元冠、韦弁、绛韦戎衣，复依汉法。袴褶因晋不易，腰有络带以代鞶革。中官紫褾，外官绛褾。又有纂严戎服，而不缀褾，行留文武悉同。畋猎巡幸，唯从官戎服，带鞶革。文帝元嘉中，巡幸、蒐狩、救庙水火皆如之。”

《卷一百十四·王礼考九》记载了后妃命妇以下首饰服章制度。如叙述“命服”：“此紫、绯、绿、青为命服，昉于隋炀帝巡游之时，而其制遂定于唐，此史传所记也。然夏侯胜谓士若明经，取青紫如拾地芥，扬子云亦言纡青拖紫，朱丹其毂，则汉时青紫亦贵官之服。西汉服章之制无所考见，史言郊社祭服承秦制，用袀元。东汉则百官之服皆袀元，不闻以青紫。”

值得注意的是，《通典》《通志》和《文献通考》三书皆以贯通古今为主旨，又都以“通”字为书名，故合之称为“三通”。《四库提要》论之云：“大抵门类既多，卷繁帙重，未免取彼失此。然其条分缕析，使稽古者可以案类而考。又其所载宋制最详，多《宋史》各志所未备，案语亦多能贯穿古今，折衷至当。虽稍逊《通典》之简严，而详赡实为过之，非郑樵《通志》所及也。”可见《通典》以精密见称，《文献通考》以博通见长，各有独到之处，应互相参证而不可偏废。

拓展资料

冯天驭（公元？—1568年），字应房，号伯良，湖广蕲州（今湖北蕲春）人。嘉靖十四年（公元1535年）进士，历大理寺评事、御史，累官至吏部右侍郎。嘉靖四十年进为刑部尚书。

《通志》南宋郑樵著纪传体中国通史，当今称其为以人物为中心的纪传体中国通史，但中国传统史学将其归入典章制度的政书，列为三通之一。也有将其列入百科全书类的。全书200卷，有帝纪18卷、皇后列传2卷、年谱4卷、略51卷、列传125卷。作者郑樵，一生勤于著述，曾几次献书。

参考文献

[1]张金龙.魏晋南北朝文献丛稿[M].兰州：甘肃教育出版社，2017：52.
[2]中国历史文献研究会.历史文献研究总第18辑[M].武汉：华中师范大学出版社，1999：276.

十 未署名者撰《大元圣政国朝典章》

元延祐七年至至治二年建阳书坊刊本1998年中国广播电视出版社影印

未署名者撰《大元圣政国朝典章》（亦称《元典章》）元延祐七年至至治二年（公元1320—1322年）建阳书坊刊本。该书自明以来，未见翻刊，存世元刊本。明《文渊阁书目》记“元典章一部，十册，阙。”不知其是否为刻本或钞本，但原书在万历年间已失传。民间藏书家，偶见有钞本传世，《千顷堂书目》及《述古堂书目》所载者均为钞本十五卷。清光绪三十四年（公元1908年）武进董绶金曾据杭州丁氏家藏钞本，刻之于北京法律学堂，惜错误脱漏颠倒之处较多。1958年北京中国书店重印光绪本，1976年台北“故宫博物院”、1998年中国广播电视出版社分别出版影印元刊本（即本案）。另有清彭氏知圣道斋抄本、清曾氏面城楼抄本。

《大元圣政国朝典章》集元世祖至元英宗至治二年间诏令（公元1322年），是元代官修法令文书的汇编，前集六十卷附新集，其中诏令一卷、圣政二卷、朝纲一卷、台纲二卷、吏部八卷、产部十三卷、礼部六卷、兵部五卷、刑部十九卷、工部三卷，记事至延祐七年为止；又增附《新集至治条例》，分国典、朝纲以及吏户礼兵刑工六部共八门，不分卷，门下分目，目下分若干条格，记事至至治二年止。

《大元圣政国朝典章》“礼部卷二·典章二十九·礼制二”之“服色”，记载了自元世祖至英宗王朝的服饰礼制。包括文武品从服带、贵贱服色等第、提控都吏同公服、礼生公服、典吏公服、巡检公、儒官服色、站官服色、秀才祭丁当备唐巾襕带、南北士服各从其便、释道服色、娼妓服色等；“兵部”记军装之定制；“工部”载录造作之缎匹等。如《礼制二·服色》中记载：

“品从服带。至元二十四年闰二月，枢密院咨准中书省札奇付：来呈军官服色……文资官定例三等服色，军官再行定夺……[一]公服俱右衽，上得兼下，下不得僭上。一品紫罗服，大独科花，直径五寸。二品紫罗服，小独科花，直径三寸；三品紫罗服，散答花，谓无枝叶，直径二寸；四品、五品紫罗服，小杂花，直径一寸五分；六品、七品绯罗服，小杂花，直径一寸；八品、九品绿罗服，无纹罗。”

其中对“巡检公服”的描述尤其细致：“切见各处典史都吏目制造，檀合罗窄衫，乌角带，舒脚幞头……所据公服，虽无通例，却缘臣下致敬之仪，理合严谨。都省准拟照得都吏目，诸儒各服唐巾襕带，学正师儒之官，却以常服列班陪拜，似无旌别，有失观瞻。”

此外，有对南北士服的服制描述：“南北士服，宜从其便。具呈照详得此，送据礼部呈，议得释奠先圣，礼尚诚敬，除腹里已有循行体制外，有江南路分，合令献官与祭官员依品序各具公服，执事斋郎人员衣襕带，冠唐巾行礼，陪位诸儒如准行台所拟。南北士服，各从其便，于礼为宜。具呈照详，都省准。请依上施行。”

对道服的描述：“古人戴冠，上衣下裳。衣则直领而宽袖，裳则裙。秦汉始用今道士之服。盖张天师，汉人。道家祖之。周武帝始易为袍，上领下襕，窄袖幞头，穿靴，取便武事。五代以来，幞头则长其脚，袍则宽其袖。今之公服是也。或云古之中衣，即今僧寺行者直掇，亦古逢掖之衣。”

由此可见，《大元圣政国朝典章》作为元代法令文书的总汇集，分门胪列，采掇很详，虽体例不慎，但材料不加润饰增删，原始真实，是研究元代服饰文化的重要史料。

参考文献

[1]四库全书存目丛书编纂委员会.四库全书存目丛书·史部·第264册[M].济南：齐鲁书社，1996.
[2]华夫.中国古代名物大典·下[M].济南：济南出版社，1993.
[3]中国大百科全书编辑委员会.中国大百科全书[M].北京：中国大百科全书出版社，1993.

十一 明李东阳等撰申时行等重修《大明会典》

万历十五年内府刊本

明李东阳等撰申时行等重修《大明会典》万历十五年内府刊本，现藏于哈佛燕京图书馆（另附日本国立国会图书馆藏万历年内府朱丝栏写本）。《大明会典》作为明代专述典章制度的官修会典体史书，流传版本众多。今中国国家图书馆馆藏《大明会典》善本及缩微制品中，有正德四年司礼监刻本，正德六年司礼监刻本，万历十五年内府刻本等官本和多部不同版本的普通古籍本。清代有《四库全书》影印本和《续修四库全书》影印本。近现代以来有《万有文库》本、中华书局本、广陵书社本，以及日本汲古书院本等海外版本。（图3-8）

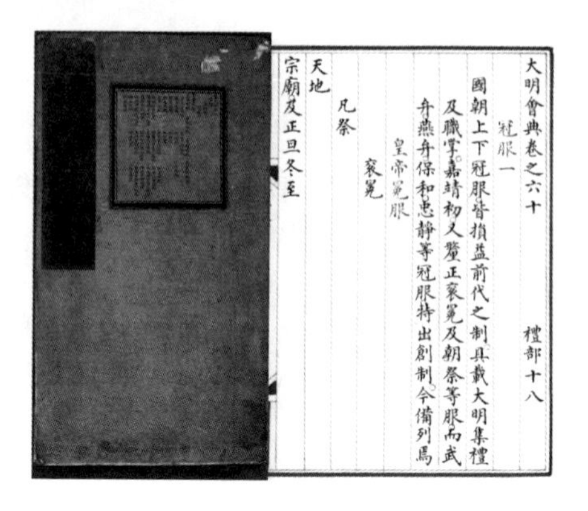
大明會典卷之六十　禮部十八
冠服一
國朝上下冠服皆損益前代之制具載大明集禮及職掌。嘉靖初又釐正衮冕及朝祭等服。而武弁燕弁保和忠靜等冠服特出創制。今備列焉
皇帝冠服
衮冕
凡祭
天地
宗廟及正旦冬至

图3-8　卷之六十·《大明会典》明内府朱丝栏写本　日本国立国会图书馆藏

《大明会典》首纂于弘治十年（公元1497年），以洪武年间《诸司职掌》为主，辅以《皇明祖训》《大诰》《大明令》《大明集礼》《洪武礼制》《礼仪定式》《稽古定制》《孝慈录》《教民榜文》《大明律》《军法定律》《宪纲》等书，记明初至弘治十五年各级行政机构、设官职掌、典章格律以及事例等。正德四年（公元1509年）经李东阳重校，于正德六年（公元1511年）由司礼监刻印颁行，共180卷，通称正德《会典》，实为弘治《大明会典》。嘉靖时复加修补，增入弘治十六年（公元1504年）以后事例，仅有原写稿本200卷，并未刊行。至万历间，又增入嘉靖二十八年（公元1549年）以后事例，于万历十五年（公元1587年）重修成228卷加以刊刻，即目前较为常见的万历本。（图3-9）

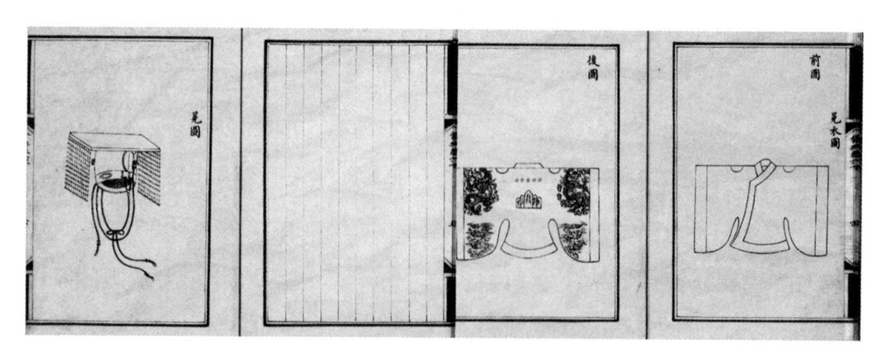

图3-9　冕服·《大明会典》明内府朱丝栏写本　日本国立国会图书馆藏

"《大明会典》的价值不可辩驳：它辑录众多的明代法令章程和运行事例，对研究明代官僚制度、行政运作、司法监察、教育科举、天文历法、户口赋役、土地制度、手工商业、工程建筑、民族管理等提供了集中而可靠的史料。是书在各官职之下，常列有详细的统计数字，如田土、户口、驻军和粮饷数额等，十分有用。该书多达160余万字，远远超过了《明史》诸志所提供的史料和信息。"

——谢贵安《中国史学史》

《大明会典》以六部为纲，分述诸司职掌，附以事例，冠服、仪礼等会典之体，详细记录了明代典章制度之沿革，为研究明代中央和地方政府的机构与职掌、官吏的任免、文书制度、少数民族地区的管理、行政管理和监督、农业、手工业、商业和制度、赋税、户役、财政等经济政策，以及天文、历法、习俗、文教等，提供了较为集中的材料。冠服作为其中重要组成部分，包含冕服、常服、燕弁冠服及皇后冠服、文武官冠服等内容，除文字描述外，并附图示，全方位记录了明代服饰从选材、色彩到图案的各项规制。

选材方面，民服"许穿绸、纱、绢、布，商贾之家止许穿绢、布"，品官常服"用杂色纻丝、绫罗、彩绣"，庶民男女衣服不得僭用金绣、锦绮、纻丝、绫罗。色彩方面，"军民、僧道人等，衣服、帐幔并不许用玄、黄、紫三色并织绣龙凤纹，违者罪及染造之人"。同时，又规定"其朝见人员四时并用颜色衣服，不许纯素"。"民间妇人，礼服惟用紫染色絁，不用金绣。凡妇女袍衫，止用紫、绿、桃红及诸浅淡颜色，不许用大红、鸦青、黄色。""一品至四品，绯袍；五品至七品，青袍；八品、九品，绿袍；未入流、杂职，官袍笏带与八品以下同。"

图案方面，对题材、造型、单则图案大小等方面均有阐述，文武公服等级亦可由图案的大小体现"一品用大独窠花，径五寸；二品小独窠花，径三寸；三品散答花无枝叶，径二寸；四品、五品小杂花纹，径一寸五分；六品、七品，小杂花，径一寸；八品以下无纹。"

此外，随着明代补服制度逐渐完备，图案成为区分文武职官品级的标志"公、侯、马、伯，麒麟、白泽。文官一品仙鹤，二品锦鸡，三品孔雀，四品云雁，五品白鹇，六品鹭鸶，七品鸂鶒，八品黄鹂，九品鹌鹑，杂职官练鹊，风宪官獬豸。武官一品、二品狮子，三品、四品虎豹，五品熊罴，六品、七品彪，八品犀牛，九品海马。"

需要注意的是，尽管《大明会典》冠服篇对考释明代服饰文化具有非凡意义，然在当时的实践中却并非遵照执行，尤其是明末以来，不遵制度的逾制赐服和僭越现象频生。因此，想要完整地了解明代服饰历史的真实，除文献典籍记录之外，还需利用明代画像与出土服饰文物进行补正。

拓展资料

李东阳（公元1447—1516年），字宾之，号西涯，谥文正，祖籍湖广长沙府茶陵州人，寄籍京师。明代天顺八年进士，弘治八年以礼部侍郎兼文渊阁大学士，立朝五十年，柄国十八载，清节不渝。文章典雅流丽，工篆隶书。有《怀麓堂集》《怀麓堂诗话》《燕对录》。

申时行（公元1535—1614年），明直隶吴县人，初冒姓徐，字汝默，嘉靖四十一年（公元1562年）状元，万历中累仕吏部尚书，继张四维为首辅。刻印过宋沈枢《通鉴总类》20卷，陆应扬《广舆记》24卷，自撰《纶扉奏草》4卷。

参考文献

[1]李一鸣.中国历史大事年表[M].北京：文化发展出版社，2019：205.
[2]白寿彝.中国通史15（第9卷）中古时代·明时期上[M].上海：上海人民出版社，2004.
[3]谢贵安.中国史学史[M].武汉：武汉大学出版社，2012：396.
[4]曾晓娟.都江堰文献集成历史文献卷文学卷[M].成都：巴蜀书社，2018：118.
[5]瞿冕良.中国古籍版刻辞典[M].苏州：苏州大学出版社，2009：159.
[6]原瑞琴.《大明会典》性质考论[J].史学史研究，2009（03）：64-71.
[7]原瑞琴.《大明会典》版本考述[J].中国社会科学院研究生院学报，2011（01）：136-140.

十二 明王圻撰《续文献通考》

万历三十一年刊本

明王圻撰《续文献通考》万历三十一年刊本，旧藏于高野山释迦文院，现藏于日本国立公文书馆。其成书时间有明万历十四年（公元1586年）、万历三十一年（公元1603年）等说，据传存万历三十年（公元1602年）松江府刻本，另有明万历三十一年曹时聘、许维新等刻本；清代以来有内府抄本，光绪二十七年（公元

1901年）上海图书集成印书局铅印本等。1986年，北京现代出版社据北京大学图书馆藏明万历三十一年刻本影印出版。

《续文献通考》作为一部古代典章制度专史，全书共二百五十四卷，在时间上承接马端临《文献通考》，记事上起南宋宁宗嘉定年间，下迄明万历初年，涵盖宋、辽、金、元、明五朝，共三百五十多年间的历史，补续了《文献通考》所未载的宋真宗以后辽、金之事。在体例上，王圻有感于《文献通考》“以言乎文则备矣，而上下数千年忠臣孝子节义之流及理学名儒类皆不载，则详于文而献则略。”故在承继马书二十四考之外，又增加氏族、谥法、六书、节义、道统、方外六考，总计三十考。其中，前三考仿郑樵《通志》旧例，后三考为撰者独创。在内容上，取材多据史乘、文集、官牒、奏疏，采用文、献、注三者结合的编著方式：“文”是辑录事迹；“献”是列举各史家对史事的评论；“注”则是作者于史评有异之处附论自己的观点。

值得注意的是，《续文献通考·王礼考》（卷一百十六至卷一百三十三），记朝仪、巡狩、亲征、田猎，历代冕服、玺印、卤簿、仪从，记国恤、嗣君即位、大臣丧葬、山陵等，其中君臣章服一节记载了辽、金、宋、元、明五代君臣、后妃、命妇之服制，尤详于元、明两朝。例如，对辽代服制记录“祭服，辽以祭山为大礼，服饰尤重。大祀，皇帝服金文金冠，白绫袍，红带，悬鱼，三山红垂。饰犀玉刀错，络缝乌靴。小祀，皇帝硬帽，红冠丝龟文袍。皇后带红帕，服络缝红袍，悬玉佩，双同心帕，络缝乌靴。臣僚、命妇服饰各从本部旗帜之色。”与《辽史·仪卫志二》记载一致。

对金代服制记录，如：“冕制，天板长一尺六寸，广八寸，前高八寸五分，后高九寸五分，身围一尺八寸三分，并纳言，并用青罗为表，红罗为里，周回用金棱。天板下有四柱，四面珍珠网结子，花素坠子，前后珠旒共二十四，旒各长一尺二寸。青碧线织造天河带一，长一丈二尺，阔二寸，两头各有真珠金碧旒三节，玉滴子节花。红线组带二，上有真珠金翠旒，玉滴子节花，下有金铎子二。梅红线款幔带一。黈纩二，真珠垂系，上用金萼子二。簪窠，款幔、组带钿窠，各二，内组带钿窠四并玉镂尘碾造。玉簪一，顶方二寸，导长一尺二寸，簪顶刻镂尘云龙。”与《金史·舆服志》相依。

元代服制的描述：“天子冕服，制以漆纱，上覆曰綖，青表朱里。綖之四周，匝以云龙。冠之口围，萦以珍珠。綖之前后，旒各十二，以珍珠为之。綖之左右，系黈纩二，系以玄紞，承以玉瑱，纩色黄，络以珠。冠之周围，珠云龙网结，通翠柳调珠。綖上横天河带一，左右至地。珠钿窠网结，翠柳朱丝组二，属诸笄，为缨络，以翠柳调珠。簪以玉为之，横贯于冠。”同《元史·舆服志》相契。除此外还与《新元史》中记载，如“仪卫服色，交角幞头，其制，巾后交折角。凤翅幞头，制如唐巾，两角上曲，而作云头，两旁覆以两金凤翅。学士帽，制如唐巾，两角如匙头下垂。”《通制条格》所记载的“娼家出入止服皂角褙子，亦不得乘坐车马。”描述一致。

宋代服制记载较少，如：“宋理宗绍定三年出，封椿库缗钱，二十万两制皇后袆衣”。

明代服制记录较为详细，除帝后服制如“天子常服，乌纱折角向上巾，盘领窄袖袍，束带间用金、玉、琥珀、透犀。”“皇后燕居服、常服：双凤翊龙冠，首饰钏镯金玉、珠宝、翡翠随用。诸色团衫，金绣龙凤，带用金玉。”还记录了百官士庶服饰，如“洪武十二年令，教坊司伶人常服绿色巾，以别士庶之服。乐人皆戴鼓吹冠，不用锦绦，惟红褡䙅，服色不拘红绿。二十一年令，教坊司人不许戴冠、穿褙子。”

就纺织文化遗产研究而言，《续文献通考》与马端临《文献通考》、乾隆敕修《钦定续文献通考》、清末刘锦藻《皇朝续文献通考》共同完成了古代“通考”系列的赓续。《四库全书总目提要》论之云“《续文献通考》二百五十四卷（通行本）；明王圻撰。……是编续马端临之书而稍更其门目。大旨欲于《通考》之外，兼擅《通志》之长，遂致牵于多岐，转成踳驳。尽《通考》踵《通典》而作，数典之书也。……其体裁本不相同。圻既兼用郑例，遂收及人物，已为泛滥。此书乃泛载之，殊为冗滥。……自明以来，以马氏书止于宋嘉定中，嘉定后事迹典故未有汇为一编者，故多存圻书以备检阅。”故《续文献通考》在利用时还需注意与其他古籍互相参证。

拓展资料

《文献通考》元马端临撰。其以杜佑的《通典》为蓝本，记载了上古至宋宁宗时历代典章制度之沿革。材料较《通典》详赡，唐玄宗天宝之前有所补充，天宝以后至宋嘉定则为续编，于宋代制度尤为详备，多宋史各志所未备。全书348卷，附考证3卷，分为24考，门类较《通典》为广，体例更加详密。

《钦定续文献通考》也作《续文献通考》，但区别于明代王圻所作《续文献通考》，系清乾隆十二年（公元1747年）至四十九年（公元1874年）由三通馆臣奉敕编撰。其内容大多取自王圻《续文献通考》，全书250卷，分26考，引征各代旧史以及文集、史评、语录、说部等，加以考证，并对《文献通考》未详之事加以补正。

《清文献通考》清乾隆年间官修。它辑录清初到乾隆五十年（公元1875年）的典章制度资料。全书300卷，体例同《续文献通考》，但各考子目略有增删。

《清续文献通考》清末刘锦藻撰。此书是续《清文献通考》，所收材料由清乾隆五十一年至宣统三年。全书400卷，体例除《清文献通考》的26考外，增加外交，邮传、实业、宪政等4考，共30考，各考子目亦有所更定。

王圻（公元1530—1615年），字元翰，号洪洲，上海人，祖籍江桥（时属青浦县）。幼年就读于诸翟，明嘉靖四十四年（公元1565年）进士，授清江知县，调万安知县，升御史。以敢于直言，与宰相张居正等相左，黜为福建佥事。继又降为邛州判官。张居正去世后，王圻复起，任陕西提学使、神宗傅师、中顺大夫资治尹，授大宗宪。另著有《三才图会》《水利考》《谥法通考》《稗史类编》《云间海防志》等。

参考文献

[1]中国学术名著提要编委会.中国学术名著提要第四卷·明代编[M].上海：复旦大学出版社，2019：126-127.

[2]韩仲民.中国书籍编纂史稿[M].北京：商务印书馆，2013：257.

[3]张岂之，刘学智.中国学术思想编年·隋唐五代卷[M].西安：陕西大学出版社，2006：238-239.

十三 明郭正域撰《皇明典礼志》

万历四十一年刊本

明郭正域撰《皇明典礼志》万历四十一年刊本，现藏于哈佛大学哈佛燕京图书馆。该书传世版本有二：其一，明万历三十八年（公元1610年）刻本，分别藏于首都图书馆和美国国会图书馆，1997年济南齐鲁书社影印出版《四库全书存目丛书》将其收录；其二，明万历四十一年（公元1613年）刻本，有美国哈佛燕京图书馆（即本案）和浙江图书馆两处收藏，2002年录入上海古籍出版社《续修四库全书》影印出版。

《皇明典礼志》全书共二十卷，依据内容分类编目，记录了上起西吴元年（公元1364年）下迄万历十年（公元1582年）朝廷内外的典礼故实。其中，卷一为登极仪，卷二为朝仪，卷三为宴享仪，卷四为尊号，卷五至卷七为册封，卷八为冠礼，卷九为婚礼，卷十为丧礼，卷十一为耕籍，卷十二为亲蚕，十三卷为经筵日讲诸仪，卷十四为出客读书诸仪，卷十五为巡狩，卷十六为监国，卷十七为仪仗，卷十八为冠服，卷十九为宫室，卷二十为杂典礼（包括六十六个子目），汇集了大量有关明代礼制构建的过程资料，具有重要的史料价值。

> “夫礼，本天殽地，纲纪人伦，利用安身，教民成俗。唐虞三代，代有损益。革命之际，多沿先代。周人初年，肇称殷礼。汉帝草仪，杂采秦法。唐皇修文，多用隋礼。宋初通礼，半约唐仪，即有损益，所因居多。胡元之世，天泽既易，礼安用之？先王典刑，沦澌无存，冠冕椎结，号令侏离，大报拜天，即日月山，金书玉篆，用蒙古字。册后之初，帝后并座大明殿，右丞相起而上寿，寿帝寿后。冠礼婚礼，从其本俗。大宴，而服质孙，冬则纳石宝里，夏则钹笠都纳，剪柳代射，跪足代拜，行之百年，文物尽矣。”
>
> ——《皇明典礼志·自序》

《皇明典礼志》卷十八冠服，记载了皇帝、皇后、皇嫔、内命妇、宫人、皇太子、皇太子妃等在内的明代冠服系统。在具体冠服下划分为多级子目，各项内容又以时间为序进行阐述。例如，皇帝冠服有衮冕、皮弁服、常服、武弁、燕弁几个子目，其中衮冕之下又设衮、冕等子目，对于“冕”的描述有洪武十六年（公元1383年）、洪武二十六年（公元1393年）、永乐三年（公元1405年）、嘉靖八年（公元1529年）四条，由此记录了服制嬗变的过程。例如：

> “洪武十六年定，前圆后方，玄表纁里，前后十二旒，每旒十二珠。洪武二十六年定，冕版宽一尺二寸，长二尺四寸，冠上有覆玄表朱里。永乐三年定，冠以皂纱为之，上覆曰綖，桐板为质，衣以锦绮，以玉衡维冠，玉簪贯纽，纽

与冠武，并系缨处，皆饰以金，系以玄纮，承以白玉瑱，朱纮。嘉靖八年定，冠制以圆匡乌纱冒之，冠上有覆板，长二尺四寸、广二尺二寸、玄表朱里、前圆后方。前后各七采玉珠十二旒，以黄、赤、青、白、黑、红、绿、为之。玉珩、玉簪导、朱缨、青纩充耳、缀以玉珠二。凡尺皆以周尺为度。”

又如公侯品官常服：

“洪武元年定常服，乌纱帽金绣盘领衫，文官大袖阔一尺，武官弓袋窄袖，洪武二十四年定，公侯驸马伯与一品同，杂职未入流官与八品九品同，一品俱用红鞋，一品玉带，二品花犀带，三品四品荔枝金带，五品至九品乌角带，未入流品者，黑角束带。洪武三年三月丙申，给赐朝臣袍带。凡二千八百一十四人。先是礼部言：多官有先授散官。与见任职事高下不一者。如监察御史董希哲。前授朝列大夫沣州知州而任七品职事。右司郎中宋冕前授亚中大夫，册封知府，给事中李仁前授亚中大夫黄州知府，而并任五品职事散官。与见任之职不同，故其服色亦不能无异。乞定其制。乃诏省部臣定议，于是礼部奏唐制服色皆以散官为准，元制散官职事各从其高者，故服色亦因之。国朝初服色并依所授散官。盖与唐制同。上曰：自今服色宜准所授散官，不计见任之职。于是所赐袍带皆从原授散官给之。”

值得注意的是，《皇明典礼志》在内容上较《明会典》有进一步的丰富。例如，《明会典》卷四十六册立一皇妃册立仪，有洪武三年（公元1370年）定、永乐七年（公元1409年）续定、成化二十二年（公元1486年）、嘉靖十九年（公元1540年）共四条记录，而《皇明典礼志》则在此基础上补充了宣德元年（公元1426年）五月和嘉靖二十年二月（公元1543年）两条内容。又如，公侯品官冠服下，以朝服、祭服、公服、常服、思静冠服为类，其常服下有束带、履、牙牌、金符牌、扈驾铜牌几个子目，再下又以时间为序进行阐述，以便于厘清服饰形制的沿革。此外，书中末尾的服色禁制也详于《明会典》，但仍存在一些不足，如对于许多重要吉礼未做记录，在划分体例上也略显凌乱，故在使用时应将两者结合对比研究。

拓展资料

郭正域（公元1554—1612年），字美命，号明龙，江夏（今湖北武汉市）人。万历十一年（公元1583年）进士，选庶吉士，授编修，历南京祭酒，入为詹事，掌翰林院，升礼部右侍郎。卒追赠礼部尚书、太子太保，谥文毅，《明史》有传，著有《皇明典礼志》《武昌府志》《江夏县志》《镌黄离草》等。

美国国会图书馆（Library of Congress），成立于1800年4月，位于华盛顿国会山上，是美国五大国立图书馆之一和事实上的国家图书馆（附属于美国国会的研究型图书馆）。截至2010年，收藏已分类书籍22 194 656本，涵盖470种语言。手稿5 600份。报纸、技术报告、其它打印资料和未分类文献109 029 796件。收藏总量147 093 357件。

彭端吾（生卒年不详），明代官员。字嵩螺，江西庐陵（今吉安）人。进士及第。万历三十七年（公元1558年）巡盐两淮。任内恤灶惠商，整修范堤。

《续修四库全书》是2002年上海古籍出版社出版的图书，沿袭《四库全书》体例，按经、史、子、集四部分类，用绿、红、蓝、赭四色装饰封面，16开本、精装1 800册5 300余种，分经部260册，史部670册，子部370册，集部500册。

参考文献

[1]四库全书存目丛书编纂委员会.四库全书存目丛书史部第270册[M].济南：齐鲁书社，1996：270.

[2]陈嘉熹.郭正域《皇明典礼志》研究[D].长春：东北师范大学，2015.

[3]中国艺术研究院美术研究所.2017中国传统色彩学术年会论文集[M].北京：文化艺术出版社，2017：164.

十四 明徐一夔梁寅等奉敕撰《大明集礼》

嘉靖九年内府刻本

明徐一夔梁寅等奉敕撰《大明集礼》明嘉靖九年内府刻本，哈佛大学哈佛燕京图书馆藏。成书于明洪武三年（公元1370年）修成，此后密藏内府一百六十年，传为五十卷，如今已佚。今本据《明典汇》记载，为嘉靖八年（公元1529年）礼部尚书李时请刊，并于九年六月梓成，增补为五十三卷。“书旧无善录，故多残阙。臣等以次诠补，因为传注。乞令史臣纂入，以成全书云云。

则所称五十卷者，或洪武原本。而今所存五十三卷，乃嘉靖中刊本，取诸臣传注及所诠补者纂入原书，故多三卷耳。”主要版本有明嘉靖年间天一阁藏本、嘉靖九年（公元1530年）礼部刻本、嘉靖九年内府刻本（即本案）、嘉靖年间河南布政司刻本等。清乾隆年间修撰《四库全书》时，以明嘉靖九年内府刊本为底本，参校洪武原本，并将其归入史部·政书类。2002年中华再造善本项目启动，国家图书馆出版社于2009年以明嘉靖九年内府刻本为底本重刊，是现行较好的善本。（图3-10）

《大明集礼》又称《明集礼》，全书共五十三卷，分吉礼、嘉礼、宾礼、军礼、凶礼、冠服、车、仪仗、卤簿、字学、乐等十一门，记载了明代的各项礼仪制度。其门下分目如吉礼分为祀天、祀地、宗庙、社稷、朝日、夕月、先农、太岁、风、云、雷雨师、岳镇海渎、天下山川、三皇孔子十四目，嘉礼分为朝会、册封、冠礼、婚、乡饮五目，乐分钟律、雅乐、俗乐三目，字学分总叙、六书、字体、书法、书品、正六目，目下再分细目。详细地介绍了各项礼仪的内容、器用和车舆服色及帝王等出行规制，其内配有大量版画插图如《内殿宴会内外命妇次序图》《诸王来朝丹墀班位图》《中宫受皇妃贺图》《谒庙图》《乐图》《舞图》《冠服图》《版位图》等，是研究明代礼仪制度重要的史料之一。（图3-11）

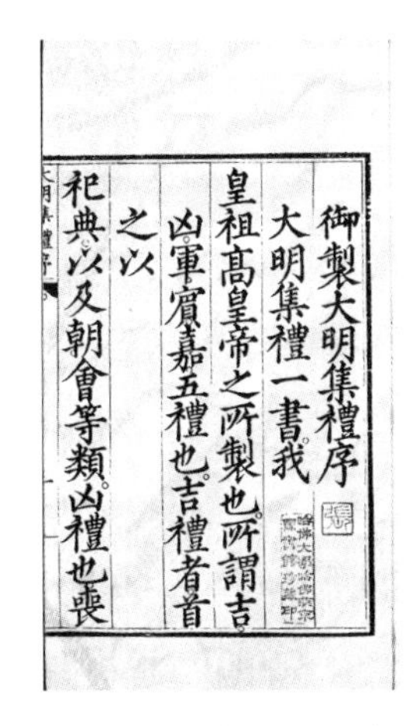
御製大明集禮序
大明集禮一書我
皇祖高皇帝之所製也所謂吉
凶軍賓嘉五禮也吉禮者首
之以
祀典以及朝會等類凶禮也喪

图3-10 御制大明集礼序·明徐一夔梁寅等奉敕撰《大明集礼》明嘉靖九年内府刊本 哈佛大学哈佛燕京图书馆藏

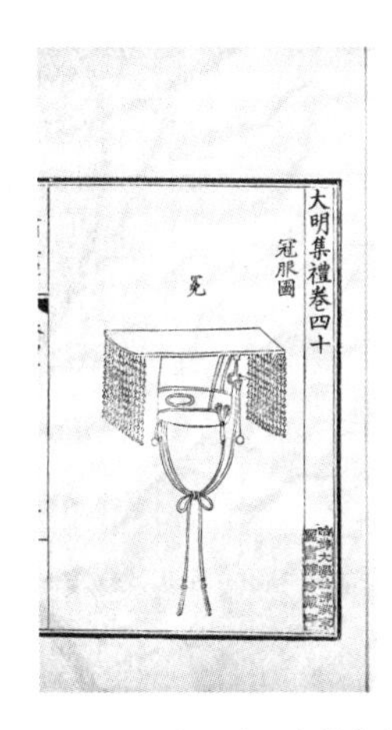
大明集禮卷四十
冠服圖

图3-11 冠服图·明徐一夔梁寅等奉敕撰《大明集礼》明嘉靖九年内府刊本 哈佛大学哈佛燕京图书馆藏

“王者治定制礼，因时立制，累数十年，然后乃备。周至成王，周公始制礼作乐。汉仪之定，乃由武帝，虽文、景之富，有未遑焉；而当时仲舒、刘向、王吉、班固之俦，犹以大仪不具为恨。盖创制作则，更化宜民，若斯之难也。至我国家不然。高皇帝以神武定天下，承胡元极衰之敝，经制大坏，先王之典，无有存者。当是时，又攘除群雄，殄逆讨叛，迄无宁岁。而将相大臣，皆武力有功之人，至于稽古礼文之士，莫有任其责者。高皇帝天纵神圣，兼总条贯，天下甫定，即命儒臣兴制度，考文章，以立一代之典。于是陶安定郊社，詹同定宗庙，刘基定百官，魏观定祝祭，陶凯定军礼，而曾鲁、徐一夔、董彝、梁寅，又总其纲领，综其条目，汇为《大明集礼》一书。盖编摩缀拾，虽出于一时诸臣之手，而斟酌损益，皆断自圣衷。是以经纪无遗，巨细毕举。夏、商以后，议礼之详者，莫如成周。而我皇祖之制，实与之准焉。”

——张居正重刊《大明集礼》序

《大明集礼》卷三十九为冠服，参酌古制，定皇帝乃及庶民妻冠服之制。卷四十为冠服图示，共有黑白线描图七十一幅。冠服按男子服饰和女子服饰分开叙述，男装以“乘舆冠服”为首，然后是皇太子、诸王、群臣、内使等，直至士庶。女装则从“皇后冠服”为始，以下为皇妃、皇太子妃、王妃、命妇直至士庶妻，共分为十六类。如记载皇后礼服冠“九龙四凤冠，漆竹丝为圆匡，冒以翡翠。上饰翠龙九、金凤四，正中一龙衔大珠一，上有翠盖，下垂珠结，余皆口衔珠滴；珠翠云四十片；大珠花十二树（皆牡丹花，每树花二朵、蕊头二个、翠花九叶）；小珠花如大珠花之数（皆穰飘枝，每枝花一朵、半开一朵、翠叶五叶）；三博鬓（左右共六扇），饰以金龙、翠云，皆垂珠滴；翠口圈一副，上饰珠宝钿花十二，翠钿如其数；托里金口圈一副。”此外，书中对明初制定的宫人冠服亦有记载，其内容参考唐宋之制，如“衣用紫色团领窄袖，遍刺折枝小葵花，以金圈之，珠络缝金束带红裙，弓样鞋上刺小金花。乌纱帽，饰以花、帽额缀团珠，结珠鬓梳，垂珠耳饰。”

值得注意的是，《明会典》是参稽《洪武礼制》《大明集礼》等颁降之书编纂而成。正德本《明会典》与万历本《明会典》均收存不少《大明集礼》规定，经考察两朝《会典》，收存《集礼》的基本格式是先标注“大明集礼”，而后摘录具体文字。如卷五七《礼部十六·东宫冠服·皮弁服》载“《大明集礼》朔望朝、降诏、降香、进表、四夷朝贡朝觐，则服皮弁。”其收存《大明集礼》者，凡军礼一、冠服十八嘉礼四、凶礼二条。万历本《明会典》收存多略摘《大明集礼》文字，并以“见《集礼》”标注，如卷六十《冠服·皇后冠服》：“皇后受册、谒庙、朝会服礼服，燕居则常服（见《集礼》）。”其收存《大明集礼》者，凡军礼一、冠服十一嘉礼二、吉礼二条。总的来说，《明会典》收存并直接指称《大明集礼》者并不为多，故在使用时需注意将两者结合对比研究。

拓展资料

徐一夔（公元1319—1399年）字惟精，又字大章，号始丰，天台人。博学善属文，擅名于时。元末尝官建宁教授。初，朱元璋设置律、礼、诰三局，一夔入诰局。明洪武三年诏一夔等撰《大明集礼》。复受命参修《大明日历》一百卷，一夔之力居多。书成，将授翰林院官，以足疾坚辞归。

梁寅（公元1303—1389年），字孟敬，新喻人。元末累举不第，后征召为集庆路儒学训导。明初以名儒就征，入礼局，其议论精审，诸儒皆服，故与修《大明集礼》。书成，以老病辞归，结庐石门山讲学，四方之士多从学，称“梁五经”“石门先生”。著有《石门词》。

李时（公元1471—1539年），字宗易，号序庵，河北任丘人。举弘治十五年（公元1502年）进士，改庶吉士，授编修。正德中，历侍读、右谕德。明世宗嗣位，为讲官，迁侍读学士。嘉靖三年，擢礼部右侍郎。八年为礼部尚书。后加太子太保兼文渊阁大学士，入阁。屡加少傅、太子太师、吏部尚书、华盖殿大学士。卒，赠太傅，谥文康。

《明史·艺文志》记载了明代有关图书典籍的目录，源于黄虞稷的《千顷堂书目》，由清代张廷玉修《明史》之时裁定。

《昭代典则》，编年体明史，叙述了明朝历代帝王功绩、文武大臣与社会贤哲事迹，以及明朝行政建置、人口变动等。记事上起元至正十二年（公元1352年），下迄隆庆六年（公元1572年）。本书按年月记事，内容简赅，对明太祖一朝事特详。可与《明实录》和其他明史互为参证，对研究明代前期历史有较大的参考价值。

参考文献

[1]（明）张居正.张太岳集下[M].（明）张嗣修，张懋修，编撰.北京：中国书店，2019：94.
[2]梁健.《大明集礼》撰刊与行用考述[J].西南大学学报（社会科学版），2020，46（01）：159-169.
[3]向辉.消逝的细节：嘉靖刻本《大明集礼》著者与版本考略[J].版本目录学研究，2016（00）：221-240.

[4]吴洪泽.略谈《明集礼》的纂修[J].儒藏论坛，2012（00）：189-200.
[5]赵克生.《大明集礼》的初修与刊布[J].史学史研究，2004（03）：65-69.
[6]张舜徽.张居正集第三册文集[M].武汉：湖北人民出版社.1994：448.

十五 清昆冈等奉敕撰《钦定大清会典图》

光绪二十五年武英殿写本

清昆冈等奉敕撰《钦定大清会典图》光绪二十五年武英殿写本，德国柏林国立图书馆藏。现存版本有故宫博物院藏康熙二十九年（公元1690年）内府刊本、光绪二十五年（公元1899年）石印本。此外，有光绪三十四年（公元1908年）上海商务印书馆石印本，宣统三年（公元1911年）上海商务印书馆刊印本。1991年，中华书局据光绪石印本影印《钦定大清会典图》。1994年，上海古籍出版社再次影印出版，所用底本与中华书局相同。（图3-12）

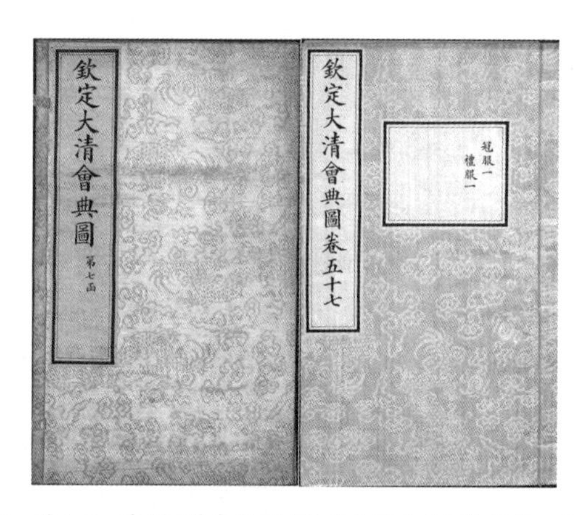

图3-12 第七函·清昆冈等奉敕撰《钦定大清会典图》光绪二十五年武英殿写本 德国柏林国立图书馆藏

《钦定大清会典》是清代官修典章制度的汇编，详细地纂辑了文武衙门的编制、职掌、官员品级、统属关系以及各项办事制度，是中国古代最完备，且具有大经大法性质的法典。始修于康熙年间，而后经雍正、乾隆、嘉庆、光绪四朝增修和续修，故又称《五朝会典》。

第一次：康熙二十三年（公元1684年）始修，历经七年，于康熙二十九年（公元1690年）康熙朝《大清会典》修成，共162卷。记崇德元年（公元1636年）至康熙二十五年（公元1686年）事，次年孝庄文皇后丧礼以特例附载礼部，颁行天下。

第二次：蒋廷锡于雍正二年（公元1724年）奏请续修，雍正十一年（公元1733年）书成，是为雍正朝《大清会典》，共250卷，续增康熙二十六年（1687年）迄雍正五年（公元1727年）事（个别延至雍正七年、八年）。

第三次：以大学士讷亲、张廷玉等为总裁于乾隆十二年（公元1747年）增修，张廷玉提出将"会典"与"则例"分为二书，依议实行，于乾隆二十九年（公元1764年）书成，是为乾隆朝《大清会典》，共100卷《大清会典》与180卷《大清会典则例》，收载内容自雍正六年（公元1728年）至乾隆二十三年（公元1758年），其中理藩所载止于乾隆二十七年（公元1762年），少数"奉特旨增入者，皆不拘年限"。

第四次：以大学士王杰等为会典总裁官于嘉庆六年（公元1801年）纂修，嘉庆二十三年（公元1818年）书成，是为嘉庆朝《大清会典》，包含《大清会典》80卷、《大清会典事例》920卷与《大清会典图》132卷，开清代会典之典、例、图相结合的先例，收载自乾隆二十三年（公元1758年）迄于嘉庆十七年（公元1812年）。

第五次：以昆冈等为总裁于光绪十二年（公元1886年）纂修，光绪二十五年（公元1899年）书成，即光绪朝《大清会典》，包括《大清会典》100卷、《大清会典事例》1 220卷、《大清会典图》270卷，集清代会典之大成，收载内容迄于光绪二十二年（公元1896年），但因成书时间长而又加变通，凡光绪二十二年（公元1896年）前有关典礼者一律纂入。

就内容方面，光绪重修本将礼部仪式、祭器卤簿，户部舆图，钦天监天体图等合编绘制而成，扩编嘉庆会典一百五十七图为三百三十三图，分为礼、乐、冠服、舆卫、武备、天文、舆地七门。其中冠服部分依据着装者性别和身份等差，绘制礼服、吉服的纹样与形制特征。

例如，对皇帝冬朝冠的记载：

“皇帝冬朝冠，有薰貂，有黑狐，惟其时，檐上折，上缀朱纬，长出檐，顶三层，贯东珠各一，皆承以金龙四，饰东珠如其数，上衔大珍珠一，梁二，在顶左右，檐下两旁垂带，交项下。”

对皇帝夏朝袍的记载：

“皇帝夏朝服，色用明黄，惟常雩用蓝，夕月用月白，披领及袖俱石青，片金缘，锻纱单袷惟其时，余制如冬朝服二。”（图3–13）

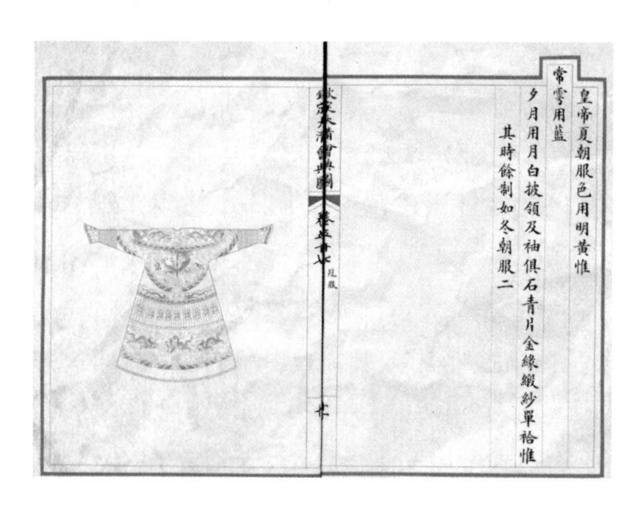
皇帝夏朝服色用明黃惟
常雩用藍
夕月用月白披領及袖俱石青片金緣緞紗單袷惟
其時餘制如冬朝服二

图3–13　皇帝夏朝服图·清昆冈等奉敕撰《钦定大清会典图》光绪二十五年武英殿写本德国柏林国立图书馆藏

对皇太后等冬朝袍（一式）的记载：

“皇太后皇后冬朝袍，色用明黄，披领及袖俱石青，片金加貂缘，肩上下袭朝褂处亦加缘，绣文金龙九。间以五色云，中无襞积，下幅八宝平水。披领行龙二，袖端正龙各一，袖相接处行龙各二。领后垂明黄绦，其余珠宝惟宜。皇贵妃冬朝袍制同，贵妃、妃、冬朝袍用金黄色。嫔冬朝袍用香色，领后绦皆用金黄色余同。”

就纺织文化遗产研究而言，《钦定大清会典图》冠服部分较为完整地记录了清代冠服制度发展的历史过程，其内容较《皇朝礼器图式》略有改动，例如对朝褂的记载：乾隆时期皇太后、皇后、皇贵妃、皇太子妃皆同，而光绪时期使用朝褂的后妃已有皇太后、皇后、皇贵妃、贵妃、妃、嫔，去掉了皇太子妃，领后绦的颜色也有所区别。故在使用时可将《钦定大清会典图》与《皇朝礼器图式》及其彩绘版结合对比研究，从中了解清代服饰规制的变化。

拓展资料

昆冈（公元1836—1907年），爱新觉罗氏，字筱峰，清朝宗室，和硕豫通亲王多铎七世孙。咸丰八年（公元1858年）中举人，同治元年（公元1862年）中壬戌科二甲进士，选庶吉士，散馆授编修，历官国子监司业、詹事、内阁学士、礼部右侍郎、兵部左侍郎、福建学政、左都御史、理藩院尚书、工部尚书等职。官至文渊阁大学士。于光绪三十三年（公元1907年）病逝，谥文达。

《钦定大清会典则例》，由程嘉谟等奉敕撰修，于乾隆二十九年（公元1764年）修成，共180卷，因康熙朝、雍正朝两部《大清会》，均把事例附在相应典条下，故重出者多；乾隆时将大量事例分开编辑，另撰《大清会典则例》，逐年排比，避免了重复；嘉庆时延续乾隆时作法，但将“则例”改称“事例”，按部门分别编定，按事件性质分类，逐年编次，又将户部舆图，礼部仪式、祭器、簿，钦天监天体图等另行编次，设为《会典图》；光绪延续嘉庆时例，亦以《会典事例》《会典图》和《会典》并行。

德国柏林国家图书馆（Staastbibliothek zu Berlin-PreuBicher Kulturbestiz），全称“德国柏林国立普鲁士文化遗产图书馆”，是隶属于德国普鲁士文化资产基金会的图书馆。

张廷玉（公元1672—1755年），字衡臣，一字砚斋，安徽桐城（今安徽桐城县）人。他于康熙三十九年（公元1700年）举进士，累官至保和殿大学士、吏部尚书、军机大臣等。在雍正、乾隆两朝，一直担任相当于宰相的职务同时兼任翰林院掌院学士，领导修史等事。

参考文献

[1]郑天挺，谭其骧.中国历史大辞典1[M].上海：上海辞书出版社，2010：142.

[2]刘雨婷.中国历代建筑典章制度下[M].上海：同济大学出版社，2010：273.

[3]中国历史博物馆图书资料信息中心.中国历史博物馆藏普通古籍目录[M].北京：北京图书馆出版社，2002：190.

[4]霍艳芳.中国图书官修史[M].武汉：武汉大学出版社，2005：409-411.

十六 清鄂尔泰张廷玉等奉敕编纂《国朝宫史》

乾隆年间《四库全书》本

清鄂尔泰张廷玉等奉敕编纂《国朝宫史》乾隆年间《钦定四库全书》本，现藏于浙江大学。《国朝宫史》初撰于乾隆七年（公元1742年），乾隆二十四年（公元1759年）令蒋溥等人详细校正，重加编辑。乾隆二十六年（公元1761年）又令于敏中等帮同校录，至乾隆三十四年底（公元1769年）成书，收入《四库全书》史部。书成后，缮录三部，一贮乾清宫，一贮尚书房，一贮南书房，向无刻本，直至辛亥革命后才得以面世。1925年，天津博爱印刷局（另说故宫博物院）据抄本出版铅印本。1987年，左步青以天津博爱印刷局铅印本为底本点校，由北京古籍出版社印刷出版，并于1994年重印发行。

《国朝宫史》作为一部清代重要的宫史资料汇编，记载了乾隆二十六年以前的宫闱禁令、宫殿苑囿建置、内廷事务以及典章制度等重要史料。全书共三十六卷，分“训谕”“典礼”“宫殿”“经费”“官制”“书籍”六门。其中，一至四卷收录从顺治至雍正朝圣训，皇上（乾隆皇帝）谕旨，以昭垂内廷法制；五至十卷为典礼一门，包括典礼、仪节、规制、冠服、舆卫之制；十一至十六卷宫殿一门，分外朝、内廷、景山、西苑和雍和宫等区域，详列规模，并收录各处御笔匾额、楹联及题咏等；十七至十九卷为经费一门，记载铺宫、年例、日用、恭进、恩赐，及各礼宴钱粮例用等；二十、二十一卷官制一门，记载太监职事职级与其功罪赏罚等；二十二至三十六卷为清内廷编纂刊刻书籍一门，主要汇集这一时期官修重要书籍的名称、编书缘起、内容梗概和御制诗文等。该书编纂完成后，成为《日下旧闻考》《大清会典》《会典事例》等官修史书的资料来源。嘉庆五年（公元1800年），大学士庆桂、王杰、董诰、朱珪、彭元瑞、纪昀等又奉敕编纂《国朝宫史续编》，将乾隆二十七年后内容收编。仍按六大门分类，子目略有增加，书成凡一百卷，篇幅增加近一倍，成为乾嘉时期清宫史料集大成之作。

《国朝宫史》卷九典礼五为冠服部分，主要著录清代后妃及皇子福晋服饰、配饰等，记载尤为详细。例如对皇太后吉服袍的记载：

“用明黄色，领袖俱石青色，绣金龙九，间以五色云，福寿文。下幅八宝平水。领前后正龙各一，左右及交襟处行龙各一。袖如朝袍，左右开裾，以袭吉服褂，缎绸纱裘，随时所宜。”

对皇后朝袍的记载：

“黄貂皮缘缎朝袍、海龙皮缘缎朝袍、绵缎朝袍、纱朝袍并用明黄色，披领及袖俱石青色，片金缘，以黄貂、海龙缘者加于外。前后绣正龙各一，两肩行龙各二，下幅行龙五。间以五色云，周围八宝平水。披领行龙二，袖端正龙一。袖相接处行龙各二。领后垂明黄绦。”

对皇贵妃金约记载：

“周围金云十二，衔二等东珠各一，间以珊瑚，红片金为里。后系金衔松石结，珠下垂，三行三就，共四等珍珠二百四十九。中间青金石方胜二，两面衔二等东珠各六二等珍珠各六，末缀珊瑚。”

此外，典礼其他章节中亦有着装规制的记载，例如卷六典礼二就有对皇后、公主、福晋、命妇躬桑仪衣冠的记载：“辰正初刻，太常寺卿暨内务府总管赴乾清门奏时，宫殿监转奏，皇后御礼服，乘凤舆出宫，陪祀皇贵妃以下咸乘舆从。陪祀公主、福晋、命妇及执事女官朝服，豫集坛内。”

就纺织文化遗产而言，《国朝宫史》作为“编目提要，皆穷理致治之作”，详细记录了清前中期宫廷冠服颜色、形制、图案及着装配伍等重要信息，对研究清代冠服制度的构成具有重要的参考价值。但需要注意的是，《国朝宫史》所述冠服与《皇朝礼器图式》《大清会典》在内容是略有差异，故而在使用时应相互比照考证，再行利用。

拓展资料

鄂尔泰（公元1677—1745年），字毅庵，西林觉罗氏。满洲镶蓝旗人。举人出身，曾任佐领、内务府员外郎、江苏布政使、广西巡抚、云贵总督、雍正十年（公元1732年）任军机大臣。著有《鄂文端公遗稿》六卷、《文蔚堂诗集》八卷，辑有《南邦黎献集》十六卷。

《日下旧闻考》，清窦光鼐、朱筠等奉敕编撰。全书共160卷，有乾隆间刻本。1981年，北京古籍出版社据内府刻本标点排印出版。此书据朱彝尊《日下旧闻》增补而成。体例大体依旧，而加以改订、考证，新增京城总计、皇城、苑囿、存疑等门类。此书辑录古碑残碣、搜集古籍，保存了许多珍贵史料；对清前期北京城市的建设、宫殿坛庙的兴废、园林寺观的始末、地理文物的变迁，皆有详备记载，是研究北京历史地理的重要著作。

《国朝宫史续编》，清庆桂等编纂，嘉庆十一年（1806年）成书补入了从乾隆至嘉庆的典章制度的变革，内容比《国朝宫史》更为详细。此书清代无刻本，但故宫博物院藏有钞本多部。目前易见的版本有北京古籍出版社1994年点校本。

参考文献

[1]陈连营，张楠.《国朝宫史》的编纂与乾隆年间的宫廷学研究[J].故宫博物院院刊，2015，177（01）：92-101+158.

[2]左步青.康雍乾时期宫闱纪略——《国朝宫史》[J].故宫博物院院刊，1984（04）：38-42.

[3]左步青.清宫史料集大成之书——谈《国朝宫史续编》[J].故宫博物院院刊，1993（02）：65-74.

[4]马子木.清代大学士传稿1636-1795[M].济南：山东教育出版社，2013：241.

[5]任道斌，李世愉，商传.简明中国古代文化史词典[M].北京：书目文献出版社，1990：466.

[6]郑天挺，谭其骧.中国历史大辞典1[M].上海：上海辞书出版社，2010：92.

[7]金声.中国出版业概览[M].北京：外文出版社，1996：6.

[8]中外名人研究中心，中国文化资源开发中心.中国名著大辞典[M].合肥：黄山书社，1994：176.

[9]包铭新.中国染织服饰史文献导读[M].上海：东华大学出版社，2006：19.

十七 清允禄蒋溥等纂《御制皇朝礼器图式》

乾隆二十四年武英殿刊本

清允禄蒋溥等撰《皇朝礼器图式》清乾隆时期武英殿刊本，现藏于哈佛大学哈佛燕京图书馆。《皇朝礼器图式》成书于乾隆二十四年（公元1759年），乾隆三十一年（公元1766年）于武英殿修书处刻版印刷，乾隆三十八年（公元1773年）收入《四库全书》史部，清光绪年间重印。2004年，广陵书社以《四库全书》为底本校版重印。2017年，北京燕山出版社以清乾隆时期武英殿刊本（即本案）为底本重刊。现有清乾隆时期刻本藏于故宫博物院，另有乾隆年间内务府彩绘版、绢本设色及部分彩绘零页藏于阿尔伯塔大学博物馆（University of

Alberta Museum)、大英图书馆(The British Library)、英国维多利亚和阿尔伯特博物馆(Victoria and Albert Museum，简称V&A)及苏格兰国家博物馆(National Museum of Scotland)。(图3-14、3-15)

图3-14 卷首·清允禄蒋溥等撰《皇朝礼器图式》乾隆武英殿刊本 哈佛大学哈佛燕京图书馆藏

图3-15 彩绘版零页·清允禄蒋溥等撰《皇朝礼器图式》乾隆武英殿刊本 阿尔伯塔大学博物馆藏

《皇朝礼器图式》是记载典章制度类器物的政书。全书为册页式图谱，共十八卷，分为祭器、仪器、冠服、乐器、卤簿、武备六部分。其中，卷一、卷二为祭器，卷三为仪器，卷四至卷七为冠服，卷八、卷九为乐器，卷十至卷十二为卤簿，卷十三至卷十八为武备等器物。每器皆列图于右，系说于左。每件器物的详细尺寸、质地、纹样以及与相应官职品级的对照，无不条理清晰，记载详备。《四库全书总目》记“所述则皆昭典章，事事得诸目验，故毫厘毕肖，分寸无讹，圣世鸿规粲然明备。”对了解和研究清代典章制度具有重要意义。

冠服部分共记4卷，因性别、品阶等不同分类而记。男服：皇帝、皇太子、皇子、亲王、世子、郡王、贝勒、贝子、固伦额驸、镇国公、辅国公、和硕额驸、侯爵、伯爵、文一品、武一品、镇国将军、郡主额驸、子爵、文二品、武二品、辅国将军、县主额驸、男爵、文三品、武三品、奉国将军、郡君额驸、一等侍卫、文四品、武四品、奉恩将军、县君额驸、二等侍卫、文五品、武五品、乡君额驸、三等侍卫、文六品、武六品、蓝翎侍卫、文七品、武七品、文八品、武八品、文九品、武九品、未入流、举人、贡生、生员、祭祀文舞生、祭祀武舞生、祭祀执事人、乐部乐生、卤簿舆士、卤簿护军、卤簿校卫、从耕农等共计59类，所用冠服有冬夏朝冠、冬夏朝服、朝带、朝珠、端罩、衮服、冬夏吉服冠、龙袍、吉服带、冬夏常服冠、常服褂、常服袍、常服带、龙褂、补服、蟒袍、冬夏公服冠、雨衣、雨冠等24类。女服：皇太后、皇后、皇贵妃、贵妃、妃、嫔、皇太子妃、皇子福晋、亲王福晋、世子福晋、郡王福晋、贝勒夫人、贝子夫人、镇国公夫人、辅国公夫人、固伦公主、和硕公主、郡主、县主、郡君、县君、镇国公女乡君、辅国公女乡君、民公夫人、侯夫人、伯夫人、一品命妇、镇国将军命妇、子夫人、二品命妇、辅国将军夫人、男夫人、三品命妇、奉国将军命妇、四品命妇、奉恩将军夫人、五品命妇、六品命妇、七品命妇计39类人之冠服，所用冠服有冬夏朝冠、金约、耳饰、朝褂、冬夏朝袍、领约、朝珠、冬夏朝裙、吉服冠、龙褂、龙袍、采帨、蟒袍、吉服褂等17类。男女皆因品阶、身份的不同，所对应的纹饰、颜色、补子亦不同。例如，书中有关皇帝夏朝冠的记载：

“皇帝夏朝冠，谨按，本朝定制三月十五日或二十五日，皇帝御夏朝冠，织玉草或藤丝竹丝为之，缘石青片金二层，里用红片金或红纱，上缀朱纬，前缀金佛饰冬珠十五，后缀舍林饰冬珠七，顶如冬朝冠。”

有关皇太后、皇后朝褂的记载：

“皇太后、皇后朝褂色用石青色片金缘，绣文前后立龙各二，下通襞积四层相间，上为正龙各四，下为万福万寿，领后垂明黄绦，其饰珠宝惟宜，皇贵妃、黄、皇太子妃皆同。”

就纺织文化遗产研究而言，《皇朝礼器图式》冠服部分是了解和研究清代宫廷服饰形制、纹饰、颜色、等级规制重要的参考资料。乾隆在该书序言中提到：“至于衣冠，乃一代昭度，夏收殷冔，本不相袭。朕则依我朝之旧而不敢改焉，恐后之人执朕此举而议及衣冠，则朕为得罪祖宗之人矣，此大不可。且北魏辽金以及有元，凡改汉衣冠者，无不一再而亡。后之子孙，能以朕志为志者，必不惑于流言。于以绵国祚，承天祐，于万斯年勿替，引之可不慎乎？可不戒乎？”可见乾隆帝对衣冠礼制十分重视，而皇帝朝服、龙袍（吉服）引入十二章纹，则是对中华服饰文化的继承和发展。研究者由此入手，即可获得较为丰富、系统的一手材料，其卷目条理清晰，为查检征引提供了便利条件。

拓展资料

允禄（公元1695—1767年），清圣祖玄烨第十六子，封庄亲王，精数学，通乐律。乾隆十一年（公元1746年）刻印过自编《新定九宫大成南北词宫谱》81卷闰1卷《目录》3卷（朱墨本）。乾隆十四年（公元1749年）刻印过清汤斯质《太古传宗琵琶调西厢记谱》2卷。又刻印过雍正帝《上谕内阁》（卷数不详）。

蒋溥（公元1708年—1761年），字质甫，号恒轩，江苏常熟人，蒋廷锡之子。雍正八年（公元1730年）传胪，乾隆十八年（公元1753年）仕至大学士，历官户部尚书、礼部尚书、吏部尚书、翰林院掌院学士等。

阿尔伯塔大学博物馆（University of Alberta Museum），坐落于阿尔伯塔大学（University of Alberta）内，该校位于加拿大阿尔伯塔省会埃德蒙顿。阿尔伯塔大学博物馆系统中的麦克塔格艺术收藏部（Mactaggart Art Collection）于20世纪60年代起便开始收藏东亚各国的艺术品。该收藏部在2005年收到了来自埃德蒙顿慈善家Sandy和Cécile Mactaggart博士的慷慨捐献，使得其收藏品超过了一千件，其中包括了著名的《康熙南巡图第七卷》和《乾隆南巡图第二卷》（绢本）的存世真迹等。

大英图书馆（The British Library）是世界上最大的学术图书馆之一。根据1972年颁布的《英国图书馆法》于1973年7月1日建立。图书馆位于伦敦和西约克郡。它由前大英博物馆图书馆、国立中央图书馆、国立外借科技图书馆以及英国全国书目出版社等单位所组成。据统计，该馆收藏了约484件甲骨卜辞、约5 000支简牍、约7 000件敦煌文书、7 000个敦煌文书残卷、约900种写本、6 500余种1911年前的印本书。其中有公元868年刻印的《金刚经》（现存世界上最早的印刷品）、24册《永乐大典》（约占英国收藏的51册《永乐大典》之一半）、反映太平天国事件的《戈登文书》、200余种中文古地图等。

英国维多利亚和阿尔伯特博物馆（Victoria and Albert Museum，简称V&A）为纪念艾尔伯特亲王和维多利亚女王而命名，成立于1852年，该馆位于伦敦南肯辛顿（South Kensington），是世界上最大的装饰艺术和设计博物馆。建筑内的永久收藏品超过450万件，收藏有5000年历史的艺术品，从远古时代到现在，囊括了世界不同地域和文化的设计精品。其中，中国馆依生活、饮食、丧葬、宫廷、宗教信仰等用途，展示了包括瓷器、玉器、漆器、家具、雕塑、象牙制品、玻璃制品、纺织品、绘画作品、手稿等。

苏格兰国家博物馆（National Museum of Scotland）位于苏格兰首府爱丁堡，是英国最大的博物馆之一。博物馆的历史可以追溯到1780年，其原型是"苏格兰古文物协会"。1866年仿照伦敦水晶宫建设了具有维多利亚风格的皇家博物院，1998年新的苏格兰博物馆楼建成，紧靠维多利亚特色的苏格兰皇家博物馆，2006年两馆合并并命名为苏格兰国家博物馆。在博物馆的中国藏品中，有1 777片甲骨（其中有些为仿品），为欧洲收藏最多甲骨的博物馆，在亚洲之外仅次于加拿大皇家安大略博物馆。

参考文献

[1]徐小蛮，王福康.中华图像文化史插图卷下[M].北京：中国摄影出版社，2016：759.
[2]刘潞.一部规范清代社会成员行为的图谱——有关《皇朝礼器图式》的几个问题[J].故宫博物院院刊，2004(04)：130-144+160-161.
[3]瞿冕良.中国古籍版刻辞典[M].苏州：苏州大学出版社，2009：121.
[4]吕绍纲，吕美泉.中国历代宰相志[M].长春：吉林文史出版社，1991：515.
[5]故宫博物院.尽善尽美殿本精华[M].北京：紫禁城出版社，2009：50.
[6]中国历史大辞典编纂委员会.中国历史大辞典1[M].上海：上海辞书出版社，1986：34

十八 清来保等奉敕编撰《大清通礼》

道光四年刻本

清来保等奉敕编撰《大清通礼》道光四年刻本，日本国立国会图书馆藏。《大清通礼》初撰于乾隆元年（公元1736年），成书于乾隆二十一年（公元1756年）。现有清乾隆二十一年（公元1756年）武英殿刻本、乾隆四十五年（公元1775年）刊本、嘉庆二十三年（公元1818年）李玉鸣等纂修内府刻本、道光四年（公元1824年）刻本（即本案）、光绪九年（公元1883年）江苏书局刻本。

乾隆朝《大清通礼》全书共五十卷，分述吉、嘉、军、宾、凶五礼。例如祭天地、太庙等吉礼祭典，登极、婚嫁、庆寿等嘉礼庆典，亲征、凯旋等军礼礼仪，帝后、品官等丧葬凶礼礼仪，以及朝贡、敕封等宾礼。道光四年（公元1824年）礼部尚书穆克登额续成《续纂大清通礼》五十四卷，新加四卷，分别为吉礼一卷、嘉礼一卷、冠服通志一卷、仪卫通志一卷，置于全书之后。

该书五十三卷冠服通制记载了上起帝后、皇子、皇贵妃，下至宗室亲王、文武品官及其家眷等冠服饰形制、颜色、图案、材质等，此外还有对皇帝祭祀时所穿服饰的记录。例如，对皇帝朝冠的记载："皇帝冬朝冠，薰貂为之，十一月朔至上元，用黑狐，上缀朱纬，顶三层，贯东珠各一，皆承以金龙四，饰东珠如其数，上衔大珍珠一。夏朝冠，织玉草或藤竹丝为之，缘石青片金二层，上缀朱纬，前缀金佛，饰束珠十有五，后缀舍林，饰东珠七，顶如朝冠。"

对皇帝南郊祈谷服饰的记载："雩祭用蓝，朝日用红，夕月用月白。其制，披领及袖皆石青，冬用片金加海龙缘，夏用片金缘，绣文两肩前后正龙各一，腰帷行龙五。衽正龙一，襞积前后团龙各九，裳正龙二行龙四，披领行龙二，袖端正龙各一，列十二章，日月星辰山龙华虫黼黻在衣，宗彝藻火粉米在裳，间以五色云，下幅八宝平水。十一月朔至上元，用缘貂朝服，其制，披领及裳皆表以紫貂，袖端薰貂绣文，两肩前后正龙各一，襞积行龙六，列十二章均在衣，间以五色云，朝珠用东珠一百有八，佛头、记念、背云，大小坠珍宝杂饰，各惟其宜。”（图3-16）

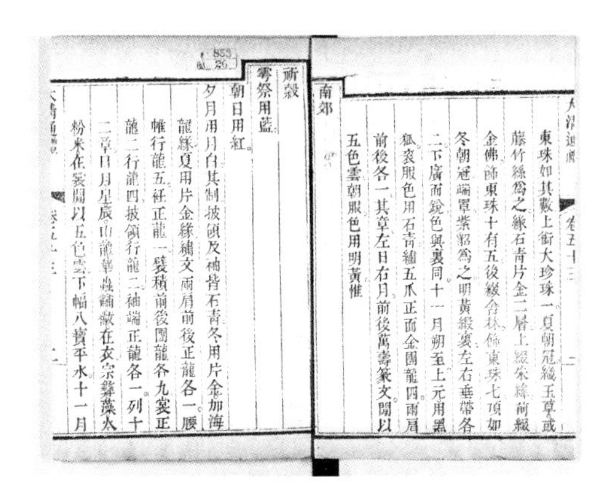
東珠如其數上銜大珍珠一夏朝冠織玉草或
藤竹絲爲之緣石青片金二層上綴朱緯前綴
金佛飾東珠十有五後綴舍林飾東珠七頂如
冬朝冠端罩紫貂爲之明黃緞裏左右垂帶各
二下廣而銳色與裏同十一月朔至上元用黑
狐衮服色用石青繡五爪正面金團龍四兩肩
前後各一其章左日右月前後萬壽篆文間以
五色雲朝服色用明黃惟
南郊
祈穀
雩祭用藍
朝日用紅
夕月用月白其制披領及袖皆石青冬用片金加海
龍緣夏用片金緣繡文兩肩前後正龍各一腰
帷行龍五衽正龍一襞積前後團龍各九裳正
龍二行龍四披領行龍二袖端正龍各一列十
二章日月星辰山龍華蟲黼黻在衣宗彝藻火
粉米在裳間以五色雲下幅八寳平水十一月

图3-16　皇帝南郊祈穀服饰·清来保等奉敕编撰《大清通礼》道光四年刻本　日本国立国会图书馆藏

又如对皇后龙褂的记载：“皇后龙褂，色用石青，绣文五爪金团龙八，两肩前后正龙各一，襟行龙四，下幅八宝立水，袖端行龙各二。”对皇后龙袍的记载：“色用明黄，领袖皆石青，绣文金龙九，间以五色云。福寿文采惟宜，下幅八宝立水，领前后，正龙各一，左右及交襟处，行龙各一，袖如朝袍，裾左右开，吉服朝珠一盘绦明黄色。”

就纺织文化遗产而言，《大清通礼》较为完整地记录了清代帝后、皇子、皇贵妃及文武百官、宗室亲王等服饰，是研究清代服饰制度的重要参考资料。值得注意的是，该书著录的服饰与《皇朝通志》《国朝宫史》《皇朝礼器图式》等细部略有差异，并且不如上述古籍著录详细，故此在使用时，应当结合使用。

拓展资料

来保（公元1680—1764年），满族喜塔腊氏，字学圃，满洲正白旗人，历经康熙、雍正、乾隆三朝。历任工部、刑部、礼部、吏部尚书、议政大臣、协办大学士、武英殿大学士、军机大臣等要职。

穆克登额（公元1743—1829年），满族瓜尔佳氏，满洲镶黄旗人。曾任礼部尚书、工部尚书、刑部左、右侍郎等。

参 考 文 献

[1]戴逸，郑永福.中国近代史通鉴1840-1949鸦片战争1[M].北京：红旗出版社，1997：7.
[2]何远景.内蒙古自治区线装古籍联合目录上[M].北京：北京图书馆出版社，2004：384.
[3]故宫博物院.天禄珍藏清宫内府本三百年[M].北京：紫禁城出版社，2007：271.
[4]刘德仁，杨明，赵心愚等.中国少数民族名人辞典古代[M].成都：四川辞书出版社，1989：164.

十九 清嵇璜刘墉等奉敕纂《皇朝通典》

乾隆年间《四库全书》本

清嵇璜刘墉等奉敕纂《皇朝通典》乾隆年间《钦定四库全书》本，现藏于浙江大学图书馆。《皇朝通典》初撰于清乾隆三十二年（公元1767年），成书于乾隆五十二年（公元1787年）。现有清乾隆武英殿刻本、乾隆年间《钦定四库全书》本（即本案）、光绪元年（公元1875年）广东学海堂刻本、光绪八年（公元1882年）刻本、光绪十二年（公元1886年）浙江书局刻本、光绪二十二年（公元1896年）刻本、光绪二十七年（公元1901年）上海图书集成局铅印本、光绪二十八年（公元1902年）上海鸿宝书局石印本“九通”本，1937年商务印书馆万有文库《十通》合刊本等。

《皇朝通典》又称《清通典》《钦定皇朝通典》《清朝通典》等，体例与《续通典》相同。全书共一百卷，以《大清通礼》《皇朝礼器图式》《大清会典》《圣祖御制律吕氏正义》《皇上御制律吕氏正义后编》《大清律例》《皇舆表》《大清一统志》《钦定日下旧闻考》《盛京通志》《热河志》《皇舆西域图志》等为据。记载了自清太祖努尔哈赤天命元年（公元1616年）至乾隆五十年（公元1785年）的社会典章制度，分九典：记食货十七卷、选举五卷、职官十八卷、礼二十二卷、乐五卷、兵十二卷、刑十卷、州郡七卷、边防四卷。卷首有《凡例》四则，据清代史实略有调整。

其中卷五十四嘉礼四依据《皇朝礼器图式》以类叙次于后，例如对皇子冠服的记载：

“皇子朝冠，冬用薰貂，青狐惟其时。上缀朱纬，顶金龙二层，饰东珠十，上衔红宝石。夏织玉草或藤竹丝为之。石青片金缘二层，里用红片金或红纱，上缀朱纬，前缀舍林，饰东珠五，后缀金花，饰东珠四，顶如冬朝冠。端罩，紫貂为之，金黄缎里。左右垂带各二，下广而锐，色与里同。龙褂，色用石青，绣五爪正面金龙四团，两肩前后各一，间以五色云。朝服之制二，皆金黄色。一，披领及裳皆表以紫貂，袖端熏貂，绣文两肩前后正龙各一，襞行龙六，间以五色云。一，披领及袖皆石青，冬用片金加海龙缘，夏用片金缘，绣文两肩前后正龙各一，腰帷行龙四，裳行龙八，披领行龙二，袖端正龙各一，下幅八宝平水。朝珠不得用东珠，余随所用，绦皆金黄色。朝带，色用金黄，金衔玉方版四，每具饰东珠四，中饰猫睛石一，左右佩绦如带色。吉服带亦色用金黄，版饰惟宜，佩绦如带色。雨冠、雨衣、雨裳，均用红色，毡、羽纱、油绸，各惟其时。雨冠顶平而前檐敞，用蓝布带。雨衣，一如常服袍而袖端平，一如常服褂而加领，长与坐齐，均前施掩裆。雨裳，前为完幅，腰为横幅，用石青布。自皇子至宗室公，雨冠，雨裳之制并同。”

对士庶服饰的记载：

“会试中式，贡士朝冠，顶镂花金座，上衔金三枝九叶，吉服冠顶用素金，举人公服冠，顶镂花银座，上衔金雀，公服袍青绸为之蓝缘，披领如袍饰，公服带，如文八品朝带，吉服冠，顶银座，上衔素金，贡生吉服冠，镂花金顶，余皆如举人，监生吉服冠，素银顶，余皆如贡生，生员公服冠，顶镂花银座，上衔银雀，公服袍，蓝缘绸为之青缘，披领如袍饰，公服带，如文九品朝带，吉服冠，顶如监生，外郎、耆老，冠顶以锡，从耕农官，袍青绒为之，顶同八品，补服色用石青，前后绣彩云捧日，袍青绢为之，上加披领，腰为襞积，不加缘，月白绢里。祭祀文舞生冬冠，骚鼠为之，顶镂花铜座，中饰方铜，镂蔡花，上衔铜三角，如火珠形，袍以绸为之，其色南郊用石青，北郊用黑，祈谷坛、太庙、社稷坛、朝日坛、帝王庙、文庙、先农坛、太岁坛、俱用红、夕用坛用月白。前后方襕，销石葵花。带，绿绸为之，武舞生顶上衔铜三棱，如古戟形。袍以绸为之，通销金葵花，余俱如文舞生，袍之制，带如文舞生。祭祀执事人，袍，以绸为之，其色，南郊用石青，北郊用黑、不加缘、太庙文庙、先农坛，太岁坛，俱用青色，蓝缘、祈谷坛、社稷坛、朝日坛，帝王庙，俱用青色，石青缘，夕月坛用青色，月白缘，带如文舞生，乐部乐生，冠顶镂花铜座，上植明黄翎。乐部。袍，红缎为之。一前后方襕绣黄鹂，中和韶乐部乐生执戏竹人服之。一通织小团葵花，丹陛大乐诸部乐生服之。带，用绿云缎为之。卤簿与士，冬冠，以豹皮及黑毡为之，顶镂花铜座，上植明黄翎。袍如丹陛大乐诸部乐生，带如祭祀文舞生。卤簿护军袍，石青缎为之，通织金寿字，片金缘。领及袖端，俱织金葵花。卤簿校尉冬冠，平檐，顶素铜，上植明黄翎、袍及带如卤簿舆士。”

又如对皇贵妃冠服的记载：

“皇贵妃朝冠，顶三层，贯东珠各一，皆承以金凤，饰东珠各三，珍珠各十七，上衔大珍珠一，朱纬上周缀金凤七，饰东珠各九，珍珠各二十一，后金翟一，饰猫睛石一，珍珠十六，翟尾垂珠，凡珍珠一百九十二，三行二就，中间金衔青金石结一，饰东珠，珍珠各四，末缀珊瑚，冠后护领垂明黄绦二，末缀宝石，青缎为带。金约，镂金云十二，饰东珠各一，间以珊瑚，红片金里，后系金衔绿松石结，贯珠下垂，凡珍珠二百有四，三行三就，中间金衔青金石结二，每具饰东珠，珍珠各六，末缀珊瑚。耳饰左右各三，每具金龙衔二等东珠，各二。领约，镂金为之，饰东珠七，间以珊瑚，两端垂明黄绦二，中各贯珊瑚，末垂珊瑚各二，朝珠三，盘蜜珀一，珊瑚二，龙褂，色用石青，绣文五爪金龙八团，两肩前后正龙各一，襟行龙四，下幅八宝立水，袖端行龙各，二龙袍色用明黄，领袖皆石青，绣文金龙九，间以五色云，福寿文采，惟宜下幅八宝立水，领前后正龙各一，左右及交襟处，行龙各一，袖如朝袍，裾左右开，吉服朝珠一盘，珍宝随所御，绦明黄色，余皆如。”

就纺织文化遗产而言，《皇朝通典》冠服部分是研究清代冠服制度的重要实证资料。值得注意的是，该书虽以《皇朝礼器图式》《大清会典》等为据，但部分对于冠服的记载略有不同。例如《皇朝通典》对从耕农官袍的记载为“袍青绒为之，顶同八品，补服色用石青，前后绣彩云捧日，袍青绢为之，上加披领，腰为襞积，不加缘，月白绢里。”而《皇朝礼器图式》对耕农官袍的记载为“从耕农官冠，青绒为之，顶同八品。从耕农官补服，色用石青，前后绣彩云捧日。从耕农官袍，青绢为之，上加披领，腰为襞积，如朝袍而不加缘，月白绢里。”此外在《大清会典》中的记载为“从耕农官，冠青绒为之，顶同八品。从耕农官补服，绣彩云捧日。从耕农官袍青绢无缘，上加披领，腰为襞积，月白绢里。”因此在使用时，应当多者结合使用，多加考证。

拓展资料

《四库全书》修于乾隆三十八年（公元1773年），于1782年第一部书成，历时十年。全书荟萃我国历代典籍之精华，共收书3 461种。按四部分类，其下又分为四十四类，类下有属。《四库全书》先后共写成七部，分别为文渊阁本、文溯阁本、文源阁本、文津阁本、文宗阁本、文汇阁本和文澜阁本。其中文源阁本、文宗阁本和文汇阁本已毁，文澜阁本残存，经丁氏兄弟收集残余并据刻本抄补，今藏于浙江图书馆。1986年，台湾“商务印书馆”据文渊阁本影印四库全书，精装成1500册出版。

参考文献

[1]中外名人研究中心，中国文化资源开发中心.中国名著大辞典[M].合肥：黄山书社，1994：716.
[2]周谷城，姜义华.中国学术名著提要历史卷[M].上海：复旦大学出版社，1994：619.
[3]何远景.内蒙古自治区线装古籍联合目录上[M].北京：北京图书馆出版社，2004：375.
[4]崔宇红.一流大学图书馆建设与评价研究[M].北京：中国科学技术出版社，2011：32.

二十 清嵇璜等纂纪昀校《钦定续通典》

乾隆四十八年武英殿刻本

清嵇璜等奉敕纂纪昀校《钦定续通典》乾隆四十八年武英殿刻本，现藏于天津图书馆。此外，中国国家图书馆、浙江图书馆、辽宁省图书馆、南京大学图书馆、故宫博物院图书馆等亦有同版收藏。《钦定续通典》初撰于乾隆三十二年（公元1767年），成书于乾隆四十八年（公元1783年）。现有清乾隆四十八年武英殿（公元1783年）刻本（即本案），光绪元年（公元1875年）广州学海堂刻本，光绪十二年（公元1886年）浙江书局刻本，光绪二十七年（公元1901年）上海图书集成局铅印“九通”本，光绪二十八年（公元1902年）上海鸿宝书局石印“九通”本、光绪二十八年（公元1902年）贯吾斋石印本、图书集成局铅印本等，1937年商务印书馆万有文库“十通”本、1964年台湾新兴书局影印“十通”本、1986年台湾“商务印书馆”《景印文渊阁四库全书》本。

《钦定续通典》系《通典》续编，为“十通”之一，又与《钦定续通志》《钦定续文献通考》合称为“续三通”。该书共一百五十卷，在编撰时仿效杜佑《通典》之法，每卷卷首均加按语，略述杜佑著述之观点及取材范围。内容包含唐肃宗至德元年（公元756年）至明崇祯十七年（公元1644年）间政治、经济等典章制度，分卷首凡例十四则、食货十六卷、选举六卷、职官二十二卷、礼四十卷、乐七卷、兵十五卷、刑十四卷、州郡二十六卷、边防四卷，共记九典。全书取材除各代正史外，还引据参考了《唐六典》《唐会要》《五代会要》《册府元龟》《太平御览》《山堂考察》《契丹国志》《大金国志》《元典章》《明集礼》《明会典》，其中以明代史料最为详备。

该书“礼典”分吉、嘉、宾、军、凶五门，除卷六十二天子车辂、卷六十三皇太后皇后车辂、卷六十四辇舆、卷六十五至六十六卤簿、卷六十七养老外，其余均有对冠服的记载。其中，卷五十五嘉礼十一对天子、皇太子、后妃与君臣等冠冕、服饰、制度的记载尤为详细。例如，对皇太子冠（皇子、皇孙、附宋明）的描写：

“宋皇子冠，前期择日奏告景灵宫，太常设皇子冠席文德殿东阶上，稍北东向，设褥席，陈服于席南，东领北上。九旒冕服、七梁进贤冠服、折上巾公服、七梁冠簪导、九旒冕簪导同箱，在服南。设罍洗、酒馔、旒冕、冠、巾及执事者，并如皇太子仪。其日质明，皇帝通天冠、绛纱袍，御文德殿。皇子自东房出，内侍二人夹侍，王府官从，《恭安》之乐作，即席南向坐，乐止。掌冠者进折上巾，北向跪冠，《修安》之乐作；赞冠者进，北面跪正冠，皇子兴，内侍跪进服讫，乐止。掌冠者揖皇子复坐，以爵跪，祝曰：酒醴和旨，笾豆静嘉。授尔元服，兄弟具来。永言保之，降福孔皆。皇子搢笏，跪受爵，《翼安》之乐作，饮讫，太官令进馔讫。再加七梁冠，《进安》之乐作。掌冠者进爵，祝曰：宾赞既成，肴核维旅。申加厥服，礼仪有序。允观尔成，承天之祜。皇子跪受爵，《辅安》之乐作，太官奉馔。三加九旒冕，《广安》之乐作。掌冠者进爵，祝曰：旨酒嘉栗，甘荐令芳。三加尔服，眉寿无疆。永承天休，俾炽而昌。皇子跪受爵，《贤安》之乐作，太官奉馔，馔彻。皇子降，易朝服，立横阶南，北向位，掌冠者字之曰：岁日云吉，威仪孔时。昭告厥字，君子攸宜。顺尔成德，永受保之。奉敕字某。皇子再拜舞蹈，又再拜，奏圣躬万福，又再拜。左辅宣敕，戒曰：好礼乐善，服儒讲艺。蕃我王室，友于兄弟。不溢不骄，惟以守之。皇子再拜，进前俛伏，跪称：臣虽不敏，敢不祗奉。俛伏，兴，复位，再拜，出。殿上侍立官并降，复位，再拜，放仗。明日，百僚诣东上阁门贺。”

《卷五十六·嘉礼十二》对冕的记载：

“元衮冕，制以漆纱，上覆白綖，青表朱礼，綖之四周，匝以云龙，冠之口围，萦珍珠，綖之前后，旒各十二，以珍珠为之，綖之左右，系黈纩二，系以玄紞，承以玉瑱，纩色黄，络以珠，冠之周围，珠云龙网结，通翠柳调珠。綖上横天河带一，左右至地。珠钿窠网结，翠柳朱丝组二，属诸笄，为缨络，以翠柳调珠，簪以玉为之，横贯于冠。按太常集礼，载世祖至元十二年，博士议：冕天版长一尺六寸，广八寸，前高八寸五分，后高九寸五分，身围一尺八寸三分，并纳言，用青罗为表，红罗为里，周回缘以黄金，天版下四面，珠网结子，花素坠子，前后共二十四旒，以珍珠为之，青碧线织天河带，两头各有珍珠金翠旒三节，玉滴子节花全，红线组带二，上有珍珠金翠旒，玉滴子，下有金铎二，梅红绣款幔带一，黈纩二，珍珠垂系，上用金萼子二，簪一面幔组带钿窠各二，内组带窠四，并镂玉为之，玉簪一，面镂云龙。成宗大德十一年九月，博士议，以唐宋之制奏上，事未果行，至仁宗延佑七年七月，英宗命礼仪使传旨，命省臣与太常礼仪院等官会议法服之制。八月中书省会集翰林、集贤、太常礼仪院官讲议，依秘书监所藏前代帝王衮冕法服图本，命有司制如其式。皇太子衮冕，用白珠九旒，红丝组为缨，青纩充耳，犀簪导。”

又如《卷六十·嘉礼十六》对后妃命妇服章制度的记载：

“后妃命妇服章制度（宋、金、明）宋制后妃之服，一曰袆衣，二曰朱衣，三曰礼衣，四曰鞠衣，后之袆衣，深青织成，翟文素质，五色十二等。青纱中单，黼领，罗縠褾襈，蔽膝随裳色，以緅为领缘，用翟为章，三等。大带随衣色，朱里，纰其外，上以朱锦，下以绿锦，纽约用青组，革带以青衣之，白玉双佩，黑组，双大绶，小绶三，间施玉环三，青韈、舄，舄加金饰。受册、朝谒景灵宫服之。鞠衣，黄罗为之，蔽膝、大带、革舄随衣色，余同袆衣，唯无翟文，亲蚕服之。其朱衣、礼衣、仍唐制，但存其名而已，妃褕翟，青罗绣为摇翟之形，编次于衣，青质，五色九等，素纱中单，黼领，罗縠褾襈，蔽膝随裳色，以緅为领缘，以摇翟为章，二等，大带随衣色，不朱里，纰其外，余仿皇后之制，受册服之。皇太子妃褕翟，青织为摇翟之形，青质，五色九等，素纱中单，黼领，罗縠褾襈，皆以朱色，蔽膝随裳色，以緅为领缘，以摇翟为章，二等。大带随衣色，不朱里，纰其外，上以朱锦，下以绿锦，纽约用青组，革带以青衣之，白玉双佩，纯朱双大绶，章采尺寸与皇太子同。受册、朝会服之。鞠衣，黄罗为之，蔽膝、大带、革带随衣色，余与褕翟同，唯无翟，从蚕服之。其常服，后妃大袖，生色领，长裙，霞帔，玉坠子；背子、生色领皆用绛罗，与臣下不异命妇服。徽宗，政和中议礼局上：翟衣，青罗绣为翟，编次于衣及裳，一品，翟九等，二品，八等，三品，七等，四品，六等，五品，五等，并素纱中单，黼领，朱褾、襈，通用罗縠，蔽膝随裳色，以緅为领缘，加文绣重雉，为章二等。大带，革带，青韈，舄，佩绶，受册、从蚕服之。”

就纺织文化遗产而言，《钦定续通典》是研究唐肃宗至德元年（公元756年）至明崇祯十七年（公元1644年）冠服制度的重要史料。值得注意的是，该书虽以正史为据，但著录方式、名称等与正史舆服部分记录有别。例如，《宋史·舆服志》将后妃首饰与服饰等记载在同一段落，而此书则将首饰与服饰以类而记，又如书中将“命妇服，政和议礼局上。”改为“徽宗，政和中议礼局上。”故在使用时，应与正史互为参考，结合使用。

拓展资料

嵇璜（公元1711—1794年），字尚佐，号黼廷，又号拙修，江苏无锡人，谥文恭。雍正八年（公元1730年）进士。改庶吉士。历官河督、巡抚、文渊阁大学士加太保。著有《锡庆堂集》《治河年谱》等。

纪昀(公元1724—1805年),字晓岚,一字春帆。直隶献县(今属河北)人。历官翰林院编修、侍读学士、日讲起居注官、内阁学士、礼部尚书、左都御史、协办大学士加太子太保。任《四库全书》总纂,著有《阅微草堂笔记》《历代职官表》《热河志》等。

广州学海堂,时任两广总督阮元于道光四年(公元1824年)在越秀山择址建设,书院以专重经史训诂为宗旨,以经史辞赋为主要教学内容,自行刊刻经籍,有三百多位学者出版著作数千部,今已佚。

参考文献

[1]周谷城,姜义华.中国学术名著提要历史卷[M].上海:复旦大学出版社,1994:577.

[2]夏征农.辞海历史分册(中国古代史)[M].上海:上海辞书出版社,1988:547.

[3]何远景.内蒙古自治区线装古籍联合目录上[M].北京:北京图书馆出版社,2004:375.

[4]龚笃清.中国八股文史清代卷[M].长沙:岳麓书社,2017.

[5]中国图书馆学会.中国图书馆大全[M].北京:中国标准出版社,2002:126.

[6]张小平.国家级图书馆、文化馆全集2010·图书馆第1卷[M].北京:中国科学文化音像出版社,2011:196.

[7]周文骏.图书馆学百科全书[M].北京:中国大百科全书出版社,1993:301.

[8]《南大百年实录》编辑组.南大百年实录中央大学史料选下[M].南京:南京大学出版社,2002:333.

[9]顾明远.教育大辞典8[M].上海:上海教育出版社,1991.

二十一 清嵇璜刘墉等撰纪昀校《钦定续通志》

乾隆年间武英殿刊本

清嵇璜刘墉等撰纪昀校《钦定续通志》乾隆武英殿刊本,现藏于德国巴伐利亚州立图书馆。《钦定续通志》成书于清乾隆五十年(公元1785年),主要刊刻版本有:清内府抄本,乾隆年间武英殿刊本(即本案),光绪十二年(公元1886年)浙江书局"九通"合刻本,光绪二十七年(公元1901年)上海图书集成局铅印"九通"本,光绪二十八年(公元1902年)上海鸿宝书局"九通"石印本,1937年上海商务印书馆万有文库"十通"合刊本(此本将乾隆官刊"九通"并版缩印,又将刘锦藻撰《清朝续文献通考》铅字排印而成),1987年中华书局据上海商务印

书馆出版的《万有文库·十通》合刊本重新影印刊行，1988年浙江古籍出版社亦有影印本出版。（图3-17）

武英殿修書處刊刻續三通諸臣職名

總理

和碩儀親王臣永璇

經筵講官太子太傅領侍衛內大臣大學士[illegible]臣慶桂

經筵日講起居注官太子太傅大學士兼翰林院掌院學士臣朱珪

總裁

經筵[illegible]臣戴衢亨

經筵講官工部左侍郎兼左翼總兵官臣英和

經筵講官吏部左侍郎提督安徽學政臣玉麟

欽定續通志 職名

图3-17　卷一·清嵇璜刘墉等撰纪昀校《钦定续通志》乾隆武英殿刊本　德国巴伐利亚州立图书馆藏

《钦定续通志》为《通志》之续编，其体例与《通志》基本相同，唯缺世家及年谱。全书共六百四十卷，包括卷首凡例二十则、本纪七十卷、后妃传十卷、略一百卷、列传四百六十卷。书中内容按时间顺序予以整理、编排、探其源流，其中本纪、后妃传和列传的记事时间起于唐初，迄于元末，后接清修《明史》。诸略的时间始于五代，终于明末。补充了通志诸略于唐事的缺漏，是研究五代至明末各代政治、经济制度的重要史料。

“（臣）等谨按氏族分合，古今不同，三代而上姓合而氏分，男子称氏，女子系姓，故姬姓一也，而周之子孙，氏凡百数，周官小史辨昭穆，奠系世，瞽蒙诵诗，并诵系氏，以诏于王侯。国亦有国史，掌其系牒，良以姓氏分而难稽，其制不得不详也。自封建罢为郡县，则氏族统而合于姓，姓氏合而易识，史官之牒亦略矣。然赐姓出宗，避讳避仇之例，起混淆紊错，棼如乱丝，北魏又以代北之氏，更易汉姓，世远年湮，后人往往有不能辨者。故官有簿状，家有谱系，懋代有图谱局，置郎令史掌之，以备选格，通婚姻，唐世领以宰相，其郑重犹然若此。五季至宋，谱牒之学，略而不讲。郑樵通帝王以来，迄于五季，约书志之文，而为略，其有功于氏族非浅鲜也。若夫辽、元，起自朔陲，金源兴于东徼，风俗敦庞，民情质朴，合族而处，因地而别贵有号而贱无氏，辽世祇有耶律与萧二姓，其余皆称部族，犹然太古之遗也。金源有白黑姓，以别贵贱，载百官志。元代有蒙古、色目姓以分内外，载于陶宗仪《辍耕录》。”

——《钦定续通志·氏族略一》

《钦定续通志·略》记载了从唐初至元末典章制度的演变，与郑樵《通志》一样分为二十略。包括《氏族略》《六书略》《七音略》《天文略》《地理略》《都邑略》《礼略》《谥法略》《器服略》《乐略》《职官略》《选举略》《刑法略》《食货略》《艺文略》《校雠略》《图谱略》《金石略》《灾祥略》《昆虫草木略》。其中《钦定续通志》卷一百二十三《器服略二》记载了君臣冠冕巾帻制度、君臣服章制度、后妃命妇首饰制度、后妃命妇服章制度等。

如记载唐至明代天子冕服形制的演变，其中尤以唐代最为详备。

“唐制天子六冕。大裘冕无旒，广八寸长一尺二寸，金饰玉簪导，以组为缨，色如其绶，黈纩充耳，祀天地神祇则服之。衮冕广一尺二寸、长二尺四寸，金饰垂白珠，十有二旒，以组为缨，色如其绶玉簪导。享庙及庙、遣上将、征还、饮至、践阼、加元服、纳后、若元日受朝临轩册拜王公则服之。鷩冕八旒，有事远主则服之。毳冕七旒祭海岳则服之。絺冕六旒，祭社稷先农则服之。元冕五旒，蜡祭百神朝日夕月则服之。皇太子衮冕，白珠九旒，以组为缨，色如其绶，青纩充耳，犀簪导。侍从皇帝祭祀及谒庙加元服、纳妃则服之。侍臣服第一品衮冕，垂青珠九旒，以组为缨，色如其绶，青纩充耳，宝饰角簪导。第二品鷩冕八旒，第三品毳冕七旒，第四品絺冕六旒，第五品元冕五旒。”

“宋制天子不备六冕，有大裘冕冬至祀昊天上帝，立冬祀黑帝，立冬后祀神州地祇服之。高宗绍兴后加十有二旒，广八寸，长一尺六寸，前圆后方，前低寸二分元表朱里，以缯为之，玉笄玉瑱。衮冕广一尺二寸，长二尺四寸，十有二旒，二纩，并贯真珠。又有翠旒十二，碧凤衔之在珠旒外金饰，玉簪导，祭天地宗庙，朝太清宫、飨玉清昭应宫、景灵宫受册尊号、元日受朝、册皇太子则服之。皇太子衮冕九旒，犀簪导。其臣下正一品九旒冕犀簪、二品七旒冕角簪、三品五旒冕，后又改为鷩冕八旒、毳冕六旒、絺冕四旒、元冕无旒。”

“辽制天子衮冕，垂白珠，十有二旒，以组为缨，色如其绶，黈纩充耳，金饰玉簪导，祭祀、宗庙、遣上将、出征、饮至、践阼、加元服、纳后、若元日受朝则服之。”

“金制天子衮冕，广八寸，长一尺六寸，青罗为表，红罗为里，前后珠旒，共二十四，黈纩二玉簪导，皇太子衮冕，白珠九旒，红丝组为缨，青纩充耳，犀簪导。”

“元制天子衮冕，广八寸，长一尺六寸，前后珍珠旒各十二，黈纩二朱，丝组为缨，玉簪导。皇太子衮冕，白珠九旒，红丝组为缨，青纩充耳，犀簪导。”

“明太祖洪武十六年定，衮冕之制，元表纁里，前后各十有二旒，红丝组为缨，黈纩充耳，玉簪导。祭天地宗庙服之。皇太子衮冕九旒，红组缨金簪导，陪祀天地社稷宗庙及大朝会受册纳妃则服之。亲王衮冕九旒，助祭、谒庙、朝贺、受册、纳妃服之。”

值得注意的是，《钦定续通志》与《清通志》根据《通志》的体例和方法修成，并与《通志》《通典》《文献通考》《续通典》《清通典》《续文献通考》《清文献通考》《清续文献通考》合称为“十通”。该书取材广泛，书目按类增辑。无裨于实学者，皆弃而不录。此外，凡《通志》所缺，则补上，凡《通志》已载而有伪误者，则订正。但《钦定续通志》相较《通志》删减了世家、年谱的部分，故在使用时，应当多者结合使用，多加考证。

拓展资料

刘墉（公元1720—1805年）字崇如，号石庵，山东诸城人。清代乾隆时期大臣，政治家、书画家、文学家、史学家。官至体仁阁大学士，著有《石庵诗集》。

参考文献

[1]赵望秦，王璐，李月辰等.中外书目著录《史记》文献通览[M].西安：陕西师范大学出版总社，2017：63.

[2]夏征农.辞海中国古代史分册[M].上海：上海辞书出版社，1988：547.

[3]万里，刘范弟，周小喜.炎帝历史文献选编[M].长沙：湖南大学出版社，2012：225.

[4]方壮猷.中国史学概要[M].北京：中国文化服务社，1947：220.

二十二 清嵇璜等奉敕编纂《皇朝通志》

乾隆年间《四库全书》本

清嵇璜等奉敕编纂《皇朝通志》乾隆年间《钦定四库全书》本，现藏于浙江大学图书馆。《皇朝通志》初撰于乾隆三十二年（公元1767年），成书于乾隆五十二年（公元1787年）。主要刊刻版本有：清内府抄本（现藏于中国国家图书馆），乾隆时期武英殿刻本，光绪八年（公元1882年）浙江书局刻本，光绪二十七年（公元1901年）上海图书集成局石印本，光绪二十八年（公元1902年）上海鸿宝斋书局石印本，1936年上海商务印书馆《十通》合刊本。

《皇朝通志》又称《钦定皇朝通志》《清朝通志》《清通志》，与《皇朝文献通考》《皇朝通典》称为“清三通”，是我国古代典章制度“十通”之一。《皇朝通志》全书共一百二十六卷，所记内容上起清太祖努尔哈赤，下至高宗乾隆，无本纪、列传、世家、年谱，仅存20略，20略名与《通志》《续通志》同，分氏族10卷，六书3卷，七音4卷，天文6卷，地理8卷，都邑4卷，礼12卷，谥法8卷，器服6卷，乐2卷，职官8卷，选举3卷，刑法6，食货16卷，艺文8卷，校雠8卷，图谱2卷，金石7卷，灾祥3卷，昆虫草木2卷。卷首有《凡例》12则，细目有增减或删补。其体例虽与郑樵《通志》类似，但内容相差较大，故《四库全书总目提要》记：“谨案，郑樵《通志》入《别史》，钦定《续通志》亦入《别史》，均以兼有纪传故也。至皇朝《通志》惟有十二略，则名为《通志》，实与《通典》《通考》为类，故恭录于《政书》之中。”

该书五十八至五十九卷为器服部分，上起帝后、皇太后、皇子等冠服朝珠佩带，下至品官、命妇等无不具备。并附以雨冠、雨衣及行营冠服，全文皆以《皇朝礼器图式》为据，并依类记叙。例如，对皇帝朝冠的记载：“冬用熏貂，黑狐，惟其时，上缀朱纬，顶三层，贯东珠各一，皆承以金龙各四，饰东珠如其数，上衔大珍珠一，夏织玉草或藤丝竹丝为之，缘石青片金二层，里用红片金或红纱，上缀朱纬，前缀金佛饰东珠十五，后缀舍林饰东珠七顶制同。”

对皇太子朝冠的记载：“冬用熏貂，青狐，惟其时，上缀朱纬，顶金龙三层，饰东珠十三，上衔大东珠一，夏织玉草或藤丝竹丝为之，缘石青片金二层，里用红片金或红纱，上缀朱纬，前缀金佛饰东珠十三，后缀舍林饰东珠六顶制同。”

又如，对皇太后、皇后龙褂的记载：“色用石青，棉袷纱裘，惟其时，绣文五爪金龙八团，两肩前后正龙各一，襟行龙四或加绣，下幅八宝立水，袖端行龙各二。”

就纺织文化遗产而言，《皇朝通志》与《皇朝礼器图式》《钦定大清会典》等，是研究清代服制重要参考资料。值得注意的是，《皇朝通志》虽以《皇朝礼器图式》为据，但对于部分服饰记载不如后者分类详细具体，例如对皇太后、皇后朝褂的记载：“色用石青，缎纱单袷，惟其时，片金缘，领后垂明黄绦，其饰珠宝惟宜，绣文或前后立龙各二，下通襞积，四层相间，上为正龙各四，下为福寿文，或前后正龙各一，腰帷行龙四，中有襞积，下幅行龙八，或前后立龙各二中，无襞积，下幅八宝平水。”而《皇朝礼器图式》将其分为三式，依式而记。因此在使用时，需将二者结合使用，此外《钦定四库全书》本器服目录部分记录有误，应为五十八至五十九卷，而非五十六至六十一卷。

拓展资料

《十通》是后人对十本记载历代典章制度的政书的总称，包括《通典》《通志》《文献通考》《续通典》《续通志》《续文献通考》《清朝通典》《清朝通志》《清朝文献通考》和《清朝续文献通考》。商务印书馆合印本《十通》附有详目和索引。

浙江书局，清同治六年（公元1867年）巡抚马新贻奏设。初在杭州小营巷报恩寺，后移中正巷三忠祠，以报恩寺为官书坊。并于宣统三年（公元1911年）并入浙江图书馆。

上海鸿宝斋书局，清光绪十三年（公元1887年）开设于上海租界，1956年停止营业，前后历经清、民国、中华人民共和国三个历史时期。

参考文献

[1]周谷城，姜义华.中国学术名著提要历史卷[M].上海：复旦大学出版社，1994：620.
[2]何远景.内蒙古自治区线装古籍联合目录上[M].北京：北京图书馆出版社，2004：376.
[3]马兴荣，吴熊和，曹济平.中国词学大辞典[M].杭州：浙江教育出版社，1996：218.
[4]瞿冕良.中国古籍版刻辞典[M].苏州：苏州大学出版社，2009：248.
[5]包铭新.中国染织服饰史文献导读[M].上海：东华大学出版社，2006：12.
[6]顾志兴.浙江印刷出版史[M].杭州：杭州出版社，2011：342.
[7]许静波.鸿宝斋书局与上海近代石印书籍出版[J].新闻大学，2012，113（03）：136-146.
[8]李之檀.中国服饰文化参考文献目录[M].北京：中国纺织出版社，2001：238.

二十三 清徐松辑《宋会要辑稿》

2014年上海古籍出版社刘琳等校点本

清徐松辑《宋会要辑稿》2014年上海古籍出版社刘琳等校点本。《宋会要辑稿》辑录完成约在嘉庆十五年（公元1810年）并于同治初年散出，后辗转流入北京琉璃厂书肆，光绪中为缪荃孙购得。光绪十三年（公元1887年），两广总督张之洞于广州创建广雅书局，聘缪荃孙入局校刊书籍，缪荃孙遂将《宋会要辑稿》转让与广雅书局，并同屠寄进行校勘整理，但在整理时其二人对原稿有所窜改增删，对原稿本身也有所割裂，以致其中一部分遗失，这便是现存的广雅书局稿本。其后，《宋会要辑稿》徐松所辑原稿连同缪荃孙、屠寄整理稿为广雅书局提调王秉恩攫为已有。1915年、1924年藏书家刘承幹不惜重金分两批从王秉恩处购得，共五百册（卷）藏于五兴嘉业堂，并将两者经过整合并为一书，共四百六十册（卷），即现存的嘉业堂《宋会要辑稿》清本。

1949年以后，刘承幹将广雅书局稿本、嘉业堂清本连同其他藏书捐献给国家，今藏于浙江图书馆。至于《宋会要辑稿》徐松所辑原稿，其主要部分于1931年由前北平图书馆向刘承幹购得，1936年出版为《宋会要辑稿》。而被当作复文与无用之文的遗稿，则流落至琉璃厂来薰阁，1953年为北京图书馆购得，1988年又由陈智超整理出版为《宋会要辑稿补编》。这两部书即今日已知尚存的《宋会要》徐松辑稿的全部。二十世纪九十年代，四川大学古籍整理研究所与美国哈佛大学、台北“中研院”历史语言研究所合作，由四川大学古籍整理研究所负责校点，出版了一部电子版的《宋会要辑稿》点校本，但此次目标仅是初加点校整理。2009年，四川大学古籍所与上海古籍出版社达成合作，以上述电子版《宋会要辑稿》为基础，进行增订改造，精校、精点、精加工后印刷出版。

今日所见《宋会要》是《永乐大典》收录、徐松又从《永乐大典》辑出的，据作者所说该书共有五六百卷，但其辑录时，内容并不从容精细，且抄录之后又未经校对，因此书中内容问题不少。而《永乐大典》收录的《宋会要》是以何为底本？王云海在《宋朝〈总类国朝会要〉考》一文中将学术界的看法归为三种：“第一种意见，将《辑稿》中所见宋修本朝会要名称，皆视为《永乐大典》所收《宋会要》之底本。第二种意见认为，《永乐大典》所收《宋会要》是《十三朝会要》，即张从祖修、李心传续《总类国朝会要》。第三种意见认为，两种说法都有道理，也都有不能讲通的地方，这个问题还有待研究。”

该书分帝系、后妃、乐、礼、舆服、仪制、瑞异、运历、崇儒、职官、选举、食货、刑法、兵、方域、蕃夷、道释17门。其中舆服门，记载了宋代各类舆服，如：

“准少府监牒，请具衮龙衣、绛纱袍、通天冠制度令式。衮冕，垂白珠十有二旒，以组为缨，色如其绶，黈纩充耳，玉簪导。玄衣纁裳，十二章：八章在衣，日、月、星辰、山、龙、华虫、火、宗彝；四章在裳，藻、粉米、黼、黻。衣褾领如上，为升龙，皆织就为之。山、龙以下每章一行，重以为等，每行十二。白纱中单、黼领、青褾襈裾。蔽膝加龙、山、火三章，革带，玉钩䚢。大带，素带朱里、纰其外，上朱下绿，纽约用青组。”

此外，职官门对宋代织物染色分工亦有记载，如：

“西内染院，在金城坊旧日染坊。太平兴国三年，分为东、西二染院。咸平六年，有司上言‘西院水宜于染练’，遂并之。掌染丝、帛、绦、线、绳、革、纸、藤之属。以京朝官、诸司使副、内侍一人监，别以三班一人监门，领匠六百十三人。西染色院，在金城坊，掌受染色之物，以给染院之用。太平兴国二年，置东染色库。三年，又置西染色库。咸平二年，省东库。以京朝官及三班二人监，兵士十七人。”

值得注意的是，《宋会要辑稿》一书资料丰富、卷帙浩大，可与《宋史》《资治通鉴长编》比肩，是研究宋代社会史与辽、夏、金、元史的要籍。但该书在抄写后未经校对，书中内容或存在遗漏等问题，故此书在使用时需与同时期舆服文献结合考证。

拓展资料

徐松（公元1781—1848年），字星伯、孟品，原籍浙江上虞，寄籍顺天府大兴县，清代翰林，地理学家。乾隆四十六年（公元1781年）生于浙江绍兴，幼年时家父在京师为官，随父移居京师（今北京市），落籍为顺天府大兴县。嘉庆十年（公元1805年），二甲第一名进士，选庶吉士，散馆授翰林院编修，师张问陶。嘉庆十四年（公元1809年）入文颖馆担任《全唐文》提调兼总纂官；又从《永乐大典》中辑出《宋会要辑稿》500卷，《河南志》《中兴礼书》，又撰写《唐两京城坊考》《登科记考》，后由翰林督学湖南。

《永乐大典》又常简称《大典》，初名《文献大成》，是中国古代最大的类书，由解缙、姚广孝、郑赐主编，全书共22 877卷，凡例和目录60卷，装成11 095册，约3亿7 000万字。今存414册，789卷嘉靖副本，33册抄本或影印本，10页残页。

缪荃孙（公元1844—1919年），字炎之，一字筱珊，亦作小山、筱山，晚号艺风，江苏江阴人，中国近代教育家、目录学家、史学家、方志学家、金石家，中国近代图书馆事业的奠基人，是现在的中国国家图书馆和南京图书馆的创始人和第一任馆长，中国近代教育事业的先驱者。著有《艺风堂藏书记》《艺风堂金石文字目》《艺风堂文集》等。今人辑有《缪荃孙全集》。

张之洞（公元1837—1909年），字孝达，一字香涛，号香岩，又号壶公、无竞居士，晚年自号抱冰，人称“张香帅”，直隶南皮县（今河北南皮）人，晚清重臣。咸丰二年（公元1852年）15岁中顺天乡试解元，同治二年（公元1863年）中进士第三名探花，授翰林院编修。历任教习、侍读、侍讲、内阁学士、山西巡抚、两广总督、湖广总督、两江总督（多次署理，从未实授）、军机大臣等职，官至体仁阁大学士。

屠寄（公元1856—1921年），字敬山，一字景山，号结一宧主人，江苏武进人。清末民初官员、学者。长于史地之学，好诗词骈文，尤专于蒙古史。著有《黑龙江驿程日记》《结一宧骈体文》等。

王秉恩（公元1845—1928年），字雪澄、雪澂、雪尘、雪岑、雪庈等，号东西南北之人，另号息尘盦主。成都人，师从张之洞，提调广雅书局。同治十二年（公元1873年）癸酉举人。历任广东布政司、广东知府、贵州按察使，宦迹遍各地。官至广东按察使。善行隶。光绪五年（公元1879年）于贵阳刻《书目答问》，改正原刻二百八十余处。

《宋史·艺文志》，由元代脱脱等所撰，记载宋代藏书情况及宋代著述情况的变志总目。但由于著录重复差误较多，故在所有史志目录中，此志最称芜杂。所以，在考据宋代经学著述及研究宋代收藏经学著作情况时使用此志，须与郑樵《通志·艺文略》、晁公武《郡斋读书志》、陈振孙《直斋书录解题》及马端临《文献通考·经籍考》互相参稽。

参 考 文 献

[1]王瑞来.点校本《宋会要辑稿》述评[J].史林，2015（04）：214–218+222.

[2]韩长耕.《宋会要辑稿》述论[J].中国史研究，1996（04）：136–146.

二十四 清吴荣光撰《吾学录初编》

道光十二年刊本

清吴荣光撰《吾学录初编》道光十二年（公元1832年）刊本，现藏于日本国立公文书馆，浙江嘉兴市图书馆亦有同版收藏。《吾学录初编》成书于道光十二年，主要刊刻版本有：清道光十二年（公元1832年）刊本（即本案）、道光十二年南海筠清刻本、道光十五年（公元1835年）陟慕居刻本、道光十五年（公元1835年）福州刊本（现藏于德国巴伐利亚州立图书馆）、道光二十九年（公元1849）年刻本、同治七年（公元1868年）金陵书局活字本、同治九年（公元1870年）江苏书局刻本、同治十一年（公元1872年）江苏书局刻本、光绪十年（公元1884年）刊本、光绪二十年（公元1894年）宝善书局石印本、民国时期上海中华书局《四库备要》本、1989年中华书局铅印本。（图3-18）

《吾学录初编》取材于《大清会典》《大清通礼》《学政全书》等官书，专记清代典礼制度。全书共二十四卷，分典制、政术、风教、学校、贡举、戎政、仕进、制度、祀礼、宾礼、婚礼、祭礼、丧礼、律例十四门。每门中各有总目，分有子目，总目下注明子目，仍以子目冠各条之首，其无子目者，则以另行为别。

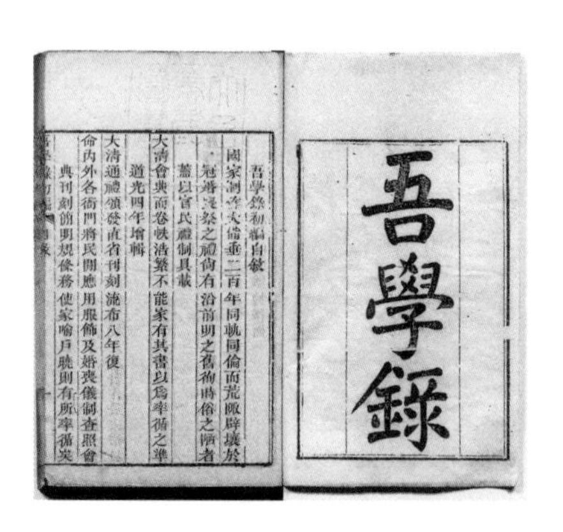
吾學錄

吾學錄初編自敘
國家涵育人倫垂二百年同軌同倫而荒陬僻壤於
冠婚喪祭之禮尚有沿前明之舊徇時俗之陋者
蓋以官民禮制具載
大清會典而卷帙浩繁不能家有其書以爲率循之準
道光四年增輯
大清通禮頒發直省刊刻流布八年復
命內外各衙門將民間應用服飾及婚喪儀制查照會
典刊刻簡明規條務使家喻戶曉則有所率循矣

图3-18 自叙·清吴荣光撰《吾学录初编》道光十二年刊本 日本国立公文书馆藏

该书卷八为制度门冠服部分，记载了冠制、服制、民公侯伯子男冠服、品官冠服、士民冠服、民公侯伯子男夫人冠服、命妇冠服、赏翎、品官生监常用顶戴、冠服禁例。例如书中对冠制的记载：

"冠制（会典）：冬冠，青緞表，布里，檐上仰。朝冠，上缀朱绒，长出檐，梁二，在顶左右。吉服冠、常服冠，上缀朱纬，长及于檐，梁一，亘顶上，两旁垂带，交颔下。女冬朝冠，后有护领，垂条二；吉服冠檐无垂带，余制皆同。夏冠，织玉草或藤丝竹丝为质，表以罗，檐敞，内加以圈。朝冠，缘石青片金二层，里用红片金或红纱，上缀朱绒。吉服冠、常服冠石青片金缘，红纱里，上缀朱纬。行冠，上缀朱尾，梁带均如冬冠，带属于圈。女夏朝冠如冬朝冠，每岁春季换用凉朝帽，秋季换用暖朝帽。"

对服制部分的记载：

"服制（会典）：服有袍有褂，朝服蟒袍外皆加补襟，常服褂无补，女褂长与袍齐，女朝服朝褂，领后皆垂条。每岁春季，换用夹朝衣；秋季，换用缘皮朝衣。行袍，长减常服袍十之一，右裾短一尺；行褂长与坐齐，袖长及肘；行裳，左右各一幅，前直，后上敛中丰下削，并属横幅。行褂，石青色，行袍行裳色随所用，行裳冬以皮为表，行带佩帉，素布眂常服带帉。微阔而短，版饰惟宜。雨衣各二制，一如常服袍而袖端平，一如常服袍而加领。长与坐齐，皆前施掩裆，雨冠毡及羽纱油绸惟时，蓝布带。"

又如对命妇冠服的记载：

"命妇冠服（通礼）一品命妇朝冠，顶镂花金座，中饰东珠一，上衔红宝石，余皆如民公夫人，二品命妇朝冠，顶镂花金座中饰红宝石一，上衔镂花红珊瑚。吉服冠，顶镂花珊瑚，余皆如一品命妇。三品命妇朝冠，顶镂花金座中，饰红宝石一，上衔蓝宝石。吉服冠，顶用蓝宝石，余皆如二品命妇。四品命妇朝冠，顶镂花金座中饰小蓝宝石山一，上衔青金石。朝袍片金缘，绣文前后行蟒各二中。无襞积，后垂石青条，饰惟宜，朝裙片金缘，上用绿緞，下石青行蟒粧緞，皆正幅，有襞积。吉服冠，顶用青金石，蟒袍通八蟒，皆四爪，余皆如三品命妇。五品命妇朝冠，顶镂花金座中饰小蓝宝石一。上衔砗磲，吉服冠，顶用砗磲，余皆如五品命妇，七品命妇朝冠，顶镂花金座中饰小水晶一，上衔素金，吉服冠顶用素金，蟒袍通五蟒，皆四爪，余皆如六品命妇。"

就纺织文化遗产而言，《吾学录初编》是了解清代冠服制度的重要参考资料，但值得注意的是，该书虽以《大清通礼》《大清会典》等为据，但对人员分类、冠服描述无上述文献具备清晰、详细。故此在使用时，应将三者结合使用。

拓展资料

吴荣光（公元1773—1843年），字殿垣，一字伯荣，号荷屋，晚号石云山人，广东南海人（今广州人）。嘉庆四年（公元1799年）进士。曾任编修、江南道御史、刑部郎中、湖南巡抚兼两广总督等。著有《历代名人年谱》《吾学录》《石云山诗文稿》《绿伽楠馆诗稿》等。

参考文献

[1]冯尔康.清史史料学上[M].北京：故宫出版社，2013：113.
[2]夏征农.辞海中国古代史分册[M].上海：上海辞书出版社，1988：552.
[3]林碧英.南平市古籍文献联合目录[M].福州：海潮摄影艺术出版社，2006：123.
[4]何远景.内蒙古自治区线装古籍联合目录上[M].北京：北京图书馆出版社，2004：382.
[5]马兴荣，吴熊和，曹济平.中国词学大辞典[M].杭州：浙江教育出版社，1996：232.
[6]李之檀.中国服饰文化参考文献目录[M].北京：中国纺织出版社，2001：239.

二十五 清杨晨撰《三国会要》

1956年中华书局本

清杨晨撰《三国会要》1956年中华书局本，现藏于中国国家图书馆。《三国会要》初撰于光绪十二年（公元1886年），成书于光绪二十六年（公元1900年），曾让唐景崇、孙诒让等参与商榷义例及校订等。主要刊本有光绪二十六年（公元1900年）江苏书局刻本（第11章至13章残缺，附文末），现藏于日本早稻田大学图书馆，1936年《三国会要二十二卷首一卷》铅印本，1956年中华书局以江苏书局为底本对其进行点校勘误，并使用新式标点（即本案）。此外，另有清钱仪吉撰《三国会要》1991年上海古籍出版社印刷本，该社以残缺的钱本为基础，参照杨晨《三国会要》，重新整理，辑入《历代会要丛书》。

杨晨撰《三国会要》系仿徐天麟《西汉会要》体例，吸收钱仪吉撰《三国会要》之内容，重加补充、编撰而成，全书共二十二卷，分类记载魏、蜀、吴三国史实制度，分帝系、历法、天文、五行、方域、职官、礼、乐、学校、选举、兵、刑、食货、庶政、四夷十五门，九十六子目，并将琐闻轶事以杂录形式附于后。该书编撰主要依据《三国志》以及裴松之注，并参考其余书籍一百五十余种，例如《魏书》《后汉书》《续汉书》《资治通鉴》《通典》《元和郡县志》等，全书类目详尽、取材广泛、资料集中，是研究三国时期史实的重要参考资料。

清钱仪吉《三国会要》撰写于乾嘉学派鼎盛时期，全书共四十卷，分类记载魏、蜀、吴三国史实制度，分帝系、历法、天文、五行、方域、职官、礼、乐、学校、选举、兵、刑、食货、庶、政和四夷，共十五门，稿本除很少一部分刊印外，大部分系手稿（或抄写本），甚至是草稿。因此稿非完本，故仅有稿本传世，现存钱氏稿本，现存钱氏稿本，除选举、职官残缺严重，兵、刑有目无文之外，其余内容相对完整。该书相较前人《会要》编撰的基础上，体例有所创新，门类有所扩充，如“帝系、舆地诸门，或为之图，或为之表”“推步术算以及史文奥赜者，通其所可知”“为之注释”。在材料的采集上，除正史材料外，还大量搜集古籍中有关三国的史料，查阅了《北堂书钞》《艺文类聚》《初学记》《太平御览》《玉海》《华阳国志》《大唐六典》《唐律疏议》《元和郡县志》等书，引用了地方志材料，在天文、历象、舆地等方面远较杨晨《三国会要》详备精审。

杨晨撰《三国会要》卷十三礼下为该书舆服部分，由车舆和舆服两部分组成。车舆部分记录了天子、诸侯车舆等，舆服部分著有天子冠冕之服、诸王朝服、皇后谒庙之服等。例如对天子祭祀服饰的记载，“祀天地明堂，皆冠旒冕，衣裳皆玄上纁下。五冕之制，一服而已，天子日备十二章，三公诸侯用山龙九章，九卿以下用华虫七章，皆具五采。魏明帝以公卿衮衣黼黻之饰，疑于至尊，多所减损，始制天子服刺绣文，公卿用织成文。”

对诸王朝服的记载：“诸王朝服皆远游冠，五时服佩山玄玉，不以国大小为差。”

又如对皇后亲蚕服饰的记载：“魏皇后蚕，服以文绣。按后汉及晋，皇后谒庙服，绀上皁下，蚕，青上缥下，皆深衣制，隐领袖，缘以条。”

就纺织文化遗产研究而言，《三国会要》是研究三国时期服饰的重要参考资料，1991年上海古籍出版社出版的《三国会要》兼有钱著之精细和杨著之完备为目前最好的版本，出版说明载“全书以钱著目录为纲，钱著内容为主，杨著为辅。杨著内容已为钱著包括者则删去（这种情况不多）；杨著可以补充钱著者，予以辑录以相互参照；钱著有目无文、可以杨著补之者，录杨文；钱著有目无文、也无杨文可补者，存其目，以保持钱著原貌。所补杨文下，一律标明‘杨’字，以资区别。此外，缪荃孙有《三国会要补》稿本少量，也按钱著目录补入，所补缪文下，并加‘缪补’二字，以明来源。”

但需注意的是，《三国会要》所参考的《后汉书》等与该书舆服记载部分有较大不同，例如《后汉书》记载，“天子、三公、九卿……祀天地明堂，皆冠旒冕，衣裳玄上纁下，乘舆备文，日月星辰十二章，三公、诸侯用山龙（以下）九章，九卿以下用华虫（以下）七章，皆备五采……”，而《三国会要》载，“祀天地明堂，皆冠旒冕，衣裳皆玄上纁下。五冕之制，一服而已，天子日备十二章，三公诸侯用山龙九章，九卿以下用华虫七章，皆具五采。”故应将杨氏刊本、钱氏刊本以及参考古籍结合利用。

拓展资料

杨晨（公元1854—1922年），字蓉初，晚字定孚，路桥人。同治四年（公元1865年）举人，考选内阁中书，光绪三年（公元1877年）成进士，授翰林院庶吉士、国史协修。十年升任御史，后历任顺天乡试同考官、山东道与河南道监察御史、刑科掌印给事中等，著有《三国会要》《路桥志略》《台州丛书后集》《台州丛书已集》等。

钱仪吉（公元1783—1850年），字蔼人，号蔼石，嘉兴人。嘉庆戊辰年（公元1808年）进士，选庶吉士，改户部主事。历官云南山东主事、贵州司员外郎、云南司郎中，又任总办八旗现审处会典馆总纂，累迁至刑部给事中、工科掌印给事中等职。著有《三国会要》《皇舆图说》《国朝献征录》《先正事略》《经典证文》《说文雅厌》等。

《三国志》纪传体史书，西晋陈寿撰。六十五卷。记魏文帝黄初元年（公元220年）至晋武帝太康六年（公元280年）间魏、蜀、吴三国史事，计《魏志》三十卷，《蜀志》十五卷，《吴志》二十卷。无表志。

乾嘉学派，清代著名经学流派。研究范围以经学为中心而衍及文字音韵、名物训诂、历史地理、天文历算、金石乐律、校勘辑佚等各方面。研究方法重视实证，长于考据。每考一字，列举直证、旁证，往往累数千言，号称“实事求是”“无征不信”，然难免有繁琐之弊。这种学术研究宗旨和研究方法至乾隆、嘉庆时期达到全盛阶段，故统称乾嘉学派。又因推崇东汉许慎、郑玄之学，以汉儒经注为宗，故也有称之为“汉学派”或“清代古文经学派”者。该学派由清初顾炎武开其端，继由胡渭、阎若璩奠定基础，至惠栋、戴震时正式形成。在惠、戴的各自师承影响下，又派生了“吴派”和“皖派”。除惠、戴外，乾嘉学派中具有成就和影响的学者不下60

余人，主要有江永、王鸣盛、钱大昕、段玉裁、王念孙、王引之、毕沅、卢文弨、阮元、焦循、纪昀、王昶、凌廷堪、崔述、严可均、顾广圻等。他们分别在经、史、子、集与文字、音韵、训诂、辑佚、校勘等方面做出成绩，留下有影响的著述，为古籍的整理和研究积累了可资借鉴的资料。

参考文献

[1]刘修明.钱仪吉稿本和新版《三国会要》[J].史林，1990（02）：7-8+65.
[2]郑天挺，谭其骧.中国历史大辞典[M].上海：上海辞书出版社，2010：79.
[3]刘雨婷.中国历代建筑典章制度上[M].上海：同济大学出版社，2010：160.
[4]周谷城，姜义华.中国学术名著提要历史卷[M].上海：复旦大学出版社，1994：627.
[5]钱仪吉.三国会要[M].上海：上海古籍出版社，2006.

二十六 清龙文彬撰《明会要》

光绪十三年永怀堂刻本

清龙文彬撰《明会要》光绪十三年永怀堂刻本，现藏于中国国家图书馆。《明会要》成书于光绪十三年（公元1887年），另有光绪广雅书局刻本，1956年中华书局点校本等。（图3-19）

图3-19 卷首·清龙文彬撰《明会要》光绪十三年永怀堂刻本
中国国家图书馆藏

> “天下之治，统于一尊，故首之以‘帝系’。治莫大于兴礼乐，故次‘礼’，次‘乐’。礼乐兴而后名分正，故次‘舆服’。辨名分由于崇教化，故次‘学校’。教法天时，故次‘运历’。天工人代，故次‘职官’。任官必审贤，故次‘选举’。贤以康民，民以阜食，故次‘民政’，次‘食货’。民之梗顽，则有创惩，故次‘兵’、次‘刑’。政之善败，厥有征应，故次‘祥异’。政令之敷，讫乎遐迩，故次‘方域’，而以‘外蕃’终焉。”
>
> ——《明会要·例略》

《明会要》全书共八十卷，系仿照《两汉会要》《唐会要》体例编纂而成，作者把“天下之治，统于一尊”，作为编纂的指导思想，将该书依次分帝系、礼、乐、舆服、学校、运历、职官、选举、民政、食货、兵、刑、祥异、方域、外蕃十五门，子目记四百八十九事，从而形成了以“帝系”为轴心，各典章制度为之辐辏，维护君主专制统治的思想体系格局。

此外，书中征引《明史》《通典》《通纪》《明会典》《明实录》《明事奏议》《日知录》等明代史籍及有关著作二百余种，叙明典章制度（职官沿革），兼附及言故事，可补《明史》之不足。如《明史·舆服志》规定皇后礼服为九龙四凤冠，每当朝会、册封等重大庆典时戴用。《明会要》载：“九龙四凤冠，漆竹丝为圆框，冒以翡翠，上饰翠龙九、金凤四，正中一龙衔大珠一，上饰翠盖，下垂珠结，余皆口衔珠滴，珠翠云四十片，大珠花十二树，小珠花如大珠花之数。”

该书卷二十三至卷二十四为舆服门，记载了卤簿、百官仪从、天子车辂、百官乘车、天子冠服（皇后附）、诸王冠服、百官冠服、士庶冠服、宝玺、印信、赐印、符节、牙牌。例如，对天子冠服的记载：

> “天子衮冕服：冕前后各十二旒，旒五采。衮，玄衣黄裳，十二章：日、月、星辰、山、龙、华虫六章织于衣；宗彝、藻、火、粉米、黼、黻六章织于裳。凡祭天、地、宗庙、社稷、先农及正旦、冬至、圣节、册拜，皆服之。天子通天冠服：郊庙省牲。皇太子、诸王冠、婚、醮戒，则服通天冠、绛纱袍。天子皮弁服：用乌纱冒之。凡朔望视朝、降诏、降香、进表、四夷朝贡、外国朝觐、策士传胪，皆服之。嘉靖以后，祭太岁、山川诸神，亦服之。天子常服：乌纱折角向上巾，盘领窄袖袍，束带间用金、琥珀、透犀。永乐三年更定：冠以乌纱冒之，

折角向上，其后名翼善冠。袍黄，盘领窄袖，前后及两肩各织金盘龙。带用玉。靴以皮为之。已上王圻《通考》。”

如对诸王冠服的记载：

“诸王助祭、谒庙、正旦、冬至等朝贺，服衮冕。冕、五采、九旒，衣五章，裳四章。朔望朝、降诏、降香、进表、四夷朝贡、朝觐服皮弁服。王圻《通考》。”

对百官冠服的记载：

“凡朝服：赤罗衣，白纱中单，俱用青饰领缘；赤罗裳，青缘；赤罗蔽膝，革带，大带，佩绶，白袜，黑履。凡大祀、庆成、正旦、冬至、圣节，及颁降、开读诏、赦、进表、传制，则服之；俱用梁冠。一品至九品，俱以冠上梁数为差：公冠八梁，侯、伯七梁，驸马冠与侯同，一品七梁，二品六梁，三品五梁，四品四梁，六品二梁，八品、九品一梁。凡公服：用盘领右衽袍，或苎丝、纱、罗、绢，从宜制造。袖宽三尺。一品至四品，绯袍；五品至七品，青袍；八品、九品，绿袍。未入流杂职官，袍、笏、带与八品以下同。在京官，每日早晚朝奏事及侍班、谢恩，则服之。在外文武官，每日公座服之。后常朝止便服，惟朔望具公服朝参。其武官应直守卫者，不拘此服。其公服花样：一品，大独科花，径五寸；二品，小独科花，径三寸；三品，散搭花，无枝叶，径二寸；四品、五品，小杂花纹，径一寸五分；六品、七品，小杂花纹，径一寸；八品以下，无纹。公、侯、驸马、伯公服，服色花样与一品同。文武官公服花样，如无从织造，则用素。凡陪祭服：一品至九品，青罗衣，白纱中单，俱用皂领缘；赤罗裳、皂缘；赤罗蔽膝；方心曲领。其冠、带、佩、绶等第，并同朝服。其家用祭服：三品以上，去方心曲领；四品以下，并去佩绶。已上《会典》，王圻《通考》。”

又如记载士庶冠服：

“又令：庶民男女衣服，不得僭用金绣、锦绮、苎丝、绫罗，止许绸、绢、素、纱。其靴不得裁制花样，金绵妆饰。首饰、钗、镯不许用金、玉、珠、翠，止用银。六年，令：庶民巾环不得用金、玉、玛瑙、珊瑚、琥珀，未入流品者同。庶民帽不得用顶帽珠，止许水晶、香木。十四年，令：农衣绸、纱、绢、布，商贾止衣绢、布。农家有一人为商贾者，亦不得衣绸、纱。已上《会典》。”

《明会要》选材精审，以“天下之治、统于一尊”的政治视角，对明代典章制度进行了总体设计与层次划分，分目列举史实，附有按语，包括论断与考异。正如作者在《略例》中所说，要“文约事详”，选材不在多，而“必择其简而明、确而当者录之，间有讹误，略为辨正，附之按语。辞繁不能备载者，概从删节”。此外，该书注意突出条目选材之间的内在联系，并从子目中显示出明代制度的特点。其分门别类无废条，所选资料次要者列入杂编。需要注意的是，书中部分内容存在年代、名号、出处、抄辑错误等，且多不注卷书，部分书名也未标注，故在使用时应对其内容详加考证。

拓展资料

龙文彬（公元1821—1893年），字筠圃，江西永新人。同治四年（公元1865年）进士，六年改吏部主事。光绪元年充校《穆宗实录》，加四品衔，戴花翎。六年（公元1880年）乞假归。先后主讲于省郡友教，经训、鹭洲、章山、秀水、联珠、莲洲各书院，光绪十九年（公元1893年）卒，年七十三。生平见《清史列传》卷六十七。龙文彬治学通经史。在治经方面，综贯汉宋之学，以诚敬为宗旨，言朱（熹）陆（九渊）罗（钦顺）王（守仁）之故，皆有条理。著有《周易绎说》四卷。在治史方面，除所辑《明会要》外，并以攻明代史自命，著有《明论》五篇及《刘基论》《张居正论》《叶向高论》《赵南星论》《庄烈帝论》等文，具见所刊《永怀堂文钞》中。又有《明纪事乐府》四卷，单行。

会要，汇集一代政治、经济等典章要事的史书。虽有人目为类纂，但实有惠于后学，今可分为两类。一为保存一二手资料档案，一为只供工具索引之用。前者如今存《宋会要辑稿》，后者如徐天麟《西汉会要》《东汉会要》、以至龙文彬《明会要》等，而王溥之《唐会要》《五代会要》，则二者之功能兼而有之，而以保存资料为主，其价值几与《宋会要辑稿》同。

《明会典》，明弘治时官修，嘉靖时续修，万历时重修。重修本凡二百二十八卷，题申时行等撰。万历十五年（1587年）成书。体例以六部为纲，分述各行政机构的职掌、事例，冠服仪礼等并附有插图，内容较《明史》各志为详，为研究明代典章制度的重要资料。

参考文献

[1]夏征农.辞海中国古代史分册[M].上海：上海辞书出版社，1988：551.
[2]中外名人研究中心，中国文化资源中心.中国名著大辞典[M].黄山：黄山书社，1994：486.
[3]柴德赓.史籍举要[M].北京：北京出版社，2011：229.
[4]刘雨婷.中国历代建筑典章制度下[M].上海：同济大学出版社，2010：219.
[5]中国历史文献研究会.历史文献研究北京新一辑[M].北京：燕山出版社，1990：43-46.
[6]卓越.论龙文彬《明会要》的编纂成就[J].史学史研究，2015（03）：26-31+119.

二十七 清姚彦渠撰《春秋会要》

1955年中华书局本

清姚彦渠撰《春秋会要》1955年中华书局本，成书时间不详。有清代归安姚氏校刊本，1955年中华书局校点本（即本案），该本校点时曾取原书所本“三传”（《左传》《公羊传》和《谷梁传》）原文及有关书籍校勘，并加新式标点，是目前较好的通本。

《春秋会要》原名《春秋三传汇要》，内容取材于《春秋》《左传》《公羊传》和《谷梁传》等，并仿宋张大亨撰《春秋五礼例宗》、元吴澄编《春秋纂言》及明石光霁撰《春秋钩玄》等书编撰而成，体例与历代《会要》有别，记述春秋时期诸多国家的典章制度及沿革情况。

该书共四卷，分世系、后夫人妃、吉礼、凶礼、军礼、宾礼、嘉礼共七门，每门之下又分若干子目，书前附俞序及杨序各一，后附校点说明一份。首以《世系》按列国分记、注明国君执政起止，附后、夫人、妃，其门下又细分周、鲁、晋、齐、秦、楚、宋、卫、郑、陈、蔡、曹、许、杞、滕、薛、莒、邾、小邾、吴、越一诸小国，四裔共二十子目，“后夫人妃”门下细分周、鲁、秦、楚、宋、卫、郑、陈、邾共九子目。

其次，以吉、凶、军、宾、嘉五礼为纲，编纂成《吉礼》《凶礼》《军礼》《宾礼》《嘉礼》共三卷，为卷二至卷四。其中，《吉礼》细分为：郊、大雩、禘、烝尝、日月、星辰风云、社稷五祀、四望山川、先农、宫庙、昭穆、仪品、脤膰、告朔、即位、公至。《凶礼》细分为：天王崩葬、鲁公薨葬、未成君卒、夫人薨葬、外诸侯卒葬、大夫卒葬、内女卒葬、赗禭、会葬、吊丧哭临、讳谥诔歌，主祐。《军礼》细分为：校阅、搜狩、出师、乞师、致师、献捷、献俘。《宾礼》细分为：朝聘天王、王聘诸侯、锡命、周使来求、列国来朝、来不书朝、公朝大国、内大夫出聘、外大夫来聘、会盟遇、宾礼总。《嘉礼》细分为：昏、冠、饷燕、立储。共记有六门九十八事，此书对查阅春秋时期的事件，颇为方便。

其中提到了玄端与皮弁服的，并解释了第一个冠礼需要加缁布冠，用布以示意尊古。《春秋会要·嘉礼·冠》卷四《嘉礼》"冠"记叙主要以懿子问礼与孔子的形式展开，与服制典章相关，提到了玄端与皮弁服的，并解释了第一个冠礼需要加缁布冠，用布以示意尊古。

懿子曰："天子未冠即位，长亦冠乎？"孔子曰："古者王世子虽幼，其即位，则尊为人君。人君治成人之事者，何冠之有？"懿子曰："然则诸侯之冠异天子与？"孔子曰："君薨而世子主丧，是亦冠也已。人君无所殊也。"懿子曰："今邾君之冠，非礼也？"孔子曰："诸侯之有冠礼，夏之末造也，有自来矣。今无讥焉。天子冠者，武王崩，成王年十有三而嗣立。周公居冢宰摄政以治天下。明年，夏，六月，既葬，冠成王而朝于祖，以见诸侯，示有君也。周公命祝雍作颂曰，'祝王辞达而勿多也。'祝雍辞曰：'使王近于民，远于年，啬于时，惠于财，亲贤而任能。'其颂曰：'令月吉日，王始加玄服，去王幼志，服衮职。钦若昊天，六合是式，率尔祖考，永永无极！'此周公之制也。"懿子曰："诸侯之冠，其所以为宾主何也？"孔子曰："公冠则以卿为宾，公自为主，迎宾，揖升自阼，立于席北。其醴也，则如士，飨之以三献之礼。既醴，降自阼阶。诸侯非公而自为主者，其所以异，皆降自西阶。玄端与皮弁异朝服素毕。公冠四，加玄冕祭。其酬币于宾，则束帛乘马。王太子庶子之冠拟焉。天子自为主，其礼与士无变，飨食宾也皆同。"懿子曰："始冠必加缁布之冠，何也？"孔子曰："示不亡古。太古冠布，斋则缁之。其緌也，吾未之闻。今则冠而币之，可也。"

另有与士冠礼相关的记载，如：

盛氏世佐曰："天子诸侯之冠礼，必有成书，以著其详。中更去籍、减学之变，故仪礼所存独有士冠礼。要其大节目之所在，未尝不以士礼为准；而其中四加三献之类，则亦尊卑隆杀之所由辨也。见为同者不尽同，见为异者不尽异，自天子以至诸侯之世子，其冠礼大略可观矣。惟春秋以前，大夫无冠礼。大夫之冠，仅一见于国语。而其礼不得闻记，殆以其衰世之制而略之舆。”

值得注意的是，《春秋会要》是探索历代会要之基础，为春秋史研究之重要参考书籍，但其有所长亦有所失。如，本书特色在于“世系与后夫人妃”部分，此部分在编撰结构上条例整齐，理路清晰，秩然不紊，可补《春秋左传》编年体前与后不相贯穿，《史记》纪传体纪传与编年不相系之弊，对于掌握历史事件全貌及主要政治人物颇有助益。惟《春秋会要》系采集相关古籍汇辑而成，并非第一手史料，且其中仍有列国排序未必妥当，用字与编写体例偶前后不一等缺失，故应多对比参考使用。

拓展资料

姚彦渠（生卒年不详），字溉若，号巽园。归安（今浙江吴兴）人。著有《春秋会要》四卷、《禹贡正诠》四卷等书。

《春秋》又称《春秋经》《麟经》或《麟史》等，是中国春秋时期的编年体史书。后来出现了很多对《春秋》所记载的历史进行补充、解释、阐发的作品，被称为“传”。代表作品是称为“春秋三传”的《左传》《公羊传》《谷梁传》。《春秋》用于记事的语言极为简练，然而几乎每个句子都暗含褒贬之意，被后人称为“春秋笔法”“微言大义”。它是中国古代儒家典籍“六经”之一，是中国第一部编年体史书，也是周朝时期鲁国的国史，现存版本据传是由孔子修订而成。

《左传》旧传为春秋时期左丘明著，近人认为是战国时人所编，是中国古代第一部叙事完备的编年体史书，更是先秦散文著作的代表。作品原名为《左氏春秋》，汉代改称《春秋左氏传》《春秋内传》《左氏》，汉朝以后多称《左传》。它是儒家重要经典之一，是历代儒客学子重要研习史书，与《公羊传》《谷梁传》合称“春秋三传”。《左传》实质上是一部独立撰写的记史文学作品，它起自鲁隐公元年（公元前722年），迄于鲁哀公二十七年（公元前468年），以《春秋》为本，通过记述春秋时期的具体史实来说明《春秋》的纲目。

《公羊传》又名《春秋公羊传》，儒家经典之一。上起鲁隐公元年（公元前722年），终于鲁哀公十四年（公元前481年），与《春秋》起讫时间相同。其作者为卜商的弟子，战国时齐国人公羊高。起初只是口说流传，西汉景帝时，传至玄孙公羊寿，由公羊寿与胡毋生一起将《春秋公羊传》著于竹帛。《公羊传》有东汉何休撰《春秋公羊解诂》、唐朝徐彦作《公羊传疏》、清朝陈立撰《公羊义疏》。

《谷梁传》也被称作《穀梁传》《谷梁春秋》《春秋谷梁传》《春秋穀梁传》，是战国时期谷梁赤所撰的儒家著作。起于鲁隐公元年（公元前722年），终于鲁哀公十四年（公元前481年）。《谷梁传》强调必须尊重君王的权威，但不限制王权；君臣各有职分，各有行为准则；主张必须严格对待贵贱尊卑之别，同时希望君王要注意自己的行为。但其对政治更迭、社会变动较为排斥。有晋范宁《春秋穀梁传集解》、唐杨士勋《春秋穀梁传疏》、清钟文烝《穀梁补注》。

张大亨（生卒年不详），字嘉父，吴兴（今浙江湖州）人。元祐八年（公元1085年）进士。建中靖国元年（公元1101年），为太学博士（《宋会要辑稿》选举四之一）。政和七年，为司勋员外郎（《玉照新志》卷一）。官至直秘阁。尝从苏轼学《春秋》，苏轼与之多有书信往还。撰有《春秋通训》十六卷，今存六卷；《春秋五礼例宗》十卷，今存七卷。事见《春渚纪闻》卷一。

吴澄（公元1249—1333年），字幼清，晚字伯清，人称“草庐先生”，临川郡崇仁县（今江西省乐安县鳌溪镇咸口村）人。元朝大儒，杰出的理学家、经学家、教育家。元武宗至大元年（公元1308年），出任国子监丞。至治元年（公元1321年），任翰林学士。泰定元年（公元1324年），作为经筵讲官，敕修《英宗实录》，参与核定《老子》《庄子》《大玄经》《乐律》《八阵图》等，对《易》《春秋》《礼记》及郭璞《葬书》。元统元年（公元1333年）病逝，享年八十五岁，获封临川郡公，谥号“文正”。吴澄与许衡齐名，并称“北许南吴”，以其毕生精力为元朝儒学的传播和发展做出了重要贡献，著有《吴文正公全集》传世。

石光霁（生卒年不详），约明太祖洪武初前后在世。受学于张以宁。洪武十三年，以明经举，授国子学正，进博士。光霁工文，尝作《春秋钩元》，能传以宁之学。

参考文献

夏征农.辞海中国古代史分册[M].上海：上海辞书出版社，1988：548.

二十八 清王侃撰《皇朝冠服志》

同治四年光裕堂刻《巴山七种》丛书本

清王侃撰《皇朝冠服志》同治四年光裕堂刊《巴山七种》丛书本，现藏于哈佛大学哈佛燕京图书馆，中国国家图书馆等亦有同版收藏，亦是该书唯一的刊本。

《巴山七种》包括《皇朝冠服志》二卷、《治平要术》一卷、《放言》二卷、

《衡言》四卷、《江州笔谈》二卷、《白岩文存》六卷、《白岩诗存》五卷，总计二十二卷。书前有作者白描画像，以及清咸丰三年（公元1853年）赵葆燧和同治乙丑年（公元1865年）盛逵所作序言，略述作者生平。《皇朝冠服志》作为该丛书重要组成之一，从服饰制度出发，以上、下两卷分述顶、翎、朝珠、暖帽、凉帽、领、褂、袍、衫袄、便帽、便服、带、佩、袜套裤、鞋靴、坐褥、妇女服、丧服，共十八门内容。

例如，有关暖帽的记载：

“暖帽，盔子形如半瓜，连帽檐剪石青缎，四大瓣合缝，以面糊厚纸为衬，红蓝布作里：亦有盔子不必圆顶，不用纸衬，缝里面著棉：上折六角收作平顶于老人最宜。皆自下口将帽檐反上斜出寸余，外边贴硬纸糊，环转相接，上张下敛，有沟环围，盔子以帽沿之，上边翻向沟中与缎面连缀，下边纳入盔子下口与布里连缀。帽沿随时，或毡片，或绒，均用黑色皮，则骚鼠、骨种羊随便……帽月子剪纸月圆厚分许，面径七分，底径四分，周围下削以为盘缨之地，外蒙红绉绸，或皮染红色，上骑红线绦单梁，朝帽月子加大用双梁，缨以红散绒为之，长铺帽檐，沿边积厚寸余，用红纸糊托起不使之下注沟中。”

对袍的记载：

“袍著于大褂之内。自前分揽，向后捻褶，贴近两旁之缝以带束之，下摆长出褂外七八寸，前后袒露内衬衫袄，袍长三尺八寸者下摆宽一尺六七寸，袖长二尺六寸，与马蹄袖相接处其宽五寸，以之射箭则并不及四寸，正身前后四幅之外裁一幅，联合前身左幅掩右幅之上，名为大襟，掩于下者为底襟，大襟自左幅领口纽下平剪向右二寸七八分，然后杀下圆共角斜弯以避右肘，属于右揹以纽扣之，谓之胄牌子。满襟袍五纽五扣，除领口纽扣分居左右幅，胸牌圆角处纽在大襟扣在底襟外，其右揹下一纽下空八寸，连安两钮，相去三寸，纽皆安于大襟，扣皆安于后身，右幅二纽之下，大襟与底襟掩合处复有小纽扣，不露于外，谓之风扣，前后开楔视袍身长短之半，骑马行装缺襟袍当开楔之半截断，大襟平摆三纽，其扣安于底襟，即以底襟下半与左幅相配，并于前后开楔处各加纽扣以防开裂，后身揹扣两扣对安开楔近下摆二寸处，马蹄袖用方尺正幅对角剖为二料，各以两类相合平中摺脊剪去两尖，复自上尖圆转斜湾就势剪作袖口再剪合缝处，使摺脊扬起与正袖之脊相接，前扬三寸五分，则后出二寸五分，内面袖盖或浅蓝或白色，当摺脊处各就本色本料织小团花如三壁相连近合缝处点缀散花一二朵，袍料有团花者皆织马蹄团花如式。”

又如，对鞋靴的记载：

“今之鞋，古之履也，履名及式随时而变，惟满洲单梁鞋，至今不变。其帮子左右两片联合鞋梁处则瓮深，笼趾及跗合缝直长二寸余，自鞋口渐低，向前出底三分，转角直下，与底尖相合，后跟帮子和缝高寸五分，与前合缝均用元青线密锁，使前缝高起为梁，或用黑色鹿皮条蒙之，更可耐久。”

值得注意的是，《皇朝冠服志》与其他官修典章不同之处在于，特别详述了各类服饰的结构和尺寸信息，例如前文提到“袍著……下摆长出褂外七八寸，前后袒露内衬衫袄，袍长三尺八寸者下摆宽一尺六七寸……”。正如该书文末江含春跋“体裁简当，考据详明，状物细腻，熨贴尤见匠心。”当今研究者在使用时若能结合书中关键记录与实物比照研究，即可形成一套相对完整的清代服装技术考案。

拓展资料

王侃（公元1795—1862年），字迟士，号栖清山人，四川温江人。乡试中副榜，授州判，弃官周游，遂隐居白岩。其一生经历了清乾、嘉、道、咸四朝，家道中衰亦如清王朝之国势，故王侃辞官后，埋头著述，是晚清四川学者中著述较多的学者。除《巴山七种》外，还著有《治官记异》六卷、《字通》不分卷，未付梓者有《粤贼事略》《私议》《绪余》《拾得诗余》《骈体韵选》《老庄管韩精语》《读书随录》《妙喻集成》《文章美备》《历朝史论》《峨眉山志》等。

《大清会典》是康熙、雍正、乾隆、嘉庆、光绪五个朝代所修会典的总称，又称《大清五朝会典》《钦定大清会典》等。其内容包括会典、则例（事例）、图说等部分，记载清朝政府各部门的职掌、百官奉行的政令，以及职官、礼仪等制度。

江含春（生卒年不详），字海平，号灵生，甘肃秦州人。撰有《金注》《楞园赋说》《楞园诗草》《试金石·二十四咏》《训诂珠尘》等传世后收入《楞园仙书》。

参考文献

[1]李之檀.中国服饰文化参考文献目录[M].北京：中国纺织出版社，2001：239.
[2]王业宏.清代前期龙袍研究（1616—1766）[D].上海：东华大学，2010.

二十九 孙楷纂徐复订补《秦会要订补》

1959年中华书局标点本

孙楷纂徐复订补《秦会要订补》1959年中华书局标点本。《秦会要》成书于清光绪三十年（公元1904年），次年刊印，有湘潭孙氏刊本。后徐复以孙本讹误既多，乃两次订补。第一次，1942年徐复初得孙书传抄本，逐条订正，凡增叙五万余言，书末附论文八篇，1955年群联出版社出版《秦会要补订》初编。第二次，1957年徐复得见孙书原刊之本，乃重加补叙，增辟吊丧、出征、致师、辒凉车、大雨、狼入市、牛耕七目，增订二万五千余言，附录论文增至十一篇，是为《秦会要补订》重订本，1959年中华书局标点出版（即本案）。2000年，杨善群又对此书加以补充、订正，复原书名为《秦会要》。

《秦会要订补》共二十六卷，附录一卷，取材广泛，从先秦诸子、《战国策》《史记》《汉书》《太平御览》诸书中摘取有关秦典章制度之资料，仿照汉、唐、五代《会要》体例，分世系、礼、乐、舆服、学校、历数、职官、选举、民政、食货、兵、刑法、方域、四裔等十四门，门下再分为三百零一目，以史事系其下，并注明引用档案文献名目。卷前在《秦会要》原序基础上增加了《秦会要订补》自序，卷后有附录及再版修订本题记，并附王国维《秦都邑考》、杨守敬《秦郡县图序》、徐复《秦用牛耕说》等11篇论述秦朝政治、经济的文章。

该书卷一至卷三为“世系”，卷四至卷八为“礼”，卷九为“乐”“舆服”，卷十至卷十一为“学校”，卷十二至卷十三为“历数”，卷十四至卷十五为“职官”“选举”，卷十六为“民政”，卷十七为“食货”，卷十八至卷十九为“兵”，卷二十至卷二十二为“刑法”，卷二十三至卷二十五为“方域”，卷二十六为“四裔”。其中，卷九“舆服”对乘舆记载主要包括：属车，辟恶车，辒辌车，参乘，警跸，旄头，相风，罼网，前驱和厩马；服制记载主要有：天子冠服，皇后妃嫔宫人冠服和百官冠服。例如，对乘舆记载为：

> “始皇二十六年，推终始五德之韵，以为方水德之始。旌旗皆上黑，数以六为纪，舆六尺，乘六马。金根车，秦制也。秦并天下，阅三代之舆服，谓殷得瑞山车，一曰‘金根’，故因作为金根之车。秦乃增饰而乘御。”

又如，在“天子冠服”中对服制的记载为：

> “御府令丞，掌供御服。公子高上书曰：‘御府之衣，臣得赐之’。秦置六尚，有尚冠，尚衣。秦六冕之制，唯为玄衣绛裳，一具而已。通天冠，天子常服。汉服受之秦，礼无文。昭王服太阿之剑，阿缟之衣。始皇九年四月己酉，王冠，带剑。始皇二十六年，衣服上黑，法官皆六寸。始皇以布开胯，名曰：‘衫’，用布者，尊女工之尚不忘本也。”

对皇后妃嫔宫人冠服记载：“钗子，古笄之遗制也。至秦穆公，以象牙为之。始皇又以金银作凤头，以玳瑁为脚，号曰‘凤钗’。”

对百官冠服中服饰的记载：“简公六年，令吏初带剑。司空骑吏皂绔，因秦水行。高山冠，齐冠业，一曰‘侧注’。高九寸，铁为卷梁，不展筩，无山。秦制，行人使者所冠。”

值得注意的是，《秦会要》征引古籍，往往失之考释，加以校勘较疏，故多有讹误。徐复辑补本《秦会要订补》的两种本子亦因成书较早而不及运用考古文物资料，亦是本书的时代局限性所在。本书虽是研究秦代典章制度的重要工具书，但在使用时仍需加以考证。

拓展资料

孙楷（公元1870—1907年），字汉珣，湖南湘潭人。二十三岁中乡试举人。后考取咸安宫教习。旋任知县，分发四川、委办天彭县白水官矿局。光绪三十三年（公元1907年）死于任所。享年37岁，除著有本书传世外，孙氏曾参与王先谦《释名疏证补》的撰述。

徐复（公元1912—2006年），字士复，一字汉生，号鸣谦，江苏省武进县人。著名语言学家，生于耕读世家。1929年考入教会学校金陵大学国文系，成为著名学者黄侃的门生。1935年考入母校国学研究班，并去苏州章太炎先生所办国学讲习会深造，成为国学泰斗的关门弟子。曾先后任教于南京汇文女子中学、中央政治学校、国立南京师范学院、南京师范大学边疆学校、金陵大学。担任过《辞海》分科主编，《汉语大词典》副主编，《传世藏书》主编、《广雅诂林》主编、《江苏旧方志提要》主编等职。重要著作有《秦会要订补》《徐复语言文字学丛稿》《徐复语言文学学论稿》《徐复语言文字学晚稿》。其主编的《传世藏书》收重要典籍一百二十三种，一千余本、两亿多字，为继承和发展我国传统文化作出巨大贡献，产生深远的学术影响和社会影响。

参考文献

[1]白寿彝.中国通史5（第4卷）中古时代·秦汉时期（上）[M].上海：上海人民出版社，2000：5.
[2]夏征农.辞海中国古代史分册[M].上海：上海辞书出版社，1981：548.

三十 汪兆镛撰《稿本晋会要》

1988年书目文献出版社影印本

汪兆镛撰《稿本晋会要》1988年书目文献出版社影印本，中国国家图书馆、中国社会科学院等处均有收藏。《稿本晋会要》成书于光绪三十三年（公元1907年），作者鉴于《晋书》诸志部分内容谬误百出，遂作此编。因其成书较晚，又不曾刊行，唯《微尚斋杂文》卷二录有本书《叙例》，至汪兆镛逝世后，其子汪希文将稿本散出。此外，《晋会要》另余两版存世，均为稿本，其一为清钱仪吉撰《晋会要》，不分卷，未成书，只有残稿存世，现藏于上海图书馆；其二为朱铭盘撰《晋会要》，八十卷，亦系未定稿，且仅有西晋部分，现藏于中国国家图书馆。

《稿本晋会要》以房氏《晋书》为本，取诸书增益之，取材广泛，旁征博引，如《宋书》《通典》《三国志》《大唐六典》《艺文类聚》《水经注》等。全书共五十六卷，记述了两晋的典章制度及其沿革情况，分帝系、礼、乐、兵、刑法、食货、选举、职官、封建、民事、文学、经籍、金石、术数、舆地、四裔、大事十七门，三百二十九类。汪兆镛依晋代实际情况，对于门类中有所增补，其中经籍、金石、大事三门为增设。此外，该书编撰时还吸取了清代学者例如顾炎武、朱彝尊、钱大昕、赵翼等人的研究以做参考。对于此书的编定，汪兆镛言道：“昔卫正叔纂

《礼记集说》，自谓他人著书，惟恐不出于己。吾此编惟恐不出于人，窃取斯义，凡采录各条，虽片言断句，皆注出处，非以炫博，取便检寻。”

该书卷十四礼十二记录了皇帝冠服、太皇太后冠服、妃嫔服饰、皇太子冠服、诸王冠服、公卿百官冠服、命妇服饰、士庶冠服等。例如对通天冠的描述：“通天冠，晋依汉制，前加金博山述，乘舆常服。《通典·五十七》原注，述，即鹬也。《舆服志》通天冠，本奉秦制，高九寸，正竖，顶少邪却，乃直下铁为卷梁，前有展筩，冠前加金博山述。”

对太子妃公主王妃服饰的记载：“皇太子妃佩瑜玉，长公主、公主佩山玄玉。长公主、公主见会，太平髻，七镈蔽髻，其长公主得有步摇，皆有簪珥，衣服同制。诸王太子妃、封君，佩山玄玉。”

又如诸命妇服饰的记载：“封君佩山玄玉，郡公侯县公侯太夫人，夫人佩水苍玉。公特进侯卿校、中二千石二千石夫人绀缯帼，黄金龙首衔白珠，鱼须擿长一尺为簪珥。入庙佐祭者皂绢上下。助蚕者缥绢上下，皆深衣制缘。自二千石夫人以上至皇后，皆以蚕衣为朝服。晋今六品以下得服金钗以蔽髻，三品以上服爵钗。”

就纺织文化遗产研究而言，汪兆镛撰《稿本晋会要》是研究两晋时期服饰制度与文化的重要参考资料。但值得注意的是，《稿本晋会要》和《晋书》部分对服饰的记载有较大不同，例如《晋书》中对诸命妇服饰的记载为：“郡公侯县公侯太夫人，夫人银印青绶，佩水苍玉，其特加乃金紫。公特进侯卿校世妇、中二千石二千石夫人绀缯帼，黄金龙首衔白珠，鱼须擿长一尺为簪珥。入庙佐祭者皂绢上下。助蚕者缥绢上下，皆深衣制缘。自二千石夫人以上至皇后，皆以蚕衣为朝服。”而《稿本晋会要》的记载却是“郡公侯县公侯太夫人，夫人佩水苍玉。公特进侯卿校、中二千石二千石夫人绀缯帼，黄金龙首衔白珠，鱼须擿长一尺为簪珥。入庙佐祭者皂绢上下。助蚕者缥绢上下，皆深衣制缘。自二千石夫人以上至皇后，皆以蚕衣为朝服。晋今六品以下得服金钗以蔽髻，三品以上服爵钗。”故汪兆镛《稿本晋会要》虽取材详博，类目得宜，但在使用时仍需注意与同时期舆服文献结合考证。

拓展资料

汪兆镛（公元1861—1939年），字伯序，号憬吾。广东番禺（今广州市）人。近代著名的学者、文学家。著有《补三国食货志》《补三国刑法志》《稿本晋会要》《续贡举表》《孔门弟子学行考》《道德经摄要》《碑传集三编》《广州城残砖录》《元广东遗民录》《山阴汪氏谱表》《棕窗杂记》等。

《晋书》，唐房玄龄撰，共一百三十卷，计有本纪十卷，志二十卷、列传七十卷、载记三十卷，记载从晋武帝泰始元年至恭帝元熙二年（公元256—420年）一百五十六年的史事，诸志所载典章制度则上承汉末。

参考文献

[1]彭海铃.汪兆镛与近代粤澳文化[M].广州：广东人民出版社，2004：207.
[2]《传统中国》编辑委员会.传统中国经学专辑[M].上海：上海社会科学院出版社，2021：151.
[3]包铭新.中国染织服饰史文献导读[M].上海：东华大学出版社，2006：16.
[4]毛庆耆等.岭南学术百家[M].广州：广东人民出版社，2004：777.

肆 先秦典籍

一 《仪礼》

唐文宗开成二年艾居晦陈玠等奉诏刻《开成石经》拓片

唐文宗开成二年艾居晦陈玠等奉诏刻《开成石经》（唐石经）之《仪礼》拓片，原碑立于唐长安城务本坊国子监内，宋时移至府学北墉（即今西安碑林博物馆），是我国现存最早、保存最完整的儒家刻经。此套拓片为京都大学人文科学研究所藏，系白文本（仅录经文）。《仪礼》刊刻源流久远，注疏版本亦多。东汉郑玄《仪礼注》，现存宋严州本（清黄丕烈士礼居重刻本）、明嘉靖五年徐氏刻本（《四部丛刊》影印本）。三国王肃曾为之作注，但唐初已佚。北齐黄庆、隋李孟悊为之作疏。唐贾公彦据郑注作《仪礼疏》（五十卷），传有宋景德官疏本（现藏首都图书馆）。南宋朱熹作《仪礼经传通释》。清胡培翚作《仪礼正义》，存同治七年（公元1868年）刻本、光绪十四年（公元1888年）南菁书院《皇清经解续编》、阮元的《仪礼注疏》五十卷附《校勘记》五十卷、卢文弨的《仪礼详校》十七卷等。今人有钱玄《三礼通论》、杨天宇《仪礼译注》。1959年甘肃武威县西汉墓出土《仪礼》竹木简（现藏于甘肃省博物馆），继而陈梦家《武威汉简》、沈文倬《汉简服传考》《礼汉简异文释》等相继问世。域外有日本川原寿市的《仪礼释考》十五册、仓石武四郎的《仪礼疏考证》二册等。通行本有明正德中陈凤梧刻本（河南省图书馆藏）、清乾隆年间通志堂刻本抱经堂丛书刻本、嘉庆年间阮元校刻《十三经注疏》等。

《仪礼》作者据传有三：一为周公所作，如贾公彦《仪礼疏序》称“至于《周礼》《仪礼》，发源是一。理有终始，分为二部，并是周公摄政太平之书。”二为孔子或孔子弟子所作，如司马迁《史记·孔子世家》记“孔子之时，周室微而礼乐废，诗书缺。追迹三代之礼，序书传，上纪唐虞之际，下至秦缪，编次其事。故《书传》《礼记》自孔氏。”这里所说的《礼记》，即指今《仪礼》。三为荀子之学者所作，近人钱玄同认为“其书（指《仪礼》）盖晚周为荀子之学者所作”。另据《汉书·艺文志》载及周之衰，诸侯将逾法度，恶其害已，皆灭去其籍，自孔子时而不具，至秦大坏。可见《仪礼》在春秋以前已经成书，沈文倬《在略论礼典的实行和〈仪礼〉书本的撰作》一文中经考证认定，《仪礼》是在公元前五世纪中期到公元前四世纪中期这一百多年中，由孔子及其弟子、后学拾遗补阙，陆续删定而成。又据《汉书·艺文志》载：“汉兴，鲁高堂生传《士礼》十七篇。迄孝、宣世，后仓最明。戴德、戴圣、庆普，皆其弟子，三家立于学官。”立于学官的戴德、戴圣、庆普之学，皆为《仪礼》，也称《庆氏礼》。《仪礼》在汉代有今古文之别，鲁高堂生所传十七篇，即今文经，自高堂生以来，传习未绝，郑玄始为之注，唐又列其为九经之一，历代学者纷纷为之作注、释义、释例、作图，故《仪礼》一书更广泛深入地流传开来。另古文经有淹中本、孔壁本、河间本，但原文已佚，只有后人辑本。

《仪礼》，古称《礼》《礼经》，又称《士礼》。东汉郑玄为三礼作注，始有《仪礼》《周礼》《礼记》三礼分立，但《仪礼》之名尚未采纳。唐文宗开成年间，石刻九经，以《周礼》《仪礼》《礼记》并立为三礼，方正式以《仪礼》为名。今本《仪礼》十七篇（卷），概括汇编先秦时期冠、婚、丧、祭、乡、射、朝、聘八项礼节和礼义。据其内容可分为四类，其一，冠昏（婚）礼，《士冠礼》《昏礼》《士相见礼》三篇。其二，乡射礼，《乡饮酒礼》《乡射礼》《燕礼》《大射礼》四篇。其三，朝聘礼，《聘礼》《公食大夫礼》《觐礼》三篇。其四，丧祭礼，《丧服》《士丧礼》《既夕礼》《士虞礼》《特牲馈食礼》《少牢馈食礼》《有司彻》七篇。《仪礼》以结构划分，包含经、传、记三部分。除《士相见礼》《大射仪》《少年馈食礼》《有司彻》为经外，其余十三篇篇末均有记。另《丧服》中不仅有经、有记，还有传。

> “冠、昏、丧、祭、乡、射、朝、聘八者，礼之经也。冠以明成人，昏以会男女，丧以仁父子，祭以严鬼神，乡饮以合乡里，燕射以成宾主，聘食以睦邦交，朝觐以辨上下。”
>
> ——邵懿辰《礼经通论》

《仪礼》作为研究古代社会生活史重要的参考资料，收录了较多与服饰文化相关的内容，散见于《士冠礼》《士昏礼》《丧服》《少牢馈食礼》等篇之中，是考释中国古代礼制服章与纺织文化遗产重要的史料。例如《少牢馈食礼》规范了特定祭祀场合下的着装规制：

> “少牢馈食之礼。日用丁巳。筮旬有一日。筮于庙门之外。主人朝服，西面于门东。史朝服，左执筮，右取上韇，兼与筮执之，东面受命于主人。”

《士昏礼》中描写了至亲迎节，夫家与女家主要人物的着装。迎亲时妇人所服褖衣为摄盛，且寻常不用袡，可见其非常服：

“主人爵弁，纁裳缁袘。从者毕玄端。乘墨车，从车二乘，执烛前马。妇车亦如之，有裧。至于门外。主人筵于户西，西上，右几。女次，纯衣纁袡，立于房中，南面。姆纚笄宵衣，在其右。女从者毕袗玄，纚笄，被纚黼，在其后。主人玄端迎于门外，西面再拜，宾东面答拜。”

《丧服》中由关系的亲疏远近来规定不同的丧服和服期，从斩衰到缌麻的用功区别，以布缕粗细表示亲疏程度。又斩衰的“斩”字还象征来不及裁制，草草成服，以示创巨痛深。郑注“衣在内重于在外。”据此形成的“五服”制度，对后世丧葬文化起到了深远的影响。

大功布衰裳，牡麻绖，无受者：子、女子子之长殇、中殇，叔父之长殇、中殇，姑、姊妹之长殇、中殇，昆弟之长殇、中殇，夫之昆弟之子、女子子之长殇、中殇，適孙之长殇、中殇，大夫之庶子为適昆弟子之长殇、中殇，公子之长殇、中殇，大夫为適子之长殇、中殇。其长殇皆九月，缨绖；其中殇，七月，不缨绖。

——《仪礼·丧服》

拓展资料

京都大学人文科学研究所（Institute of Humanities, Kyoto University），日本研究汉学的著名机构，成立于1929年，至今已有九十多年的历史，与东京大学东洋文化研究所并称日本汉学研究之最，设在关西学术研究中心的京都大学。前身为东方文化研究所，初期称为东方文化学院京都研究所，以研究中国文化为目的，配合东京的研究机构而成立的。昭和初期，以京都大学文学部为中心的“京都中国学”研究，颇受到当时学术界重视，而该所自始所创刊的《东方学》杂志连续至今。1938年更名为东方文化研究所，1939年8月改称京都大学附设人文科学研究所，其宗旨是从事有关东亚人文科的综合研究。1948年重建成名副其实的人文科学研究所，主要的研究成果仍是继续原来东方文化研究所的中国古典研究及考古学调查，被称为日本“中国学的发源地”。

艾居晦（生卒年不详），唐文宗时明经进士，工书法。与明经陈玠同书唐石经。

王肃（公元195年—256年），字子雍，东海郡郯（今山东郯城西南）人。三国魏儒家学者，著名经学家。曾遍注群经，对今古文经意加以综合，以其深厚的文化底蕴，借鉴《礼记》《左传》《国语》等名著，编撰《孔子家语》《孔丛子》等书以宣扬道德价值。

黄庆、李孟悊（生卒年不详），籍信都（今河北冀县东北），黄先而李后。既同地连时，或为师生之关系。二家所疏《仪礼》，各有所长，贾公彦氏乃取二家之长以成其书。

贾公彦（生卒年不详），唐州永年（今河北邯郸市永年区）人。唐朝儒家学者、经学家、三礼学学者。官至太常博士，撰有《周礼义疏》五十卷。贾公彦精通《三礼》，《周礼义疏》即是由其负责编撰，《仪礼义疏》也是由贾公彦等编撰，采用北齐黄庆、隋朝李孟悊两家之疏，定为今本，依郑玄之注。

沈文倬（公元1917—2009年），字凤笙，江苏吴江区人。礼学宗师、著名经学家、先从本县耆宿沈昌直、姚廷杰、金天翮三师授正经正史。后1940年移居苏州，从清末翰林院编修、湖北存古学堂经学总教曹元弼先生受三礼郑氏之学。被誉为“今世治礼经者之第一人”。

朱熹（公元1130—1200年），字元晦，又字仲晦，号晦庵，晚称晦翁。祖籍徽州府婺源县（今江西婺源），生于南剑州尤溪（今属福建省尤溪县）。南宋时期理学家、思想家、哲学家、教育家、诗人。与二程（程颢、程颐）合称“程朱学派”，朱熹是理学集大成者，闽学代表人物，被后世尊称为朱子。著述甚多，有《四书章句集注》《太极图说解》《通书解说》《周易读本》《楚辞集注》，后人辑有《朱子大全》等。

胡培翚（公元1782—1849年），字载屏，一字竹村，安徽绩溪人。胡匡衷之孙，胡秉钦之子，被誉为清代礼学三胡之一。胡培翚幼承家学，后又复师汪莱、凌廷堪，学业益精，博采众说，积四十年，著成《仪礼正义》四十卷。晚年著《燕寝考》三卷、《研六室文钞》十卷，刊行于世。

钱玄（公元1910—1999年），字小云，江苏吴江同里人。幼年受钱穆先生启蒙，立志于国学。1934年毕业于中央大学中文系，师从黄侃、胡光炜（小石）学习经学，致力于传统语言学和经学的研究，尤其精通古文字学和三礼之学。著作有《三礼名物通释》《校勘学》《古代汉语概要》《仪礼丧服经文释例》《仪礼向位解》《金文通假释例》和《诗经助词》等，晚年出版《三礼辞典》《三礼通论》，是治三礼之学必备参考。

陈梦家（公元1911—1966年），曾用笔名陈漫哉，浙江上虞人，生于南京。中国现代著名古文字学家、考古学家、诗人。早年是新月派后期颇有影响的诗人，后转治古文字和古史。著有《殷墟卜辞综述》《西周铜器断代》等，编有《新月诗选》。

陈凤梧（公元1475—1541年），字文鸣，号静庵，明代学者。明代庐陵泰和人（今江西泰和县柳溪人）。弘治八年（公元1495年）乙卯科举人，弘治九年（公元1496年）丙辰科进士，授刑部主事。大约在弘治末年至正德初年，陈凤梧校勘《仪礼》白文本十二卷，正德十六年（公元1521年）又刊刻《仪礼》经注本十七卷，嘉靖五年（公元1526年）刊《仪礼》。

仓石武四郎（公元1897—1975年），日本新潟县高田市人，国立东京大学名誉教授，日中学院院长，东方学会评议员，中国语学研究会理事长。他是日本著名的中国学家，尤其在战后以对外汉语研究、汉语教育及辞典编纂的功绩而成为现代日本汉语研究的泰斗。

抱经堂丛书是清代私人刊刻的一部综合性丛书。清卢文弨辑，以卢氏校勘、注释。有清乾隆嘉庆间余姚卢氏刊本，1923年北京直隶书局据卢氏刊本影印。

参考文献

[1]朱凤瀚等.文物鉴定指南[M].西安：陕西人民出版社，1995：244.

[2]中国学术名著提要编委会.中国学术名著提要第一卷·先秦两汉编魏晋南北朝编[M].上海：复旦大学出版社，2019：55.

[3]张文治.国学治要：第1册经传治要[M].北京：中国书店，2012：61.

[4]崔高维.周礼·仪礼[M].沈阳：辽宁教育出版社，1997：33.

[5]何晓明.中华文化事典[M].武汉：武汉大学出版社，2008：115.

[6]张连良.中国古代哲学要籍说解[M].长春：吉林大学出版社，2006：56.

[7]王锷.《三礼》研究文献概述[J].图书与情报，1993（3）：73.

[8]舒大刚.儒学文献通论（上）[M].福州：福建人民出版社，2012：817.

[9]中国孔子基金会.中国儒学百科全书[M].北京：中国大百科全书出版社，1997：396.

二 《周礼》

明陈深批点吴兴凌杜若校刊朱墨套印本

明陈深批点《周礼》明吴兴凌杜若校刊朱墨套印本，原为哈佛燕京学社汉和图书馆所藏，后移交至哈佛大学哈佛燕京图书馆。《周礼》刊刻年代较早，流传各类版本甚多，主要有单经本、单注本、音义本，另有注疏音义合刻本。北宋末年之前以单行本为主，后唐冯道以唐开成石经为底本过录，主持刊刻五代国子监本《九经》，是有记录以来首部刊行不含注疏的单经。郑玄注本是现存时代最早且保存最完整的《周礼》单注本，其中引用了多种年代更早的《周礼》注，但所引原书皆亡佚。五代孟蜀刻《石室十三经》以注附经，宋代则普遍在经文下附注文。南宋岳氏《九经三传沿革例》中曾提到的京本、监本、蜀本、潭州本、婺州本、建州本等，均为单注本，其中宋蜀刻大字本藏于日本静嘉堂文库，惜仅存卷九卷十。宋婺州市门巷唐宅刻本以及附《释文》金刻本，现藏于中国国家图书馆。另有附《释文》宋刻本分卷藏于中国国家图书馆、北京大学图书馆、足利学校遗迹图书馆、日本静嘉堂文库等。元相台岳氏荆溪家塾刻本，台北“故宫博物院”藏存卷三，中国国家图书馆亦藏，存卷三至卷六。经注疏合刻本，有宋两浙东路茶盐司刻宋元明递修本，中国国家图书馆、台北“故宫博物院”藏完帙两部，北京大学图书馆藏本仅存二十七卷。另有中国国家图书馆藏附音义之元刻明修十行本。（图4-1）

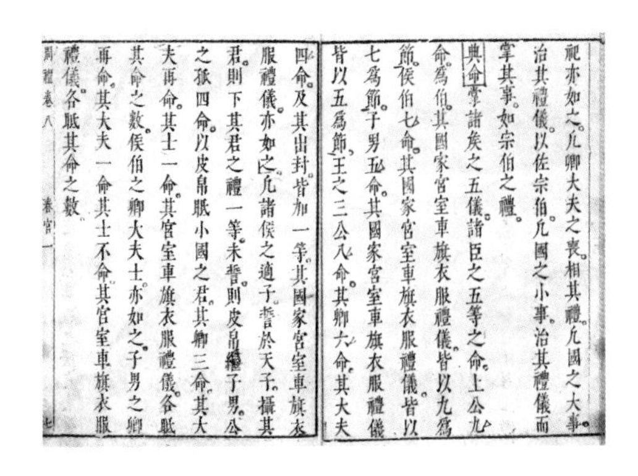
祀亦如之凡卿大夫之喪相其禮凡國之大事
治其禮儀以佐宗伯凡國之小事治其禮儀而
掌其事如宗伯之禮
典命 掌諸侯之五儀諸臣之五等之命上公九
命爲伯其國家宮室車旗衣服禮儀皆以九爲
節侯伯七命其國家宮室車旗衣服禮儀皆以
七爲節子男五命其國家宮室車旗衣服禮儀
皆以五爲節王之三公八命其卿六命其大夫
四命及其出封皆加一等其國家宮室車旗衣
服禮儀亦如之凡諸侯之適子誓於天子攝其
君則下其君之禮一等未誓則皮帛繼子男公
之孤四命以皮帛眡小國之君其卿三命其大
夫再命其士一命其宮室車旗衣服禮儀各眡
其命之數侯伯之卿大夫士亦如之子男之卿
再命其大夫一命其士不命其宮室車旗衣服
禮儀各眡其命之數
周禮卷八 春官一 七

图4-1　内页·明《周礼》明陈深批点吴兴凌杜若校刊朱墨套印本
哈佛大学哈佛燕京图书馆藏

《周礼》作者与成书年代历来众说纷纭，主要说法有三：其一，周公姬旦作，后经两周、秦汉之人随势增删而成；其二，作于春秋或战国，但作者已不可考；其三，西汉刘歆伪造说。其主要刊刻源流如下：南宋光宗绍熙间（公元1190—1194年），东汉郑玄注、唐贾公彦疏、宋人（佚名）合刻《周礼注疏》将其编入《十三经注疏》，因版式每半页十行，故又称十行本。明嘉靖中（公元1532—1567年），李元阳于闽中以十行本为底本，重刻《十三经注疏》雕版印刷，每面九行，也称九行本，通称闽本。明万历（公元1573—1620年），北京国子监翻刻闽本而成明北监本。明崇祯（公元1628—1644年）中，汲古阁毛晋又翻刻北监本《十三经注疏》而成毛本。乾隆四年，武英殿重新校刻《十三经注疏》，是为殿本。清嘉庆（公元1796—1820年），阮元重新校勘的《十三经注疏》在南昌府学开雕，此即现在通行之《十三经注疏》，又名阮刻本。清代《周礼》研究集大成者为孙诒让，著有《周礼正义》八十六卷，版本诸多，以孙氏家藏铅铸版初印本（亦称乙巳本）为最。

《周礼》原称《周官》，始见于《汉书·景十三王传》“献王所得书皆古文先秦旧书,《周官》《尚书》《仪礼》《礼记》《孟子》《老子》之属,皆经传说记,七十子之徒所论。”王莽时列为礼经,初称《周官经》,后改称为《周礼》。书中所记的内容是一个宏大的官制体系,共分为《天官冢宰》《地官司徒》《春官宗伯》《夏官司马》《秋官司寇》《冬官司空》六篇。最后两卷《冬官司空》早佚,西汉时补以《考工记》。书中将天、地、四时和六大官属相联系,构成国家行政体系,记载先秦时期“天文历法、城乡建置、政法文教、礼乐兵刑、征赋度支、宫室车服、农商医卜、工艺制作以及各种职官、名物制度”等,所涉及内容极为丰富,与《仪礼》《礼记》合称“三礼”,共筑华夏礼乐文化的理论之基,对礼法、礼义进行了深入解释。

> “汉今文家张禹、包咸、周生烈、何休、林硕,不信《周礼》者也;古文家刘歆、杜子春、郑兴、郑众、卫宏、贾逵、许慎、马融、郑玄,尊信《周礼》者也。自汉至今,于《周礼》一书,疑信各半。《周礼》体大物博,即非周公手笔,而能作此书者自是大才,亦必掇拾成周典礼之遗,非尽凭空撰造,其中即或有刘歆增窜,亦非歆所能独办也。惟其书是一家之学,似是战国时有志之士据周旧典,参以己意,定为一代之制,以俟后王举行之者,盖即《春秋》素王改制之旨。故其封国之大,设官之多,与各经不相通,所以张、包、周、何、林皆不信。”
>
> ——皮锡瑞《经学通论》

《周礼》记载了与服饰相关的官职与职责共五十余项,冕服制度便有鉴于此。其内容可大致分为三个类别:其一,服饰礼仪官职,如司服、内司服等;其二,督制和管理官职,如大府、玉府、内府、司裘等;其三,制作系统官职如典丝、掌葛、掌染草、外府等。《春官·司服》记“掌王之吉凶衣服,辨其名物与其用事。王之服:祀昊天上帝,则服大裘而冕,祀五帝亦如之;享先王则衮冕;享先公飨射则鷩冕;祀四望山川则毳冕;祭社稷五祀则希冕;祭群小祀则玄冕……”即天子“六冕”。另《天官·内司服》记“掌王后之六服。袆衣、揄狄、阙狄、鞠衣、展衣、褖衣。”即王后“六衣”。后世舆服制度多为延续,《明会典·凡例》云“本朝设官大抵用周制”,《周礼》也因此成为考释中国古代礼制服章与纺织文化遗产研究重要的参考资料。

拓展资料

冯道（公元882—954年），字可道，号长乐老，瀛州景城（今河北沧州西北）人，五代十国时期宰相，历经四朝十代君王，世称“十朝元老”。后唐长兴三年（公元932年），冯道奏请唐明宗，以唐代开成石经为底本，雕印儒家《九经》，得到明宗批准，于当年开始印行。后周广顺三年（公元953年），《九经》全部刻印完成，前后共历时二十二年。《资治通鉴·后周纪二》记“初，唐明宗之世，宰相冯道、李愚请令判国子监田敏校正《九经》，刻板印卖，朝廷从之。丁巳，板成，献之。由是，虽乱世，《九经》传布甚广。”

郑玄（公元127—200年），字康成，北海郡高密县（今山东省高密市）人。东汉末年儒家学者、经学家。郑玄曾入太学攻《京氏易》《公羊春秋》及《三统历》《九章算术》，又从张恭祖学《古文尚书》《周礼》和《左传》等，后游学关西，师事经学大师扶风人马融，年四十后归乡里，聚徒讲学，终为大儒。党锢之祸起，遭禁锢，杜门注疏，潜心著述。晚年守节不仕，却遭逼迫从军，最终病逝于元城，享年七十四岁。郑玄平生著述约六十种，百余万言，“括囊大典，网罗众家，删裁繁诬，刊改漏失，自是学者略知所归”（范晔《后汉书》卷三十五《张曹郑列传》）。经注今存《礼记注》《周礼注》《仪礼注》（合称《三礼注》）《毛诗传笺》计四部，通行本《十三经注疏》即采其注。经后人辑佚而部分保存的有《周易注》《古文尚书注》《尚书大传注》《孝经注》《论语注》等，此外有纬注《易纬注》《书纬注》，杂著《六艺论》《驳五经异义》等，但均佚。

贾公彦（生卒年不详），唐州永年（今河北邯郸市永年区）人。唐朝儒家学者、经学家、三礼学学者。官至太常博士，撰有《周礼义疏》五十卷。贾公彦精通《三礼》，《周礼义疏》即是由其负责编撰。他选用郑玄注本十二卷，汇综诸家经说，扩大为《义疏》五十卷，体例上仿照《五经正义》。《仪礼义疏》也是由贾公彦等编撰，采用北齐黄庆、隋朝李孟悊两家之疏，定为今本，依郑玄之注。

《十三经注疏》，清阮元主持校刻的十三部儒家经典注疏的汇编，共四百一十六卷，冠列《四库全书》经部之首。

周公（生卒年不详），姬姓名旦，亦称叔旦。西周开国元勋，杰出的政治家、军事家、思想家、教育家，“元圣”、儒学先驱，周文王姬昌第四子，周武王姬发的弟弟。采邑在周，故称周公。

《景十三王传》，《汉书》篇名。主要记载了汉景帝刘启的十三个封为王的儿子及其后代的历史。介绍了西汉中期的诸侯王的情况。

《考工记》，出于《周礼》，是中国春秋战国时期记述官营手工业各工种规范和制造工艺的文献。记述了齐国关于手工业各个工种的设计规范和制造工艺，保留有先秦大量的手工业生产技术、工艺资料，记载了一系列的生产管理和营建制度，一定程度上反映了当时的造物观念。

皮锡瑞（公元1850—1908年），字鹿门，一字麓云，湖南善化（今长沙）人。举人出身。三应礼部试未中，遂潜心讲学著书。他景仰伏生之治《尚书》，署所居名“师伏堂”，学者因称之“师伏先生”。

参考文献

[1]（东汉）郑玄注，（唐）贾公彦疏.周礼注疏[M].上海：上海古籍出版社，2014：5.

[2]中国学术名著提要编委会.中国学术名著提要第一卷·先秦两汉编魏晋南北朝编[M].上海：复旦大学出版社，2019：131.

[3]黄云眉.古今伪书考补证[M].北京：商务印书馆，2019：25.

[4]张雁勇.《周礼》天子宗庙祭祀研究[D].长春：吉林大学，2016：24.

[5]（清）孙诒让.十三经注疏校记[M].雪克，辑点.济南：齐鲁书社，1983：87.

[6]王振民.郑玄研究文集[M].济南：齐鲁书社，1999：177.

[7]屈守元.屈守元学术文献[M].上海：上海科学技术文献出版社，2019：267.

[8]吴海林，李延沛.中国历史人物辞典[M].哈尔滨：黑龙江人民出版社，1983：250.

三 《礼记》

明万历年间陈邦泰书李登《五经白文》辑录校刻本

明万历年间陈邦泰书《礼记》李登《五经白文》辑录校刻本，原为明代收藏家戴金旧藏，后辗转流入日本，归于日本国立国会图书馆。《礼记》又称《小戴礼记》《小戴记》，收于唐《五经》与宋《十三经》，是儒家经典著作之一。清焦循《礼记补疏序》记：“《周礼》《仪礼》，一代之书也；《礼记》，万世之书也。”因此，历代学者对《礼记》颇为重视，传习者甚多，有白文本、经注本和注疏合刻本流传于世。白文本仅录经文，西安碑林博物馆藏唐开成石经《礼记》、国家图书馆藏《八经·礼记》（2卷）以及本案均属于此类。经注本是将《礼记》经文、注文一起合刻，有附释文和不附释文之别，所谓释文即陆德明《经典释文·礼记释文》。不附释文者有国家图书馆藏宋蜀刻大字本《礼记注》20卷（残卷1—5）、宋婺州义乌蒋宅崇知斋刻本《礼记注》20卷、明嘉靖徐氏刻《礼记注》20卷等存世。附释文者大致分为四类：其一，将陆德明《礼记释文》4卷整体附于《礼记注》之后，如宋淳熙四年（公元1177年）抚州公使库刻《礼记注》20卷附《礼记释文》4卷。其二，将释文打散，整段附录于经注之后，如兴国于氏本《礼记注》20

卷（今佚）。其三，将释文逐条分散于对应经文和注文之下，如宋绍熙建安余氏万卷堂刻本《礼记注》20卷（“余仁仲本”），南宋绍熙福建刻《纂图互注礼记》20卷等。其四，仿照余仁仲本，将释文逐条附录在经注之后，但同时又进行了大幅的删削甚至改写，如元岳浚刻《九经三传》之《礼记注》20卷，今传有清乾隆四十八年（公元1783年）武英殿翻刻本及江南书局本等。

注疏合刻本亦可分为不附释文和附释文两类。不附释文者有宋绍熙三年（公元1192年）两浙东路茶盐司刻宋元递修本《礼记正义》70卷。附释文者有南宋刘叔刚刻《附释音礼记注疏》63卷，清和珅有翻刻本；元刻明修《十三经注疏》本《礼记注疏》63卷，附录释文的方式与余仁仲本相近。

> “郑注为今存最古之《礼记》注。清人陈乔机、俞樾并有《礼记郑读考》，足以补注疏本之郑注，但皆短促琐碎，不能具大体。朱彬之《礼记训纂》，江永之《礼记训义探言》，亦不能谓为精博。宋人陈之《礼记集说》，则又病其繁杂。故《礼记》一书，尚无完善之注本。《礼记》中之《大学》《中庸》，朱子取为四书之二，别出单行已久。”
>
> ——蒋伯潜《十三经概论》

《礼记》据传为孔子的七十二弟子及其学生们所作，成文过程经历较长时间。先秦时期，其文单篇流传，或收录于某一弟子的著述中，抑或被编选于儒家弟子所授之不同“记”中。西汉戴德、戴圣叔侄得后苍所传《士礼》十七篇，又辑各处散乱传礼资料进行筛选、整理，编撰成书取名《礼记》。戴德所撰八十五篇，称《大戴礼记》或《大戴礼》《大戴记》。戴圣所撰四十九篇，则称《小戴礼记》或《小戴礼》《小戴记》。《大戴礼记》的流传断断续续，至唐时已佚四十六篇，仅余三十九篇传世。《小戴礼记》自东汉郑玄作注以后，专擅《礼记》之名，故流传广泛，其著《礼记注》也因此成为目前保存比较完整的《礼记》早期注本，其后又有唐孔颖达《礼记正义》为续。时至宋代，儒生研学《礼记》不再以郑学为主，而是基于文义加以理解，比较有代表性的是卫湜《礼记集说》一百六十卷。而后又有元吴澄《礼记纂言》三十六卷、陈澔《礼记集说》（今本十卷），明胡广《礼记大全》、徐师曾《礼记集注》、赦敬《礼记通》、汤三才《礼记新义》等，以及清孙希旦《礼记集解》和朱彬《礼记训纂》。（图4-2）

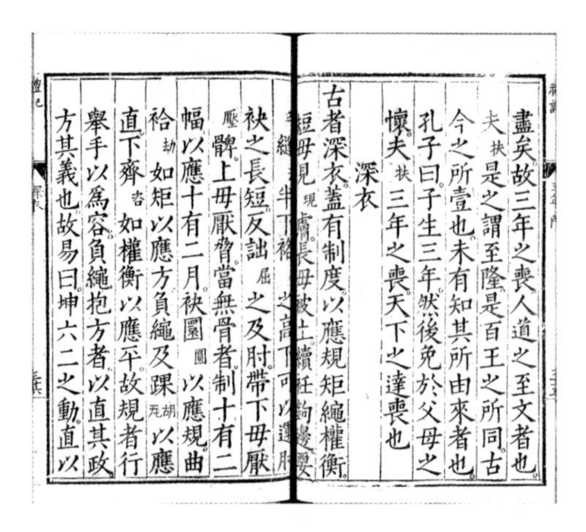
盡矣故三年之喪人道之至文者也
夫(扶)是之謂至隆是百王之所同古
今之所壹也未有知其所由來者也
孔子曰子生三年然後免於父母之
懷夫(扶)三年之喪天下之達喪也

深衣

古者深衣蓋有制度以應規矩繩權衡
短毋見(現)膚長毋被土續衽鉤邊要
縫半下袼之高下可以運肘
袂之長短反詘(屈)之及肘帶下毋厭
(壓)髀上毋厭脅當無骨者制十有二
幅以應十有二月袂圜(圓)以應規曲
袷(劫)如矩以應方負繩及踝(胡瓦)以應
直下齊(咨)如權衡以應平故規者行
舉手以爲容負繩抱方者以直其政
方其義也故易曰坤六二之動直以

图4-2 深衣《礼记》·明万历年间陈邦泰书李登《五经白文》辑录校刻本 日本国立国会图书馆藏本

《朱子语类》八十五云“《仪礼》是经，《礼记》是解《仪礼》。”故《仪礼》载其事，《礼记》明其理。《礼记》不仅记录了义礼细节，还详实地记述了各类典章之意，是先秦名物、礼制，尤及冠、婚、丧、祭、燕、享、朝、聘等礼仪之详说。其内容广博，几乎包罗万象，集中体现了先秦儒家的政治、哲学和伦理思想。就纺织文化遗产研究而言，《礼记》中关于服饰的记叙可见于《玉藻》《丧服小记》《深衣》《冠义》《丧服四制》等篇，如：

> “短毋见肤，长毋被土。续衽，钩边。要缝半下。袼之高下，可以运肘；袂之长短，反诎之及肘。带下毋厌髀，上毋厌胁，当无骨者。制：十有二幅，以应十有二月。”
>
> ——《礼记·深衣》

> “朝玄端，夕深衣。深衣三袪，缝齐倍要，衽当旁，袂可以回肘。长中继掩尺。袷二寸，祛尺二寸，缘广寸半。以帛裹布，非礼也。士不衣织，无君者不贰采。衣正色，裳间色。非列采不入公门，振絺绤不入公门，表裘不入公门，袭裘不入公门。纩为茧，缊为袍，禅为絅，帛为褶。朝服之以缟也，自季康子始也。孔子曰：‘朝服而朝，卒朔然后服之。’曰：‘国家未道，则不充其服焉。’唯君有黼裘以誓省，大裘非古也。君衣狐白裘，锦衣以裼之。君之右虎裘，厥左狼裘。士不衣狐白。君子狐青裘豹褎，玄绡衣以裼之；麑裘青豻褎，绞衣以

裼之；羔裘豹饰，缁衣以裼之；狐裘，黄衣以裼之。锦衣狐裘，诸侯之服也。犬羊之裘不裼，不文饰也不裼。裘之裼也，见美也。吊则袭，不尽饰也；君在则裼，尽饰也。服之袭也，充美也，是故尸袭，执玉龟袭，无事则裼，弗敢充也。”

——《礼记·玉藻》

其言对后世礼制服章的构成起到深远的影响，也因此成为研究中国古代服饰史不可或缺的重要史料。

拓展资料

陈邦泰（生卒年不详），字大来，明万历年间金陵（今南京市）书坊继志斋主人，主要经营曲本书出版。明万历二十六年（公元1598年）至三十六年（公元1608年），刊刻《琵琶记》《玉簪记》《锦笺记》等传奇，另陈所闻所著《北宫词记》《南宫词记》亦为陈邦泰刊行。

戴金（公元1484—1548年），字纯甫，又字贞砺、中辅，号龙山，一号三难，明湖广汉阳人，明正德年间进士，官至兵部尚书，奉敕编纂《皇明条法事类纂》五十卷，著有《三难轩质正》。该人极喜藏书，其旧藏流入日本后，初入高野山释迦文院，明治后归于公文书馆，其中精品又从公文书馆纳入内廷，而今辗转移至日本国立国会图书馆收藏。

李登（公元1573—1619年），字士龙，号如真生。曾任新野令，著有《六书指南》《摭古遗文》《书文音义便考私编》，曾以活字印行过自撰《冶城真寓存稿》8卷、《续稿》21卷。万历间刻印过《六经正义》（卷数不详）。

戴圣（生卒年不详），字次君，生于梁国睢阳县（今河南省商丘市睢阳区）。西汉时期礼学家、汉代今文经学的开创者，后世称“小戴”，其著《礼记》（即《小戴礼记》）为儒家经典著作之一。

孔颖达（公元574—648年），字冲远（一作仲达、冲澹），冀州衡水（今河北省衡水市）人。唐初经学家、秦王府十八学士之一，孔安之子，孔子三十二代孙。奉命编纂《五经正义》，融合诸经学家之见解，集魏晋南北朝以来经学之大成。

卫湜（生卒年不详），字正叔，昆山人，宋学者。卫泾弟。好古博学，除太府寺丞，将作少监，皆不赴。开禧、嘉定间（公元1205—1224年）集《礼记》诸家传注为一百六十卷，名曰《礼记集说》，二十余载而后成。宝庆二年（公元1226年）官武进令时，表上于朝，得擢直秘阁。后终于朝散大夫，直宝谟阁，知袁州。学者称栎斋先生。

陈澔（公元1260—1341年），字可大，号云住，又号北山叟，南康路都昌县（今江西都昌）人。元代至顺年间在都昌县城创办云住书院并讲学其中，又称经归书院，故人称经归先生。宋末元初著名理学家、教育家。

胡广（公元1370—1418年），字光大，号晃庵，吉安府吉水县（今江西吉水）人，祖籍金陵（江苏南京）。明朝初期文学家、内阁首辅，南宋名臣胡铨的十二世孙。

徐师曾（公元1517—1580年），字伯鲁，号鲁菴，南直隶苏州府吴江（今属江苏）人，嘉靖三十二年（公元1553年）进士，选庶吉士，历任兵科、吏科、刑科给事中。

郝敬（公元1557—1639年），字仲舆，号楚望，祖居今湖北省京山市雁门口镇台岭郝家大塆，后迁京山城关附近的鄢郝，世称"郝京山先生"，是晚明时期著名的经学家和思想家。《明儒学案》卷五十五《给事中郝楚望先生敬》中对郝敬评价甚高，称其著述一洗训诂之气，"明代穷经之士，先生实为巨擘。"

汤三才（生卒年不详），字中立，丹阳人。朱彝尊《经义考》叙其书于王翼明、赵宧光 之前，盖隆庆、万历间人也。著《礼记新义》三十卷（江西巡抚采进本）。

参考文献

[1]吴澄.礼记纂言[M].文渊阁四库全书（第121册）.上海：上海古籍出版社，1987：181.

[2]郑玄.十三经注疏礼记正义[M].上海：上海古籍出版社，2008：1556.

[3]王文锦.礼记译解[M].北京：中华书局，2001：138.

[4]蒋伯潜.十三经概论[M].上海：上海古籍出版社，2010：217−225.

[5]王锷.《礼记》版本研究[M].北京：中华书局，2018：17.

[6]许刚.张舜徽的汉代学术研究[M].武汉：华中师范大学出版社，2009：241.

[7]中国学术名著提要编委会.中国学术名著提要第一卷·先秦两汉编魏晋南北朝编[M].上海：复旦大学出版社，2019：55.

[8]惠吉兴.宋代礼学研究[M].保定：河北大学出版社，2011：67.

[9]瞿冕良.中国古籍版刻辞典[M].济南：齐鲁书社，1999：228.

伍　笔记

一 西晋嵇含撰《南方草木状》

2004年据宋左圭辑《百川学海》刻本影印出版

晋嵇含撰《南方草木状》，2004年北京图书馆出版社（2008年更名为国家图书馆出版社）据中国国家图书馆藏宋左圭辑《百川学海》刻本影印出版。《南方草木状》早佚，后屡经增补，前题曰“永兴元年十一月丙子振威将军襄阳太守嵇含撰”，认为该书初成于西晋永兴元年（公元304年）。主要刊刻版本有：宋左圭辑《百川学海》本（即本案）、明嘉靖十五年（公元1536年）郑氏宗文堂刻本、万历二十年（公元1592年）新安程荣刻《汉魏丛书》本、清乾隆十五年（公元1750年）金溪王氏刻增订汉魏丛书本、民国五年（公元1916年）吴江沈氏怡园刻本、商务印书馆出版《丛书集成初编》本、《格致丛书》本、《龙威秘书》本、《四库全书》本等，另上海古籍出版社出版元末明初陶宗仪辑《说郛三种》，其中《说郛一百卷》辑有《南方草木状》，世称涵芬楼本，《说郛一百二十卷》中亦辑有此书，世称宛委山堂本。其中《百川学海》本是现存最早、内容最全、错误最少的善本。（图5-1）

《南方草木状》全书分上中下三卷，卷上草类二十九种，卷中木类二十八种，卷下果类十七种、竹类六种，共八十种植物。记载了当时出产在南海、番禺、高凉、交趾、合浦、桂林、九真、日南、林邑、扶南和大秦等地的草木植物，对每种植物的记述详略不一，各有侧重，多为介绍其形态、生态、功用、产地和有关的历史掌故，其中还有蚂蚁防治柑橘虫等植保记载。（图5-2）

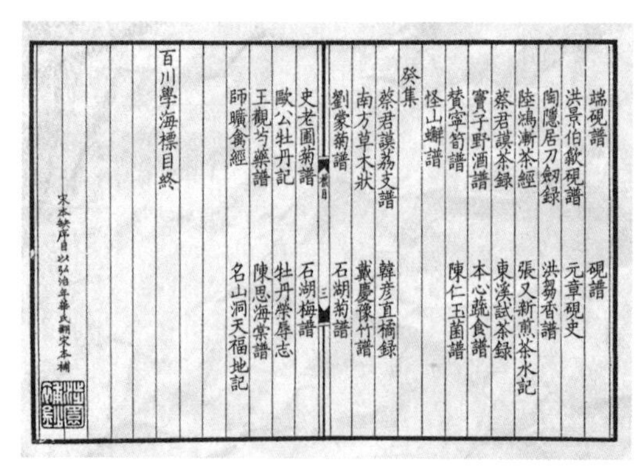
端硯譜　硯譜
洪景伯歙硯譜　元章硯史
陶隱居刀劒録　洪芻香譜
陸鴻漸茶經　張又新煎茶水記
蔡君謨茶録　東溪試茶録
竇子野酒譜　本心蔬食譜
贊寧筍譜　陳仁玉菌譜
怪山蟹譜
癸集
蔡君謨荔支譜　韓彦直橘録
南方草木狀　戴凱之竹譜
劉蒙菊譜　石湖菊譜
史老圃菊譜　石湖梅譜
歐公牡丹記　牡丹榮辱志
王觀芍藥譜　陳思海棠譜
師曠禽經　名山洞天福地記
百川學海標目終
宋本缺序目以弘治年華氏翻宋本補

图5-1　总目·晋嵇含撰《南方草木状》2004年据宋左圭辑《百川学海》刻本影印出版

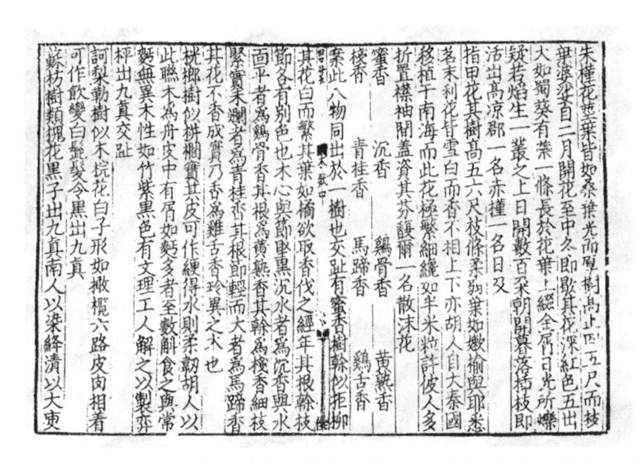
朱槿花莖葉皆如桑葉光而厚樹高止四五尺而枝
葉婆娑自二月開花至中冬即歇其花深紅色五出
大如蜀葵有蕊一條長於花葉上綴金屑日光所爍
疑若焰生一叢之上日開數百朵朝開暮落插枝即
活出高涼郡一名赤槿一名日及
指甲花其樹高五六尺枝條柔弱葉如嫩榆與耶悉
茗末利花皆雪白而香不相上下亦胡人自大秦國
移植于南海而此花極繁細纔如半米粒許彼人多
折置襟袖間蓋資其芬馥爾一名散沫花
蜜香　沉香　雞骨香　黃熟香
棧香　青桂香　馬蹄香　雞舌香
案此八物同出於一樹也交趾有蜜香樹幹似柜柳
其花白而繁其葉如橘欲取香伐之經年其根幹枝
節各有別色也木心與節堅黑沉水者為沉香與水
面平者為雞骨香其根為黃熟香其幹為棧香細枝
緊實未爛者為青桂香其根節輕而大者為馬蹄香
其花不香成實乃香為雞舌香珍異之木也
桄榔樹似栟櫚實其皮可作綆得水則柔韌胡人以
此聯木為舟皮中有屑如麫多者至數斛食之與常
麫無異木性如竹紫黑色有文理工人解之以製弈
枰出九真交趾
訶梨勒樹似木梡花白子形如橄欖六路皮肉相着
可作飲變白髭髮令黑出九真
蘇枋樹類槐花黑子出九真南人以染絳漬以大庾

图5-2　木类·晋嵇含撰《南方草木状》2004年据宋左圭辑《百川学海》刻本影印出版

值得注意的是，书中记载了苏木作为染料从异域传入：“苏枋，树类槐花，黑子，出九真，南人以染绛，渍以大庾之水，则色愈深。”可见当时在西晋的南方地区，苏木已经作为染料普遍使用，而这也是出现在文献中最早的记录。

> “南越交趾植物，有四裔最为奇，周秦以前无称焉。自汉武帝开拓封疆，搜来珍异，取其尤者充贡。中州之人，或昧其状，乃以所闻诠叙，有裨子弟云尔。”
>
> ——《南方草木状·卷上》

《南方草木状》是世界范围内最早的地区系植物志，记载大多是岭南特有的热带、亚热带植物，所录或命名的许多植物名称，至今仍被沿用，内容也常被后世援引、应用，书中还收录有多种译音的植物名，反映了外国植物传入和海上丝绸之路的历史，对研究早期岭南植物、农业、交通、贸易有重要的学术和应用价值。值得注意的是，该书距今约1 700年，原书早佚，辗转传抄，难免有错漏，加之后人窜入误文，故在使用时应与其他版本参考使用。

拓展资料

嵇含（公元262—306年），字君道，自号亳丘子，谯郡铚县（今安徽省濉溪县临涣镇）人。嵇含举秀才出仕，初任郎中，历任征西参军、尚书郎中、幽州从事中郎等职，累迁襄城太守。撰有《宜男花赋序》《孤黍赋》《瓜赋》《朝生暮落树赋序》《长生树赋并序》《槐香赋并序》《菊花铭》《南方草木状》等。《隋书·经籍志》录有《嵇含集》十卷，今已佚失。

参考文献

[1]靳士英，靳朴，刘淑婷.《南方草木状》作者、版本与学术贡献的研究[J].广州中医药大学学报，2011，28（03）：306-310.

[2]姚伟钧，刘朴兵，鞠明库.中国饮食典籍史[M].上海：上海古籍出版社，2012：84-86.

二 东晋（旧本题）葛洪撰《西京杂记》

1985年中华书局本

东晋旧本题葛洪撰《西京杂记》1985年中华书局本，其著者与成书时间尚存争议。葛洪在《西京杂记》书后的跋语曾载："洪家世有刘子骏《汉书》一百卷，无首尾题目，但以甲乙丙丁记其卷数。先父传之。歆欲撰《汉书》，编录汉事，未得缔构而亡，故书无宗本，止杂记而已，失前后之次，无事类之辨。后好事者以意次第之，始甲终癸为十秩，秩十卷，合为百卷。洪家具有其书，试以此记考校班固所作，殆是全取刘书，有小异同耳。并固所不取，不过二万许言。今抄出为二卷，名曰《西京杂记》，以稗《汉书》之阙。"该书最早为二卷本，《隋书·经籍志》《新唐书·艺文志》《崇文总目》均著录为二卷，而《旧唐书·经籍志》著录为一卷。陈振孙《直斋书录解题》著录为六卷，并认为"今六卷者，后人之分也"。其中，《隋书·经籍志》未题撰人名氏，《新唐书·艺文志》《旧唐书·艺文志》均题为东晋葛洪著。二卷本今存有明抄本、清卢文弨刻《抱经堂丛书》本、1917年潮阳郑氏刻《龙溪精舍丛书》本等，其内容与六卷本基本相同。六卷本今存版本有数十种，明清刻本为主，以明嘉靖元年（公元1522年）吾吴沈氏野竹斋刊本刊刻时间最早，流传极稀，潘景郑《著砚楼书跋》曰："今通行六卷本则以嘉靖元年吾吴沈氏野竹斋刊本为最先"，此外明嘉靖十三年（公元1534年）黄省曾刻本，为明代较通行的版本；明嘉靖三十一年（公元1552年）孔天胤刻本的版本价值较高，《四部丛刊》据以影印，今人之点校本亦多以此为底本。据孔天胤刻书序称："余携有旧本在巾笥中，会左使百川张公下车宣条，敦修古艺宪之事。余因出其书商之，遂命工锓梓，置省阁中，以存旧而广传。"除此之外，另有《汉魏丛书》本、《津逮》本、《稗海》本、《抱经堂丛书》本、《龙威秘书》本、《学津》本等。1956年罗根潭以明程荣校《汉魏丛书》本作底本，参校其他版本做以校勘、断句的工作，并改正了不少讹脱衍误之处，1983年中华书局在此基础上做了新的调整以便利读者阅读，于1985年与《燕丹子》合为一书，作为《古小说丛刊》出版（即本案）。

《西京杂记》全书共六卷。“西京”指西汉首都长安，并以长安为中心记载诸多西汉杂史。全书记138条故事，内容博杂、包罗万象。记载逸闻轶事，涉及宫廷内史、人物典故、气候灾害以及风俗物产等诸多方面。所记杂史、故事多为后世喜闻乐道的历史掌故，如昭君出塞，匡衡凿壁借光，卓文君私奔司马相如等典故皆出于此书。该书所涉奇闻逸事多不可信，但其关于汉代人物掌故及风俗物产的记载多为正史所无，甚为珍贵。明人孔天胤曾说：“此书所存，言宫室苑囿，舆服典章，高文奇技，瑰行伟才，以及幽鄙而不涉淫怪，烂然如汉之所极观实盛，称长安之旧制矣。”

书中部分章节有对不同首服、身服、物品类、鞋类、丝麻制品等记录。例如，对首服和物品类的记载：“今日嘉辰，贵姊懋膺洪册，谨上襚三十五条，以陈踊跃之心：金华紫轮帽，金华紫轮面衣，织成上襦，织成下裳，五色文绶，鸳鸯襦，鸳鸯被，鸳鸯褥，金错绣裆，七宝綦履，五色文玉环，同心七宝钗，黄金步摇，合欢圆珰，琥珀枕，龟文枕，珊瑚玦，马脑彄，云母扇，孔雀扇，翠羽扇，九华扇，五明扇，云母屏风，琉璃屏风，五层金博山香炉，回风扇，椰叶席，同心梅，含枝李，青木香，沉水香，香螺卮（出南海，一名丹螺），九真雄麝香，七枝灯。”

又如对纺织品的记载：“霍光妻遗淳于衍蒲桃锦二十四匹、散花绫二十五匹。绫出巨鹿陈宝光家……机用一百二十镊，六十日成一匹，匹值万钱。”

此外，《西京杂记》所记长安城池、宫廷苑囿及风土人情可补正史所缺，是研究汉代建筑、文化风俗及城市史的重要史料。就纺织文化遗产而言，该书部分服饰的描写具有神话色彩，例如：“武帝时，西域献吉光裘。入水不濡，上时服此裘以听朝。”其中“吉光裘”乃是神兽“吉光”皮毛所制成的皮衣。此外，书中著录的一些服饰名词，并未记载服饰的详细制作过程与准确性质等，故在使用该书时，应结合同时期文献古籍多加考证。

拓展资料

葛洪（公元约281—341年），字稚川，自号抱朴子，晋丹阳郡句容（今属江苏）人，东晋道教理论者、著名炼丹术家、医药学家。著有《抱朴子》内外篇等。

《隋书·经籍志》，中国古代史志目录，《隋书》十志之一，《隋书·经籍志》是贞观十五年（公元641年）至显庆元年（公元656年）由魏徵等主持修纂的梁、陈、齐、周、隋五朝史志中的一种。主要参考隋代柳䛒的《隋大业正御书目录》和梁阮孝绪的《七录》编成。收录四部经传3 127部，36 708卷。

《新唐书·艺文志》，宋欧阳修等编撰。纪传体史书《新唐书》中"志"部分之一，是自古代至唐代的著述自录。每一类目中分"著录"与"未著录"两部分，"著录"部分收《古今书录》原有之书，"未著录"部分收新增入的唐人著作。书名之后间附著者事迹。

潘景郑（公元1907—2003年），原名承弼，字寄区，江苏苏州人。著名文献学家、藏书家，毕生致力于古籍文献的整理与研究。曾任上海图书馆研究馆员，兼任华东师范大学图书馆系教授、中国古籍善本书目编委会顾问及《词学》杂志编辑委员会编委。合著《明代版刻图录初编》。著有《著砚楼书跋》《绛云楼题跋》等。

《燕丹子》，作者不详，传统认为记录了战国燕太子丹的事迹，《隋书·经籍志》始著录于小说家，为一卷。李善注《文选》曾援引其文。唐、宋《志》及《文献通考》皆作三卷，《永乐大典》载并为一卷。清章宗源仍辑编为三卷，有《平津馆丛书》本、岱南阁本等。湖北书局《百子全书》重刻，《四部备要》收入是书。1985年中华书局以《平津馆丛书》本为底本，用影印本《永乐大典》卷4908参校、整理，与《西京杂记》合刊，标点出版。

参考文献

[1]胡道静.简明古籍辞典[M].济南：齐鲁书社，1989：260.
[2]林剑鸣，吴永琪.秦汉文化史大辞典[M].上海：汉语大词典出版社，2002：312.
[3]姜彬.中国民间文学大辞典[M].上海：上海文艺出版社，1992：1076.
[4]田文国.文化学视野下《西京杂记》名物词研究[D].重庆：重庆师范大学，2011.
[5]李水海.中国小说大辞典先秦至南北朝卷[M].西安：陕西人民出版社，1994：357.
[6]上海社会科学学会联合会研究室.上海社会科学界人名辞典[M].上海：上海人民出版社，1992：185.
[7]周文骏.图书馆学百科全书[M].北京：中国大百科全书出版社，1993：442.

三 东晋干宝撰《搜神记》

清乾隆年间《四库全书》本

东晋干宝撰《搜神记》清乾隆年间《四库全书》本，现藏于浙江大学图书馆。《搜神记》原书至宋代已散佚，现存世版本为明代胡应麟辑录，后刊入万历年间胡震亨刻《秘册汇函》本，此外明代还有万历年间唐氏富春堂刊本、商氏半埜堂刻本，天启三年（公元1623年）樊维城刻本，崇祯三年（公元1630年）毛晋汲古阁刊《津逮秘书》本，清代刊刻版本有顺治三年（公元1646年）李际期宛委山堂刻本，乾隆年间《四库全书》本（即本案），嘉庆年间张海鹏刻《学津讨原》本，光绪元年（公元1875年）刻本，1957年商务印书馆胡怀琛崇文书局《百子全书》标点本，1979年中华书局汪绍楹以《学津讨原》本为底本校注，共录正文四百六十四条，另收佚文三十四条，重在考源钩沉，订正文字脱误，是现行较好版本。

据《晋书·干宝传》载："干宝有感于父婢及兄再生事，遂撰集古今神祇灵异人物变化，名为《搜神记》。"《搜神记》原书有三十卷，今本二十卷，共收四百六十四则（某些作品系误收）。书中内容多为汉末魏晋时期的民间故事，其所记一为神仙，方士的幻异之术，如画符念咒、隐身变形，驱鬼逐妖、呼风唤雨等；二为神灵感应和怪物变化之事，如人鬼相通、人神结合及灵物、物怪种种形性变化；三为鬼魅精怪故事，或记人鬼相爱事；四为神话故事，历史传说。书中"干将莫邪""李寄斩蛇""韩凭夫妇""董永织女"等故事流传至今。

该书第六卷、第七卷集中反映了汉末魏晋时期衣裤、巾帽和鞋子等方面服饰演变，侧面反映出当时社会的风俗状况。例如，卷六对衣的记载："灵帝建宁中，男子之衣，好为长服，而下甚短。女子好为长裾，而上甚短。"

如卷七对巾帽的记载："昔魏武军中，无故作白帢……初，横缝其前以别后，名之曰'颜'，帢传行之。至永嘉之间，稍去其缝，名'无颜帢'。"

又如卷七对鞋子的记载："初作屐者，妇人圆头，男子方头。盖作意欲别男女也。至太康中，妇人皆方头屐，与男子无异。"

《搜神记》全书叙事简洁，语言朴素，内容庞杂，结构完整，人物形象鲜明，情节丰富曲折，在六朝志怪小说中占有重要地位，被当时刘恢称为"鬼之董狐"。东晋陶潜《搜神后记》，昙永《搜神论》、唐句道兴《搜神记》等，均仿此书而作。就纺织文化遗产研究而言，该书可以作为了解魏晋时期服饰变化的参考资料，但书中内容多与神话传说相关，故在使用时需多加辨别。

拓展资料

胡震亨（公元1569—1645年），明代学者。字孝辕，号遯叟、赤城山人。海盐（今属浙江）人。万历举人，授故城县（今属河北）教谕。历任合肥知县，左府佥书、德州知州。因母病弃官返乡，与毛晋往还，编印书籍，从事著述。崇祯十年（公元1637年）补定州知州，后改兵部职方司员外郎。顺治二年（公元1645年）死于避乱途中，著有《唐音统签》《读书杂录》《靖康盗鉴录》《赤城山人稿》《公海盐县图经》《秘册汇函》等。

《秘册汇函》，明代胡震亨等辑。所收主要为先秦至唐宋时期的经、史、子类书。刊版未完，即遭火灾，残版后归毛晋，毛氏收入《津逮秘书》。

《百子全书》，清德宗光绪时，湖北崇文书局选历代子书，汇而刊之，凡儒家二十三种，兵家十种，法家六种，农家一种，术数二种，杂家二十八种，小说家十六种，道家十四种。是书之编辑，次第无法，校解亦略；唯因其搜罗子部，颇为繁博，故好学之士，皆愿得之。

《搜神后记》，志怪小说集。旧题晋陶潜撰，十卷。所收多为神鬼妖异故事，如《斫雷公》《鬼设网》等。也有不少民间传说，如《贞女峡》《舒姑泉》等。本书最早刊本为明万历间胡震亨辑刻《秘册汇函》本。1981年中华书局出版汪绍楹校注本，收有佚文，并附《稗海》本和句道兴本《搜神记》。

参考文献

[1]吴永章.中国南方民族史志要籍题解[M].北京：民族出版社，1991：20.

[2]石昌渝.中国古代小说总目文言卷[M].太原：山西教育出版社，2004：433.

[3]祁连休，冯志华.中国民间故事通览5卷[M].石家庄：河北教育出版社，2021：149.

[4]赵山林.大学生中国古典文学词典[M].广州：广东教育出版社，2003：251.

[5]李婕.论《搜神记》对魏晋服饰风俗的政治文化阐释[J].昆明理工大学学报（社会科学版），2010，10（05）：98-103.

[6]任道斌，李世愉，商传.简明中国古代文化史词典[M].北京：书目文献出版社，1990：407.

[7]李时.国学小辞典[M].南京：江苏人民出版社，2018：103.

[8]姜彬.中国民间文学大辞典[M].上海：上海文艺出版社，1992：1077.

四　唐段成式撰《酉阳杂俎》

明万历时期新都汪士贤校刊本（前集）、明末虞山毛氏汲古阁刊本（续集）

唐段成式撰《酉阳杂俎》明万历时期新都汪士贤校刊本，现藏于日本内阁文库。此书为唐代笔记小说集。现存世版本有明万历时期新都汪士贤校刊本（前集即本案）、明末虞山毛氏汲古阁刊本（续集即本案）、明万历三十五年（公元1607年）李云鹄刻本、清《稗海丛书》本、清毛晋《津逮秘书》本、清嘉庆年间张海鹏《学津讨原》本、清《艺苑捃华》本、1981年中华书局点校版。

酉阳，即小酉山（在今湖南沅陵），相传山下有石穴，中藏书千卷。秦时有人避乱隐居学习于此。梁元帝为湘东王时，镇荆州，好聚书，赋有"访酉阳之逸典"语。《新唐书·段成式传》称段成式"博学强记，多奇篇秘籍"，因而以家藏秘籍与酉阳逸典相比。其书内容又广泛驳杂，故以《酉阳杂俎》为名。全书共30集，其中前集20卷、续集10卷。每卷又以类从，前集共30类、续集6类，共1288条。《四库全书总目提要》认为其专记"诡怪不经之谈，荒渺无稽之物"。该书记述了南北朝及唐代的朝野秘闻轶事、交聘应对仪礼、民间婚丧嫁娶、风土习俗、传奇、陨星、化石、动植物等。此书保存的神话材料数量之多，仅次于晋干宝的《搜神记》，然相较而言该书更富民间神话色彩。此外，该书略与《博物志》相类，而内容之杂又有过之。全书故事性和传说性强，记事简练清雅，描写细腻生动，有志怪小说古风，内容多为后代小说、戏曲所取。

该书涉及纺织信息较为广泛，其中有对织物材料信息、染料信息、服饰类型、织物名称等相关信息的记载，但全书记载较为分散，并不集中。例如，服饰类型的记载有《前集卷一·忠志》对道服的描述："寿安公主，曹野那姬所生。以其九月而诞，遂不出降。常令衣道服，主香火。"

对织物材料信息的记载有《前集卷十九·广动植物之四》："蜀葵，可以缉为布。枯时烧成灰，藏火，火久不灭。"

又如对染料信息的记载有《前集卷十八·广动植之三》中载："脂衣柰，汉时紫柰大如升，核紫花青，研之有汁，可漆。或着衣，不可浣也。"

《酉阳杂俎》内容繁杂，包罗万象，为研究民俗、古代建筑、绘画、矿物、生物等学科提供了重要实证资料。但值得注意的是，该书部分记载与方术、传说有关，例如《前集卷八·梦》："魏杨元稹能解梦，广阳王元渊梦著衮衣倚槐树，问元稹。元稹言当得三公。"因此在使用此书时，需要多加考证，或辨别使用。

拓展资料

段成式（公元803—863年），字柯古。临淄（今山东）人，家于荆州。以父（文昌）荫为秘书省校书郎，官至太常少卿。家中藏书甚多，博闻强记。

干宝（公元？—336年），字令升，新蔡（今河南新蔡）人。以才器召为佐著作郎。东晋元帝（公元317—323年）时，领国史。以家贫求补山阴令。历位始安太守、散骑常侍。主要著作有

《晋纪》《搜神记》等。

日本内阁文库是日本国立公文书馆成立时的一个重要部门，1885年随着内阁制度的建立，成立内阁图书馆。馆内保存了日本和中国古代文献，成为日本领先的专业图书馆之一，受到国内外研究人员的欢迎。藏品中有许多与江户幕府时期有关的官方文献资料。

《博物志》，晋张华（公元232—300年）撰。十卷，内容驳杂，包括山川地理知识、草木鸟兽虫鱼、奇物异事、神话传说等，亦有涉及社会风俗、民族、自然现象的材料。如言西方之人高鼻深目多毛，南方之人大口，北方之人广面。还有妇女妊娠时的习俗，以及当时已注意到的自然现象，积油满万石则自然生火，梳头脱衣时有光发声等。记曹操集中方士不使游散，与曹植《辩道论》可相印证。

《津逮秘书》明代毛晋所编笔记杂录。此书收录了许多罕见而又有实用价值的笔记杂录，尤以宋人为多。毛晋一反明代编辑丛书删节割裂之陋习，收书多为首尾完备的足本，注重选择善本，进行校勘，为整理和传播古代文化典籍作出了贡献。全书分十五集，每集四至十八种不等。各集内容相对集中，含有分类的意义。如第一集为《诗经》，第二集为《易经》，第五集为诗话，第六、七集为书画，第十二、十三集为题跋，余为笔记杂著、掌故琐记等。所收诸书，内容包括经学、史学、典章制度、志怪小说、诗话笔记、科学技术、书法、绘画、书跋等，汉唐以来之子史要籍则所收殊罕。

《学津讨原》为清嘉庆时张海鹏辑。系据毛晋《津逮秘书》加以增删，重新编订而成。共分二十集，收书一百七十三种。以经史百家、朝章典故，遗闻轶事为主，如《京氏易传》《尚书郑注》《大唐创业起居注》《洛阳伽蓝记》《齐民要术》《搜神记》等。

《艺苑捃华》编收各类书籍四十八种，九十七卷。汇辑汉、晋、宋、清人著述。所收均为小品，其中晋唐小说多至三十余种，内容有武侠、神话、才子佳人。是书亦收农家之书。如《农书》《蚕书》《耕织图诗》等，孙衣言序云："蔡邕帐里，故应有此奇书；刘安枕中，乃许汇其秘室。"实在推崇过当。

参考文献

[1]姜彬.中国民间文学大辞典[M].上海：上海文艺出版社，1992：1080.

[2]古健青，张桂光等.中国方术辞典[M].广州：中山大学出版社，1991：653.

[3]潘建国.《酉阳杂俎》明初刊本考——兼论其在东亚地区的版本传承关系[C].中国古典文献学国际学术研讨会.中国国家图书馆，2009.

[4]吴永章.中国南方民族史志要籍题解[M].北京：民族出版社，1991：20.

[5]白寿彝.中国通史8（第5卷）上中古时代·三国两晋南北朝时期[M].上海：上海人民出版社，2004：31.

[6]罗志欢.中国丛书综录选注上[M].济南：齐鲁书社，2017：49，96.

[7]任道斌，李世愉，商传.简明中国古代文化史词典[M].北京：书目文献出版社，1990：498.

五 唐樊绰撰《蛮书》

清乾隆三十九年《武英殿聚珍版丛书》本

唐樊绰撰《蛮书》清乾隆三十九年《武英殿聚珍版丛书》本，现藏于中国国家图书馆。《蛮书》成书于唐咸通四年（公元863年），次年补附录诸条。此书大约在明中叶散佚，直至清乾隆年间才由四库馆臣从《永乐大典》中辑出，以“蛮书”为名编入《武英殿聚珍版丛书》（即本案）。主要刊刻版本另有：乾隆四十三年（公元1778年）《四库全书》本、咸丰年间胡珽辑《琳琅秘室丛书》本、光绪十四年（公元1888年）董氏取斯堂活字本、光绪桐庐袁氏刻渐西村舍汇刊本、1935年商务印书馆出版《丛书集成初编》本等。

《蛮书》全书共一万二千余字，分云南界内途程、山川江源、六诏、名类、六州、云南城镇、云南管内物产、蛮夷风俗、南蛮条教、南蛮疆界接连诸蕃夷国名十卷。

南诏境内无可供养蚕的桑树，但是有“柘”，即柘树，该树的叶子可以喂蚕。该地抽丝方法也具有地方民族特色，在卷七《云南管内物产》记载为：“蛮地无桑，悉养柘蚕绕树。村邑人家柘林多者数顷，耸干数丈。二月初蚕已生，三月中茧出。抽丝法稍异中土。精者为纺丝绫，亦织为锦及绢。其纺丝入朱紫以为上服。锦文颇有密致奇采，蛮及家口悉不许为衣服。其绢极粗，原细入色，制如衾被，庶贱男女，计以披之。”

除了柘树，还有部分地区盛产木棉，卷七《云南馆内物产》载“自银生城、柘南城、寻传、祁鲜已西，蕃蛮种并不养蚕，唯收娑罗树子破其壳，中白如柳絮，细为丝，织为方幅，裁之笼缎，男子妇女通服之。骠国、弥臣、弥诺悉皆披娑罗龙缎。”在以农业经济为主的南诏，纺织业有所发展，人们已经掌握了养蚕抽丝、种麻纺织的技术以及生产各种丝、麻、棉织物。

该书卷八《蛮夷风俗》对南诏社会服饰做了总结概括，在南诏男子披毡是社会服装的潮流，女子主要以裙装为主，男女发型都是梳成椎髻状并盘起来，如：“其蛮，丈夫一切披毡，其余衣服略与汉同，唯头囊特异耳。南诏以红绫，其余向下皆以皂绫绢。其制度取一幅物，近边撮缝为角，刻木如樗蒲头，实角中，总发于脑后为一髻，即取头囊都包裹头髻上结之。羽仪已下及诸动有一切房甄别者，然后得头囊。若子弟及四军罗苴已下，则当额络为一髻，不得带囊角；当顶撮壂髻，并披毡皮。”

又如：“妇人，一切不施粉黛，贵者以绫锦为裙襦，其上仍披锦方幅为饰。两股辫其发为髻。髻上及耳，多缀真珠、金贝、瑟瑟、琥珀。贵家仆女亦有裙衫。常披毡及以赠帛韬其髻，亦谓之头囊。”

《蛮书》记载了唐代云南境内的交通途程、重要的山脉河流和城邑，云南各族的经济生活、生产技术、风俗习惯以及部族的分布迁徙，是现存唐人记载云南地区史事的唯一专书。就纺织文化遗产而言，《蛮书》中所记载的南诏各民族服饰文化、纺织工艺技术等内容，为今天研究当时生产形式、了解当地的特色物产以及南诏与唐朝的交流关系保留了珍贵资料，是南诏史和西南历史研究的重要史料来源。

拓展资料

樊绰（生卒年不详），唐懿宗时任安南都护经略使蔡袭的幕僚。咸通四年（公元863年）正月南诏蒙嵯颠攻破安南城，樊绰突围逃脱，驻留郡州。六月，南诏复进攻郡州，樊绰遂奔藤州，转往长安。后任夔州都督府长史。

南诏是与唐朝几乎同一时期存在于我国西南边疆的一个地方民族政权，历时二百五十余年。《新唐书》卷222记载：“南诏，东距爨，东南属交趾，西摩伽陀，西北与吐蕃接，南女王，西南骠，北抵益州，东北际黔、巫。”根据这一记载，可推南诏疆域东西三千里，南北四千六百里，大约110万平方公里，相当于今天云南面积的2.7倍。

参考文献

[1]吕余萍.《蛮书》记载中的南诏服饰文化研究[J].四川民族学院学报，2022，31（06）：50-56.

[2]罗效贞.浅析樊绰《云南志》的史料价值[J].今日民族，2011（12）：50-52.

[3]方国瑜.樊绰《云南志》考说[J].思想战线，1981（01）：3-8.

[4]管彦波.对南诏社会生活史的研究[J].中南民族学院学报（哲学社会科学版），1992（04）：65-70.

[5]欧阳修，宋祁.新唐书[M].北京：中华书局，1975：6267.

六 北宋范镇撰《东斋记事》

清鲍廷博校本

北宋范镇撰《东斋记事》清鲍廷博校本，现藏于中国国家图书馆。《东斋记事》成书时间尚无定论，宋徽宗崇宁、大观年间曾遭禁毁。《皇宋通鉴长编纪事本末》记载："徽宗崇宁二年（公元1103年）四月乙亥，'诏三苏、黄、张、晁、秦及马涓文集、范祖禹《唐鉴》、范镇《东斋记事》、刘攽《诗话》、僧文莹《湘山野录》等印板，悉行焚毁。'"就其原因，《郡斋读书志》称："崇、观间以其多及先朝故事禁之。"

该书旧传十卷本与十二卷本两种，由于两者散佚，其差异无从考证。今本《东斋记事》系清乾隆年间编纂《四库全书》时，由《永乐大典》辑出原书内容，定为五卷，后又将他书所引《东斋记事》辑为补遗一卷，合为六卷。有清乾隆年间《四库全书》本、文澜阁传抄本、本案、嘉庆十五年（公元1810年），张海鹏《墨海金壶》丛书本、道光二十四年（公元1844年）《守山阁丛书》本、光绪十五年（公元1889年）上海鸿文书局据《守山阁丛书》本石印。今本有1980年中华书局《唐宋史料笔记丛刊》本等。（图5-3、图5-4）

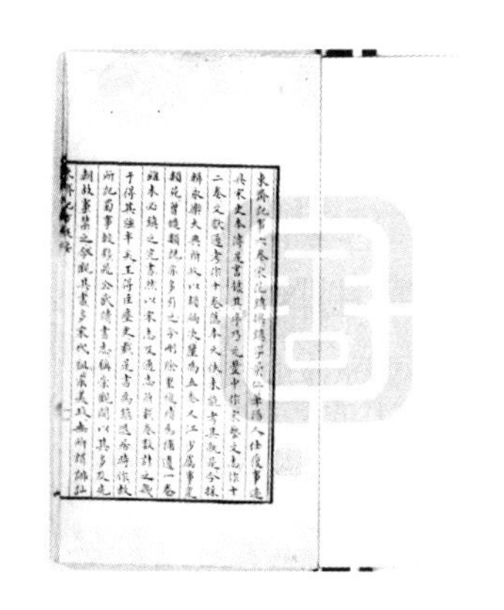

图5-3 卷首·北宋范镇撰《东斋记事》清鲍廷博校本 中国国家图书馆藏

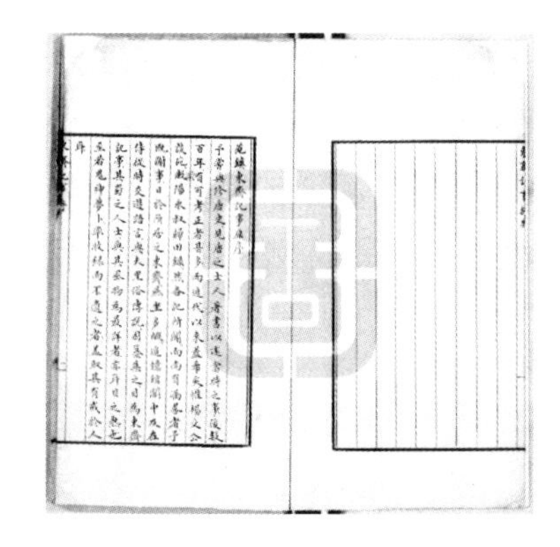

图5-4 序·北宋范镇撰《东斋记事》清鲍廷博校本 中国国家图书馆藏

《东斋记事》是作者记录时事见闻形成的笔记，因撰书地点在东斋，故而得名。其《序》称："予既谢事，日于所居之东斋燕坐多暇，追忆馆阁中及在侍从时交游语言，与夫里俗传说。"清编本六卷涉及祖宗故事、典章制度、士人轶事、风土人情、诗文典故、鬼神梦卜等方面内容，记录了作者仕宦时的经历见闻和俚俗传说。其中典章制度内容丰富，《续资治通鉴》《宋史》等史籍对其多有征引，史料价值较高。书中所记士人轶事或为他书不载，可用以补充宋人传记。书中还记载了各地的风土人情，可增进人们对古代民俗文化的了解。由于范镇为蜀人，因此书中多记蜀地风土人情，为研究北宋蜀地社会风俗提供了重要参考。另外，书中记载的鬼神梦卜之事皆含劝诫之意，从中亦可窥见宋人的精神信仰。

就纺织文化遗产研究而言，该书对服饰的记载分布于全书各章，且篇幅有限。例如，卷三对王景彝衣着的描写："王景彝与予同在《唐书》局，十余年如一日，春、夏、秋、冬各有衣服，岁岁未尝更，而常若新置。至绵衣，则皆有分两帖子缀于其上，视其轻重厚薄，而以时换易。有仆曰王用，呼即在前，冬月往往立睡于幄后，其不敢懈如此。"文中描述了王景彝在十多年的时间里，对待衣物极为谨慎和节俭的态度，每季更换适合的衣服，而这些衣物常年保持得如新置般。此外，绵衣上还贴有标签，以便根据季节的变化调整衣物的轻重厚薄。（图5-5）

如，卷三还有对服装用料的描述："又尝于文公家会葬，坐客乃执政、贵游子弟，皆服白衣襕衫，或罗或绢有差等。"揭示了不同社会阶层所用服饰材质的等级差异。（图5-6）

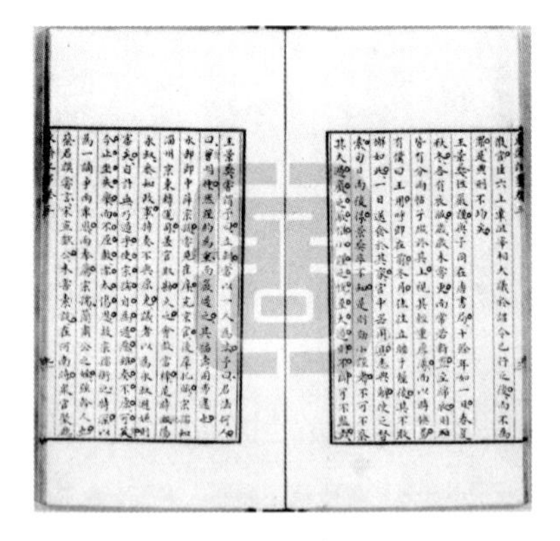

图5-5　王景彝·北宋范镇撰《东斋记事》清鲍廷博校本　中国国家图书藏

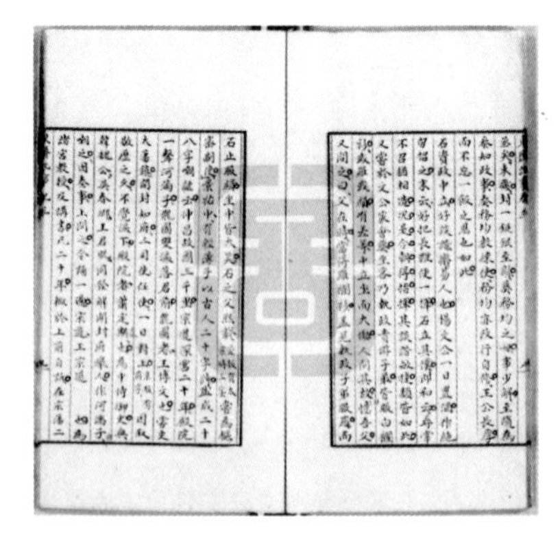

图5-6　不同阶级服饰·北宋范镇撰《东斋记事》清鲍廷博校本　中国国家图书藏

又如，补遗卷对宋代官员服饰的记载："张尚书守蜀，人心大安，及代去，留一卷实封与僧正云：'俟十年观此。'后十年，公薨于陈州。讣至，开所留文字，乃公画像，衣兔褐，系草绦，自为赞曰：'乖则违俗，崖不利物。乖崖之名，聊以表德。'"文中记载这位官员穿着简朴的兔褐衣服，和草绳做带子。（图5-7）

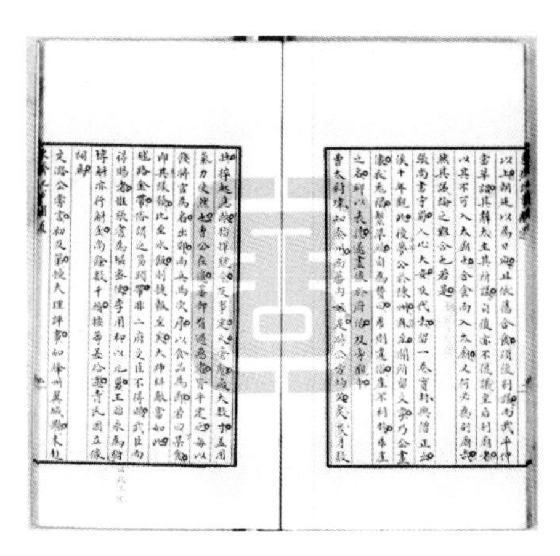

图5-7 宋代官员服饰·北宋范镇撰《东斋记事》
清鲍廷博校本 中国国家图书藏

《东斋记事》全书内容涉及广泛，从多个角度反映了北宋政治制度与社会风貌，为研究北宋社会、政治和文化提供了重要参考资料。自成书以来，受到了南宋历朝史家的重视，书中条目被多部史书、诗话、小说、类书等所征引，可见其史料价值。此外，书中记载的精怪传说，虽难以考证，但也为了解北宋时期社会风貌提供了多元化的视角。

拓展资料

范镇（公元1008年—1088年），字景仁，成都华阳（今四川双流）人，世称"范蜀公"，其一生政治活动丰富，交游广泛，是北宋著名的文学家、史学家，《宋史》有传。

鲍廷博（公元1728年—1814年），字以文，号渌饮，祖籍安徽歙县长塘，随父鲍思诩居杭州。后定居桐乡县青镇（今乌镇）杨树湾。著有《花韵轩小稿》《咏物诗》等。

《皇宋通鉴长编纪事本末》，南宋杨仲良撰，共一百五十卷。记载北宋历史的纪事本末体史书。

范祖禹（公元1041年—1098年），字淳甫（淳，或作醇、纯，甫或作父），一字梦得，成都华阳人。北宋著名史学家、文学家、诗人，"三范修史"之一。

刘攽（公元1023年—1089年），北宋史学家。字贡夫，号公非。临江新喻（今江西新余）人。庆历进士，历任曹州、兖州、亳州、蔡州知州，官至中书舍人。一生潜心史学，治学严谨。助司马光修《资治通鉴》，充任副主编，负责汉史部分，著有《东汉刊误》等。

参考文献

[1]徐洋.《东斋记事》的成书、版本及史料价值考[J].重庆第二师范学院学报，2020，33（02）：40-43.

[2]王青.《东斋记事》研究[D].保定：河北大学，2018.

[3]白金龙.范镇《东斋记事》研究[D].武汉：华中师范大学，2017.

七 北宋沈括述《梦溪笔谈》

明汲古阁毛晋《津逮秘书》辑录刊本

北宋沈括述《梦溪笔谈》明汲古阁毛晋《津逮秘书》辑录刊本，现藏于德国巴伐利亚州立图书馆。该书刊刻源流大致有二。其一，以南宋乾道二年（公元1166年）扬州州学二十六卷《笔谈》为祖本，如元大德九年（公元1305年）陈仁子东山书院重刻本，其书流传有序，相继被明清内府收藏，后辗转流落民间，及至海外，几经周折终归中国国家图书馆，是现存最早的刻本（本案亦属该系统）。其二，以明崇祯四年嘉定马元调刻本为底本校刻，文后附“补笔谈”和“续笔谈”，其脱胎于明初《文渊阁书目》，早先收录时作“补笔谈”，但有补无续。其后《遂初堂书目》作“沈氏续笔谈”，然有续无补。至明万历商濬《稗海》辑录本，初刻只有《梦溪笔谈》正文二十六卷，后印本附“补笔谈一卷，续笔谈十一条”。直至明崇祯四年（公元1631年），嘉定马元调重新刻本校核宋本记“梦溪笔谈二十六卷，补笔谈三卷，续笔谈一卷”才最终定版。清嘉庆十年（公元1805年）张海鹏《学津讨原》辑录识云“右笔谈二十六卷，汲古原书。其补、续二种，则从《稗海》增入者。”此外，有清光绪三十二年（公元1906年）番禺陶氏爱庐刻本《梦溪笔谈》，现收藏于天津图书馆。（图5-8）

《梦溪笔谈》作者自序称《笔谈》，“梦溪”二字被普遍认为是后世刻书者所加。《四库全书总目》记“元祐初，（括）道过京口，登所买地，即梦中所游处，遂筑室焉，名曰‘梦溪’。是书盖其闲居是地时作也。”在书名中加入“梦溪”二字以纪沈括定居润州梦溪园时所作，但成书年代尚未考定，据推测在元祐元年至元祐六年（公元1086—1091年）间。

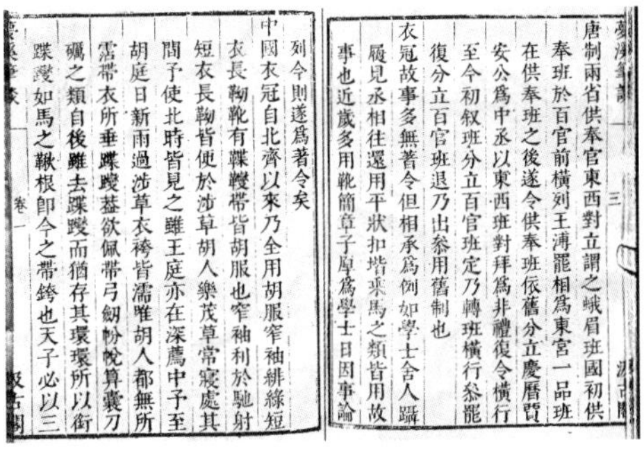
唐制兩省供奉官東西對立謂之蛾眉班國初供
奉班於百官前橫列王溥罷相爲東宫一品班
在供奉班之後遂令供奉班依舊分立慶曆賈
安公爲中丞以東西班對拜爲非禮復令橫行
至今初叙班分立百官班定乃轉班橫行參罷
復分立百官班退乃出參用舊制也
衣冠故事多無著令但相承爲例如學士舍人蹑
履見丞相往還用平狀扣堦乘馬之類皆用故
事也近歲多用靴簡章子厚爲學士日因事論
列今則遂爲著令矣
中國衣冠自北齊以來乃全用胡服窄袖緋綠短
衣長靿靴有鞢䩞帶皆胡服也窄袖利於馳射
短衣長靿皆便於涉草胡人樂茂草常寢處其
間予使北時皆見之雖王庭亦在深薦中予至
胡庭日新雨過涉草衣袴皆濡唯胡人都無所
霑帶衣所垂鞢䩞蓋欲佩帶弓劍紛帨算囊刀
礪之類自後雖去鞢䩞而猶存其環環所以銜
鞢䩞如馬之鞦根即今之帶銙也天子必以三

图5-8 序.北宋沈括述《梦溪笔谈》明汲古阁毛晋《津逮秘书》辑录刊本 德国巴伐利亚州立图书馆

《梦溪笔谈》全书共二十六卷，集合了沈括一生在历史、文学、技术和艺术等方面的研究成果。主要内容分为“故事、辩证、乐律、象数、人事、官政、权智、艺文、书画、技艺、器用、神奇、异事、谬误、讥谑、杂志、药议”等，后胡道静《梦溪笔谈校正》以陶氏爱庐刊本为基础，依据现代科学体系将其内容分28个类目共计609个条目（含补笔谈、续笔谈）。书中提供了大量有关古代墓葬及出土实物的线索值得关注，如海州得弩机（三三一条），在谯亳得古镜（三六〇条），在寿春得印子金（三六六条），在汉东得娄金（三六六条），玉琥（四五六条），以及发现济州朱鲔墓（三二五条），金陵六朝陵寝被掘（三三四条）等情况。经由实物入手，又引发了沈括对古籍的研究与思考，如依据姑熟（今安徽当涂）王敦城下土所得铜钲对《三礼图》所记“黄彝”进行了辨正，提出了“《礼图》亦未可据”的观点。这种以地下文物与传世典籍两相印证的做法，为后世考证古代物质文化提供了重要的研究思路。

“博学善文，于天文、方志、律历、音乐、医药、卜算无所不通，皆有所论著。”

——《宋史·沈括传》

“括在北宋，学问最为博洽。于当代掌故及天文、算法、钟律尤所究心……汤休年跋，称其目见耳闻，皆有补于世，非他杂志之比，勘验斯编，知非溢美矣。”

——《四库全书总目》

1979年，中国科学院紫金山天文台为了纪念沈括的贡献，将1964年发现的一颗小行星2027命名为“沈括星”，可见当今社会各界对其才学的认可。在纺织文化遗产研究方面，《梦溪笔谈》亦有重要贡献。例如，卷一故事一提到“中国衣冠自北齐以来，乃全用胡服。窄袖绯绿短衣长靿靴，有蹀躞带皆胡服也……”记录了我国古代服饰变革的历程。卷三辩证一提到“熙宁中，京师贵人戚里，多衣深紫色。谓之黑紫，与皂相乱，几不可分，乃所谓玄也。璊。赭色也。”记述了宋代服色的规制与特征。卷十九基于对汉大司徒朱鲔墓的调查提出“人之衣冠多品，有如今之幞头者，巾额皆方，悉如今制，但无脚耳。”“千余年前冠服已尝如此。”并据此得出了汉代“幞头”与宋代样式相近，唯无脚耳的观点。此类种种，皆为研究我国古代服饰文化研究提供了重要的参考资料。

拓展资料

巴伐利亚州立图书馆（Bayerische Staatsbibliothek），位于德国巴伐利亚州慕尼黑。其历史可追溯至1558年，曾是一所皇家图书馆，1803年接受150多所教会和修道院图书馆的大批珍贵藏书，1829年易名为宫廷图书馆，并建筑了宏伟的馆舍。1918年归巴伐利亚自由邦管辖，第二次世界大战期间，该馆馆舍和约50万册藏书（大都是具有历史价值的珍本）毁于战火，1970年完成重建和扩建。德国巴伐利亚州立图书馆为德国乃至欧洲收藏汉籍最为丰富的图书馆之一，其重要藏品包括敦煌唐人写经、宋元刻本佛教经典、元明刻本佛教道教诗文集、稀见的中文天主教文献，以及曾经名家收藏的明清善本。

马元调（公元？—1645年），字巽甫，又字简堂。明嘉定（今上海嘉定）人。诸生，师从娄坚，精通经史典章名物。刊印唐元稹、白居易集，宋沈括《梦溪笔谈》等。

徐瑢（公元1450—1524年），字信之，明应天府江宁人，著有《石林稿》。

胡道静（公元1913—2003年），古文献学家、科技史学家，祖籍安徽泾县，生于上海。（巴黎）国际科学史研究院（AIHS）通讯院士，著有《校雠学》《公孙龙子考》《上海新闻事业之史的发展》《新闻史上的新时代》《梦溪笔谈校证》《沈括研究论集》《中国古代的类书》《农书与农史论集》《种艺必用校录》等，并主持《中国丛书综录》《中国科学技术史探索》等书的编辑。

弩机，弩是用机械力射箭的弓，是由弓发展而成的一种远程射杀伤性武器。宋代弩的种类很多，比较有代表性的有床子弩、神臂弓等。

印子金，即金钣，战国时期楚国铸造的黄金货币，有龟背形、长方形、方形等。

《宋史》，元末至正三年（公元1343年）由丞相脱脱和阿鲁图先后主持修撰。《宋史》与

《辽史》《金史》同时修撰，是二十四史中篇幅最庞大的一部官修史书，共记两千多人的列传，横跨五代至宋初，弥补过去新旧五代史之不足，收录于《四库全书》史部正史类。

参考文献

[1]王澄.扬州刻书考[M].扬州：广陵书社，2003：4.

[2]李明杰，陈梦石.沈括《梦溪笔谈》版本源流考[J].图书馆，2019，295(04)：106-111.

[3]沈津.美国哈佛大学哈佛燕京图书馆藏中文善本书志[M].桂林：广西师范大学出版社，2011：1084-1085.

[4]谢辉.德国巴伐利亚州立图书馆藏汉籍善本初探[J].兰台世界，2016，507(13)：97-100.

[5]胡道静.新校正梦溪笔谈·梦溪笔谈补证稿[M].上海：上海人民出版社，2011：3-15，7-18，778-779，783，786.

[6](宋)沈括.梦溪笔谈[M].包亦心，编译.沈阳：万卷出版公司，2019：201.

八 北宋孟元老撰《东京梦华录》

明崇祯三年毛晋汲古阁刊《津逮秘书》本

宋孟元老撰《东京梦华录》明崇祯三年毛晋汲古阁刊《津逮秘书》本，现藏于哈佛大学燕京图书馆。《东京梦华录》作序于绍兴十七年（公元1147年），实际付梓则在淳熙十四年（公元1187年）。主要刊刻版本有明初印行的元至正年间刻本，元末明初陶宗仪辑《说郛一百二十卷》宛委山堂本，明弘治十七年（公元1504年）刻本，万历三十一年（公元1603年）胡震亨，沈世龙刻《秘册汇函》本，崇祯三年（公元1630年）毛晋汲古阁刊《津逮秘书》本（即本案），乾隆四十三年（公元1778年）《四库全书》本，嘉庆九年（公元1804年）《学津讨原》本，1935年至1937年商务印书馆出版《丛书集成初编》本等。（图5-9）

《东京梦华录》全篇一共三万余字，共十卷，除卷一、卷二、卷八外，其他卷都涉及不同人物的服饰描写，上至公主后妃的锦服华冠，下至各行各业买卖人的“制”服，约占全篇的1/4。其中卷七《驾登宝津楼诸军呈百戏》一节和卷十《车驾宿大庆殿》一节，因为涉及艺乐伎人和仪仗侍宦，对服饰的描述尤其多。如《驾登宝津楼诸军呈百戏》一节中对服饰的描写有“有假面长髯，展裹绿袍，靴

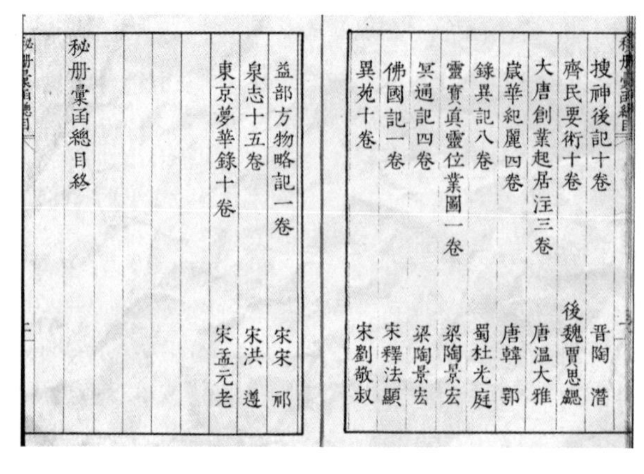

搜神後記十卷　晉陶　潛
齊民要術十卷　後魏賈思勰
大唐創業起居注三卷　唐溫大雅
歲華紀麗四卷　唐韓　鄂
錄異記八卷　蜀杜光庭
靈寶真靈位業圖一卷　梁陶景宏
冥通記四卷　梁陶景宏
佛國記一卷　宋釋法顯
異苑十卷　宋劉敬叔

益部方物略記一卷　宋宋　祁
泉志十五卷　宋洪　遵
東京夢華錄十卷　宋孟元老

秘册彙函總目終

图5-9　总目·宋孟元老撰《东京梦华录》明崇祯三年毛晋汲古阁刊《津逮秘书》本　哈佛大学燕京图书馆藏

筒，如钟馗像者，傍一人以小锣相招和舞步，谓之舞判。”“女童皆妙龄翘楚，结束如男子，短顶头巾，各着杂色锦绣捻金丝番段窄袍，红绿吊敦束带，莫非玉羁金勒，宝镫花鞯。”“先设彩结小球门于殿前，有花装男子百余人，皆裹角子向后拳曲花幞头，半着红，半着青锦袄子，义襕束带，丝鞋，各跨雕鞍花驴子，分为两队，各有朋头一名，各执彩画球杖，谓之小打。”（图5-10）

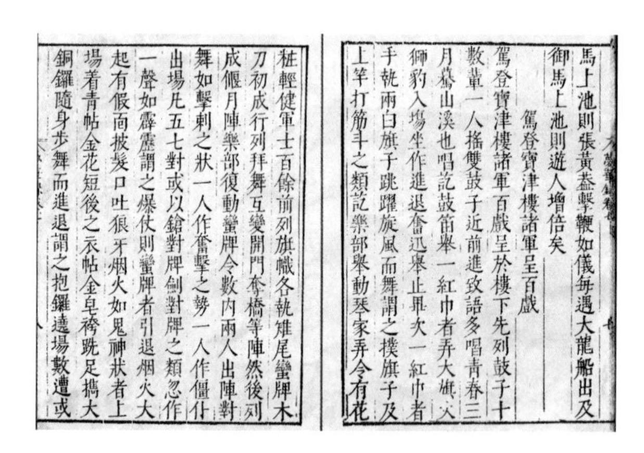

馬上池則張黃蓋擊鞭如儀每遇大龍船出及
御馬上池則遊人增倍矣
駕登寶津樓諸軍呈百戲
駕登寶津樓諸軍百戲呈於樓下先列鼓子十
數輩一人搖雙鼓子近前進致語多唱青春三
月驀山溪也唱訖鼓笛舉一紅巾者弄大旗次
獅豹入場坐作進退奮迅舉止畢次一紅巾者
手執兩白旗子跳躍旋風而舞謂之撲旗子及
上竿打筋斗之類訖樂部舉動琴家弄令有花
桩輕健軍士百餘前列旗幟各執雉尾蠻牌木
刀初成行列拜舞互變開門奪橋等陣然後列
成偃月陣樂部復動蠻牌令數內兩人出陣對
舞如擊刺之狀一人作奮擊之勢一人作僵仆
出場凡五七對或以鎗對牌劍對牌之類忽作
一聲如霹靂謂之爆仗則蠻牌者引退烟火大
起有假面披髮口吐狼牙烟火如鬼神狀者上
場着青帖金花短後之衣帖金皂袴跣足攜大
銅鑼隨身步舞而進退謂之抱鑼遶場數遭或

图5-10　《驾登宝津楼诸军呈百戏》·宋孟元老撰《东京梦华录》明崇祯三年毛晋汲古阁刊《津逮秘书》本　哈佛大学燕京图书馆藏

《公主出降》一节中描写了公主出嫁时抬轿天武官以及宫嫔的穿着：“用檐床数百，铺设房卧，并紫衫卷脚幞头天武官抬舁。又有宫嫔数十，皆真珠钗插，吊朵玲珑，簇罗头面，红罗销金袍帔。”

《娶妇》一节中记述不同等级媒人的服饰穿着为："其媒人有数等，上等戴盖头，着紫背子，说官亲宫院恩泽。中等戴冠子，黄包髻背子，或只系裙手，把青凉伞儿，皆两人同行。"

《东京梦华录》所记大多是宋徽宗崇宁到宣和间北宋都城汴梁的情况，其于开封的城垣、河道、桥梁、宫室、官署、街坊、坊市、店铺、酒楼以及朝仪郊祭、时令节日、民俗风情、饮食起居、歌舞百戏等无所不包，较为真实地还原了一个鲜活的东京城，详细描述了北宋人的衣食住行，是研究北宋都市及经济社会生活的重要文献。但值得注意的是，该书问世于南宋淳熙十四年（公元1187年），距孟元老手写的稿本完成又历四十余年，其中辗转传抄，邓之诚所说："（孟元老）其人盖已百岁，必不及见其书之行世，其书亦未必手定，故多讹误。"因此在使用时应与同时期其他文献结合使用。

拓展资料

孟元老（生卒年不详），史载阙如。据《东京梦华录》序可知，作者号幽兰居士，早年随其父游历南北，金灭北宋，又避居江左，追忆昔日汴京都市繁华以著此书。

参考文献

[1]牟晓琪.《东京梦华录》女性服饰考[J].文物鉴定与鉴赏，2020（15）：47-49.

[2]伊永文.《东京梦华录》版本发微[J].古典文学知识，2006（04）：97-102.

[3]李致忠.《东京梦华录》作者续考[J].文献，2006（03）：19-22.

[4]何兆泉.《东京梦华录》作者问题考辨[J].浙江学刊，2015（05）：37-43.

九 南宋周去非撰《岭外代答》

清道光年间知不足斋丛书本

南宋周去非撰《岭外代答》清道光年间知不足斋丛书本，现藏于中国国家图书馆。《岭外代答》成书于南宋淳熙五年（公元1178年），作者在自序中称，其从广西归来后，有问岭外事者，倦于应酬，书此示之，故曰"代答"。该作成书后即有流传，尤袤《遂初堂书目》、赵希弁《郡斋读书志附志》、陈振孙《直斋书录解题》等书目典籍均作著录，又见引于王象之《舆地纪胜》、祝穆《方舆胜览》、赵与时《宾退录》、谢采伯《密斋笔记》等书，但并未见刻版印刷，推测以抄本流传。明《永乐大典》录入《岭外代答》，但并未补齐缺文。清乾隆三十八年（公元1773年），四库馆开，从《永乐大典》中抄出全帙。其后，鲍廷博《知不足斋丛书》亦录入，用宋体字刊印、刊刻较精，较他本略胜。今除四库全书本与知不足斋丛书本两种版本外，尚有其他版本传世，例如，《丛书集成初编》据知不足斋丛书本排印而成；民国时期上海进步书局印《笔记小说大观》石印本，但此本无祖本记载，且在诸版本中讹误最多。1993年杨武泉以知不足斋丛书本为底本作《岭外代答校注》由中华书局出版，校勘甚精，注释颇详，收入《中外交通史籍丛刊》。1996年上海远东出版社出版有屠友祥校注本，收于《宋明清小品文集辑注》丛书。

清知不足斋丛书本《岭外代答》共10卷20门（一门佚其标目），存目294条。第一卷为“地理门”和“边帅门”。“地理门”有“百粤故地”“广西省併州”“五岭”“桂林岩洞”“天涯海角”等22条，涉及广西的地域范围、建制沿革、州县并合、山川河流等。“边帅门”6条，主要记广西军政建制的渊源、演变及辖属。卷二“外国门上”10条及卷三“外国门下”14条，涉及“安南国”“大秦国”等域外诸国之地理位置、风物国情与通达路线等。卷三“□□门”（原记“一门原脱标题”，后人据其内容推测为“兵丁门”），共计12条，9条言兵，2条言民，1条言僧道。卷四“风土门”及“法制门”。“风土门”11条，涉及气候、居所、风俗、语言文字等内容。“法制门”6条，涉及铨选、役法等。卷五“财计门”有“广右漕计”“广西盐法”等8条，记广西财政盐法、马政、市场贸易等。卷六“器用门”20条、“服用门”10条、“食用门”7条，记物产器具、服饰及饮食。卷七的“香门”7条、“乐器门”6条、“宝货门”7条、“金石门”13条，则分别述及香料、乐器歌舞、珠宝、矿产等。卷八“花木门”45条、卷九“禽兽门”38条，分别介绍水果、树木、花草、动物等物产资源。卷十“虫鱼门”12条、“古迹门”9条、“蛮俗门”16条、“志异门”15条，分别记虫鱼类生物资源、名胜古迹、婚恋风俗及信仰风俗等。就内容而言，周去非在其自序中说他在广西期间“随事笔记，得四百余条”，且所记皆为“疆场之事、经国之具、荒忽诞漫之俗、瑰诡谲怪之产”。

《岭外代答》记述了宋代广西山川地理、物产器具以及军事政治、社会经济、民族风俗等情况，其内容与前人相较更为丰富和详细，保留了许多正史中未备的史料。外国门、香门、宝货门兼及南洋诸国，并涉及大秦、大食、木兰皮诸国，反映了当时岭南地区与海外诸国的航海交通、经济贸易等情况。南宋赵汝适所著《诸蕃志》，记安南、占城、大秦、大食、波斯等国情况时，采录甚多；元周致中《异域录》中袭取《岭外代答》所记达30余处。近代有关中西交通史、东南亚史研究等方面的重要论著，如冯承钧的《中国南洋交通史》、日本藤田丰八的《中国南海古代交通丛考》等，在叙述12世纪情况时，无不援引其资料以为史证。《中国地域文化通览·广西卷》在论及宋元时期广西典籍时言："本书不仅是研究广西、广东、海南的古代社会历史地理名著，也是研究东西方古代海上交通史的必备参考书之一。"可见其作为研究宋代中西海上交通贸易和12世纪南海、南亚、西亚、东非、北非等地古国史的珍贵史料，历来为古今中外学者所重。

> "所言则军制户籍之事也。其书条分缕析，视嵇含、刘恂、段公路诸书叙述为详。所纪西南诸夷，多据当时译者之辞，音字未免舛讹。而《边帅》《法制》《财计》诸门，实足补正史所未备，不但纪土风、物产，徒为谈助已也。"
>
> ——《四库全书总目提要·岭外代答》

《岭外代答》卷六"服用门"中记载与纺织品制作过程、织物特征及价值相关的信息。例如"猺斑布"一条中记"猺人以蓝染布为斑，其纹极细。其法以木板二片，镂成细花，用以夹布，而熔蜡灌于镂中，而后乃释板取布，投诸蓝中。布既受蓝，则煮布以其蜡，故能受成极细斑花，炳然可观。故夫染斑之法，莫猺人若也"；"練子"一条中提及"邕州左、右江溪峒，地产苎麻，洁白细薄而长，土人择其尤细长者为練子。暑衣之，轻凉离汗者也。汉高祖有天下，令贾人无得衣練，则其可贵，自汉而然。有花纹者，为花練，一端长四丈余，而重止数十钱，卷而入之小竹筒，尚有余地。以染真红，尤易着色。厥价不廉，稍细者，一端十余缗也。"

同时，书中亦有介绍此时到达广西地区的域外纺织品，例如"安南绢"记"安南使者至钦，太守用妓乐宴之，亦有赠于诸妓，人以绢一匹。绢粗如细网，而蒙之以绵。交人所自著衣裳，皆密绢也。不知安南如网之绢，何所用也。余闻蛮人得中国红絁子，皆拆取色丝而自以织衫，此绢正宜拆取其丝耳。"

此外，书中还记述了广西不同于中原地区的特有纺织品种类，例如"水绸"一条有云"广西亦有桑蚕，但不多耳。得茧不能为丝，煮之以灰水中，引以成缕，以之织绸，其色虽暗，而特宜于衣。在高州所产为佳”；“虫丝”一条则介绍了其独特原料和制作方式“广西枫叶初生，上多食叶之虫，似蚕而赤黑色。四月五月，虫腹明如蚕之熟，横州人取之，以酽醋浸，而擘取其丝，就醋中引之，一虫可得丝长六七尺，光明如煮，成弓、琴之弦。以之系弓刀纨扇，固且佳。”

> “吉贝木如低小桑，枝萼类芙蓉，花之心叶皆细茸，絮长半寸许，宛如柳绵，有黑子数十。南人取其茸絮，以铁筋碾去其子，即以手握茸就纺，不烦缉绩。以之为布，最为坚善。唐史以为古贝，又以为草属。顾古、吉字讹，草、木物异，不知别有草生之古贝，非木生之吉贝耶？将微木似草，字画以疑传疑耶？雷、化、廉州及南海黎峒富有，以代丝纻。雷、化、廉州有织匹，幅长阔而洁白细密者，名曰慢吉贝；狭幅粗疏而色暗者，名曰粗吉贝。有绝细而轻软洁白，服之且耐久者。海南所织，则多品矣：幅极阔，不成端匹，联二幅可为卧单，名曰黎单；间以五采，异纹炳然，联四幅可以为幕者，名曰黎饰；五色鲜明，可以盖文书几案者，名曰鞍搭；其长者，黎人用以缭腰。南诏所织尤精好。白色者，朝霞也；国王服白氎，王妻服朝霞；芦史所谓白氎吉贝、朝霞吉贝是也。”
>
> ——《岭外代答·卷六·服用·吉贝》

最后，书中还介绍了广西地区民族服饰的形制特征、穿着方式、缝纫方法以及当地人的节庆装扮，例如“婆衫婆裙”一条中介绍：“钦州村落土人新妇之饰，以碎杂彩合成细球，文如大方帕，各衫左右两个，缝成袖口，披著以为上服。其长止及腰，婆娑然也，谓之婆衫。其裙四围缝制，其长丈余，穿之以足，而系于腰间。以藤束腰，抽其裙令短，聚所抽于腰，则腰特大矣，谓之婆裙。头顶藤笠，装以百花凤。为新妇服之一月，虽出入村落虚市，亦不释之。”

就纺织文化遗产研究而言，《岭外代答》是研究南宋时期边疆特有织物及纺织技艺、民族纺织品服饰，以及当时中外纺织文化交流的重要资料。

拓展资料

周去非（公元1134—1189年），字直夫。永嘉（今浙江温州）人，南宋地理学家。南宋隆兴元年（公元1163年）进士。乾道、淳熙间服官广西，初任静江府（治所在今桂林市区）属县尉，之后先后任钦州教授、权摄静江府灵川县、复任钦州教授，前后数年。任职岭南间，留意当地民族风俗、物产等，“随事笔记”，记录所见所闻，“得四百余条”，“秩满”东归，退居家乡时，亲友故旧不时询问岭南之事，不能一一作答，就将所做记录，参照范成大《桂海虞衡志》，选取294条，编辑成书，名为《岭外代答》，以饷亲友。

知不足斋丛书，清朝乾隆嘉庆年间鲍廷博父子刊刻的丛书，共三十集。鲍廷博精选世所罕见且流传稀少的孤本、珍本、善本，并亲自雠校，注明该书来源，保留了李冶《测圆海镜》和《益古演段》、俞松的《兰亭续考》、程敏政《宋遗民录》、钱大昕《修唐书史臣表》、释文莹《玉壶清话》、洪遵《翰苑选事》、岳珂《愧郯录》等抄本。其中前二十七集由鲍廷博刻，后三集由其子鲍士恭、孙鲍正言续刻，全书三十集，收书208种（含附录12种），共七百八十七卷。嘉庆十八年（公元1813年），浙江巡抚方受畴以此丛书第二十六集进献清仁宗，帝赐鲍廷博为举人，称其“世衍书香，广刊秘籍”。

《遂初堂书目》是南宋私人藏书目录。南宋尤袤撰，共1卷，是中国最早的版本目录。尤袤的书斋原名益斋，尤袤取晋代孙绰《遂初赋》的“遂初”二字的堂名，再由宋光宗亲笔题写，便改书斋名为“遂初堂”。《遂初堂书目》分经为9门，史为18门，子为12门，集为5门，有时一书兼载数本以资互考，但不作解题，且不载卷数和撰人，共收录图书3 172种，其中“谱录类”为历代目录之首见。以史书最多，有987部，居宋朝史书三成之多，超过官修《崇文总目》。杨万里为其作《益斋书目序》，提到尤袤常谓“饥读之，以当肉；寒读之，以当裘；孤寂而读之，以当朋友；幽忧而读之，以当金石琴瑟也！”。《四库全书》评：“宋人目录存于今者，《崇文总目》已无完书，惟此与晁公武志为最古，固考证家之所必稽矣。”可惜尤袤藏书在他逝世后因宅第失火，付之一炬，仅留下《遂初堂书目》一部。

《郡斋读书志》，中国现存最早附有提要的私家藏书书目，南宋晁公武撰，共20卷。晁公武在四川转运司供职时，因转运使井度临终前赠书，故有志撰书。绍兴二十一年，晁公武在知荣州任上，利用闲暇之余，“日夕躬以朱黄，雠校舛误，终篇辄撮其大旨论之”，完成《郡斋读书志》初稿，晚年定居四川嘉定府符文乡，建有“郡斋”藏书处，不断进行修订和补充。其所著录书中，唐、五代文献占很大比例，可补两《唐书》和《宋史·艺文志》之缺。宋代王应麟的《困学纪闻》《汉书艺文志考证》《玉海》等大量引用《郡斋读书志》。

《直斋书录解题》，私人藏书目录，南宋陈振孙撰，共56卷。陈振孙幼年好学，性喜藏书，“尝于《班书》志传录出诸诏，与纪中相附，以便览阅。”嘉熙二年（公元1238年）陈振孙在临安（今杭州）开始编撰此书，晚年退休时，仍继续购书、抄书不辍，分经、史、子、集4录，53类，收书多达3 039种，超过晁公武的《郡斋读书志》一倍，甚至藏量超过了官修《中兴馆阁书目》。《直斋书录解题》与《郡斋读书志》齐名，被誉为私家藏书的“双璧”。

《舆地纪胜》，南宋王象之私撰的南宋地理志，共200卷。《舆地纪胜》记载南宋疆域，下列府州沿革、县沿革、风俗行胜、景物、故迹、官吏、人物、仙释、碑记、诗、四六等12门，并大量辑录人物、碑记、诗文资料。其资料量远大于乐史《太平寰宇记》、王存《元丰九域志》、欧阳忞《舆地广记》与祝穆《方舆胜览》。但本书记南宋的版图，别无记述北方版图之篇帙。有清道光刻惧盈斋本。

《方舆胜览》，南宋时期地理总志，祝穆撰，全书分前集43卷，后集7卷，续集20卷，拾遗1卷，共71卷。成于宋理宗时，记宋初临安府（今浙江杭州）辖下的浙西路、浙东路、江东路、江西路等十七路，各系所属府州军于下，并以临安府为首，内容首记"建置沿革"，次记有郡名、风俗、形胜、土产、山川等"事要"。《方舆胜览》成书后，祝穆之子祝洙又加以重订，增补五百余条内容，咸淳年间重新刊行于世。

《宾退录》，宋代文人笔记，南宋赵与时撰，共10卷。《四库总目提要》称其可为《梦溪笔谈》《容斋随笔》之续。

《密斋笔记》，北宋谢采伯著，《密斋笔记》5卷，《续记》1卷。原书久佚，清《四库全书》本从《永乐大典》录出，收于子部杂家类。《四库全书总目提要》称是书"杂论经史文义，凡五万余言"，"瑜多瑕少，要亦说部之善本也"。

《文渊阁书目》，登记明初国家藏书的官修书目。明初国家藏书是以元内阁所藏宋、金、元三朝典籍为基础的。明太祖洪武元年（公元1368年），北伐军攻入元大都，大将军徐达尽收元内阁图籍送回南京。此后，明政府又广求遗书，国家藏书日丰。明成祖迁都北京，内阁图籍也迁至北京，收贮于左顺门北廊，明英宗正统年间，移贮至文渊阁。正统六年（公元1441年），少师兵部尚书兼华盖殿大学士杨士奇等，始以文渊阁所贮书籍，颇多"本朝御制及古今经、史、子、集之书，自永乐十九年（公元1421年）南京取来，一向于左顺门北廊收贮，未有完整书目"，故为打点清理，逐一勘对，编置字号，厘定部类，写成书目一本，名曰《文渊阁书目》。

参考文献

[1]胡大雷，张利群，黄伟林等.桂学文献研究——桂学古籍文献102种[M].桂林：漓江出版社，2019：78-81.

[2]武斌.中国接受海外文化史中西交通与文化互鉴第3卷[M].广州：广东人民出版社，2022：50-53.

[3]梁二平，郭湘玮.中国古代海洋文献导读[M].北京：海洋出版社，2012：72-73.

[4]吴永章.中国南方民族史志要籍题解[M].北京：民族出版社，1991：53-54.

[5]周芷羽.《岭外代答》词汇研究[D].南京：南京师范大学，2017.

十 南宋赵汝适撰《诸蕃志》

1935年北平隆福寺文殿阁书庄据李朝夔补刊《函海》本重印

南宋赵汝适撰《诸蕃志》1935年北京隆福寺文殿阁书庄据清道光五年李朝夔补刊《函海》本重印，现藏于我国台湾地区台北市“国家图书馆”。《诸蕃志》成书于宋宝庆元年（公元1225年），原书已佚，今本皆由《永乐大典》辑出。清旧刻本分为《函海》本和《学津讨原》本两个体系。《函海》本又有乾隆壬寅本（公元1782年）、乾隆甲辰春本（公元1784年）、乾隆甲辰本衙本（公元1784年）、嘉庆李调元增补本（公元1801年）、嘉庆李鼎元校正本（公元1809年）、道光李朝夔补刊本（公元1825年）、光绪钟登甲改易本（公元1881年左右）共计八个版本。近现代以来，1911年德国汉学家夏德（Friedrich Hirth）和美国汉学家柔克义（WilliamW.Rockhill）将《诸蕃志》译为英文。1922年法国汉学家费琅（G.Ferrand）《苏门答腊古国考》一文曾将《诸蕃志》中的“三佛齐国”一节译成法文。1956年中华书局出版冯承钧《诸蕃志校注》，以《函海》《学津讨原》本互校，并参考《通典》《岭外代答》《文献通考》等书和外国的相关论著进行查漏补缺，成为现存较好的注释本。另有韩振华《诸蕃志注补》和杨博文《诸蕃志校释》等校注版。

《诸蕃志》由南宋泉州市舶司提举赵汝适撰写的地理类史书，是现存最早且系统而丰富地记载海外诸国情况的文献，由上下两卷构成，分别记录了宋时与中国交往的海外诸国域情，以及当时到达泉州的大宗海外商品情况。卷上《志国》设46个目，记述了交趾、占城、真腊、天竺、大食及日本等50余国的地理环境、气候产物、风俗习惯等。如“交趾国”提到“王系唐姓，服色饮食略与中国同，但男女皆跣足差异耳。”又“占城国”提到“王出入乘象，或乘软布兜，四人舁之，头戴金帽，身披璎珞。王每出朝坐轮使女三十人持剑盾或捧槟榔，从官属谒见膜拜一而止。”另“真腊国”有关于当地僧道服饰的描述“僧衣黄者有室家，衣红者寺居，戒律精严。道士以木叶为衣。”抑或是对整体服饰风貌的描述：

“其主裹体跣足，缚头缠腰，皆用白布，或著白布窄袖衫，出则骑象，戴金帽，以真珠珍宝杂拖其上，臂系金缠，足圈金鍊。仪仗有纛，用孔雀羽为饰，柄拖银朱。凡二十余人左右翊，卫从以番妇，择貌壮奇伟者前后约五百余人，前者舞导，皆裹体跣足，止用布缠腰，后者骑马，无鞍缠腰，束发以真珠为缨络，以真金为缠鍊。用脑麝杂药，涂体，蔽以孔雀毛伞，其余从行官属，以白番布为袋，坐其上，名曰布袋轿，以扛舁之扛包以金银，在舞妇之前。国多沙地，王出先差官一员及兵卒百余人，持水洒地，以防飓风播扬。"

——《南毗国·诸蕃志》

卷下《志物》设49个目，分别介绍了从海外各国贸易至中国泉州的大宗商品47种，以及海南之地理与物货。其中涉及的商品包括樟子、乳香、没药、血碣、金颜香、笃耨香、苏合香油等商品。《诸蕃志》自序云"海外环水而国者以万数，南金象犀珠香瑇瑁珍异之产，市于中国者，大略见于此矣。"可见诸国入书的原则是"市与中国者"，即是否与中国有贸易往来，其涉及范围从日本、东南亚、印度洋沿岸，一直到地中海东岸地区。书中记载的内容多是根据蕃商口述及撰著者亲眼目睹的情况记录而成，也有一些取自南宋周去非撰《岭外代答》和宋朝官方文献，因此所述内容大致可靠。《文献通考》《宋史》《密斋笔记》等书都引用了《诸蕃志》中的内容，元汪大渊著《岛夷志略》、明马欢著《瀛涯胜览》皆沿其体例。

此外，《诸蕃志·卷上》亦有海外诸国所产纺织品的记录。如"大食国"一节云"土地所出……织金软锦、驼毛布、兜罗绵、异缎等"；吉慈尼国"土产金银、越诺布、金丝绵、五色驼毛段"；芦眉国"地产绞绡、金字越诺布、间金间丝织锦绮"；渤泥国"……土地所出……假锦、建阳锦、五色绢、五色茸。"

就纺织文化遗产研究而言，《诸蕃志》记录了南宋时期域外纺织品的进口情况和产地信息，是研究海上丝绸之路贸易和中外服饰文化重要的参考资料。

拓展资料

《函海》，清朝时辑成的一部丛书，搜集了许多罕见的前人著作，在清代丛书编纂史、文献学史上有着重要地位。《清史列传》称其"表彰先哲，嘉惠来学，甚为海内所称。"其纂者常署为李调元，但《函海》并非成于一时一地，其版本多达八种，亦非成于李调元一人之手。

李调元（公元1734—1802年），字羹堂，号雨村、别署童山蠢翁。四川绵州（今绵阳）人。"性爱奇嗜博"且"酷有嗜书之癖"，因此与其父李化楠四处搜集藏书。其家有"万卷楼"，藏书多达十万卷，因而被称为"西川第一藏书家"。

《永乐大典》，明永乐年间由明成祖朱棣先后命解缙、姚广孝等主持编纂的一部类书，始纂于永乐元年（公元1403年），永乐五年完成。全书共22 937卷，约3.7亿字，正文为22 877卷，凡例目录60卷，装成11 095册。其内容包括经、史、子、集，内容涉及天文地理、阴阳医术、占卜、释藏道经、戏剧、工艺、农艺。全书按《洪武正韵》的韵目编排，以韵统字，以字系事。举凡天文、地理、人伦、国统、道德、政治制度、名物、奇闻异见以及日、月、星、雨、风、云、霜、露和山海、江河等均随字收载。全书分门别类，辑录上自先秦，下迄明初的八千余种古书资料。

夏德（Friedrich Hirth，公元1845—1927年），原名弗雷德瑞克·赫尔斯，汉名夏德，德裔美国籍汉学家。清同治八年（公元1869年）来华在厦门海关任职。夏德在华研究中外交通历史和中国古代历史，旁及中国文字、艺术、工艺领域。夏德关于汉学的英文、德文著作极多，其中许多颇具价值。

柔克义（William Woodville Rockhill，公元1854—1914年），美国外交官、汉学家、藏学家。1884年4月柔克义任美国驻大清使馆二秘，1885年7月升任一秘，1888年从美国驻大清使馆辞职，1905年至1909年出任美国驻大清公使。柔克义深受法国学派的影响，精通汉文与藏文，对古代中国与南洋、西洋的交通史亦有深入研究。除《诸蕃志》外，柔克义还于1914年将元代汪大渊著《岛夷志略》部分翻译成了英文，并对上述二书中的古代南洋和西洋地名多有考证。

赵汝适（公元1170—1231年），字伯可，台州临海（今属浙江）人，宋太宗八世孙，银青光禄大夫（潮州通判）赵不柔之孙，朝请大夫赵善待（岳州知州，赠少保）之子。赵汝适于南宋绍熙二年（公元1191年）任临安府余杭县主簿；庆元二年（公元1196年）登进士第；嘉定十六年（公元1223年）知南剑州；次年九月提举福建路市舶司；宝庆元年（公元1225年）七月兼权泉州市舶史，十一月兼知南外宗正事；至宝庆三年（公元1227年）六月，移知安吉州，未赴任，又改知饶州，终官告院主管。

泉州市舶司，元祐二年（公元1087年）泉州初设市舶司，从泉州北上可以经过临安、明州而通至朝鲜、日本，交通便利；且南宋迁都临安后，临安成为全国最大的消费城市，消费品由泉州源源不断北运，也促进了泉州市舶司迅速发展。南宋吴自牧《梦粱录·江海船舰》中记载“浙江乃通江渡海之津道，且如海商之舰，大小不等，大者五千料，可载五六百人……若欲船泛外国买卖，则是泉州便可出洋。”

交趾，又名“交阯”，古代地名，位于今越南北部红河流域。五代时期越南独立，北宋仍称其国为交趾，南宋虽先后改称其为安南和越南，但也别称为交趾。宋代以来的著述《诸蕃志》《大德南海志》《岛夷志略》《东西洋考》《指南针法》等史籍都以交趾名其地。

占城，即占婆补罗（“补罗”梵语意为“城”），中南半岛古国，在今天越南中部及南部地区。《三国志》称之为“林邑”（象林邑简称），《大唐西域记》称“摩诃瞻波”，《南海内归传》称“临邑”，《新唐书》称“占婆”，唐至德年间至唐末改称“环王国”，五代时期又称“占城”。

据当地发现的国碑铭，其始终自号占婆。

真腊国，古籍中对中南半岛吉蔑王国的称谓，其境在今柬埔寨境内，又名占腊或甘孛智。真腊在秦汉时期是扶南属国，《后汉书》将其称为“究不事”；《隋书》首先称其为“真腊”（来自暹粒Siem Reap对音）；《唐书》则称为“吉蔑”“阁蔑”（都是Khmer的对音）；宋代称为真腊，又名真里富；元朝称为“甘勃智”；《明史》称“甘武者”，明万历后称“柬埔寨”。

南毗国，南亚古国名，此名为南宋时的称谓，元时其被称为“古里佛”，明朝时期则称“古里”。本为印度西海岸婆罗门种姓Namburi之称，地在今印度马拉巴尔海岸之科泽科德。此国处海上丝路要冲，与大食、东南亚诸国及中国进行海上贸易，其国人也有留居于中国泉州城南者。

大食国，阿拉伯帝国的称谓，唐代以来的中国史书，如《经行记》《旧唐书》《新唐书》《宋史》《辽史》等，均称之为“大食”（波斯语Tazi或Taziks的译音，即今塔吉克斯坦），而西欧则习惯将其称作萨拉森帝国（在拉丁文中意指“东方人的帝国”）。

吉慈尼国，古国名，位于阿富汗东部加兹尼（Ghazni）。唐代《大唐西域记》称其为“鹤悉那”；宋代《岭外代答》《诸蕃志》则称“吉慈尼”；元代《元史》称“哥疾宁”。

芦眉国，古国名。又译为眉路骨或眉路骨敦。故地有几种说法：一是在今小亚细亚，芦眉是Rūm的对音，即《明史》中提到的鲁迷；二是在今伊斯坦布尔；三是在今天的罗马。

渤泥国，中国史籍中对文莱的称谓，其首都为渤泥城。渤泥和中国最早的外交往来记录在成书于宋太宗太平兴国年间的《太平寰宇记》。

参考文献

[1]中国学术名著提要编委会.中国学术名著提要第三卷·宋辽金元编[M].上海：复旦大学出版社，2019：240-241.

[2]梁二平，郭湘玮.中国古代海洋文献导读[M].北京：海洋出版社，2012：74.

[3]吴永章.中国南方民族史志要籍题解[M].北京：民族出版社，1991：62.

[4]莫艳梅.《诸蕃志》：中西文化交流与海上丝绸之路的志书[J].中国地方志，2017（05）：52-58+64.

[5]王刘波.宋人海外视角的现实与局限——基于对《诸蕃志》的分析[C]//上海中国航海博物馆，中国海外交通史研究会，泉州海外交通史博物馆.人海相依：中国人的海洋世界.上海：上海古籍出版社，2014：164-175.

[6]刘平中.天下奇书：《函海》的版本源流及其价值特点[J].唐都学刊，2012，28（03）：67-73.

十一　明方以智撰《物理小识》

清光绪十年宁静堂刻本

明方以智撰《物理小识》光绪十年（公元1884）宁静堂刻本，现藏于天津图书馆。《物理小识》初成于明崇祯十六年（公元1643年），后继有增改，至康熙三年甲辰（公元1664年），在于藻等人资助下，方中通将《物理小识》书稿编抄完毕，以之付刻。该书主要版本有清康熙六年（公元1667年）潭阳大集堂刻本（大集堂本）、康熙潭阳天瑞堂刻本（天瑞堂本）、“康熙甲辰”翻刻本、乾隆四十三年（公元1778年）《四库全书》本、日本宽政七年（公元1795年）林衡抄本（林衡抄本）、光绪十年（公元1884年）宁静堂刻本（即本案）。其中林衡抄本末署“潭阳大集堂梓行”，知此为抄大集堂本，而大集堂原本未见他处著录，不知是否尚存。天瑞堂本沿用大集堂旧版，基本保留了《物理小识》初刻的面貌，并且新补的余飏、郭林、游艺三篇序文，全书更显完整，是现存最佳版本。（图5-11）

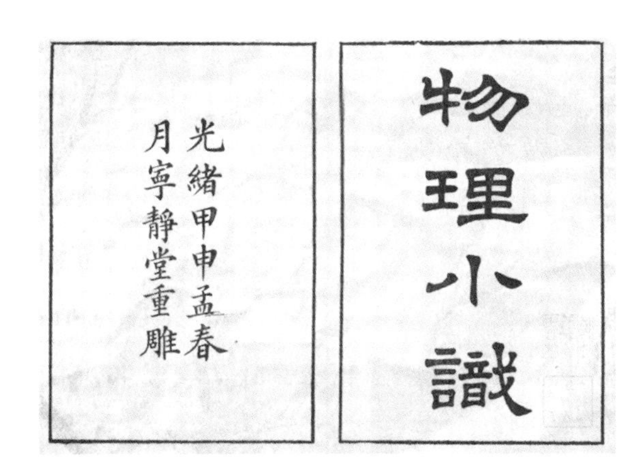

图5-11　卷序·明方以智撰《物理小识》光绪十年宁静堂刻本　天津图书馆馆藏

《物理小识》卷首有“序文”“凡例”“总论”三门，全书正文共十二卷十六门。卷一有“天类”“历类”；卷二有“风雷雨旸类”“地类”“占候类”；卷三有“人身类”；卷四有“医要类”；卷五有“医药类”；卷六有“饮食类”“衣服类”；卷七有“金石类”；卷八有“器用类”；卷九有“草木类上”；卷十有“草木类下”“鸟兽类上”；卷十一有“鸟兽类下”；卷十二有“鬼神方术类”“异事类”。

《物理小识》卷六"衣服类"下分锦丝类、绵花布类、葛苎布、识葛法、装核法、漳州纱、花机、蜡靴、貂帽、红物、染红、杂染、各种污衣洗法、洗亵衣法、洗衣霉、洗衣上黑法、去衣垢腻法、洗衣上油法、洗真紫衣油污法、洗衣上血法、衣发白点、夏月衣蒸、洗旧红缨法、纸被旧、洗笠法、毡衣、洗漆巾、洗头巾、鞋、裘袄、褐、洗丝、单衣过寒暑法、毡绒、拔绒、皮类、丝绵、纺车三十八条。

其中，"染红"描述了红花染色的简明过程："河水浸红花，次日囊盛，洗去黄水，又温洗之，又以豆萁灰淋，水洗之，乃泡乌梅汤点。"染红方法另有："帛藉黄檗而染红，或炒槐花入苏木藉。"

"杂染"中记载了不同颜色的染色工艺以及植物染料的使用："黄槐、青靛，绿则合之；紫则青红合，浅色则视轻重加减之。若椒褐、茶褐、荆茄色，有兼栌黄者、墨水者。皂矾、五倍子易毁布帛，今不用矣。栀子染黄，久而色脱，不如槐花，或用栌蘖。红苋菜煮生麻布，则色白如苎。荷叶煮布为褐色，布作荷香。榉柳皮可染黑。"其中对茜草染色的记载为："茜红以乌梅汤，退红以石灰水，退后茜不失铢两。"

方以智所著的《物理小识》，搜集、整理、总结、综合了我国古代已有的科学成就，批判地吸收了当时由西欧传来的科学知识，并且就其中不少问题提出了自己的独到见解，在继承和发展我国古代哲学和自然科学方面，做出了卓越贡献，是了解明末时期纺织生产活动的重要文献。

拓展资料

方以智（公元1611—1671年），字密之，号曼公，又号鹿起、浮山愚者等，安徽桐城人。崇祯庚辰（公元1640年）进士，官翰林院检讨。方以智淹通群籍，擅长理学，晚年出家进入佛门。除《物理小识》外，另著有《通雅》《药地炮庄》。

方中通（公元1634—1698年），字位伯，号陪翁，安徽桐城人。明翰林方以智仲子。精于天文历算及音韵之学，著有《数度衍》《音韵切衍》《篆隶辨从》《陪翁集》等。

参考文献

[1]王孙涵之，孙显斌.方以智《物理小识》版本考述[J].自然科学史研究，2017，36（03）：439-445.

[2]马丽琴.方以智与《物理小识》[J].读书，2012（07）：87-89.

十二　朱启钤著《存素堂丝绣录》

1928年铅印本

朱启钤著《存素堂丝绣录》1928年铅印本，中国科学院自然科学史研究室藏（今中国科学院自然史研究所）。刘宗汉（曾任朱启钤秘书）答于淼函中提到“该录为线装本只印一册，为正式刊本，无试刊，只此一辑，并无续作，铅字印刷”等信息。书中所录缂丝刺绣诸品，来源有朱氏个人收藏，亦有清宫内府旧藏等，依照年代顺序著录，二卷，上卷缂丝、下卷刺绣。

书中共收录传世珍品83件，其中缂丝共57件（宋代22件、元代3件、明代10件、清代18件、余录4件），如《宋紫鸾鹊谱图轴》《宋朱克柔牡丹图》《宋缂丝牡丹团扇》《明缂丝校射图轴》《明缂丝桐封秋宝团扇》《乾隆缂丝墨云室记卷》等。刺绣26件（宋代1件、明代9件、清代9、余录7件），如《明顾绣董书弥勒佛像》《明粤绣博古围屏》《明顾绣八仙庆寿》等。各案详细记录名称、颜色、尺寸、织物组织结构、材质、纹样、作者、工艺特征、装裱工艺、来源、后人鉴赏题字等信息，并结合同时期文献介绍部分织绣工艺名家及其技艺特点、传承脉络等。（图5-12）

图5-12　明顾绣八仙庆寿挂屏　张果老　尺寸：66×48.2厘米
中国台北“故宫博物院”藏

涉及藏品尺寸、构图、质地信息如《宋朱克柔牡丹图》提到：“蓝地本五色织，方幅高七寸四分，阔七寸六分。丝质纯一，色泽如新刻，设色姚黄牡丹一枝，重楼粉蕊，浅叶淡茎，婀娜作态，神韵天成，而妙思绮合，几不辨刻画痕迹，是朱氏缂丝无上神品”。

文中有对不同刺绣技法的描述，如粤绣“铺针细于毫芒，下笔不忘规矩。”“其法用马尾于轮廓处施以缀绣，且每一图上必绣有所谓间道风的飞白花纹，所以成品花纹自然工整。”

此外，还有部分涉及病害情况的描述，如《宋绣金刚般若波罗密经》：“为虫蚀年代不可鉴别，然古之贞女孝妇清修苦行，青灯白首，长齐绣佛者史不绝书，必其人夙具慧根乃能发愿，成就最上稀有功德，是故一针一缕皆为妙谛，宜其金缕以旃檀裹，以锦帙藏，流传至今，视为重宝也。”

> “年事日增，心境昏瞀，爰举抄纂诸篇，属阙君霍初整比，公诸同好。倘能于硕果仅存之今日，就公私文物以科学眼光为有系统之研究，俾绝艺复兴，古法不坠，斯固童年志学所存，抑亦非始愿所能及矣。”
>
> ——朱启钤《存素堂丝绣录·弁言》

就纺织文化遗产而言，《存素堂丝绣录》是研究宋、元、明、清缂丝刺绣的重要资料，同时期出版的《纂组英华》则包含上述珍藏的图像资料，并附《存素堂丝绣录》一书作为解说，详见2017年中国美术学院出版社出版的《纂组英华旧影》。此外，本录于1933年与朱启钤《丝绣笔记》《女红传征略》《清内府藏刻丝书画录》集合《存素堂丝绣丛刊》，后被收入邓实等编、黄宾虹续编的《美术丛书》第4辑和第5辑（上海神州国光社1936年版）。《丝绣笔记》分为二卷，上卷《纪闻》，下卷《辨物》。依托文献实物的比较研究，梳理、收录了各个时期纺织品的制作技法、代表作品等。1933年校印再版，补充了大量史料、档案、国外研究成果等。《女红传征略》记录古代织绣女子艺人传略书籍。《清内府藏刻丝书画录》二卷，则是为内府收藏著录。上述著作同样是研究我国古代纺织技术史重要的参考资料。

拓展资料

朱启钤（公元1872—1964年），字桂莘，亦作桂辛，号蠖园，我国著名学者、实业家，爱国民主人士。1872年（清同治十一年）11月12日生于贵州紫江（今开阳）。纺织领域著有《存素堂丝绣录》《丝绣笔记》《女红传征略》《清内府刻丝书画考》《清内府刺绣书画考》等。

存素堂，朱启钤的室名，盖取君子存守素性之意。素，即谓质朴、纯洁、朴素，不修饰做作。《老子》"见素抱朴，少私寡欲。"《庄子·刻意》"纯素之道，唯神是守。……能体纯素，谓之真人。"这历来是士人追求的道德修养。

《纂组英华》，日本东京座右宝刊行会1935年发行，全二册，精装，二开本。选自朱启钤旧藏，有宋元明清的缂丝及刺绣79种139帧，分法书、释道、花鸟、花卉、翎毛、人物、山水七类；全部彩色精印。有朱启钤所作的考证与著录，并附《存素堂丝绣录》一书作为该书的汉文解说。

黄宾虹（公元1865—1955年），原名质，字朴存，一字予向，中年更字宾虹，晚年署虹叟，室名滨虹草堂。安徽歙县西乡潭渡村人。诗书家风，饱学之士，曾担任商务印书馆美术部主任、北平古物陈列所书画鉴定委员、中国美术家协会华东分会副主席，获"人民艺术家"称号。有《古画微》《画法要素》《宾虹诗草》等存世，与邓实合编的《美术丛书》影响广泛。

邓实（公元1877—1951年），字秋枚，号君实，笔名野残、枚子、鸡鸣、水藤人。生于上海。早年从名儒简竹居学。1901年与黄节在上海创办神州国光社，出版《神州国光集》《国光画刊》《美术丛书》等，又办国光书局。

辽宁省博物馆为一座综合性博物馆，其前身为1949年7月7日开馆的东北博物馆，是中华人民共和国成立后的第一座博物馆，素以藏品丰富、特色鲜明而享誉海内外。馆藏文物总量达11.2万件（套）。

参 考 文 献

[1]贵州省文史研究馆.民国贵州文献大系·第3辑上[M].贵阳市：贵州人民出版社，2015：121.
[2]刘尚恒.朱氏存素堂藏书、著书和校印书[J].图书馆工作与研究，2005（01）：27-31.
[3]包恩梨."存素堂丝绣"主人朱启钤[J].辽宁省博物馆馆刊，2006（00）：506-508.
[4]陈娟娟.缂丝[J].故宫博物院院刊，1979（03）：22-29+101-105.
[5]齐鲁书社.藏书家第6辑[M].济南：齐鲁书社，2002：55.
[6]李龙生.中外设计史[M].合肥：安徽美术出版社，2016：86.
[7]李华年，杨祖恺.朱启钤先生年表简编[J].贵州文史丛刊，2004（04）：96-99.
[8]孙佩兰.中国刺绣史[M].北京：北京图书馆出版社，2007：159.
[9]中外名人研究中心·中国文化资源开发中心.中国名著大辞典[M].合肥：黄山书社，1994：105+329+722.
[10]张明国，赵翰生.世界技术编年史化工轻工纺织[M].济南：山东教育出版社，2020：520.

十三 朱启钤著阚铎校《清内府藏刻丝绣线书画录》

1930年铅印本，2007年《历代书画录辑刊》第十五册辑

朱启钤著阚铎校《清内府藏刻丝绣线书画录》1930年铅印本，2007年《历代书画录辑刊》第十五册，原书现藏于中国国家图书馆。该书在1933年曾与《存素堂丝绣录》《丝绣笔记》《女红传征略》合为《存素堂丝绣丛刊》，被收入邓实等编、黄宾虹续编的《美术丛书》（上海神州国光社1936年版）第四集之中。2020年又被收录于上海复旦大学出版社出版的《朱启钤著作集》。（图5-13）

图5-13 卷首·朱启钤著阚铎校《清内府藏刻丝绣线书画录》1930年铅印本 中国国家图书馆藏2007年《历代书画录辑刊》第十五册

作者将见于《石渠宝笈》《秘殿珠林》《故宫物品点查报告》《盛京故宫书画目录》《古物陈列所书画目录》诸书中的丝绣书画依类辑录，每事钩考，稽核存佚，并将其分为法书、释道图像、花鸟、花卉、翎毛、人物、山水七类，所述内容为五代到清代的作品，包含尺寸、源流、特点、原藏地点及现存地点等信息。

缂丝是我国传统丝织工艺，有部分学者认为其起源于西域的缂毛，该工艺最早出现于汉代新疆地区的缂毛织物上。早在唐初就出现了以缂丝技艺织造大幅佛像，由于丝线细腻，织造精美，后用于织造以名人书画为底稿的“缂丝画”。张习志在该书的上部分《清内府藏刻丝书画录》卷三作跋：“缂丝作盛于唐贞观开元年间，人主崇尚文雅，书画皆以之为褾帙，今所谓包首锦者是也。”

宋代摹刻法书曾昌盛一时，但及至元中叶，此项技艺却有衰退迹象。《清内府藏刻丝书画录》卷一《宋刻丝米芾临唐太宗御笔法帖》有赵孟頫作跋：“古人

法书镌之金石，尚矣。至宋，则有绣者有缂丝者，真足夺天孙之巧，极机杼之工矣。此卷乃米襄阳临唐太宗书，镂织之精，无毫发遗憾，盖墨迹余及见之故耳。今世缂丝家已失真传，虽有作者，皆不逮也。昔人称，唐人双钩下真迹一等，余于此卷亦云。延祐二年秋七月十日识。子昂。”（图5-14）

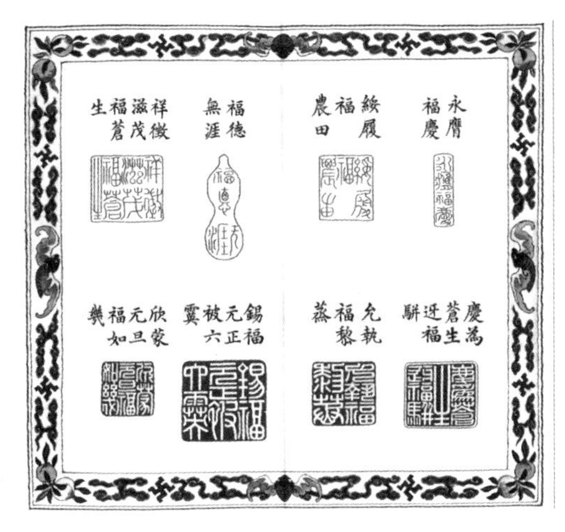

图5-14 《缂丝宝典福书册》纵29厘米×横30厘米 故宫博物院藏

至清乾隆时期，缂丝书画再度繁盛。在《清内府藏刻丝书画录》中，著录了大量清宫旧藏缂丝法书，其中乾隆帝御笔或御制法书达八十余件。例如，《缂丝宝典福书册》中白文印均为缂织，运用齐缂和搭梭技法，朱文印绝大部分为刺绣，均用切针技法，堪称稀世珍宝。

就纺织文化遗产研究而言，《清内府藏刻丝绣线书画录》填补了历史著录中“丝绣书画”的空缺，其内容稽核存佚，务取翔实、博收广集，是彼时研究丝绸史料完整的、系统的著述，也是研究中国绘画史、织绣史、书籍艺术史的重要参考资料。

拓展资料

《历代书画录辑刊》全16册，辑录唐代以降的历代重要书画录作品近三十种，包括董其昌《董华亭书画录》、张爰《大风堂书画录》、张伯驹《丛碧书画录》、何煜《内务部古物陈列所书画目录》、朱启钤《清内府藏刻丝绣线书画录》等，由北京图书馆出版社出版。

《女红传征略》是记载古代织绣女艺人传略的专书，分织作、刺绣、针工、杂作四项，其中记载了织作艺人13名，刺绣艺人84名，针工艺人16名，及其他艺人7名。朱启钤先生将与“女红”相关的中国历代人物资料整理归纳并汇聚成书，冠以书名《女红传征略》。该书的诞生除了反映出朱启钤先生对于“女红”研究的个人旨趣外，同时亦为日后对中国古代女性工匠的关注与研究发展埋下了伏笔。

《美术丛书》，以保存国粹，提倡美术为宗旨，共收古今美术家著作288种，所收各书以书画类论著为主，而论画者尤多，凡关于雕刻摹印、笔墨纸砚、磁铜玉石、词曲传奇、工艺刺绣、印刷装潢及一切珍玩的论著汇编，亦广为搜辑，集中国历代美术论著之大成，是中国近代影响最大的美术论著丛书，也是研究中国美术史的必备文献资料。

《石渠宝笈》共四十四卷，清张照等编，清乾隆九年（公元1744年）内府朱格抄本。卷首为乾隆九年二月初十日高宗手谕，次为凡例十九则、目录，以及乾隆四十七年（公元1782年）纪昀等所撰提要。此书是对清皇室宏富的书画收藏的整理成果，“既博且精，非前代诸谱循名著录者比也”，是书画鉴赏、研究的必读之作。书中所录作品大多流传至今，分存于北京故宫博物院和台北“故宫博物院”。另有《四库全书》本，1918年涵芬阁石印本，台北“故宫博物院”1971年影印本，附索引。1988年，上海书店将全书三编与《秘殿珠林》三编缩版影印，附各编人名索引。

《秘殿珠林》共二十四卷，清张照等编，清乾隆九年（公元1744年）内府朱格抄本。卷首有凡例、总目，各卷前有细目。8册为1函。此为佛道书画著录书，著录清内府有关佛教、道教之书画藏品。分历代名人画（附印本绣锦缂丝之类）、臣工书画、石刻木刻经典、语录科仪及供奉经相等类。各类用阮孝绪《七录》之例，先佛后道，再循以往鉴赏之通例，先书后画，依次著录册、卷、轴等。所著录的书画分上、次二等。上等系真迹且笔墨至佳者，详载其纸卷、尺寸、跋语、藏印等；次等系真迹而神韵较逊或笔墨颇佳而未能确辨其真伪者，仅载款识及题跋人名。以往《宣和画谱》等书亦收录释道内容，但专以释道书画别立一书者此书为首例。有《四库全书》本，台北“故宫博物院”1971年影印本（与《石渠宝笈》合刊）附索引。

古物陈列所是中国近代民主革命的光荣产物和反复辟斗争的重要成果，曾占据今日故宫博物院的半壁江山，被誉为“民国成立后最有价值之建设”。它是紫禁城向博物馆转变的第一篇章，是中国第一家国立博物馆、宫廷博物馆、艺术博物馆，开创了中国近代博物馆发展史的新纪元，在世界宫廷类博物馆中占有特殊地位，在中国近代政治、社会、文化史上也具有较深远的影响。

参考文献

[1]董一平.十里春风雕琢丝中繁花——缂丝中的宋人书画[J].江苏丝绸，2016，243（05）：35-38.
[2]中外名人研究中心，中国文化资源开发中心.中国名著大辞典[M].合肥：黄山书社，1994：722.
[3]马秀娟，李会敏.朱启钤对图书事业的贡献[J].经济研究导刊，2015，255（01）：300-301.
[4]刘尚恒.朱氏存素堂藏书、著书和校印书[J].图书馆工作与研究，2005（01）：27-31.
[5]周启澄，赵丰，包铭新.中国纺织通史[M].上海：东华大学出版社，2018：413.

十四 朱启钤著阚铎校《丝绣笔记》

1970年广文书局排印本

朱启钤著阚铎校《丝绣笔记》1970年广文书局排印本，中国社会科学院考古研究所文化遗产保护研究中心藏。《丝绣笔记》初刊于1930年，其后朱启钤陆续做了大量增补工作，并在1933年校印再版。同年《丝绣笔记》及《清内府藏缂丝绣线书画录》《存素堂丝绣录》《女红传征略》合为《存素堂丝绣丛刊》，被收入邓实等编、黄宾虹续编的《美术丛书》（上海神州国光社1936年版）第四、第五集之中。另有版本被收录于《艺文丛刊》第五辑，2019年由浙江人民美术出版社出版。

1933年的增补本补充了大量史料、档案，如“契丹对宋及外国进贡所用缂丝及诸织物”“清雍正年开织染局匠役档案”“明季蜀锦工及云南锦工”“缂丝粉本之名画作者”“缂丝作者之名款”等，但更多的是朱启钤的学术观点，如“汉襄邑织锦、魏晋以来绢布制度”“南宋以缂丝为物产”“正统间内府无缂丝”。除此之外，朱启钤也进一步增加了国外研究成果及实物资料，如“日本美术家论明缂丝”“欧美人之论缂丝与织成”“宋缂丝花卉蟠桃园”等。2022年12月北京燕山出版社出版了《沈从文批注〈丝绣笔记〉》，共三册，前两册为批注影印本，底本为1930年刊印的《丝绣笔记》初版，内有沈从文批注、刘观民手迹、王孖关于此书流转的记事及批注等，最后一册为刘观民等对批注的整理本。

《丝绣笔记》分纪闻、辨物两卷。卷上纪闻，“纪历代丝绣之制度、官工之沿革、艺术名物之变迁”；卷下辨物，“纪历代之实物，分锦绫、织成、缂丝、刺绣等”。由此不仅梳理了历代的典章制度和传世实物，而且兼及国外研究著述，是研究中国传统丝织品重要的学术专著。

缂丝和刺绣是我国传统丝织工艺。自佛教经丝绸之路于魏晋时期传入我国，再得益于唐代繁荣发展，相关题材作品久盛不衰，《丝绣笔记》便记载了绣有佛像的唐代织物。如“伦敦博物院中国古物记略古画类，敦煌石室千佛洞藏唐绣观世音像一大幅，长约盈尺，宽五六尺。观世音中立，旁站善才韦驮，用极粗之丝线绣像于粗布之上，色未尽褪，全幅完好如故。”

书中另有大量使用缂丝、刺绣技艺装饰的丝织物，见证了中外文化之交流与社会文化之流变。例如，“绣画”是从唐代的宗教绣佛中发展而来的，它和“缂丝画”一样兴盛于宋代。“绣画”高手能惟妙惟肖地将黄筌、赵佶、崔白等著名画家的作品表现在丝织物上。朱启钤在《丝绣笔记》中提到：“宋人之绣，针线细密，用绒止一二丝，用针如发细者为之。设色精妙，光彩射目。山水分远近之趣，楼阁得深邃之体，人物具瞻眺生动之情，花鸟极绰约馋唼之态。佳者较画更胜，望之三趣悉备，十指春风盖至此乎。”辽宁省博物馆收藏的宋代“绣画”《瑶台跨鹤图》《海棠双鸟图》等均在视觉效果上与绢画无异而神采奕奕。这种“绣画”到明代又得到了新的发展，在嘉靖时期，居于上海的进士顾名世一家几代均善于“绣画”，世称“顾绣”。

此外，五代时期的缂丝技术已经相当成熟，能缂织大量文字在丝织物上。《丝绣笔记》中记载：“五代缂丝金刚经，秘殿珠林续编著录乾清宫藏五代缂丝金刚般若波罗蜜经。纵九寸一分，横二丈二尺五分，末有贞明二年九月十八日记。”据考证，朱启钤描述的缂丝金刚般若波罗蜜经是现藏于辽宁省博物馆的《五代梁织成锦金刚经卷》。织成与缂丝一样，都是通经断纬的织造方法。在宋代以前一般被称为“织成”，从宋代起则被称为“缂丝”。

朱启钤倾其一生收藏缂丝、刺绣珍品，且博览群书，在卷下辨物中翻译了日本学者小野善太郎《日本古染彩之释名》的第十二章内容，为研究唐代时期中日两国印染技术交流提供了旁证。如卷下《辨物·附日本古染彩之释名》中记载了其中一种从我国唐朝的武周时期流传至日本的夹缬工艺，“夹缬，又名申缬、押缬，夹之汉音与假借为同音之甲。夹缬者，于薄板上雕花，抽出以板二枚固，分以缯挟之，使不能动，于雕空处注以染汁而染之，解开其板，花纹显出，以宽幅全面为二折而覆以板，故染毕解板，花纹左右对称、均齐。”此时的夹缬工艺在流传至日本后被称为“板缔染”。

综上所述，作者从文献和实物两个方面着力，开中国丝绣艺术研究之先河。就纺织文化遗产而言，《丝绣笔记》沿用了明清以来尤其是清代盛行的学术著述笔记体，对历代丝绣制度、名物变迁、传世实物等进行了较为全面的研究著录，每条内容均有据而述，勾画出了丝绣史的发展脉络，为学者研究丝绣史提供了翔实的资料，其相关著作亦对保护和传承中国丝织技艺有重要的参考价值。

拓展资料

《沈从文批注〈丝绣笔记〉》共三册，前两册是社科院考古所刘观民旧物，是刘观民在北大时的同窗俞伟超所赠。刘观民在修沈从文先生的工艺美术课时，将沈从文关于丝绣研究的有关注释抄录到了自己的两卷《丝绣笔记》上。因为同事王㐨作为助手协助沈先生从事中国服饰史研究，刘观民托王㐨专呈沈从文。后来王㐨记载："此本为考古所刘观民之书，十余年前托我转呈沈从文先生为注数语以做纪念。去年偶于先生居室过道书架上得之，见天地头已注满文字，先生之于事认真如在眼前。……余即校核一过并赘加数处，可塞债偿观民兄也。"王㐨写下这话时沈从文已去世，王㐨于是将上面有刘观民手录沈从文注释和沈从文后来增添的诸多批注的两册书还给了刘观民。辗转回到刘观民手中的这两卷书墨迹斑斑，刘观民认为这些笔记"有的可称治丝随想，甚至是可以铺展成文的提纲"。服饰史研究大家沈从文以《丝绣笔记》为教学参考用书，并作批注。批注对书中援引的文献加以评议，或述其沿革，或判其是非；增补了部分丝绣史方面的内容；对结论有讹误处凭史料、出土文物悉加订正，体现了学术史的推进。沈从文对于丝绣的研究有许多提纲挈领的洞见，比如对《丝绣笔记》引证"锦始于尧时"，沈从文批注："《事物纪原》《古今注》均不足信"；又如"宋禁紫色"条，沈从文批"因涉及民族关系及政治讽刺意"，从政治史和民族史的角度反观服饰礼制。

顾绣，源于明嘉靖年间，露香园主顾名世之妾缪氏擅绣人物、佛像，又有顾媳韩氏仿宋元画入绣，劈丝精细，绣品气韵生动，于是名噪一时。顾绣精工夺巧，同侪不能望其项背，人巧极天工，错奇矣。顾绣绣品多为家庭女红，世称"韩媛绣"，基本用于家藏或馈赠。据传顾绣绣法出自皇宫大内，顾家先后出现了缪氏、韩希孟和顾兰玉等顾绣名手。其中，以韩希孟的作品最出众。她的"绣画"粉本多出于宋元名画，"画"中擘丝细于毛发，配色深浅浓淡如用色墨在绢上晕染，所绣山水、人物、花鸟既有质感又有神韵。北京故宫博物院现藏有《顾绣韩希孟宋元名迹册》，其中的《洗马图》和《花溪渔隐图》绣出了原作的笔墨情趣。

《五代梁织成锦金刚经卷》，现藏于辽宁省博物馆，原作高29.6厘米，长713.4厘米。本色经丝，深蓝色纬丝织地，柠黄色纬丝通梭织金刚般若波罗蜜经全卷。色彩富丽明快，构图考究，经文楷书，织有界栏。上下缘织二龙戏珠二方连续图案，地织斜纹，当系用四综所织。卷后织"贞明二年九月十八日记"一行，按贞明为五代梁末帝朱友贞的年号，距今已千余年。目前，在传世的织成中，有绝对年代可资稽考的，此幅作品为最早。这幅织成的经文，字体已趋丰润，是承唐人写经书体的新发展，为宋人写经的先导。此卷流传到明代，为明鉴赏家韩世能珍藏。入清后归宫廷所有，著录于《秘殿珠林》。拖尾有乾隆时人梁诗正长题，误将此作定为缂丝。

《南宋刺绣瑶台跨鹤图册》，此展品为南宋文物，是道教题材的经典作品，现收藏于辽宁省博物馆。高25.2厘米，长27.1厘米。画面中西王母跨鹤飞来，楼阁亭台上二人持幢相迎，周围奇山云水，松柏环绕。作品使用劈丝细线、双股粗捻线、片金线、捻金线等材料精工绣制，几乎囊括了南宋时期的刺绣针法，并大胆使用补笔手法。最华丽精彩的部分是亭台楼阁，特点是铺针地上叠绣图案。人物只有2.5厘米高，但眉目、衣纹清晰，使用长短针法纵向施绣，衣襟、袖襟在捻金线地上钉线绣花纹。

《海棠双鸟图》织成于宋代，现藏于辽宁省博物馆。高27.9厘米，长26.4厘米。作品以工笔花鸟画为稿本，刺绣折枝海棠，双鸟呼应成趣。主要以平针的变化技法，如齐针、长短针、抢针绣法表现花鸟的线条和层次的变化。海棠花和花叶分别用深浅不同的黄白色、蓝绿色表现色彩的变化，枯叶用蓝绿色、米灰色、黄色逐层退晕，表现出秋日渐深的景象。鸟以黑、灰、白三种色彩绣出浓淡层次，鸟爪绣稀疏的扎针，再以灰黑色绣线表现纹理。

参考文献

[1]刘朝霞.沈从文批注《丝绣笔记》[J].收藏家，2022（12）：48-55+2.
[2]喻珊.设计未来视野下的《丝绣笔记》研究[C]//浙江师范大学.设计创造未来——2021年青年博士（国际）论坛论文集.杭州：浙江大学出版社，2021：170-183.
[3]邵晓峰.中华图像文化史家具图式卷[M].北京：中国摄影出版社，2020：385.
[4]刘安定，李斌.锦中文画——中国古代织物上的文字及其图案研究[M].上海：东华大学出版社，2018：47-48.
[5]孙佩兰.中国刺绣史[M].北京：北京图书馆出版社，2007：159-160.
[6]高会卓.唐代染织工艺的艺术特点[J].艺术与设计（理论），2019，2（05）：138-140.
[7]郑巨欣.中华锦绣浙南夹缬[M].苏州：苏州大学出版社，2009：5-8.

陆 类书

一　唐欧阳询等撰《艺文类聚》

明嘉靖年间天水胡缵宗刊本

唐欧阳询等撰《艺文类聚》明嘉靖天水胡缵宗刊本，现藏于哈佛大学哈佛燕京图书馆。《艺文类聚》成书于初唐高祖武德年间。主要刊刻版本有：南宋绍兴年间浙江刊本（通称“宋本”），但实非完本。明代刻本数量繁多，如正德十年（公元1515年）锡山华坚兰雪堂铜活字本（通称“兰雪堂刻本”）；嘉靖六年（公元1527年）天水胡缵宗在苏州所刊小字本；嘉靖七年（公元1528年）陆采以胡刊小字版重印并题跋，此版也被称为“闻人诠刊本”；嘉靖九年（公元1530年）郑氏宗文堂刊本；嘉靖二十八年（公元1549年）知山西平阳府事洛阳张松重刻小字本，行款与胡刻本相同，书前有濮阳苏花、莆田黄洪毗、益都郑先薄作序，末有张松重刻后记，故也称为“张松本”；万历十五年（公元1587年）王元贞在南京刊大字本，也称“中字本”，前有长洲汤聘尹题序，末有王元贞题跋。除此之外，另有余氏尊古堂本、已任堂本、石渠山房本、尚古堂本等明刻本。周星诒评“兰雪堂本佳，闻人诠本次之，大字本最劣。”但深入研究后，当今学界则认为还是胡刻本（即闻人诠本）善于兰雪本。（图6-1）

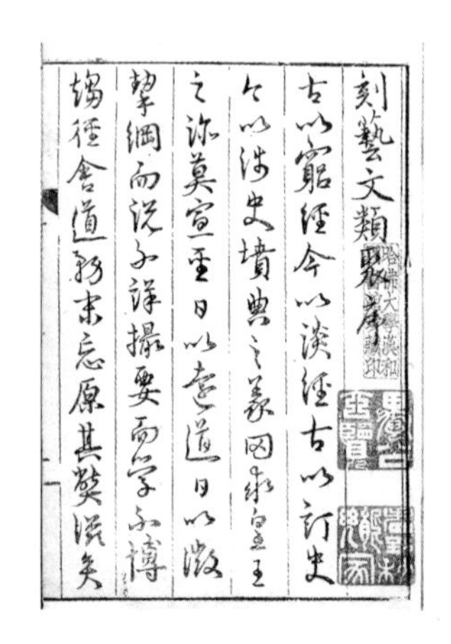
刻藝文類聚序

图6-1　刻艺文类聚序·唐欧阳询等撰《艺文类聚》明嘉靖年间天水胡缵宗刊本　哈佛大学哈佛燕京图书馆藏

《艺文类聚》是我国现存较早的类书之一，记录了唐代以前丰富的文献资料，尤其是许多诗文歌赋等文学作品，与《北堂书钞》《初学记》《白氏六帖》合称“唐代四大类书”。该书采用事文合璧的类书体例，取文仿效《文章流别集》《文选》等，取事则继承《皇览》《华林遍略》等，在遵循传统类书体例的基础上加入了文集的部分，事在前、诗文在后，采辑群书，以类区分编撰而成。以“事居其前，文列于后”的思想指导下，将全书100余万字的资料，分成一百卷，四十六部，七百二十七个子目，引书一千四百三十一种，内容丰富。值得注意的是，其中收录了大量与纺织文化相关的资料，例如：“礼制类”之冠礼；“衣冠服饰类”之衣冠、貂蝉、玦珮、巾帽、衣裳、裙襦、裘、带等；“服饰类”用品之步摇、梳、钗、镜、袜等，纺织品之素、绢、帛等；“宝玉类”之玉珪、璧、珠等。

书中有关“袍”的释读引用《史记》“秦相范雎，与魏人须贾有隙，及贾使秦，雎自称张禄先生，往诣贾，贾见其寒，取一绨袍以赐之，及雎数贾罪。”；《汉武内传》“上元夫人降武帝，服赤霜袍，云采乱色，非锦非绣，不可得名。”（图6-2）

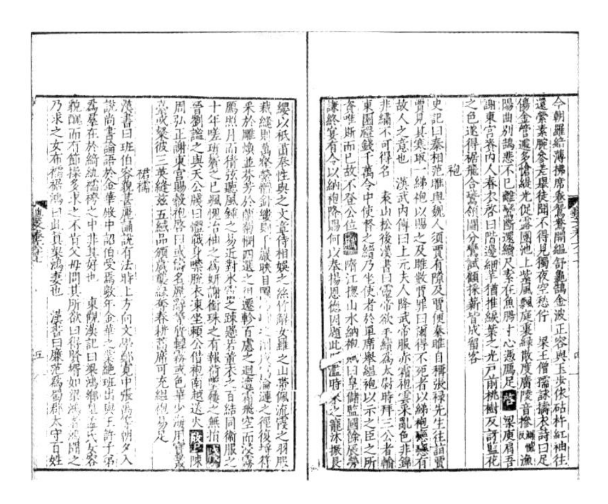

图6-2 第六十七卷衣冠部（袍）·唐欧阳询等撰《艺文类聚》明嘉靖年间天水胡缵宗刊本 哈佛大学哈佛燕京图书馆藏

有关“钗”的记载引用《续汉书》“贵人助蚕，戴玳瑁钗”；《梁元帝谢东宫赉花钗启》“荁乱九衢，花含四照，田文之珥，惭于宝叶，王粲之咏，愿此乘莲，九宫之珰，岂直黄香之赋，三珠之钗，敢高崔瑗之说，况以丽玉澄晖，远过玳瑁之饰，精金曜首，高践翡翠之名。”

有关“囊”的记载引用《史记》“秦围邯郸，赵使平原君求救于楚，与门下二十人偕，得十九人，余无可取者，毛遂自进于平原君。君曰：‘夫贤士之处世也。譬若锥之处囊，其末立见，今先生处胜门下，三年于此矣’。左右未有所称。遂曰：‘臣乃今日请处囊中耳，使遂早得处囊中，乃颖脱而出，非特其末见而已也。’”东汉赵壹《客秦诗》“文籍徒满腹，不如一囊钱。”梁简文帝《眼明囊赋序》“俗之妇人，八月旦，多以锦翠珠宝为眼明囊，因竞凌晨取露以拭目，聊为此赋，尔乃裁兹金镂，制此妖饰，缉濯锦之龙光，剪轻罽之蝉翼，杂花胜而成疏，依步摇而相通，明金乱杂，细宝交陈，义同歆胜，欣此节新，拟椒花于岁首，学夭桃于暮春。”有关“袜”的记载引述《汉书》“景帝时，王生尝召居庭中，公卿尽会，张释之为廷尉。王生顾曰：‘吾袜解，为我结袜。’释之跪而结之，既已，人或让之，王生独奈何庭辱张廷尉如此。王生曰：‘吾老且贱，自度终无益于张廷尉，廷尉方天下名臣，吾故使跪结袜，欲以重之。’诸公闻之，贤王生而重释之。”

欧阳询《艺文类聚·序》中说：“前辈缀集，各抒其意。《流别》（晋挚虞《文章流别集》）《文选》（梁萧统撰），专取其文；《皇览》《遍略》（南朝《华林遍略》），直书其事。文义既殊，寻检难一。”

综上所述，作者基于前代类书“文”与“事”分离给使用者造成的不便，采取了“事居其前，文列其后”的新体例，进而“使览者易为功，作者资其用”。后起的类书便纷纷效法，不仅是宋《事文类聚》、清《渊鉴类函》，甚至明《永乐大典》、清《古今图书集成》这样的鸿编巨帙，也同样遵循着“事”“文”并举的成规。

就纺织文化遗产研究而言，《艺文类聚》是研究唐以前服饰文化的重要史料。该书从唐以前一千三百多种书籍中采录材料，内容丰富，体例创新、兼录事文，适应了当时文学对辞藻、典故的双重需要。所涉及的古籍，大多今已不存，故起到第一手资料的作用，研究者由此入手，即可获得较为丰富、比较系统、比较原始的材料，为查检征引提供了便利条件。

拓展资料

欧阳询（公元557—641年），字信本，潭州临湘（今湖南长沙）人。唐代书法家、文学家，楷书四大家之一，与虞世南、褚遂良、薛稷并称为“唐初四大家”，与虞世南并称“欧虞”。欧阳询的书法造诣极高，其楷书法度严谨，正中见险，骨气劲峭，被称为唐人楷书第一，后世称为欧体。其传世碑刻有《房彦谦碑》《皇甫诞碑》《虞恭公碑》《化度寺邕禅师塔铭》等；存世墨迹有《梦奠帖》《卜商帖》《张翰帖》等，编著《艺文类聚》一百卷。

类书，是我国古代一种大型的资料性书籍，将历史文献中的各种资料，分门别类地汇辑在一起，具有资料分类汇编的性质。类书中常见有衣冠部、冠冕部、服饰部、服用部、蚕织部、布帛部、染练部、首饰部、兵革部等均与服饰有关。

胡缵宗（公元1480—1560年），字世甫、孝思，号可泉，甘肃天水秦安人。明正德进士，官都察院右御史，历任安庆、苏州知府，山东、河南巡抚，为官廉洁，政绩卓然。著作有《辛巳集》《丙辰集》《鸟鼠山人小集》《愿学编》《近取编》。

陆采（公元1497—1540年），原名灼，更名采，字子玄，号天池山人，别署清痴叟，长洲（今江苏苏州）人。工诗文，通音律，尤善梨园乐府，所著传奇有《南西厢》《明珠记》《怀香记》《椒觞记》《存孤记》等。其剧作多用骈语，为明代剧坛骈俪派代表人物。诗文有《陆子玄诗集》《天池山人小稿》《壬辰稿》，又有杂著《天池声俟》《览胜纪谈》《冶城客论》等。

《北堂书钞》，唐代四大类书之一，编纂者为隋末唐初的学者虞世南。根据唐刘竦《隋唐嘉话》的记载"虞公之为秘书，于省后堂集群书中事可为文用者，号为《北堂书钞》。今北堂犹存，而书钞盛行于代。"《北堂书钞》全书共一百六十卷，均为韵文，其中保留了大量的上古神话、故事和传说歌谣片段。

《白氏六帖》，又称《唐宋白孔六帖》或简称《六帖》，唐代四大类书之一。唐白居易辑，宋孔传续辑原书三十卷，名《六帖》；续辑三十卷，称《后六帖》。后合为一书，分为一百卷。杂采成语典故，各时人作文选取词藻之用。体例与《北堂书钞》相同。所收多今失传之书，可供辑失。

孔传（公元1065—1139年），初名若古，字世文，孔子四十六代孙，兖州仙源（今山东曲阜东北）人。居官累迁右朝议大夫、知州等，封仙源县开国男。著有《东家杂记》《孔子编年》《杉溪集》等。

周星诒（公元1833—1904年），字季贶，清河南祥符县人（今河南开封）。季贶兄星誉官至广东盐运使，星诒藉其资财，喜收藏金石书画秘籍，精于目录治学，藏书甚富，多前贤手录本、乾嘉名家精校善本及宋元旧椠。福建建宁府任上，有亏空未偿，得蒋凤藻出资三千金资之，遂以藏书尽归于蒋氏心矩斋。著有《传忠堂书目》《窳櫎诗质》及《瑞瓜堂诗钞》。

参考文献

[1]王燕华.中国古代类书史视域下的隋唐类书研究[M].上海：上海人民出版社，2018：121.
[2]钱玉林，黄丽丽主编.中华传统文化辞典[M].上海：上海大学出版社，2009：4.
[3]胡道静.中国古代的类书[M].北京：中华书局，1982.

二 唐徐坚等撰《初学记》

明嘉靖十年锡山安国桂坡馆刊本

唐徐坚等撰《初学记》明嘉靖十年锡山安国桂坡馆刊本，现藏于哈佛大学哈佛燕京图书馆。有关《初学记》的始编时间共有三条记载：《大唐新语》记录为开元十二年（公元724年）后，《郡斋读书志》《册府元龟》均记录为开元中。该书进上时间记载亦不同，如《唐会要》卷三十六《修撰篇》记载为："开元十五年五月一日，集贤学士徐坚等纂经史文章之要，以类相从，上制名曰《初学记》，至是上之。"《玉海》卷五十七引《集贤注记》载撰成年份为开元十六年（公元728年）正月，宋周必大《承明集》卷七引柳芳《唐历》载撰成以献年份为开元十四年（公元726年）三月，宋钱易《南部新书》壬卷载进上年份为开元十三年（公元725年）五月，与《唐会要》皆有出入。然十三年集贤院方成立，恐无成书进上于是年之可能，"十三年"或为"十五年"之误。

该书版本多杂，对其源流研究者较多，其中清人杨守敬《日本访书志》中的《明宗文堂刊本〈初学记〉跋》，对《初学记》的版本源流叙述尤为详尽，原文略曰："今世行《初学记》，以安国本为最旧。其书刊于明嘉靖辛卯。其本亦有二：其一旁口书'九洲书屋'者，安氏原刻，即《天禄琳瑯》所载本；其一旁口书'安桂坡馆'者，覆安氏本也。嘉靖十三年甲午，晋藩又以安本重刻。至万历丁亥，太学徐守铭又以安本覆刊。又有陈大科刊本，亦安本之支流也。又有万历丙午虎林沈宗培所刊巾箱本，盖以他书校改也。古香斋本，以安国之卷第而据沈氏为底本。然以严铁桥所举宋本无不违异者，唯明嘉靖丁酉书林宗文堂刊本。刘本序后有木记云：'近将监本是正讹谬，重写雕镂，校雠精细，并无荒错，买书君子，幸希详鉴。'书中讹文夺字触目皆是，知其未以安本植改者。"然而，杨守敬的考订并不完善，后来傅增湘又对《初学记》的版本源流作了进一步的澄清和阐明。《藏园群书经眼录》中《明本〈新刊初学记〉跋》记载："此书前有旧人题签，云'元补宋椠大字本初学记'，然实明刊也。余所见日本图书馆藏本题'新雕初学记'，十二行二十二至二十五字。刘本序后有东阳崇川余四十三郎牌子四行，与此绝不类。第据余昔年所传录严铁桥宋本证之，明本误字此皆不误，则此本亦从宋本出，与明代安氏诸刻迥异，斯亦足贵矣。""顷检严铁桥所校宋本，细比核之，知其所据即此本，盖前辈赏其佳胜，亦久认为宋本矣。"此外，另有1962年中华书局排印出版司义祖点校本，据古香斋本，每卷末附校勘表，列严可均、陆心源较所谓宋本的异文，较为通行。1979年，中华书局重印此书时，又由许逸民编制了本书“事对”和引书索引。

> “玄宗谓张说曰：‘儿子等欲学缀文，须检事及看文体。《御览》之辈，部帙既大，寻讨稍难。卿与诸学士撰集要事并要文，以类相从。务取省便，令儿子等易见成就也。’说与徐坚、韦述等编此进上，以《初学记》为名。”
>
> ——《大唐新语·九》

《初学记》原是为适应皇子们练习学问上基本功的需要而编辑的一部百科全书，其得名亦以此。全书按照“以类相从，务要省便”的原则进行编选，共三十卷，分天、岁时、地、州郡、帝王、中宫、储宫、帝戚、职官、礼、乐、人、政理、文、武、道释、居处、器物、服食、宝器（花草附）、果木、兽、鸟（鳞介、虫附）二十三部，三百一十三子目，其规模和征引资料的广博不如《艺文类聚》，但全书材料的组织却比其更为精细巧妙。该书的编撰，在继承《艺文类聚》事文兼并体例的同时，又加入了“事对”部分，所辑录的内容与《艺文类聚》一样，采取事文并举的体例，每一具体子目下又分“叙事”“事对”“诗文”三部分。首为叙事，此乃总叙该子目的相关内容，不仅包含名义，亦兼及缘起与沿革变迁。文中多引《尔雅》《说文》《释名》等字书说明含义，亦杂引经史子集，阐述发展变化。阐释如有不足，编者复加案语。学者阎琴南指出，凡此节文字，多书为大字，注文、案语则往往以小字夹注之。然偶有案语亦作大字者，故不能一概而论。所谓《四库全书总目》云：“其叙事虽杂取群书，而次第若相连属，与他类书独殊。”其他类书，往往只做引文的汇总，每条目下，只把征集到的引文杂乱地逐条抄录，并无一定规律。而《初学记》则不相同，其将各种引文按照内容的不同，以一定的顺序组织起来，统一在每一子部类目之下，由此便无拼凑之嫌。次为事对，这是当时“缀文”“辞对”等影响下该书自创的体例。首以大字书事对之辞，下以小字夹注出典。对辞往往是二字对二字，偶或有三字、四字者；出典往往为一条对一事，但偶遇复杂之事，亦有书三四条出典来解释对辞的情况。出典若词句晦涩，又复加注文来解释典故。因出典已为小字夹注，故注文与出典同为小字，引文与案语间并无明显标志，需特别加以分辨。末为诗文，《四库全书总目提要》认为“其诗文兼录初唐，于诸臣附前代后，于太宗御制，则升冠前代之首。较《玉台新咏》以梁武帝诗杂置诸臣之中者，亦特有体例。”诗文体颇杂，有诗、赋、篇、文、序、颂、赞、述、诏、制、册、奏、章、表、箴、碑、铭、书、论、启、笺、约、诫、教、歌、行、吟、辞、词、诔、墓志、册文、祝文、杂文、弹文、祭文、集序等诸体。每一子目下，诗文种类不一，多为诗文之一体，亦有诗、赋、颂等多种类型附于同一子目下的情形。相较而言，这部分内容引文较为明确，均先以大字标诗文之题，后以小字出诗文之具体内容。

其中卷二十六器物部，记载冠、弁、绶、佩、舄履、裘、衫、裙等，遵循先“叙事”，次而“事对”，接下来“赋”“铭”等体例。例如，对冠的记载为：

> “刘熙《释名》曰：冠，贯也，所以贯韬发也。董巴《汉舆服志》曰：上古穴居野处，衣毛而冒皮。后代圣人易之，见鸟兽有冠角髯胡之制，遂作冠冕缨绥。《春秋繁露》曰：冠之在首，玄武之象也。玄武，貌之最严威者。其像在右，服反居首，武之至而不用矣。《三礼图》曰：太古冠，布齐则缁之，后以为冠，冠之始也。今武冠则其遗象。《春秋合诚图》曰：天皇大帝，北辰星也。含元秉阳，舒精吐光，居紫宫中，制御四方。冠有五采。又曰：黄帝冠黄文，白帝冠白文，又黑帝冠黑文。《礼记》曰：黄冠而祭，息田夫。《家语》曰：大夫请罪，用白冠牦缨。《礼记》曰：玄冠朱组缨，天子之冠也；缁布冠缋绥，诸侯之冠也；玄冠丹组缨，诸侯之齐冠也；玄冠綦组缨，士之齐冠也；缟冠玄武，子姓之冠也；垂绥五寸，惰游之冠也；玄冠缟武，不齿之服也。居冠属武，自天子下达，有事然后绥。《左传》曰：郑子臧好聚鹬冠。《淮南子》曰：楚庄王好獬冠。《公孙屈子》曰：屈到貊冠。《战国策》曰：宋康王为无头之冠以示勇。《庄子》曰：宋钘、尹文为华山之冠，以自表。《汉武内传》曰：上元夫人戴九云夜光之冠，西王母戴太真晨婴之冠。”

值得注意的是，《初学记》体例与《艺文类聚》基本相同，大多辑录全文。《四库全书总目》认为“在唐人类书中，博不及《艺文类聚》，而精则胜之。”此书虽卷帙不大，但采摘皆隋以前古籍，且选材较精，颇有价值。故可用以作为校勘、辑佚的来源。

拓展资料

徐坚（公元660—729年），字元固，浙江湖州人。少好学，遍览经史，性宽厚长者。进士举，累授太学。开元年间任右散骑常侍，圣历中为东都留守判官，专主表奏。坚多识典故，前后修撰格式、氏族及国史等，凡七入书府。又讨集前代文词故实，为《初学记》。坚与父齐聃俱以词学著闻。长姑为太宗充容，次姑为高宗婕妤，并有文藻。议者方之汉世班氏。开元十七年卒，年七十余。注释《史记》三十卷，集三十卷，今存诗九首。

参考文献

[1]王京州.宋本《初学记》流布考[J].清华大学学报（哲学社会科学版），2019，34（01）：119-125.
[2]胡道静.中国古代的类书[M].上海：上海人民出版社，2020：170-175.
[3]江澄波.古刻名抄经眼录[M].北京：北京联合出版公司，2020：206.
[4]白寿彝.中国通史9（第6卷）中古时代·隋唐时期上第2版[M].上海：上海人民出版社，2013.
[5]张润生，胡旭东等.图书情报工作手册[M].哈尔滨：黑龙江人民出版社，1988：352.
[6]胡道静.简明古籍辞典[M].济南：齐鲁书社，1989：292.
[7]吴国宁.文史工具书选要[M].西安：陕西人民出版社，1983：169.
[8]严佐之.古籍版本学概论[M].上海：华东师范大学出版社，2008：163.
[9]李玲玲.《初学记》征引文献体例探讨——以经部文献为中心[J].浙江师范大学学报（社会科学版），2014，39（03）：80-84.
[10]阎琴南. 初学记研究[D].台北：台湾文化大学，1981.

三 北宋李昉等纂《太平御览》

清乾隆年间《四库全书》本

北宋李昉等奉敕纂《太平御览》清乾隆时期《四库全书》本，现藏于浙江大学图书馆。该书初撰于宋太平兴国二年（公元977年），后至太平兴国八年（公元983年）编成。因宋太宗日览三卷，一年之内全部阅读完毕，故下诏改题《太平御览》，亦省称《御览》。目前完整的宋刻本已经失传，另有明万历二年（公元1574年）铜活字印本，明隆庆间闽人饶氏等铜活字印本，清乾隆年间四库全书本（即本案），清嘉庆十一年（公元1806年）木活字印本，清嘉庆十三年（公元1808年）刻本，日本安政二年（公元1855年）刻本，清光绪十八年（公元1892年）刻本。

1935年，商务印书馆以南宋蜀刊残本九百四十五卷为底本，将其所缺部分，分别取静嘉堂文库所藏的其他宋刊本和日本活字本等加以补足，影印出版。1960年，中华书局把商务印书馆的影印宋本并两页为一页，每页两栏，加以缩印，分为四大册。首册附有“太平御览总类”，将各分册所包括的部门及卷次、页次标列出来。而在各分册卷首附上“太平御览目录”，把各册所属部门、卷及细目全部列出，且在每条子目下皆标明页次，以便于检索。

《太平御览》全书共一千卷，内容包含上古至宋以前之天地万物、政教法度、朝代兴亡、伦理道德等，共分五十五部，以应《周易·系辞》“凡天地之物五十有五。”即天、时序、地、皇王、偏霸、皇亲、州郡、居处、封建、职官、兵、人事、逸民、宗亲、礼仪、乐、文、学、治道、刑法、释、道、仪式、服章、服用、方术、疾病、工艺、器物、杂物、舟、车、奉使、四夷、珍宝、布帛、资产、百谷、饮食、火、休征、咎征、神鬼、妖异、兽、羽族、鳞介、虫豸、木、竹、果、菜茹、香、药、百卉。各部再分若干子目，共计四千五百五十八门。该书以《修文殿御览》《艺文类聚》《文思博要》三部类书为蓝本，广采经史百家之言等达一千六百九十余种，其中汉人传记一百余种，旧地方志二百余种，并旁及古律诗、古赋、铭、箴和杂书等。搜罗广博，编选精审，分类编排，门目了然，可谓集北宋以前类书之大成。

此书服章部介绍了古代服饰的种类、古籍记录、颜色、形制、图案等。服用制度介绍了帐、幔、帘、屏风等使用以及历史记载。布帛部分则介绍了不同纺织品的种类、纺织工艺、古籍记录、颜色种类及其使用等。例如，服章部对通天冠的记录：“徐广《舆服杂注》曰：‘天子通天冠，高九寸，黑介帻，金博山。’”

对帐的记录：“《史记》曰：‘丞相公孙弘燕见，上或时不冠。至如汲黯，不冠不见也。上尝坐武帐中，黯前奏事，上不冠，望见黯，避帐中，使人可其奏。其见敬礼如此。’”

又如，对布帛对丝的记录：“《周礼·天官下·典丝》曰：‘典丝，掌丝入，而辨其物，以其贾楬之。掌其藏与其出，以待兴功之时。颁丝于外内，皆以物受之。凡上之赐予，亦如之。’”

就纺织文化遗产研究而言，《太平御览》是研究古代服饰形制、种类、纺织工艺的重要实证资料，该书保存了现已散失的宋以前的某些珍贵史料，例如书中引用两汉时期的《范子计然》和《汜胜之书》的部分章节内容等，从中可见这些久已失传的古籍佚文及当时社会风貌和古代劳动人民的农业生产经验和技术。

再如，北魏崔鸿所著《十六国春秋》，综述了公元304年至公元439年的一百三十余年间，西北各族在中国北方一些地区内先后建立十几个国家的重要史籍，但此书在北宋就已散亡，而《太平御览》征引《十六国春秋》共四百八十余条，并将每段引文皆标明出处，便于引据，为研究"五胡十六国"提供了重要史料依据。但值得注意的是，由于该书类目繁多，常有重复。有些资料转抄于前代类书，又未作校勘核对，故有许多错误，使用时须多加考证，例如《修文殿御览》载："《抱朴子·内篇》曰：'陵阳仲复远志廿年，有子卅七人，坐在立亡。'"而《太平御览》卷九百八十九《药部六·远志》，惟"复"作"服"，"卅七"作"三十七"，更为准确。然今本《抱朴子》载此条云："陵阳子仲服远志二十年，有子三十七人，开书所视不忘，坐在立亡。"较之《太平御览》多一句"开书所视不忘"。

拓展资料

李昉（公元925—996年），字明远，深州饶阳（今河北饶阳）人。后汉，王仁裕知贡举时，举进士。历仕后汉、后周、北宋。宋太宗时拜为中书侍郎平章事。曾奉敕纂《太平御览》《文苑英华》《太平广记》。

《修文殿御览》是北齐后主高纬武平三年（公元572年）以《华林遍略》为蓝本，官修的一部类书，初名《玄洲苑御览》《圣寿堂御览》。《修文殿御览》仿天地之数，为55部，象乾坤之策，共360卷。南宋时，《中兴馆阁书目》《遂初堂书目》《直斋书录解题》都有著录，约在明初，不传于世。敦煌藏经洞发现《修文殿御览》残卷一卷，现藏于法国国家图书馆。

《文思博要》为唐代继《艺文类聚》之后所修撰的另一部大型类书，全书共1200卷。成书于贞观十五年（公元641年），《新唐书·艺文志》作"一千二百卷、目十二卷"，并列举修撰者名单为"右仆射高士廉、左仆射房玄龄、特进魏徵、中书令杨师道、兼中书侍郎岑文本等。现已失传。

《十六国春秋》，一百〇二卷，北魏崔鸿撰。传记体分国别史。记十六国史事。鸿以晋魏前史，皆成一家，而十六国书，未有一统，乃秘撰是书。自北魏景明元年（公元500年）至正光三年（公元522年），历二十二年而成。永安元年（公元528年），经其子子元上书，始列为典籍。原书北宋时已散失。

参考文献

[1]张邻.《太平御览》与《册府元龟》[J].历史教学问题，1981（04）：71-72.
[2]罗亮.《太平御览》中的"唐书"考辨[J].中山大学学报（社会科学版），2022，62（04）：103-112.
[3]里县政协文史资料和学习委员会.诗蕴兰仓[M].兰州：敦煌文艺出版社，2020：14.
[4]刘全波.类书研究通论[M].兰州：甘肃文化出版社，2018：216.

[5]顾明远.教育大辞典8[M].上海：上海教育出版社，1991：360.
[6]周生杰.太平御览研究[M].成都：巴蜀书社，2008：395.
[7]胡道静.简明古籍辞典[M].济南：齐鲁书社，1989：232.

四 北宋江少虞撰《皇朝类苑》

清乾隆年间《四库全书》本

北宋江少虞撰《皇朝类苑》清乾隆年间《四库全书》本，现藏于浙江大学图书馆。《皇朝类苑》成书于南宋绍兴十五年（公元1145年），全书征引浩博，北宋一代遗闻略具于是，原散佚之书，依赖此而存于世。是书宋本不传，振绮堂等有抄本，传本卷数不一。域外有日本元和七年（公元1621年）仿宋活字印本七十八卷，题《新雕皇朝类苑》，明抄本现藏于中国国家图书馆，清乾隆年间《四库全书》本（即本案），1911年武进董康诵芬室刻本，1981年上海古籍出版社出版瞿济仓点校本，名《宋朝事实类苑》。

《皇朝类苑》又称《事实类苑》《皇宋事实类苑》等，为辑录之作，全书内容丰富，取材于北宋太祖至神宗时期一百二十余年的史实，主要围绕“事美一时，语流千载者”“可以警宪于世者”两个主题，将诸家记载之宋代朝野事迹，汇集排纂，每条原文全录，不加点窜，并注所引于书下，以示有证。主要版本有七十八卷本和六十三卷本两种，其中七十八卷本共二十八门，分为祖宗圣训、君臣知遇、名臣事迹、德量智识、顾问奏对、忠言谠论、典礼音律、官政治迹、衣冠盛事、官职仪制、词翰书籍、典故沿革、诗赋歌咏、文章四六、旷达隐逸、仙释僧道、休祥梦兆、占相医药、书画伎艺、忠孝节义、将相方略、知人荐举、广智博识、风俗杂志、谈谐戏谑、作妄谬误、神异幽怪、安边御寇。该卷本长期在日本流传，清朝末年我国才得以复见。六十三卷本共二十四门，基于七十八卷本删改而成，缺失谈谐戏谑、作妄谬误、神异幽怪、安边御寇四门，并且主要以抄本形式在国内流传。此外，历代目录著作中也多有二十六卷本的记载。

其中第二十四卷虽称为衣冠盛事，却记载了北宋官制、科举中较为典型的优异、特殊的事例，即所谓盛事。如“衣冠，泛指官职爵位。”卷二十五、二十七、二十八官职仪制记载了部分服饰，例如赐夹公服、赐衣服、赐带、赐金带、因例赐带加服色、武臣赐笏头带等。此外，卷三十二典故沿革亦记载了部分服饰，例如乌帽、中国衣冠用胡服等。例如，对赐夹公服的记载：

“文武升朝官，遇郊庙展礼，诸大朝会，并朝服，常朝起居，并公服。今百执事由常趋而上，每岁诞节、端午、初冬，各赐时服有差，内公服，旧制虽冬赐，亦止单制。至太祖皇帝在位，讶其方冬而单衣，诘诸有司，对以遵用古法，盖前代之阙典。上于是特命改制，今公卿大夫之有夹公服，自此始也。案今本《渑水燕谈录》载此条，脱漏颇多，仅有四十三字。”

对乌帽的记载：

“天圣以前，乌帽惟用光纱，自后，始用南纱。迄今几十年，复稍稍用光纱矣。”

又如对赐服的记载：

“国朝之制，文武官诸军校在京者，端午、十月旦、诞圣节，皆赐衣服。其在外者，赐中冬衣袄，遣使将之。旧制，在内者，中书、枢密、察院、节度使至刺史，诸军列校以上，学士、金吾、驸马，冬给袍有差。而学士给黄师子锦，品极下，淳化中，改给盘雕法锦，在晕锦之亚。凡袍锦之品四，曰天下乐晕锦，以给枢宰、亲王、皇族、观察使以上，侍卫步军都虞候以上，节度使。盘雕法锦，以给学士、中丞、三司使、观察使、厢主以上，军头团练使以上，皇族、将军以上，驸马都尉，旧宰相。翠毛细锦，以给防团刺史、军主军头领刺史者。黄师子，以给三司副使、知开封府、审刑、登闻、龙图直学士。旋栏锦之品十，曰天下乐晕，以赐节度、观察使、领部署者。次晕锦，以赐尚书以上，及学士管军者。盘雕，以赐观察使、丞郎。翠毛，以赐合门使以上、防团刺史管禁军者。倒仙牡丹，以赐刺史以上。方胜宜男，赐诸司使领郡以上。盘球云雁，赐诸司使。方胜练鹊，赐河北、河东、陕西转运使副。余军校，复有黄师子、宝照之品焉。”

《皇朝类苑》对研究北宋时期文学和历史，具有较大的参考价值。尽管书中辑录材料非常严谨，但仍有不少条目失注或误注出处。如“官职仪制”门“宣头”条，原注出自《湘山野录》，但其开头有“予为史馆检讨”一句，《湘山野录》的作者是僧人文莹，故无“为史馆检讨”之理。就纺织文化遗产而言，该书对北宋时期服饰的记载，虽不如《宋史·舆服志》等典章文献全面，但仍然具有重要的文献价值。

拓展资料

江少虞（生卒年不详），字虞中，两宋之际衢州常山（今浙江常山）人，政和中，举进士，为天台学官。绍兴初，累官至知建州。绍兴四年（公元1134年），改知饶州。后官为左朝请大夫、权发遣吉州军州事。著有《皇朝事实类苑》等。

振绮堂，清汪氏藏书处，位于今浙江杭州。汪氏自汪宪及其子璐，孙諴、曾孙远孙四世均富藏书。诚取所藏书著《振绮堂书目》，分四部，详考撰书人，并注明得自何本，凡三千三百余种，计六万五千卷。

参考文献

[1]（清）瓮方纲.瓮方纲纂四库提要稿[M].吴格，整理.上海：上海科学技术文献出版社，2005：540.

[2]孙琼歌.《宋朝事实类苑》研究[D].郑州：河南大学，2009.

[3]杨倩描.宋代人物辞典上[M].保定：河北大学出版社，2015：302.

[4]胡道静.简明古籍辞典[M].济南：齐鲁书社，1989：337.

五 元拜住等撰《通制条格》

1986年浙江古籍出版社黄时鉴点校本

元拜住等撰《通制条格》1986年浙江古籍出版社黄时点校本。本书出自《大元通制》中的条格部分，至元八年（公元1271年）元政府禁行金泰和律，此后曾几次制定本朝新律，皆未成功，至元二十八年（公元1291年）所颁布的《至元新格》，亦极不完备。因此仁宗即位后，允中书所奏，择“耆旧之贤、明练之士，时则若中书右丞伯杭、平章政事商议中书刘正等，由开创以来政制法程可著为令者，类集折衷，以示所司。”其大纲有三：一《制诏》、二《条格》、三《断例》，另将错居于《条格》《断例》之间的内容亦汇辑成《别类》。书成于延祐三年（公元1316年），名为《风宪宏纲》，命监察御史马祖常作序。书成之后，又命“枢密、御史、翰林、国史、集贤之臣相与正是，凡经八年而是事未克果”，至英宗至治二年（公元1322年）颁行发布，题名《大元通制》。

《大元通制》全书共88卷，凡2 539条，其中条格、断例部分的篇目和编排，分别仿效金《泰和律令》和《泰和律义》，故此《大元通制》具有法典的性质，但全书今已不传。《通制条格》现存刻本有明写本《通制条格》残卷，1930年由国立北平图书馆影印出版。日本冈本敬二编《通制条格研究译注》三册（国书刊行会刊），将《通制条格》全部加以句读，然后译成日文，并详加注释。1986年浙江古籍出版社出版黄时鉴点校本，用新式标点对全书进行分段点校，是现行较好通本（即本案）。（图6-3）

图6-3　书影·元拜住等撰《通制条格》1986年浙江古籍出版社黄时鉴点校本　中国国家图书馆藏

《通制条格》现存二十二卷，分户令、学令、选举、军防、仪制、衣服、禄令、仓库、厩牧、田令、赋役、关市、捕亡、赏令、医药、假宁、杂令、僧道、营缮十九门，共计六百四十六条。据沈仲纬《刑统赋疏·通例》所引《条格》篇目，尚缺祭祀、宫卫、公式、狱官、河防、服制、站赤、榷货八门。

该书第八卷贺谢迎送部分别介绍了官员公服颜色、图案等，第九卷介绍了衣服的服色、命妇服饰等，第二十七卷介绍了控鹤等服带、毛段织金等，第三十卷介绍了织造料例，投下织造等相关服饰织造信息。其余各卷，虽也有对服饰的记录，但都没有上述卷宗记录清晰、集中。例如，第九卷对服色的记载为："职官除龙凤文外，一品二品服浑金花，三品服金褡子，四品五品服云袖带襕，六品七品服六花，八品九品服四花。职事散官从一高。系腰，五品以下许用银并减铁。"

第二十七卷对毛段织金的记载："中统二年九月中书省钦奉圣旨：'今后应有织造毛段子，休织金的，只织素的或绣的者。并但有成造箭合剌，于上休得使金者。钦此。'"

第三十卷对织造料例的记载："大德七年十二月中书省［一］据行文体例，省下疑有脱字。《元典章》卷五十八（工部卷之一）《造作一段匹段匹斤重》相应文字作'江西行省准中书省咨'。近为各处行省并腹里路分解到诸王百官常课金素段匹，虽称委官辨验堪中，别无开到各该斤重料例，不见有无短少絍线。今后应收段匹，需要依例秤盘比料，开具实收斤重。移咨各省及下工部，依上施行。"

就纺织文化遗产而言，《通制条格》书中内容多条取自元世祖至元二十七年（公元1290年）由中书参知政事何荣祖纂辑的《至元新格》，其反映了元初以来历朝颁布的有关法令，是研究元代中前期行政法规、典章制度、社会状况的重要历史资料。但值得注意的是，该书仅是对部分服饰织造和制度的记载，例如对天子、皇后服饰的记载全书并未提及。因此在使用时，须与同时期的舆服文献结合使用。

拓展资料

拜住（公元1298—1323年），元英宗宰相。元武宗至大二年（公元1309年）袭职宿卫长。仁宗朝，历任太常礼仪院使、大司徒、金紫光禄大夫、开府仪同三司，为官办事必依典章制度，并广延儒士，咨访古今礼乐刑政、治乱得失，有"蒙古儒者"之称。英宗即帝位，任中书平章政事。协助英宗诛杀谋反之臣失烈门等人。仁宗延祐七年（公元1320年）拜中书左丞相。英宗至治二年（公元1322年）迁升中书右丞相。任相励精图治，推行新政，深受英宗所倚重。重用儒生张珪，虞集等人，裁汰冗员，轻徭薄赋，推行助役法，颁布《大元通制》。

北平图书馆，前身是1909年建立的京师图书馆，1912年正式开馆。1928年改名国立北平图书馆，1929年与北海图书馆合并。1949年后，北平图书馆更名为北京图书馆。1998年，北京图书馆更名为中国国家图书馆。

《至正条格》，元代法典。元顺帝至元四年三月命中书平章政事阿吉剌根据《大元通制》编定条格，至正六年四月颁行，名曰《至正条格》。其中包括诏制一百五十条，条格一千七百条，继例一千零五十九条。《条格》颁行之后，因连年兵乱，未能实际施行。原书卷已散失，载于明

《永乐大典》者凡23卷，分祭祀、户令、学令、选举、宫卫、军防、仪制、衣服、公式、禄令、仓库、厩牧、田令、赋役、关市、捕亡、赏令、医药、假宁、狱官、杂令、僧道、营缮、河防、服制、踏赤、权货。共二十七目。

参 考 文 献

[1]白寿彝.中国通史13（第8卷）中古时代·元时期上[M].上海：上海人民出版社，2015：6.
[2]方龄贵.《通制条格》新探[J].历史研究，1993（03）：14–29.
[3]吕绍纲，吕美泉.中国历代宰相志[M].长春：吉林文史出版社，1991：417.
[4]李伟民.法学辞海[M].北京：蓝天出版社，1998：1059.

六 明王圻王思义撰《三才图会》

万历三十七年刊本

明王圻王思义撰《三才图会》万历三十七年（公元1609年）刊本，现藏于哈佛大学哈佛燕京图书馆。《三才图会》成书于万历三十七年，父子继修，主要刊本有：万历三十七年“王思义校正本”，崇祯年间“曾孙尔宾校正本”，清康熙年间“潭滨黄晟东曙氏重校本”（后两本均为王思义原刻本后印补修本），光绪年间刻本，1988年上海古籍出版社以上海图书馆所藏万历三十七年刊本为底本影印出版等。

> “尝广搜博采，辑所谓《三才图会》。上自天文，下至地理，中及人物，精而礼乐经史，粗而宫室舟车，幻而神仙鬼怪，远而卉服鸟章，重而珍奇玩好，细而飞潜动植，悉假虎头之手，效神奸之象，卷帙盈百，号为‘图海’。方今人事梨枣，富可汗牛，而未有如此书之创见者也。”
>
> ——《三才图会·序》

《三才图会》又名《三才图说》，共106卷，分为《天文》4卷，依次包含天文总图、二十八星宿、古书典章中记载的星体运行图及日食、月食等天文现象内容；《地理》16卷，先以总括性质的山海舆地全图、华夷一统图开篇，后分别介绍各行政区域、九边镇、河运及漕运、名胜古迹、八夷，紧接着按历史顺序介绍历代疆域、帝都等内容，另载土地制度和区田、围田等造田、护田法；《人物》14卷，前三卷介绍明世宗之前的历代帝王，后五卷介绍名臣将相，再接三卷篇幅收录释家、道家诸人物，后三卷辑录域外及传说中的国度；《时令》4卷，有天地始终消息图、闰月称岁图、日出日没永短图、月生月尽盈亏图等天象变化图，六十甲子诸神方位图、十二月方位图、天运星煞直日图等用以指导农业、生活等事务的图像资料；《宫室》4卷，涵盖各类宫室及其设计思想、周礼朝位寝庙图、太学图、皇城图等政治性图制，有阳宅九宫图、阳宅内形吉凶图、阳宅外形吉凶图等生活气息浓厚的图制；《器用》12卷，包含礼乐之器、舟车、兵器、农器等内容；《身体》7卷，包含肺、胃、心等身体器官及人体经脉图、脏腑病图等，还包含病症图及其治疗方法，最后一卷还涉及人相问题，如男人面痣图等；《衣服》3卷主要包含冠服制度、丧服、士庶之服、衣服裁剪之法等内容；《人事》10卷，涵盖琴、棋、书、画、枪法、阵法、太极元气图、二十四气修真图、投壶、斗牛等生活层面的内容；《仪制》8卷，主要涉及重大政治活动所需仪制，如正旦冬至朝贺图、中宫受册图、国朝卤簿图、国朝仪仗图、天子纳后纳彩图等皇族婚礼仪制，另有丧礼仪制、太学祭先师图、古礼正寝时祭图、五刑之图等内容；《珍宝》2卷，共两部分内容，一是“珍”，指贵重珍奇的珠宝，二是“宝”，即货币名，以钱图为代表；《文史》4卷，一卷主要有易图、皇极经世图、伏羲八卦方位图，二卷以诗经图、礼记图、书经图、周礼图为主要内容，三卷、四卷以春秋图、诗余图谱为主要内容；《鸟兽》6卷，前两卷主要是以凤、孔雀、画眉、海东青等为代表的鸟类，三、四卷主要以麒麟、海马、狼、黑狐等为代表的兽类，最后两卷则收录龙、蛟、鱼、水母、青蛉等鳞介类；《草木》12卷，前七卷主要收录有药用价值的草类，八、九卷为木类，十卷收录各种蔬菜，十一卷收录果类和穀类，十二卷收录各类花卉。每门之下各自成卷，条记事物，取材广泛。所记事物，先有绘图，后有论说，图文并茂，互为印证。（图6-4）

其中，《衣服》共三卷，严格按先君王后平民的政治逻辑、先礼后用的生活逻辑、由上自下的穿戴顺序编辑，内容多而不杂，冗而有序。《衣服·一卷》依照等级地位收录了帝王、帝后、群臣吉服，包括帝王吉服九种：祭昊天上帝与五帝所着之大裘、享先王之衮冕、享先公之鷩冕、祀望山川之毳冕、祭社稷之希冕、祭群小祀之玄冕、视兵事之韦弁，视朝之皮弁、凡甸（狩猎）之冠弁；帝

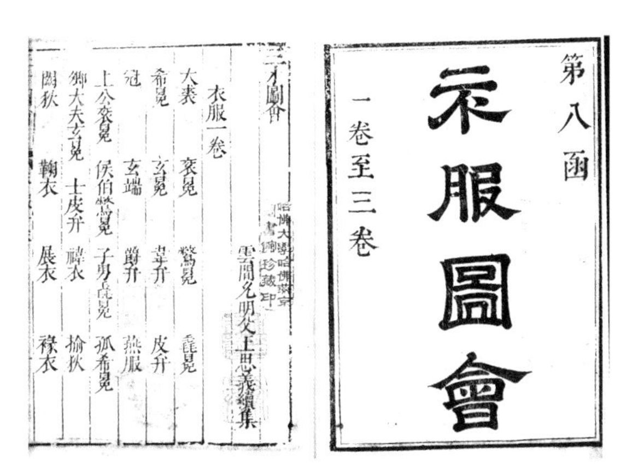
第八函
衣服圖會
一卷至三卷

三才圖會
衣服一卷
大裘 衮冕 鷩冕 毳冕
希冕 玄冕 韋弁 皮弁
冠 玄端 爵弁 燕服
上公衮冕 侯伯鷩冕 子男毳冕 孤希冕
卿大夫玄冕 士皮弁 褘衣 揄狄
闕狄 鞠衣 展衣 褖衣

图6-4 衣服·明王圻王思义撰《三才图会》万历三十七年刊本 哈佛大学哈佛燕京图书馆藏

后吉服六种：配合帝王祀先王之袆衣、先公之揄狄、群小祀之阙狄，又有告桑之鞠衣、礼宾客之展衣、进御见王之褖衣；群臣吉服：按臣子等级分为上公服衮冕、侯伯服鷩冕、子男服毳冕、孤服希冕、卿大夫服玄冕、士服皮弁。还收录历代首服五十二种，有冠、帽、巾、盔等。例如，对蜀汉诸葛亮所戴的头巾记载为：诸葛巾，一名纶巾，诸侯武侯尝服纶巾，执羽扇，指挥军事，正此巾也。因其人而名之。他的这种装束也被后世儒将、名士所效仿。此外，又对古代官员衣冠外表的主要架构进行了记载："衣，上体之服。古者，朝服有玄衮，有毳衣，有黻衣，有缁衣，有锦衣，有深衣，其制多相似。""裳，下体之服。古者，绣裳五色，备前三幅后四幅，以纁为之，刺绣于其上。"有些也内着"中单"："中单，祭服其内明衣，加以用朱，刺绣文以榅领。丹者，取其赤心奉神也。"有些在下裳之外再加有一层"蔽膝"，以保护下肢："蔽膝，以罗为表，绢为里，其色纁，上下有纯，去上五寸，所绘各有差，大夫芾士曰韎。"有些侧面再加玉饰，称为"佩"或"杂佩"："杂佩者，左右佩玉也。上横曰珩，系三组，贯以蠙珠；中组之半贯瑀，末悬衡牙；两旁组各悬琚璜。又两组交贯于瑀，上系珩，下系璜，行则冲牙触璜而有声也。"佩与绶合称"佩绶"，往往组合搭配："古之君子必佩玉。天子佩白玉而玄组绶，公侯佩玄玉而朱组绶，大夫佩苍玉而纯组绶，士佩瓀珉而蕴组绶，以其贯玉相承受也。"腰部束以各种带，最正规的称为"革带"及"大带"："带以素，天子朱裹，终纰羽，带与纽及绅，皆饰其侧也。大夫裨其纽及末，士裨其末。带，袂绢为之，广四寸，裨用黑缯，各广一寸。"值得注意的是，该卷还穿插了测量（屈指量寸法、伸指量寸法）及裁剪方法（裁衽图）。（图6-5）

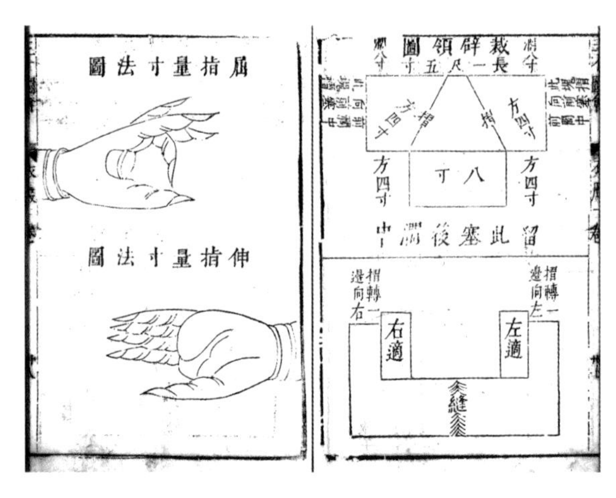

图6-5 屈指量寸法、伸指量寸法·明王圻王思义撰《三才图会》万历三十七年刊本 哈佛大学哈佛燕京图书馆藏

《衣服·二卷》行文以“国朝”开头，“国朝”指当前朝代，尤以明最为流行，时代特色鲜明，详述了明代冠服制度，按照皇帝、皇后、皇妃、公主、皇子、诸王、群臣、侍仪舍人、校尉的阶级顺序编纂。冠服按照先冕冠、中服装、后饰品的顺序排列。以御用冠服为例，按出席场合不同，分为冕、通天冠、乌纱折上巾、皮弁四种，衣裳有玄衣、纁裳、中单、蔽膝、绛纱袍、红罗裳、袜、鞋，配饰有革带、大带、绶、珮。此外，该卷还对明代官服的重要特征——补子进行了详细介绍，其图案以动物作为标志，文官绣禽，武官绣兽，以不同的图案严格区分官员等级。（图6-6）

《衣服·三卷》内容多杂，可看作前两卷的延续和补充，补充收录了内、外命妇冠服、宫人冠服、士庶妻冠服，时人必须按品级着衣、搭配，在首饰材质及数量、衣服材质、用色、纹样等方面也有严格的等级规定，如普通妇女多以紫花粗布为衣，不许用金绣、大红、鸦青与正黄色。不仅冠服，明代对常服穿着也有相应规定，如该部分所载，襕衫、褙子、半臂、衫、袄子，形制上相差无几，只半臂，少两袖，举子着襕衫，士人着半臂，庶人着衫等。该卷又根据穿着对象的不同，收录了农服、戎服、僧衣、道衣等民服，其中又以农服为主，体现出农业社会的特点。在此，衣服的功能性发生了转化，由蔽体的功能转化到工具的实用功能。如蓑笠，用作雨具最为轻便。又有专门根据田地条件设计的足衣，如橇，“泥行具也。……河水退滩淤地，农人欲就泥裂漫撒麦种，奈泥深恐没，故制木板为履，

前头及两边皆起如箕，中缀毛绳，前后系足，底板既阔，则举步不陷。今海陵人泥行及刈过苇泊中皆用之。”更有一服多用，如覆壳，“耘薅之际，以御畏日，兼作雨具下有卷口，可通风气，又分雨溜。适当盛暑，田夫得此以免曝烈之苦。”值得注意的是，本卷还重点介绍了丧服，作者以图像的形式阐释了丧服形制，以文字的形式阐述了丧服制作及与丧服相应的叙服等规范。

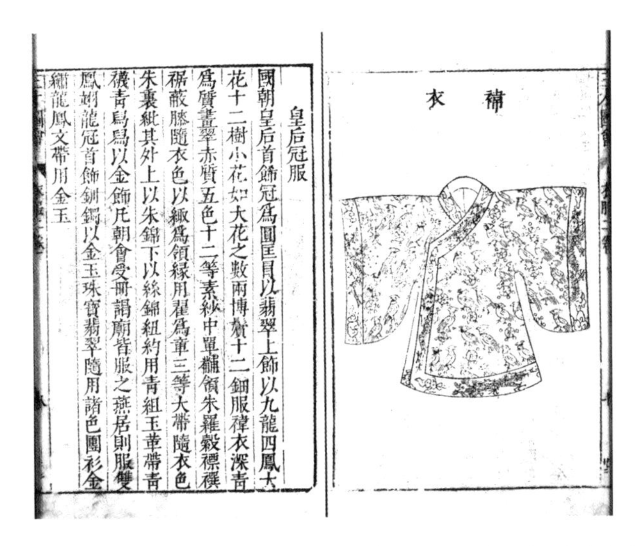
皇后冠服
國朝皇后首飾冠爲圓匡冐以翡翠上飾以九龍四鳳大
花十二樹小花如大花之數兩博鬢十二鈿服褘衣深青
爲質畫翬赤質五色十二等素紗中單黼領朱羅縠褾襈
裾蔽膝隨衣色以緅爲領緣用翟爲章三等大帶隨衣色
朱裏紕其外上以朱錦下以綠錦紐約用青組玉革帶青
襪青舄舄以金飾凡朝會受冊謁廟皆服之燕居則服雙
鳳翊龍冠首飾釧鐲以金玉珠寶翡翠隨用諸色團衫金
繡龍鳳文帶用金玉

图6-6 皇后冠服·明王圻王思义撰《三才图会》万历三十七年刊本 哈佛大学哈佛燕京图书馆藏

就纺织文化遗产研究而言，《三才图会》较为全面地呈现了明代及以前诸如宫室、器用、服制和仪仗相关的图文资料。就其《衣服》篇而言，多有学者将之作为《明史》《明会典》等正史冠服史料的补充，对传承古代服饰文化具有重要的参考价值。

拓展资料

“三才”指“天”“地”“人”。《周易·系辞下》：“《易》之为书也，广大悉备：有天道焉，有人道焉，有地道焉。兼三才而两之，故六；六者，非它也，三才之道也。”后《说卦》中又有：“是以立天之道曰阴与阳，立地之道曰刚与柔，立人之道曰仁与义”，由此可知，“三才”指的天、地、人三者及其相互间的关系，贯穿以“阴阳”“刚柔”“仁义”为代表的中国传统文化，三者相互联系、相互影响，是变化的、运动的、宏大的宇宙观。

参考文献

[1]郑天挺，谭其骧.中华历史大辞典[M].上海：上海辞书出版社，1983：77.
[2]陆三强，陈根员.古籍碑帖的鉴藏与市场[M].济南：山东美术出版社，2008：65.
[3]郑艺鸿.明代帝陵石刻研究[M].合肥：安徽文艺出版社，2020：182.
[4]范雄华.《三才图会·衣服卷》设计意蕴探析[J].齐鲁艺苑，2018（02）：81-84.
[5]邹其昌，范雄华.论《三才图会》设计理论体系的当代建构——中华考工学设计理论体系研究系列[J].创意与设计，2018（06）：5-17.

七 明王三聘辑《古今事物考》

1937年商务印书馆印本

明王三聘辑《古今事物考》1937年商务印书馆印本，现藏于中国国家图书馆。《古今事物考》具体成书时间不详，据王三聘自序中所言，“嘉靖戊戌寓南棘，得《事物纪原》一编，喜诙博，遂不置焉……虽逸名氏，逆宋人手尔，然世有损益……率由圣朝典章，而日有闻见，乃续录之……遂名曰《事物考》，凡八卷。”由此可知该书的成书时间至少在嘉靖十七年（公元1538年）之后。此外，在卷首还有一篇《刻事物考序》，标有“嘉靖癸亥年孟秋朔日寻乐山人赵忻著”，从而可以推测《古今事物考》的成书时间应在嘉靖十七年（公元1538年）至嘉靖四十二年（公元1563年）之间。

据《中国古籍善本书目》和《中国古籍总目》记载，《古今事物考》早期有三个版本，分别为明嘉靖四十二年（公元1563年）何起鸣刻本、隆庆三年（公元1569年）王嘉宾刻本及隆庆四年（公元1570年）金陵书林周氏刻本（或已佚）。此外，明胡文焕的《格致丛书》和清高承勋的《续知不足斋丛书》均收录了《古今事物考》，不过前者题名为《新刻古今事物考》八卷，后者题名为《古今事物考》八卷。从书本中收录该书的有1936年宋联奎编的《关中丛书》，题名为《古今事物考》八卷，其内容与何本基本一致。此外，1997年编的《续修四库全书》和《四库全书存目丛书》，其中《续修四库全书》中的《古今事物考》据清华大学图书馆藏的明嘉靖四十二年（公元1563年）何起鸣刻本为底本影印；《四库全书存目丛书》中的《古今事物考》据天津图书馆藏的隆庆三年（公元1569年）王嘉宾刻本为底本影印。1936年商务印书馆排印的《丛书集成初编》、1937年商务印书馆排印的《国学基本丛书》及1973年台湾“商务印书馆”排印的《景印岫庐现藏罕传善本丛刊》中也均有《古今事物考》出版。另有单行本出版，如1985年中华书局出版的《古今事物考》和1987年上海书店出版的《古今事物考》是现在最常见的通行本。该书不仅在国内有所收藏，还在域外如美国的国会图书馆、哈佛燕京图书馆、普林斯顿大学图书馆，日本的京都大学图书馆、国立公文图书馆等均有所收藏。

《古今事物考》又名《事物考》，顾名思义即为考事物之源流，正如王三聘云：“尝读古经史中，或见一物一事之出处始末，辄手记之”；赵忻云：“开卷必旁引广搜，寻名取义。凡有关涉，穷宇宙间，无细大，咸能辨之，卒成篇”；王嘉宾云：“门分珠列，巨织咸具，一展卷而事物之原委毕呈。”

该书在体例编排上有其完整性，正文前不仅有刻事物考序、作者自序，序后更有清晰的目录，注明卷数与相应的事物门类，每卷内以“卷一门一目”的形式进行体例上的编排。全书共8卷，分29个门类，1 183个条目，其中收有本朝典章内容的特有条目219个，占全书条目总数的六分之一。卷一包括天文、地理、时令、人事、婚礼、丧礼；卷二包括公式、文事、艺术；卷三包括国制、官典、国用、国瑞、珍宝；卷四包括銮驾、爵禄、官职（在京文武衙门）、官职（在外文武衙门）；卷五包括礼仪、学科；卷六包括武备、冠服；卷七包括宫室、器用、饮食、戏乐；卷八包括名义、法律、道释。

《卷六·冠服篇》中记录的条目如下：冠、冕弁、簪缨、冲天冠、通天冠、高山冠、梁冠、幞头、法冠、武冠、惠文冠、帻、帽、堂帽、中官帽、席帽、大帽、圆帽、帷帽、头巾、儒巾、幅巾、网巾、衣裳、衮、朝服、公服、祭服、佩、绶、环、蔽膝、大带、带、服御、服色、花样、圭、笏、襕衫、衫、汗衫、凉衫、袄子、半臂、袴褶、裘、裈、袜、靴、履舄、扉履、鞋、屐、撬、撵、雨衣、僧衣、道衣、冠子、特髻、步摇、髮髢、头、盖头、妆、妆奁、花钿、画眉、染红指甲、钗、钏、金诃子、指环、耳坠、粉、胭脂、彩花、梳芘、大衣、裙、帔、褙子、衫子、缠足、帐幄、帷幕、幔、拂庐、被、毡、褥、手巾。

其中对首服记载如：“冠，《通典》曰：‘上古衣毛冒皮，后代圣人见鸟兽有冠角髯胡之制，遂作冠冕缨緌以为首饰。’《三礼图》曰：‘缁布冠，始冠之冠也。太古冠布，斋则缁之，今武冠则其遗象也。太古未有丝缯，始麻布耳。’冲天冠，唐制交天冠以展角交于上，国朝，吴元年改展脚不交，向前朝，其冠缨取象善字，改名翊善冠。洪武十五年，改展角向上，名曰冲天冠。”

对衣服的记载如："衣裳，《通典》曰：'上古衣毛，后代以麻易之，先知为上以制衣，后为下以制裳。'《易》曰：'皇帝垂衣裳而天下治'；《世本》曰：'胡曹做衣'；《淮南子》曰：'伯余初作衣。'注云，皆黄帝臣，一曰黄帝、伯余也。其后对衮、朝服、公服、佩、绶、环、蔽膝、大带、带、服御、服色、花样、圭、笏、条、襕衫、衫、汗衫、凉衫等进行了详细的注解。如'襕衫'，《唐志》曰：'马周以三代布深衣，因于其下着襕及裙名襕衫以为上士之服，今学子所以衣襕衫之始也。'"

值得注意的是，《古今事物考》引经据典、分门别类地对各类名词进行释义，其内容上至天文地理，下至鱼虫草木，乃至民生日用皆有考证，颇为详赡。此外，该书不同于传统类书编纂时坚持"述而不作"的原则，王三聘在辑录时亦加入了自己的按语，或在引书之后，或置于事物评述之后，而这也使其成为研究古今事物源流重要的参考资料。

拓展资料

王三聘（公元1501—1577年），字梦莘，别号两曲，盩厔（陕西周至县）人。明嘉靖十年（公元1531年）举人，嘉靖十四年（公元1535年）登进士，官大理寺评事。王三聘归乡三十多年间，著书十多本，现留存完整的仅有《古今事物考》与《字学大全》两本，其所修《盩厔县志》部分条目以"旧志"的形式残存于后世重修之志。此外，王三聘还为一些古迹建筑作记，如《修建玉皇殿记》《涌泉寺碑略》等。

参考文献

[1]陕西省地方志编纂委员会.陕西省志第71卷上著述志古代部分[M].西安：陕西科学技术出版社，2000.
[2]王云五.王云五全集19序跋集编[M].北京：九州出版社，2013：474.
[3]潘虹.《事物考》研究[D].上海：上海师范大学，2017.

八　明郑若庸撰《类隽》

万历六年汪珙刻本

明郑若庸撰《类隽》万历六年汪珙刻本，现藏于哈佛大学哈佛燕京图书馆。据王重民考证，《类隽》之初刻在嘉靖年间，其刊刻版本有明万历六年（公元

1578年）汪珙刻本（即本案），1991年上海辞书出版社据明万历六年汪珙刻本影印，此后又收录于《续修四库全书》。

明嘉靖三十一年（公元1552年），赵康王厚煜聘至邸中，给以笔札，令郑若庸依《初学记》《艺文类聚》之例编为一书。郑若庸掇拾唐以前隽语为备，历二十年而书成，名之曰《类隽》，以所类靡非隽者。全书共三十卷，分天文、时令、地理、天族、人伦、人品、宫室、艺术、身体、衣服、饮食、器用、布帛、珍宝、乐器、释道、花木、果实、羽足、毛族二十门，每门之下又细分若干子目。其中，卷十六、卷十七"衣服类"记载了冠、冕、弁、幞头、帽、巾、帻、裘、衫、深衣、袄、裙、袴、袜、袍等，卷二十二"布帛类"记载了锦绣、绨、织绩、绢、绵、素、帛、练、绡、绮、罗、布、绫、绨绤、麻。文中多引《尔雅》《说文》《释名》等书说明含义，亦杂引经史子集，阐述发展变化。

例如，卷十六对"裙"的记载为："裙，释名，《释名》云：裙，下群也，连接裙幅也。缘裙，裙施缘也。秃裙，《续汉书》云：汉明德太后秃裙不缘。长裙，《五行志》云：献帝时女子好为长裙，而上甚短。《西京杂记》云：赵飞燕立为皇后，其弟上锦织成裙。"

如，卷十七对"绶"的记载为："绶，绂也。董巴《舆服志》云：战国解去绂佩，留其丝襚，以为章表；秦乃以采组连结于襚，光明章表，转相结绶，故谓之绶。乘舆黄赤绶，五采；黄赤缥绀淳黄圭，长二丈九尺，五百首云云。"

又如，卷二十二对"绢"的记载为："绢，苦良，《周礼》云，凡布绢辨其苦良，比其大小而贾之。注云，别其粗细广狭，书其贾于物也。"（图6-7）

"又二十年而书成，名之曰《类隽》，以所类靡匪隽者。则康王久捐国矣，徐公亦谢首揆归其乡。而山人老开九襄，然尚能不废其业，一旦以属余曰：'吾业启于赵嗣王，已告成矣。吾子好为一家言，以吾之不得当也，虽然其谓我何？'余谢不敏，则曰：'子书成而懈，夫豪杰之士，以无事弹力于学则不可，然使途之人，亦或尽染指焉。以立取而立应，而无腐相如之毫也，则亦唯子之功，谓康王诚贤王矣。'刘孝标作《类苑》，而梁武以人主之重，不能见推挹，顾集诸学士为《华林要略》以高之。康王不爱赵党，与书以共山人笔札，而成山人名，康王诚贤王也！然闻国学汪生，不靳浩费，鸠工登梓，以竟山人之志，则山人之传籍是大且久矣，距曰小补之哉！”

——王世贞《类隽序（节选）》

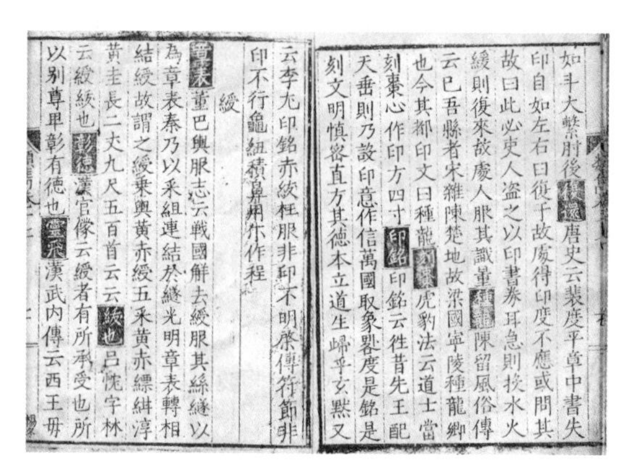

如斗大繫肘後[illegible]唐史云裴度平章中書失印自如左右曰從于故處得印度不應或問其故曰此必吏人盜之以印書券耳急則投水火緩則復來故處人服其識量[illegible]陳留風俗傳云巳吾縣者宋雜陳楚地故梁國寧陵種龍鄉也今其鄉印文曰種龍[illegible]虎豹法云道士當刻棗心作印方四寸印銘印銘云徃昔先王配天垂則乃設印意作信萬國取象罍度是銘是刻文明慎密直方其德本立道生歸乎玄默又云李尤印銘赤紱在服非印不明條傳符節非印不行龜紐積累用亦作程

綬

章表董巴輿服志云戰國解去綬服其絲縫以為章表秦乃以采組連結於縫光明章表轉相結綬故謂之綬乗輿黃赤綬五采黃赤縹紺淳黃圭長二丈九尺五百首云云綬也呂忱字林云綬紱也彰德漢官儀云綬者有所承受也所以別尊卑彰有德也[illegible]漢武內傳云西王毋

图6-7 卷十七“绶”·明郑若庸撰《类隽》万历六年汪珙刻本 哈佛大学哈佛燕京图书馆藏

值得注意的是，《类隽》卷首的王世贞序记录了赵康王朱厚煜和时任少师徐阶的言论，追溯了类书的发展史，从齐梁君臣风靡征事，到唐代的博学宏词科，其中特别讲到了白居易的《六帖》，将善于创制类书者称之为“善货殖者”，其缘由在于“当其寡以多之用”，可谓别具只眼。此外，沈德符《敝帚轩剩语》中记载：“其书（郑若庸《类隽》）与俞安期《唐类函》俱有功艺苑。安期亦雅慕郑书，以不得见为恨。久之而太学生汪珙者始为梓行。然征引太简，叙事多不得首尾，未足以为善本。”潘景郑在影印本序中写：“俾四百年未传之秘籍，公诸海内外，亦盛举焉。书成属系数语，自惟衰老杜门，博稽无由，略就见闻，聊以报命，一孔之见，谫陋难免，惟博雅君子，正其愆谬，所厚望焉。”故在使用该书时应与同时期其他文献参考使用。

拓展资料

郑若庸（公元1489—1577年）字中伯，一字仲伯，号虚舟，别署蜡蜕生、耻谷生，昆山人。生于明弘治二年（公元1489年）。自幼好学，长于词曲，尤工诗文。生平著书甚多，但大多散佚。除前述诸作外，还有《市隐园文纪》《郑虚舟尺牍》《虚舟词余》等。作传奇《玉玦记》《五福记》《大节记》《珠球记》四种，今存前两种，《玉玦记》为其代表作。

王世贞（公元1526—1590年），字元美，号凤洲，苏州太仓人。官至南京刑部尚书，“后七子”之首，在李攀龙之后，独领文坛二十年。撰有《弇州山人四部稿》《读书后》《艺苑卮言》等。

沈德符（公元1578—1642年），字景倩，又字虎臣、景伯，浙江秀水（今浙江嘉兴）人，明代文学家。其所撰《万历野获编》，多记万历以前的朝章国故，并保存了一些有关戏曲小说的资料。除《野获编》外，他的著作还有《清权堂集》《敝帚轩剩语》三卷、《顾曲杂言》一卷、《飞凫语略》一卷，《秦玺始末》一卷。

俞安期（生卒年不详），初名策，字公临，后改今名，字羡长。江苏吴江（今江苏苏州）人，徙阳羡（今江苏宜兴），老于金陵（今南京）。著有《寥寥集》四十卷，诗独占三十七卷；又有《唐类函》《类苑琼英》《启隽类函》等，均收入《四库总目》并行于世。

参考文献

陈广恩.历史文献与传统文化第26辑[M].北京：商务印书馆，2022：112.

九 明彭大翼纂《山堂肆考》

重修明万历二十三年刊本

明彭大翼纂《山堂肆考》重修明万历二十三年刊本，现藏于哈佛大学哈佛燕京图书馆。《山堂肆考》成书于万历二十三年（公元1595年），另有明万历四十七年（公元1619年）张幼学重修本，清初抄本，清乾隆年间《四库全书》本，1986年台湾“商务印书馆”影印《文渊阁四库全书》，1987年上海古籍出版社据此重新影印出版。

《山堂肆考》全书共240卷，正文228卷，补遗12卷。全书分宫、商、角、徵、羽五集共四十五门，每个部类之下分为若干个子目，每一子目下均撰有小序。小序内容一般为其定义、内涵、外延、历史沿革与流变、别称等事，长短不一，子目数量各不相同。如徽集门下分释教、道教、神祇、仙教、鬼怪、典礼、音乐、技艺、宫室、器用、珍宝、币帛、衣服、饮食共四十八卷。其中衣服三卷中又分衣、冕、冠、巾、弁、帽、帻、带、佩、绶、鱼袋、裘、袍、履、靴、袜、被、帷等。例如，对深衣的记载为：“古者深衣，盖有制度，以应规、矩、绳、权、衡。短毋见肤，长毋被土。”如，对巾的记载为：“《释名》：‘巾，谨也。《仪礼》：二十成人士冠，庶人巾。《汉书》：巾，卑贱者所服，故曰庖人绿巾，至士人戴巾，乃起于汉末。’”又如，对弁的记载为：“《白虎通》：‘弁之为言攀，持发也。以爵韦为之，谓之爵弁；以鹿皮为之，谓之皮弁；以韎韦为之，谓之韦弁。’”

《山堂肆考》巨纤不遗，记载了大量的史料和历史轶闻、神话故事、名物考证，如其序中记载“上自天文节序，下迨地志山经。巨之而人才、政治、礼乐、文章，纤之而方技、九流、飞走、草木。远之而羲、昊、黄、唐，近之而宋、元、辽、金。其间防言碎事，一班寸脔与夫滑稽俳调之语，述异志怪之书，罔不胪列门分，靡有遗佚。”许多分散的文化史资料在《肆考》中得以大量的聚集，极大方便了搜集资料的过程。但值得注意的是，书中引文存在脱漏和不详细的情况，如“菜羹”“钓诗扫愁”“坏轮”等，甚至删改较多，已难以辨认原貌，因此在使用时需多加考证。

拓展资料

彭大翼（公元1552—1643年），字云举，又字一鹤，南直隶通州吕四（现江苏省南通）人。自幼即好读书，不到20岁便成为秀才。后屡试不中，时人称其“冠军诸生二十有余年，竟不得一登贤书”。明嘉靖年间任广西梧州通判，又任云南沾益州知州。晚年辞归，闭门著述。焦竑称其“一鹤彭先生，琅琊之魁，垒标淮海之箐英。学富青箱，名高珠斗。”凌儒称“海门彭公，幼负颖质，博览自喜，上窥结绳，下穷掌故”。著有《一鹤斋稿》《明时席珍》等。

参考文献

[1]刘晓彤.《山堂肆考》初探[D].临汾：山西师范大学，2017.
[2]赵桂芝.岱庙古籍[M].济南：山东画报出版社，1998：52.

十 清陈梦雷蒋廷锡等撰《古今图书集成》

雍正年间内府铜活字影印刊本

清陈梦雷蒋廷锡等撰《古今图书集成》雍正年间内府铜活字影印刊本，现藏于中国国家图书馆，故宫博物院亦有同版收藏。此书系康熙皇三子胤祉奉康熙之命与陈梦雷等编纂，初撰于康熙四十年（公元1701年），历时五年完成，初名《文献汇编》或称《古今图书汇编》。奏呈御览后康熙帝特赐书名《古今图书集成》，并命儒臣校订。雍正帝继位后命陈梦雷谪戍关外，命尚书蒋廷锡等修订，雍正四年（公元1726年）雍正帝御制序文，并于雍正六年（公元1728年）以铜活字排印成书。由于卷帙浩繁，只印成64部，另样书1部。印数既少即为珍本。在文渊阁、皇极殿、乾清宫各收藏一部之外，还在存藏《四库全书》的其他六阁（文溯阁、文源阁、文津阁、文宗阁、文汇阁和文澜阁）各贮存一部（即本案）。此外，另有光绪十年（公元1884年）“铅字本”或“扁字本”。光绪二十年（公元1894年）上海同文书局“同文版”或“光绪版”，此版加工精细，墨色鲜明，新增刊《考证》24卷，并订正了引文的错误及脱缺，胜过殿本，但流传稀少。1934年上海中华书局据康有为所藏雍正铜活字本影印缩印线装装订，于1940年发行，是现行较好版本。（图6-8）

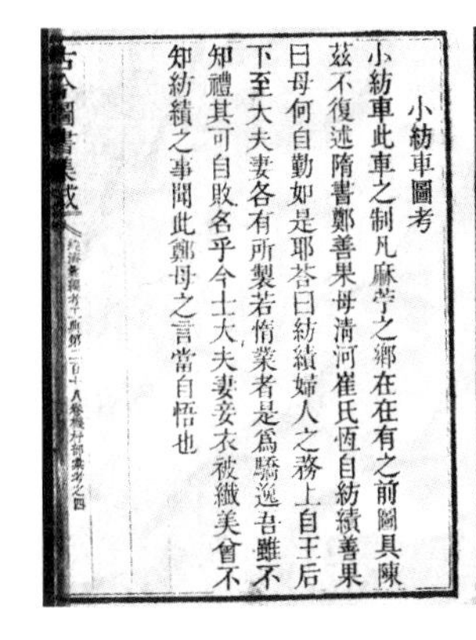
古今圖書集成

小紡車圖考

小紡車此車之制凡麻苧之鄉在在有之前圖具陳茲不復述隋書鄭善果母清河崔氏恆自紡績善果曰母何自勤如是耶荅曰紡績婦人之務上自王后下至大夫妻各有所製若惰業者是爲驕逸吾雖不知禮其可自敗名乎今士大夫妻妾衣被纖美曾不知紡績之事聞此鄭母之言當自悟也

图6-8 书影·清陈梦雷、蒋廷锡等撰《古今图书集成》雍正年间内府铜活字影印刊本 中国国家图书馆藏

《古今图书集成》全书共一万卷，约1.6亿字。叙事起于上古，止于康熙。全书按类编排，分为历象、方舆、明伦、博物、理学、经济六编，每编再分若干“典”，共三十二典，每典又分若干“部”，共6 109部，每部多至数十数百卷，也有一卷二十余部者。每部叙事，依时间顺序，分条论述，每条先书资料出处，次书摘录文字。此外，每部根据内容再分汇考、总论、图表、列传、艺文、选句、纪事、杂录、外编等篇。其中六编每典分别为：历象编有乾象、岁功、历法、庶征四典；方舆编有坤舆、职方、山川、边裔四典；明伦编有皇极、宫闱、官常、家范、交

谊、氏族、人事、闺媛八典；博物编有艺术、神异、禽虫、草木四典；理学编有经籍、学行、文学、字学四典；经济编有选举、铨衡、食货、礼仪、乐律、戎政、祥刑、考工八典。全书内容繁复，区分详细，集我国古代书籍之大成，是我国大型类书之一。

该书食货典是对不同纺织品的记载，分别为绵部、丝部、绒部、布部、褐部、帛部、绢部、练部、罗部、绫部、纱部、缎部、锦部、毡罽部、皮革部等。礼仪典是对不同服饰的记载，分别为冠服部、冠冕部、衣服部、袍部、裘部、衫部、袄部、蓑衣部、雨衣部、带佩部、巾部、裙部、裤部等。考工典是对纺织技艺的介绍，如机杼部、染工部等。

例如，食货典葛部的记载为："木绵，吉贝所生。熟时如鹅毳，细过丝绵中。有核如珠珣，用之则治出。其核昔用辗轴，今用搅车尤便。其为布，曰斑布。繁缛多巧，曰城。次粗者，曰文缛。又次粗者曰乌驎。"

对礼仪典衣服部的记载："青青子衿。（传）青衿，青领也。学子之所服。'朱注'青青，纯缘之色，具父母衣纯以青。子，男子也。衿，领也。"

又如，考工典机杼部的记载："小纺车。此车之制，凡麻苎之乡，在在有之。前图具陈，兹不复述。《隋书》：郑善果母清河崔氏恒自纺绩。善果曰：母何自勤如是耶？答曰：纺绩，妇人之务。上自王后，下至大夫妻，各有所制。若堕业者，是为骄逸。吾虽不知礼，其可自败名乎？今士大夫妻妾，衣被纖美，曾不知纺绩之事，闻此郑母之言，当自悟也。"

康有为曾说："《古今图书集成》为清朝第一大书，将以轶宋之《册府元龟》《太平御览》《文苑英华》，而与明之《永乐大典》竞宏富者。"但值得注意的是，其所收集的资料大都是转录其他古代类书，不完全摘录原著，或因对君主、尊长名字相同的字要回避。故有对原文删节、割裂，书中内容常有发生错字、漏字等现象，例如第三十七卷《母子部·纪事七》第22页"举宏治九年进士"与第三十八卷《母子部·外编》第17页"五祖宏忍大师者"句中"弘"字皆作"宏"，雍正铜活字本均作"弘"，为避乾隆帝"弘历"名讳而改字。另外，分类也有不科学之处，如乞丐、刺客、娼妓入艺术典，油部将后油、酥油，玫瑰油、樟脑油、车脂等不同性质与用途的油杂烩一起。因此在使用该书时必须参考前人对该书内容所做的考证，或查看原文。

拓展资料

陈梦雷（公元1650—1741年），字则震，号省斋，号天一道人，晚年又号松鹤老人，福建侯官（今福建福州）人。康熙九年（公元1670年）进士，选庶吉士，散馆后授编修。康熙二十一年（公元1682年），因耿精忠叛乱牵连谪戍辽东。在奉天的十七年中，他一面教书，一面著述，先后编撰《周易浅述》《盛京通志》《承德县志》《海城县志》《盖平县志》等多部著作。后因献诗被康熙帝赏识，成为三皇子胤祉的老师。康熙故后，受胤祉株连，再次被贬，流放至黑龙江，病逝于戍所。

蒋廷锡（公元1669—1732年），字扬孙，号西谷、南沙，以己酉生，自号酉君。江苏常熟人。清世宗雍正宰相。庶吉士出身。官至内阁大学士加任军机大臣。先后编撰《大清会典》《圣祖实录》等。蒋廷锡善画，尤工写生，能用西法。后人称之曰："以逸笔写生，或奇或正，或率或工，或赋色或晕墨，一幅中恒间出之，而自然洽和，风神生动，意度堂堂，点缀坡石水口，无不超脱，拟其所至，直夺元人之席矣。"

参考文献

[1]白寿彝.中国通史17（第10卷）中古时代·清时期上[M].上海：上海人民出版社，2015：41.
[2]董馥荣.清代顺治康熙时期地方志编纂研究[M].上海：上海远东出版社，2018：112.
[3]吕绍纲，吕美泉.中国历代宰相志[M].长春：吉林文史出版社，1991：503.
[4]崔文印.说《古今图书集成》及其编者[J].史学史研究，1998（02）：61-68.
[5]李善强.《古今图书集成》石印本与铜活字本考异[J].图书馆界，2014（01）：8-9+21.
[6]马子木.清代大学士传稿1636-1795[M].济南：山东教育出版社，2013：233.

十一 清末徐珂纂《清稗类钞》

1984年中华书局本

清末徐珂纂《清稗类钞》1984年中华书局本。《清稗类钞》成书于1917年，由商务印书馆铅印断句本，分48册。1984年中华书局据1917年版本重印，并施新式标点，将48册改为13册出版，是现行较好版本（即本案）。

《清稗类钞》博采各家文集、笔记、说部以及当时新闻报刊记载，仿照清初潘永因《宋稗类钞》体裁，将所辑资料分门别类，按事情的性质、年代先后，以事类从，记载之事上起顺治至宣统为段。此书虽皆掇拾以成，而剪裁镕铸，要亦具有微旨，典制名物，亦略有考证。全书48册，共300余万言，13 000多条，分为时令、气候、地理、名胜、祠庙、外交、礼制、教育、狱讼、宗教、婚姻、风俗、方言、会党、文学、艺术、音乐、戏剧、动物、植物、矿物、服饰、饮食等92类。

其中第十三册服饰类记载了清代帝后、宗亲、庶民百姓、各地区服饰、少数民族服饰、服饰名称等信息，对男女服饰的形制、颜色、面料、图案等都有详细记录。例如，对亲王以下服饰的记载：

> “凡宗室有爵者之冠服，亲王朝冠，与皇子同，端罩，青狐为之，月白缎里，若赐金黄色者，亦得用之。补服，色用石青，绣五爪金龙四团，前后正龙，两肩行龙。朝服蟒袍，蓝及石青诸色随所用，若赐金黄色者，亦得用之。吉服冠顶用红宝石，若赐红绒结顶者，亦得用之。余皆如皇子。”

对江浙人之服饰的记载：

> “光绪中叶以降至宣统，男子衣皆尚窄，袍衫之长可覆足，马褂背心之短不及脐，凡有袖，取足容臂而已。帽尚尖，必撮其六摺，使顶尖如锥，戴之向前，辄半覆其额。其结小如豆，且率用蓝色。腰巾至长，既结束，犹着地也，色以湖或白为多。”

又如对少数民族服饰的记载：

> “川西之布拉克底部落、巴旺部落，男女服饰，与金川略同。惟未嫁女子无裙裤，上衣尤短窄，用麻枲、羊毛杂组若贯钱索数百条，长近尺许，束腰际，垂掩前阴，如帘箔然。取兽革裹其尻，股髀以下赤露无纤缕。风吹日晒，色若炙脯，贫富皆然。土人云，处女耻言裙袴，盖必嫁后而始具也。”

值得注意的是，《清稗类钞》编者据以纂辑的不少新闻报刊，因时隔已久而罕有流传，故其中许多记载报告皆赖是书而得以保存，如关于《时务报》馆址位于上海城北泥城桥的记述为一例。对于当时士大夫阶层所不屑注意的底层社会状况和事迹，亦有记载，从而为了解、研究清代社会的全貌提供了大量珍贵的资料。但全书所辑录资料未注明出处，故在使用该书时，需对其进行核对查验，或结合同时期古籍文献使用。

拓展资料

徐珂（公元1869—1928年），原名昌，字仲可，浙江杭州人，清末南社重要诗人之一。光绪十五年（公元1889年）举人，曾官内阁中书。晚年任商务印书馆编辑。另著有《晚清祸乱稗史》《历代词选集评》《历代闺秀词选集评》等。

《宋稗类钞》系采录宋人说部、诗话中事迹，分类辑纂而成，共59门。目前有《四库全书》本、1985年书目文献出版社排印本、1911年上海藜光社石印本等。

参考文献

[1]周谷城，姜义华.中国学术名著提要历史卷[M].上海：复旦大学出版社，1994：473.
[2]祁连休，冯志华.中国民间故事通览5卷[M].石家庄：河北教育出版社，2021：886.
[3]王烈夫.中国古代文学名篇注解析译第4册明朝、清朝[M].武汉：武汉出版社，2016：532.
[4]赵山林.大学生中国古典文学词典[M].广州：广东教育出版社，2003：287.

柒　专论

一 北魏贾思勰撰《齐民要术》

明崇祯三年毛晋汲古阁刊《津逮秘书》本

北魏贾思勰撰《齐民要术》明崇祯三年（公元1630年）汲古阁刊《津逮秘书》本，现藏于哈佛大学哈佛燕京图书馆。《齐民要术》约于公元533年至544年成书，当时尚无刻版印刷技术，故此后很长一段时间都以手抄本形式流传，现存最早抄本为日本文永十一年（公元1274年）金泽文库抄本（现缺第3卷），由日本名古屋蓬左文库收藏。该书在明中期以前的流传有限，刊刻极少，最早的刊刻版本为北宋天圣年间崇文院刻本，仅有卷一残页、卷五、卷八存世，并藏于日本京都博物馆。后有南宋绍兴十四年（公元1144年）张辚、龙舒刻本。至嘉靖三年（公元1524年）马直卿刻本（湖湘本）的问世，该书才广为流传，后续版本多以湖湘本为底本校勘而成。除上述刊刻版本外另有万历三十一年（公元1603年）胡震亨、沈世龙刻《秘册汇函》本，崇祯三年（公元1630年）毛晋汲古阁刊《津逮秘书》本（即本案），清嘉庆九年（公元1804年）《学津讨原》本，光绪元年（公元1875年）湖北崇文书局刻本，光绪二十二年（公元1896年）渐西村舍刻本等。（图7–1）

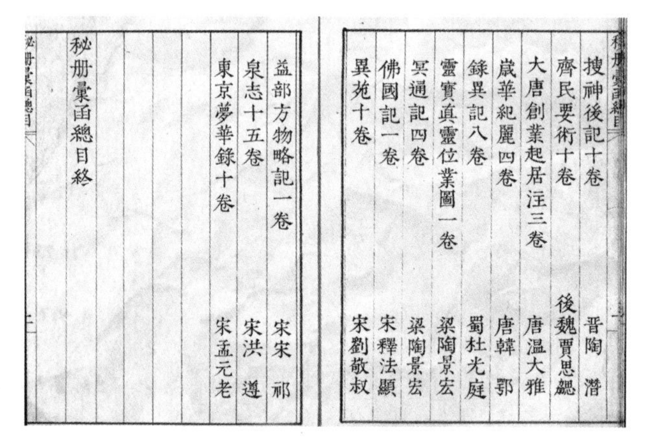
搜神後記十卷　晉陶潛
齊民要術十卷　後魏賈思勰
大唐創業起居注三卷　唐温大雅
歲華紀麗四卷　唐韓鄂
錄異記八卷　蜀杜光庭
靈寶真靈位業圖一卷　梁陶景宏
冥通記四卷　梁陶景宏
佛國記一卷　宋釋法顯
異苑十卷　宋劉敬叔
益部方物略記一卷　宋宋祁
泉志十五卷　宋洪遵
東京夢華錄十卷　宋孟元老
秘册彙函總目終

图7–1　总目·北魏贾思勰撰《齐民要术》明崇祯三年（公元1630年）汲古阁刊《津逮秘书》本　哈佛大学哈佛燕京图书馆藏

《齐民要术》中的“齐民”是指平民百姓，在《齐民要术·序》引录“《史记》曰：‘齐民无盖藏’。如淳注曰：‘齐，无贵贱，故谓之齐民者，若今言平民也。’”“要术”，指重要的谋生方法。该书分序言、卷首杂说和正文三部分。序言讲述了“采摭经传，爰及歌谣，询之老成，验之行事”的写作过程，介绍了“起自耕农，终于醯醢，资生之业，靡不毕书”的写作范围。卷首杂说为后人所加，叙述了耕地、种黍、种菜及合理安排种植等事宜。正文共十卷九十二篇，记述了黄河中下游地区及部分南方地区的农业生产，概述农、林、牧、渔、副等部门的生产技术知识。其中，卷一总论耕田、收种两篇，种谷一篇。卷二包括谷类、豆、麻、麦、稻、瓜、瓠、芋等十三篇。卷三为种葵、蔓菁等蔬菜作物十二篇，苜蓿、杂说各一篇。卷四为园篱、栽树两篇，果树十二篇。卷五有竹、木及染料作物十篇，伐木一篇。卷六为畜牧兽医卷，有家畜、家禽和养鱼六篇。卷七为货殖、涂瓮各一篇，酿酒四篇。卷八为农产品的贮藏与加工十二篇。卷九为农产品的贮藏与加工十篇，另有煮胶、制笔墨各一篇。卷十为“五谷、果蔬、菜茹非中国物产者”一篇。（图7-2）

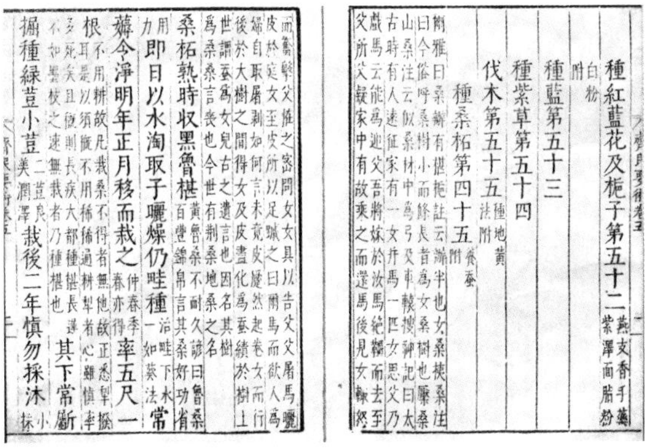
種紅藍花及梔子第五十二 燕支香澤面脂手藥紫粉白粉附
種藍第五十三
種紫草第五十四
伐木第五十五 種地黃法附
種桑柘第四十五 養蠶附
桑柘熟時收黑魯椹
即日以水淘取子曬燥仍畦種
率五尺一
蕪令淨明年正月移而栽之
根
其下常斸
掘種綠豆小豆
栽後二年慎勿採沐

图7-2 目录·北魏贾思勰撰《齐民要术》崇祯三年（公元1630年）汲古阁刊《津逮秘书》本 哈佛大学哈佛燕京图书馆藏

“碓捣地黄根令熟，灰汁和之，搅令匀，搦取汁，别器盛。更捣滓，使极熟，又以灰汁和之，如薄粥，泻入不渝釜中，煮生绢。数回转使匀，举看有盛水袋子，便是绢熟。抒出，著盆中，寻绎舒张。少时，捩出，净振去滓。晒极干。以别绢滤白淳汁，和热抒出，更就盆染之，急舒展令匀。汁冷，捩之出，曝干，则成矣。大率三升地黄，染得一匹御黄。地黄多则好。柞柴、桑薪、蒿灰等物，皆得用之。”

——《卷三·杂说第三十·河东染御黄法》

该书对植物染料的记载集中在卷三、卷五。《卷三·杂说》第三十中记载了黄檗染潢纸的制作方法、河东染御黄法等。卷五中详细介绍了红花、蓝草、紫草、地黄等多种植物染料的种植和使用方法。例如，对棠的记载为："八月初，天晴时，摘叶薄布，晒令干，可以染绛。（必候天晴时，少摘叶，干之；复更摘。慎勿顿收：若遇阴雨则浥，浥不堪染绛也。）成树之后，岁收绢一匹。"

对红花的杀花法记载为："摘取即碓捣使熟，以水淘，布袋绞去黄汁；更捣，以粟饭浆清而醋者淘之，又以布袋绞汁，即收取染红勿弃也。绞讫，著瓮器中，以布盖上，鸡鸣更捣令均，于席上摊而曝干，胜作饼。作饼者，不得干，令花浥郁也。"

又如记载用蓝草制取蓝靛的方法为："七月中作坑，令受百许束，作麦秆泥泥之，令深五寸，以苫蔽四壁。刈蓝倒竖于坑中，下水，以木石镇压令没。热时一宿，冷时再宿，漉去荄，内汁于瓮中。率十石瓮，著石灰一斗五升，急抨之，一食顷止。澄清，泻去水，别作小坑，贮蓝淀著坑中。候如强粥，还出瓮中盛之，蓝淀成矣。种蓝十亩，敌谷田一顷。能自染青者，其利又倍矣。"

此外，该书卷五还集中了对蚕桑知识与科技的记述，内容从桑树种植到蚕茧处理，涵盖整个蚕业生产过程，主要包括桑树栽培与繁育技术、家蚕良种繁育与养蚕技术以及蚕业生产配套技术。例如，书中记载了吃柘叶的柘蚕："柘叶饲蚕，丝好。作琴瑟等弦，清鸣响彻，胜于凡丝远矣"。对饲喂桑叶的记载为："小时采'福德'上桑，著怀中令暖，然后切之"。蚕室的建造信息为："泥屋用'福德利'上土。屋欲四面开窗，纸糊，厚为篱"。蚕室的温度总结为："调火令冷热得所"。蚕室的采光要求为："每饲蚕，卷窗帷，饲迄还下"。蚕具箔的运用为："比至再眠，常须三箔：中箔上安蚕，上下空置。下箔障土气，上箔防尘埃"。书中还对两种蚕茧处理方法作了比较："日曝死者，虽白而薄脆，缣练衣着，几将倍矣，甚者，虚失岁功。""用盐杀茧，易缫而丝韧"。

值得注意的是，《齐民要术》是我国第一部囊括了广义农业的各个方面、农业生产技术的各个环节及古今农业资料的大型综合性农书，在中国和世界农学史上占有重要的地位。书中内容"起自耕农，终于醯醢"，引用古书多达150余种，对战时期诸子中的农家许相到北魏时期有价值的史书，都作了许多摘录，其中不少书今已失传。正因为该书的摘引，才使后世研究者有可能窥见这些失传而又极有价值的史籍，对我国古籍保存亦功不可没。就纺织文化遗产研究而言，书中记载的红花、蓝草、紫草、地黄、黄檗等植物染料的种植和染色方法，一直沿用。明代官修农书《农桑辑要》、明代徐光启编撰《农政全书》、明代本草专著《本草纲目》等都收录了这些方法，是古代中国劳动人民早期积累染料种植、使用的重要经验，也是研究纺织文化遗产的必要参考资料。

拓展资料

贾思勰（生卒年不详），史载阙如。据《齐民要术》题署："后魏高阳太守贾思勰撰。"可知，作者曾任北魏青州高阳郡太守（今山东淄博一带）。从书中有关内容可知，贾思勰为山东益都人（今山东寿光市一带），出生在一个世代务农的书香门第，祖上亦重视农业生产技术的学习和研究。

沈士龙（生卒年不详），字汝纳。浙江秀水人。校刻过《春秋公羊经传解诂》。曾跋《东京梦华录》《齐民要术》《大唐创业起居注》《纬略》《搜神后记》诸书。

《秘册汇函》辑刊于明万历年间，为明代沈士龙、胡震亨同辑。内含：《道德指归论》《周髀算经》《搜神记》《齐民要术》《大唐创业起居注》《岁华纪丽》《灵宝真灵位业图》《周氏冥通记》《佛国记》《益部方物略记》《泉志》《东京梦华录》等十七种。

金泽文库位于日本神奈川县，这是日本中世纪（南宋末期）武士家族北条家族的私人藏书，为珍藏书籍而建，是日本一收藏汉籍的重地。由于藏书历史非常早，金泽文库所藏的汉文书籍非常珍贵。北条家族没落后，金泽文库图书多有散佚，后来得日本首相伊藤博文大力支持得以重建，另有日本财阀出资复兴。

参考文献

[1]万国鼎.论"齐民要术"——我国现存最早的完整农书[J].历史研究，1956（01）：79-102.
[2]曹慧玲，杨虎，桂仲争.《齐民要术》中的蚕桑科技述评[J].蚕业科学，2020，46（05）：636-641.
[3]李海，段海龙.北朝科技史[M].上海：上海人民出版社，2019：157-161.

二 元薛景石撰《梓人遗制》

明永乐年间《永乐大典》本

元薛景石撰《梓人遗制》永乐年间《永乐大典》本，现藏于英国大英博物馆。《梓人遗制》定稿于中统癸亥年间（公元1263年），后被收录于《永乐大典》卷

18245“十八漾匠字诸书十四”内（即本案）。1933年，中国营造学社出版《永乐大典》本《梓人遗制》校刊，由朱启钤校注、刘敦桢作图释。（图7–3）

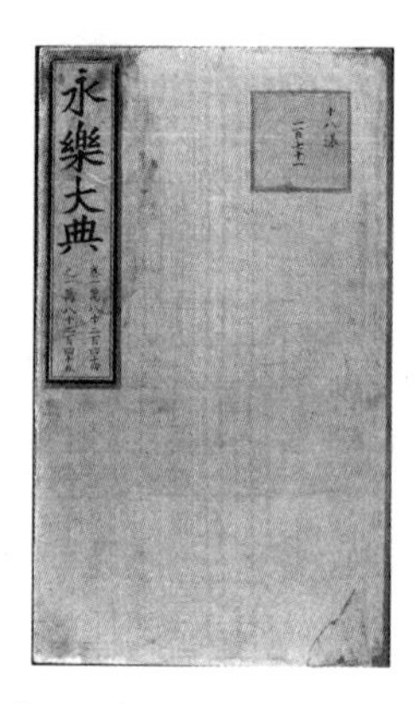

图7–3　封面·元薛景石撰《梓人遗制》明永乐年间《永乐大典》本
英国大英博物馆藏

《梓人遗制》是中国古代一部综合性的木质机械设计专著，“梓人”是我国对木工的称呼。该书前为段成己序，现仅存正文部分“车制”和“织具”中的14种机械，其余已佚。“车制”部分现存约三千字，主要讲五明坐车子制造法，另绘有“图辇”“靠背辇”“屏风辇”和“亭子车”图谱。

“工师之用远矣。唐虞以上，共工氏其职也。三代而后，属之冬官，分命能者以掌其事，而世守之，以给有司之求。及是官废，人各能其能，而以售于人，因之不变也。古攻木之工七：轮、舆、弓、庐、匠、车、梓，今合而为二，而弓不与焉。匠为大，梓为小，轮舆车庐。王氏云：为之大者以审曲面势为良，小者以雕文刻镂为工。去古益远，古之制所存无几。《考工》一篇，汉儒擿摭残缺，仅记其梗概，而其文佶屈，又非工人所能喻也。后虽继有作者，以示其法，或详其大而略其小，属大变故，又复罕遗。而业是工者，唯道谋是用，而莫知适从。日者姜氏得《梓人攻造法》而刻之矣，亦复牺略未备。有景石者夙习是业，而有智思，其所制作不失古法，而间出新意，砻断余暇，求器图之所自起，参以时制而为之图，取数凡一百一十条，疑者阙焉。每一器必离析其体而缕数之，分则各有其名，合则共成一器。规矩尺度，各疏其下。使攻木者揽焉，所得可十九矣。既成，来谒文以序其事。夫工人之为器，以利言也。技苟有以过人，唯恐人之我若而分其利，常人之情也。观景石之法，分布晓析，不啻面命提耳而诲之者，其用心焉何如，故予嘉其劳而乐为道之。景石薛姓，字叔矩，河中万泉人。中统癸亥十二月既望稷亭段成己题其端云。”（图7-4）

——《梓人遗制·序》

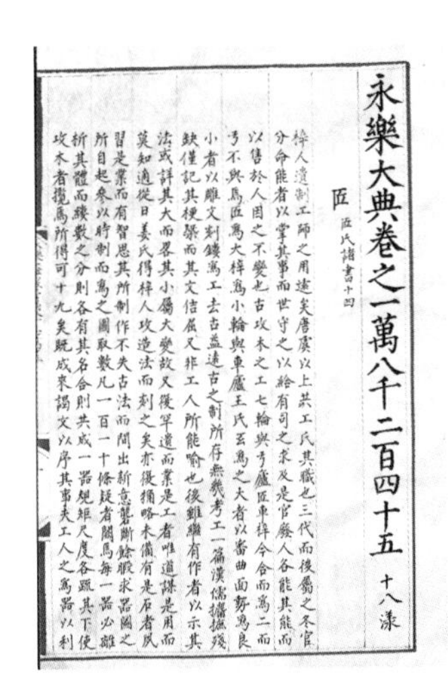
永樂大典卷之一萬八千二百四十五 十八漾

匠 匠氏諸書十四

梓人遺制工師之用遠矣唐虞以上共工氏其職也三代而後屬之冬官分命能者以掌其事而世守之以給有司之求及是官廢人各能其能而以售於人因之不變也古攻木之工七輪與弓廬匠車梓今合而爲二而弓不與焉匠爲大梓爲小輪與車廬王氏玄爲之大者以審曲面埶爲良小者以雕文刻鏤爲工去古益遠古之制所存無幾考工一篇漢儒攈摭殘缺僅記其梗槩而其文信屈又非工人所能喻也後雖繼有作者以示其法式詳其大而畧其小屬大變故又復罕遺而業是工者唯道謀是用而莫知適從日姜氏得梓人攻造法而刻之矣亦復擿略未備有是石者夙習是業而有智思其所制作不失古法而間出新意斲削餘暇求器圖之所自起參以時制而爲之圖取數凡一百一十條疑者闕焉每一器必離析其體而縷數之分則各有其名合則共成一器規矩尺度各疏其下使攻木者攬焉所得可十九矣既成來謁文以序其事夫工人之爲器以利

图7-4 序·元薛景石撰《梓人遗制》明永乐年间《永乐大典》本

英国大英博物馆藏

此外，“织具”部分现存五千多字，主要讲“华机子”（提花机）、“立机子”（立织机）、“罗机子”（织造罗类织物的木机）、“小布卧机子”（即织造一般丝、麻原料的木织机）以及“籰子”“泛床子”（用于穿综修纬一类机具）等机具的制造方法，及各机具的用法，绘有上述机具及一些零部件图谱，正如该书“序”中所指出的：“分则各有名，合则共成一器”。

薛在叙述每一类别机械的制造方法时，都是先记与其有关的“叙事”，即对这一类机械总的说明和历史沿革进行评述；再写“用材”，即这一类机械所有部件的规格尺寸和装配方法；最后写“功限”，即制造这类机械需用的时间。

例如，立机子的“用材”为：“造机子之制，机身长五尺五寸至八寸，径广二寸四分，厚二寸，横广三尺二寸。先从机身头上向下量摊卯眼，上留二寸，向下画小五木眼。小五木眼下空一寸六分横榥眼，横榥眼下空一寸六分大五木眼，大五木眼下顺身前面下量三寸外马头眼。马头下二尺八寸，机胳膝眼。机胳膝上，马头下身子合心横榥眼。胳膝眼下量六寸，前后顺栓眼。顺栓眼下，前脚柱下留七寸，后脚眼下留四寸。身子后下脚栓上离一寸，是脚踏五木梘眼。心内上安兔耳，各离六寸。前脚长二尺四寸。马头长二尺二寸，广六寸，厚一寸至一寸二分。机身前引出一尺七寸。除机身内卯向前量二寸二分，凿豁丝木眼。主豁丝木眼斜向上量八寸，凿高梁木眼。高梁木眼斜向下五寸二分鸦儿木眼。”

又如罗机子的“功限”为：“罗机砍刀并杂物完备一十七功，如素者一十功。”（图7-5）

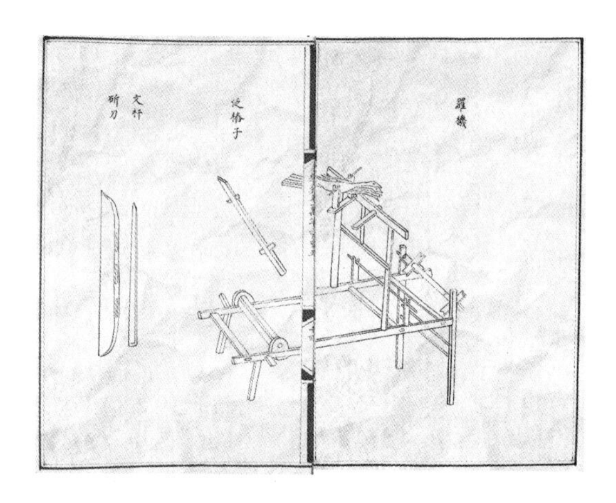

图7-5 罗机子图谱·元薛景石撰《梓人遗制》明永乐年间《永乐大典》本
英国大英博物馆藏

就纺织文化遗产研究而言，书中载有罗机子、华机子、立机子、小布卧机子及整经和浆纱等机具的形制、具体尺寸和线条图，其中“罗机子”是对早已失传的中国古代织制结构复杂通体绞结罗的织机的唯一记载；“立机子”是对盛行于中国古代部分地区的竖立式织机的详细记载，也是有关这种织机现存的唯一文字材料；“华机子”是研究古代提花机时不可缺少的重要文献；“白踏椿子”（绞综的一种）、“斫刀”（兼有织和织梭两种功能的工具）、“文杆”（制织显花织物的辅助工具）等工具，均系这些工具的详明的记载。《梓人遗制》对织机结构的介绍，比之以后的《农书》《农桑辑要》《天工开物》《农政全书》等要更为详尽，对研究古代织造机具的发展有重要价值。

拓展资料

薛景石（生卒年不详），字叔矩，金末元初河中万泉（今山西万荣县）人。早年受过较好的教育，以木匠为业，智巧好思。他认真总结前人成就，并结合自己的实践经验，撰成《梓人遗制》。

段成己（公元1199—1279年），字诚之，号菊轩，山西稷山人。金正大年间中进士。金亡后与兄避地龙门山中，与兄段克己所作诗合刊为《二妙集》，词有《菊轩乐府》一卷。

参考文献

[1]蔡欣，单珊珊，陈晓风等.《梓人遗制》所载“罗机子”结构再研究[J].丝绸，2019，56（06）：105-113.

[2]黄赞雄，赵翰生.中国古代纺织印染工程技术史[M].太原：山西教育出版社，2019：275-276.

三 元司农司撰《农桑辑要》

1995年上海古籍出版社《续修四库全书》影印本

元司农司撰《农桑辑要》1995年上海古籍出版社《续修四库全书》影印本。《农桑辑要》成书于至元十年（公元1273年），是由司农司主持编纂的综合性农书，因系官书，故不提供撰者姓名，但据元刊本及各种史籍记载，孟祺、畅师文和苗好谦等曾参与编撰或修订、补充。

该书在元代曾重刊多次，目前可见元代版本有元后至元五年（公元1339年）刻本，1995年上海古籍出版社据元后至元五年刻本影印《续修四库全书》本（即本案）。明代版本有傅斯年图书馆藏明刊本，首都图书馆藏明万历年间胡文焕校补刊本。清修《四库全书》所收《农桑辑要》系从《永乐大典》辑出，由武英殿聚珍印行（聚珍本）。后有道光十年（公元1830年）重印武英殿聚珍版丛书本、清同治十三年（公元1874年）江西书局刻武英殿聚珍版丛书本、清光绪十四年（公元1888年）南高世德堂刻本、清光绪二十一年（公元1895年）中江榷署刻本、清光绪二十一年（公元1895年）渐西村舍刻本、1910年湖南地方自治筹办处铅印本等版本。清代《农桑辑要》版本颇多，但同为一源，均以聚珍本为底本。清刊本是目前流传较为广泛的版本，但与元刊本内容相比错漏颇多。

《农桑辑要》的编纂以南北朝时期著名农学家贾思勰的《齐民要术》为基础，并集成了《桑蚕直说》《士农必用》《务本新书》《农桑要旨》等古代农书文献的精华部分。整部书记录引用的农艺技术著作多达30余种，引述资料严谨，一律注明来历，并按照时代顺序排列引述资料，使人易于从排列的资料中看到各种技术的演进过程。对于新增的内容，则注明“新添”。

《农桑辑要》全书共七卷，下分若干条目。卷之一典训；卷之二耕垦、播种；卷之三栽桑；卷之四养蚕；卷之五瓜菜、果实；卷之六竹木、药草；卷之七孳畜、禽鱼；后附岁用杂事。

《农桑辑要》卷之二耕垦、播种中新添了“木绵”，记录木绵的种植采摘与使用：

“直待绵欲落时为熟。旋熟旋摘，随即摊于箔上，日曝夜露。待子粒干，取下。用铁杖一条，长二尺，粗如指，两端渐细如赶饼杖样；用梨木板长三尺，阔五寸，厚二寸，做成床子。逐旋取绵子置于板上，用铁杖旋旋赶出子粒，即为净绵。捻织毛丝，或绵装衣服，特为轻暖。”

《农桑辑要》卷之四中记录了养蚕诸事，分养蚕、蚕事预备、修治蚕室等法、变色生蚁下蚁等法、凉暖饲养分抬等法、养四眠蚕、辛膻腥麝香等物、簇蚕缫丝等法。根据《务本新书》《韩氏直说》等农书中对养蚕经验的零星记载，总结出养蚕十字经，即“十体、三光、八宜、三稀、五广”。

“十体”即“寒、热、饥、饱、稀、密、眠、起、紧、慢。”引自《务本新书》。

“三光”即“白光向食；青光厚饲，皮皱为饥；黄光，以渐住食。”引自《蚕经》。

“八宜”即“方眠时，宜暗；眠起以后，宜明；蚕小并向眠，宜暖、宜暗；蚕大并起时，宜明、宜凉。向食，宜有风，避迎风窗，开下风窗。宜加叶紧饲，新起时，怕风，宜薄叶慢饲。蚕之所宜，不可不知；反此者，为其大逆，必不成矣。”引自《韩氏直说》。

“三稀”即“下蚁，上箔，入簇。”引自《蚕经》。

“五广”即“一人，二桑，三屋，四箔，五簇。谓苫席、蒿梢等。”引自《蚕经》。（图7-6）

《农桑辑要》是由元代司农司主持编纂的一部综合性农书，书中内容以北方农业为对象，农耕与蚕桑并重，虽绝大部分内容引自前人之书，但取其精华，

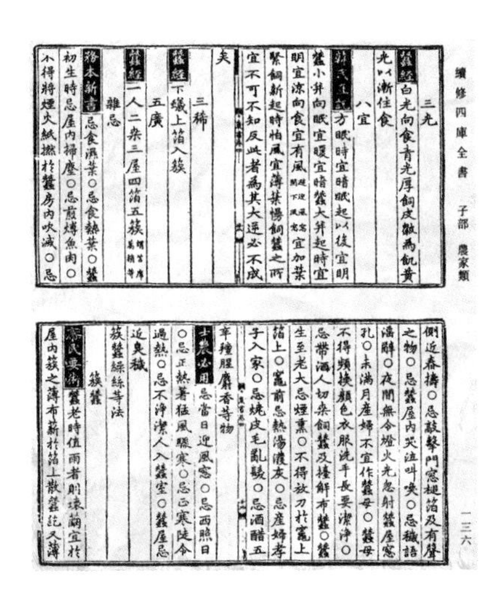
續修四庫全書 子部 農家類

三光
蠶經白光向食青光厚飼皮皺為飢黄
光以漸住食
八宜
韓氏直說方眠時宜暗眠起以後宜明
蠶小幷向眠宜暖宜暗蠶大幷起時宜
明宜涼向食宜有風（避迎風窗開下風窗）宜加葉
緊飼新起時怕風宜薄葉慢飼蠶之所
宜不可不知反此者為其大逆必不成
矣
三稀
蠶經下蟻上箔入簇
五廣
蠶經一人二桑三屋四箔五簇
雜忌
務本新書忌食濕葉○忌食熱葉○蠶
初生時忌屋內掃塵○忌煎煿魚肉○
不得將煙火紙撚於蠶房內吹滅○忌

側近舂搗○忌敲擊門窗槌箔及有聲
之物○忌蠶屋內哭泣叫喚○忌穢語
淫辭○夜間無令燈火光忽射蠶屋窗
孔○未滿月產婦不宜作蠶母○蠶母
不得頻換顏色衣服洗手長要潔淨○
忌帶酒人切桑飼蠶及擡解布蠶○蠶
生至老大忌煙熏○不得放刀於蠶上
箔上○竈前忌熱湯潑灰○忌產婦孝
子入家○忌燒皮毛亂髮○忌酒醋五
辛羶腥麝香等物
士農必用忌當日迎風窗○忌西照日
○忌正熱著猛風驟寒○忌正寒陡令
過熱○忌不淨潔人入蠶室○蠶屋忌
近臭穢
簇蠶繅絲等法
簇蠶
齊民要術蠶老時值雨者則壞繭宜於
屋內簇之薄布薪於箔上散蠶訖又薄

一三六

图7–6　养四眠蚕·元司农司撰《农桑辑要》1995年上海古籍出版社《续修四库全书》影印本　上海图书馆藏

摒弃了那些繁缛的名称训诂和迷信无稽的说法，详略得当。就纺织文化遗产研究而言，纵观长达六七千年的蚕桑丝织发展历程，自河姆渡蚕文化的雏形萌发直至唐宋以前长达5 000多年没有留下一部完整的蚕桑生产技术文字记载。北宋代及以前先后出现《蚕书》（秦观著）、《农书》（陈旉著），与元初《农桑辑要》同时代的则有《王祯农书》《农桑衣食撮要》，虽然这些综合性的农书中都涉及栽桑、养蚕技术，但相比之下，尤以《农桑辑要》中记载的技术最全面、科学理念认知度最高，堪称我国古代蚕桑技术精要的大综合，是中国古代（宋代以前）养蚕技术总结性的再现。

拓展资料

孟祺（公元1230—1281年），字德卿，宿州符离人（今安徽省宿州市符离镇）。元初名臣，著名农学家，组织编写《农桑辑要》，撰有《应缘扶教崇道张尊师道行碑》等。

畅师文（生卒年不详），字纯甫，南阳人。元朝时主修《成宗实录》，翰林学士，封魏郡公。

苗好谦（约公元1240—1312年），成武焦村人（今山东省成武县汶上集镇）。我国古代著名农学家，编著我国农学史上的重要典籍《农桑辑要》及《栽桑图说》。

司农司，官署名，元世祖至元七年（公元1270年）亦置，掌农桑、水利、学校，饥荒之政，分派劝农官及知水利者巡行耶邑，察举勤惰。设卿，官五员。

参考文献

[1]黄赞雄，赵翰生.中国古代纺织印染工程技术史[M].太原：山西教育出版社，2019：271-272.
[2]周匡明，刘挺.《农桑辑要》中凸出的蚕桑科技成就[J].蚕业科学，2014，40（02）：307-316.
[3]肖克之.《农桑辑要》版本说[J].古今农业，2000（04）：49-50.

四 明刘基撰《多能鄙事》

嘉靖年间刻本

明刘基撰《多能鄙事》嘉靖年间刻本，现藏于中国国家图书馆。《多能鄙事》成书时间不详，主要刊刻版本有明嘉靖年间刻本（即本案），明嘉靖四十二年（公元1563年）范惟一刻本，明刻本，清抄本，民国六年（公元1917年）上海荣华书局石印本等。除此之外，《多能鄙事》也散见于其他书目中，明高儒《百川书志》、明范钦《天一阁书目》、清《四库全书总目》、清沈初《浙江采集遗书总录》、清邓邦述《群碧楼善本书录》等书目中均有著录。例如，明高儒《百川书志》卷十一著录"《多能鄙事》十二卷，大明括苍诚意伯刘基类编十类四十五门。"

《多能鄙事》书名取自《论语·子罕》中的"吾少也贱，故多能鄙事"。全书十二卷，分春、夏、秋、冬四部，每部三卷。卷之一，饮食类有造酒法、造醋法、造酱法、造豉法、造酢法、腌藏法；卷之二，酥酪法、糖霜法、烹饪法、饼饵米面食法、回回女真食品；卷之三，糖蜜果法、治蔬菜法、治坏果物茶汤法；卷之四，饮食类有老人疗疾方，服饰类有洗练法、染色法；卷之五，器用类有收书画法、文房杂法、制烛炭法、制油烛法、治器物法、合诸香法、制药物法；卷之六，百药类有经效方、理容方；卷之七，农圃类有种水果法、种药物法、种竹木花果法；牧养类有养六畜法；卷之八，阴阳类有纳音生死、命运吉凶、神杀名位、营造日时、大六壬课、小六壬课；卷之九，阴阳类有营造吉区、营生杂用；卷之十，阴阳类有上宫出行、出行移徙、运限官位、怪异杂占；卷十一，占卜类有八卦活法、麻衣道言、刑克占例；卷十二，占断类有杂占法，十神类有六壬课、范围数。其中，卷之四的"服饰类"囊括了纺织品的加工整理，收集了当时浙江地区民间的练染工艺技术，被分为“洗练法”和“染色法”两大类，“染色法”又分染小红、染枣褐、染椒褐、染明茶褐、染暗茶褐、染艾褐、染荆褐、用皂矾法、染砖褐、染青皂法、染白蒙丝布法、染铁骊布法、染皂巾纱法、染旧皂皮色法、收藏法等十五条。

例如，对“染小红”的工艺方法记载为：

> “以练帛十两为率，用苏木四两，黄丹一两，槐花二两，明矾一两，先将槐花炒令香，碾碎，以净水二升煎一升之上，滤去渣，下白矾末些少，搅匀。下入绢帛。却以沸汤一碗化开余矾，入黄绢浸半时许。将苏木以水二碗煎一碗之上，滤去渣，为头汁顿起，再将渣入水一碗半，煎至一半，仍滤别器贮。将渣又水二碗煎一碗，又去渣，与第二汁和，入黄丹在内，搅极匀。下入矾了黄绢，提转令匀，浸片时扭起。将头汁温热，下染出绢帛，急手提转，浸半时许。可提转六七次，扭起，吹于风头令干，勿令日晒，其色鲜明甚妙。”

在“染色法”条目中，以褐色为主，占据七条。如“染枣褐”的工艺与配方记载为：“以帛十两为率，用苏木、明矾分两与前同熬，染皆同至，下了头汁时扭起，将汁煨热，下绿矾，勿多，当旋旋，看色深浅，添加太多则黑，少则红，合中乃佳。”

“染明茶褐”的工艺与配方为：“同前为率，用黄栌木五两剉研碎，白矾二两研细，将黄栌依前苏木法作三次煎熬，亦将帛先矾了，然后下于颜色汁内，染之淋了时，将颜色汁煨热，下绿矾末，汁内搅匀，下帛，常要提转不歇，恐色不匀，其绿矾亦看色深浅，旋加。”

“染荆褐”的工艺与配方为：“亦同前率，以荆叶五两、白矾二两、皂矾少许，先将荆叶煎浓汁矾了，绢帛扭干下汁内，皂矾看深浅，旋用之。”

“染砖褐”的工艺为：“用江茶染，铁浆轧之。”

在染色过程中，使用媒染剂的方式方法十分重要，《多能鄙事》中对皂矾的使用方法做了专条叙述。“用皂矾法”的工艺为：“先将凡以冷水化开，别作一盆。将所染帛扭干抖开，入其水内，提转令匀。扭些看色浅深。如浅，入颜色汁内提转染一时许，再扭看，如好便扭出，浅则再化些皂凡入盆，下帛其中，好即扭出之。凡用皂矾，可作三次，切不可一切下了。”

《多能鄙事》所收集的内容十分丰富，反映了明中期以前农牧业生产技术水平和日常生活应用知识。该书所记载的关于生产、生活知识和技术简单明了，附有具体的操作方法和配方，易于掌握且行之有效。就纺织文化遗产研究而言，《多能鄙事》取材于日常琐事，染色法所载也是来源于民间和适用于民间的工艺。书中卷之四在染色方面，对使用植物染料的品种、拼色、处方、媒染工艺以及胰酶脱胶和成品质量等，收集颇为详细，对于古代练染技术的探究有极大的参考价值，是今天研究元明手工业、科技史宝贵的文献。

拓展资料

刘基（公元1311—1375年），字伯温，浙江青田人。元末进士，后弃官归隐。元至正二十年（公元1360年）应召至金陵，为朱元璋筹划军事，辅佐其开创明帝业。明初授太史令，累迁御史中丞，封诚意伯。卒年六十五，正德中谥文成。有《郁离子》《覆瓯集》《写情集》《春秋明经》《犁眉公集》《刘文成全集》等书行世。

参考文献

[1]董光壁.刘基和他的《多能鄙事》[J].中国科技史料，1981（02）：100-101.
[2]赵丰.《多能鄙事》染色法初探[J].东南文化，1991（01）：72-78.

五 明宋应星撰《天工开物》

崇祯十年刻本

明宋应星撰《天工开物》崇祯十年（公元1637年）刻本，现藏于中国国家图书馆。《天工开物》成书于崇祯十年，由作者友人涂绍煃资助刊刻。主要刊刻版本有：明崇祯十年刻本（即本案），明末清初书林杨素卿刻本，日本明和八年（公元1771年）浪华书林菅生堂刻本（和刻本），1929年涉园陶湘石印本，1930年上海华通书局以和刻本为底本影印刊行。与此同时，丁文江以和刻本为底本手抄，加以断句及若干注释，委托上海商务印书馆照相复制谋求出版，但迟至于1933年才正式刊行，成为该书的首个铅印本。1936年国学整理社在上海世界书局出版铅印校勘本。1954年商务印书馆迁京后重印。1959年中华书局以崇祯十年刻本为底本影印刊行等。

域外方面，自崇祯十年版刊行以来，该书很快便在日本翻刻，后又被译成日文、法文、英文等。日本方面，1943年东京十一出版部以菅生堂刻本为底本影印，附三枝博音所著《天工开物之研究》的合订本等。欧美方面，1869年法国汉学家儒莲（Stanislas Julien）将其所译《天工开物》有关工业各卷集中起来，以单行本发表，题为《中华帝国工业之今昔》。但这部书严格说来还只是摘译本，不包括农业部分，而工业部分也不是全文翻译，因此不能被认为是全译本。真正的西文全译本是1966年美国宾夕法尼亚州大学教授任以都及其丈夫孙守全合译的英文本，故此本称为"任本"。该本以1959年中华书局以崇祯十年刻本为底本影印本为底本，参考了陶本等，还吸取了国际上研究《天工开物》的一些成果，包括下列内容：其一，《译者前言》简介《天工开物》的版本作者及此本翻译经过等；其二，文有插图均取自涂本；其三，《注释》对书中名词、典故等作适当注释，并加附有关参考文献。书末有中英文术语对照等。

《天工开物》书名取自《周易·系辞》中"天工人其代之"及"开物成务"，强调自然力（天工）与人工的配合，即通过技术从自然资源中开发产物。对我国古代农业、手工业、工业生产技术进行了系统而全面的总结，内容几乎覆盖了社会全部生产领域，是一部科技史上的百科全书。

全书分上中下三卷，共十八章，绘图一百二十三幅。按照"贵五谷而贱金玉"的原则，依次分上卷六章《乃粒》《乃服》《彰施》《粹精》《作咸》《甘嗜》，中卷七章《陶埏》《冶铸》《舟车》《锤锻》《燔石》《膏液》《杀青》，下卷五章《五金》《佳兵》《丹青》《曲蘗》《珠玉》。其中上卷《乃服》记载了养蚕、缫丝、丝织、棉纺、麻纺、毛纺等生产技术与上述生产工具、设备操作要点，重点介绍了浙江嘉兴、湖州地区养蚕的先进技术和丝纺、棉纺，还有大量提花机的结构图。

"凡取兽皮制服，统名曰裘。贵至貂、狐，贱至羊、麂，值分百。貂产辽东外徼建州地及朝鲜国。其鼠好食松子，夷人夜伺树下，屏息悄声而射取之。一貂之皮，方不盈尺，积六十余貂仅成一裘。服貂裘者，立风雪中，更暖于宇下。眯入目中，拭之即出，所以贵也。色有三种：一白者曰银貂，一纯黑，一黄（黑而毛长者，近值一帽套已五十金）。凡狐、貉亦产燕、齐、辽、汴诸道。纯白狐腋裘价与貂相仿，黄褐狐裘值貂五分之一，御寒温体功用次于貂。凡关外狐，取毛见底青黑，中国者吹开见白色，以此分优劣。羊皮裘，母贱子贵。在腹者名曰胞羔（毛文略具），初生者名曰乳羔（皮上毛似耳环脚），三月者曰跑羔，七月者曰走羔（毛文渐直）。胞羔、乳羔为裘不膻。古者羔裘为大夫之服，今西北绅亦贵重之。其老大羊皮，硝熟为裘，裘质痴重，则贱者之服耳，然此皆绵羊所为。若南方短毛革，硝其鞟如纸薄，止供画灯之用而已。服羊裘者，腥膻之气，习久而俱化，南方不习者不堪也。然寒凉渐杀，亦无所用之。"

——《天工开物·裘》

其中，对苎麻的记载："凡苎麻无土不生。其种植有撒子、分头两法（池郡每岁以草粪压头，其根随土而高。广南青麻，撒子种田茂甚）。色有青、黄两样。每岁有两刈者，有三刈者，绩为当暑衣裳帷帐。凡苎皮剥取后，喜日燥干，见水即烂。破析时则以水浸之，然只耐二十刻，久而不析则亦烂。苎质本淡黄，漂工化成至白色（先用稻灰、石灰水煮过，入长流水再漂再晒，以成至白）。"

麻织物的记载："纺苎纱，能者用脚车，一女工并敌三工。惟破析时，穷日之力只得三五铢重。织苎机具与织棉者同。凡布衣缝线，革履串绳，其质必用苎纠合。凡葛蔓生，质长于苎数尺。破析至细者，成布贵重。又有苘麻一种，成布甚粗，最粗者以充丧服。即苎布，有极粗者，漆家以盛布灰，大内以充火炬。又有蕉纱，乃闽中取芭蕉皮析缉为之，轻细之甚，值贱而质枵，不可为衣也。"

《彰施》详细论述了染色技术，对20余种颜色从配料到染法，内容具体，另有"蓝靛""红花""造红花饼法""燕脂""槐花"等专节，其中关于毛青布的染法，仍在近代农村沿用。例如，对红花的记载："红花入夏即放绽，花下作梂汇多刺，花出梂上。采花者必侵晨带露摘取。若日高露旰，其花即已结闭成实，不可采矣。其朝阴雨无露，放花较少，旰摘无妨，以无日色故也。红花逐日放绽，经月乃尽。入药用者不必制饼。若入染家用者，必以法成饼然后用，则黄汁净尽，而真红乃现也。其子煎压出油，或以银箔贴扇面，用此油一刷，火上照干，立成金色。"

对红花饼的制作方法记载："带露摘红花，捣熟，以水淘布袋，绞去黄汁。又捣，以酸粟或米泔清。又淘，又绞袋去汁，以青蒿覆一宿，捏成薄饼，阴干收贮，染家得法，我朱孔扬，所谓猩红也。染纸吉礼用，亦必用制饼，不然全无色。"

对大红色的染色方法记载："其质红花饼一味，用乌梅水煎出，又用碱水澄数次，或稻藁灰代碱，功用亦同。澄得多次，色则鲜甚。染房讨便宜者，先染芦木打脚。凡红花最忌沉麝，袍服与衣香共收，旬月之间，其色即毁。凡红花染帛之后，若欲退转，但浸湿所染帛，以碱水稻灰水滴上数十点，其红一毫收转，仍还原质。所收之水，藏于绿豆粉内，放出染红，半滴不耗，染家以为秘诀，不以告人。”

就纺织文化遗产研究而言，《天工开物》记载了当时农业、手工业和工业各部门先进的生产技术，还有一些国外的技术成就，其中《乃服》《彰施》两章所描述的纺织和染整工艺，许多内容是以前及同时代著作中未见的，且更加接近于实际生产。其次，该书不像《农政全书》那样大量转载前人著作，而是完全用自己的语言描述当时的生产而且具体记录了参数、尺寸，所以比《农政全书》更加接近于生产实际。例如，在前人已有的内容之外，《天工开物》在整经工序中另列“边维”（边纱穿法）和“经数”（经纱总根数），在机一段中增列了“腰机”。而“花机”图，该书的描绘也更加细致，且注明了部件的名称，文字叙述也极详细。此外，“花本”（织花纹时提起经纱的程序表），“穿经”（穿综和插），“分名”（解释罗、纱、绉纱罗地、绢地、绫地、缎、秋罗等的定义），在同时代的《农政全书》中则未见。因此，《天工开物》可以作为研究纺织文化遗产的必要参考资料。

拓展资料

宋应星（公元1587—？年），字长庚，江西南昌府奉新县人。崇祯七年（公元1634年）任江西分宜教谕，《天工开物》一书即在任分宜县教谕时著成。崇祯十一年（公元1638年）任汀州府推官，十四年（公元1641年）任亳州知州。明亡不仕，死于清顺治年间。另著有《论气》《谈天》《野议》《思怜诗》《画音归正》等，大多已佚。

涂绍煃（公元？—1645年），字伯聚，号映薮，江西新建人。曾与宋应星同师于舒曰敬，万历乙卯（公元1615年）举人，已未进士，后为官。著有《友教堂稿》，出资刊刻宋应星著《天工开物》《画音归正》等。

丁文江（公元1887—1936年），字在君，江苏泰兴人。地质学家、社会活动家。中国地质事业的奠基人之一，创办了中国第一个地质机构——中国地质调查所。

任以都，我国自然科学家、中国科学社发起人之一任鸿教授的女儿，现执教于宾夕法尼亚州立大学历史系。

参考文献

[1]潘吉星.《天工开物》版本考[J].自然科学史研究，1982（01）：40-54.

[2]赵丰.《天工开物》彰施篇中的染料和染色[J].农业考古，1987（01）：354−358.
[3]黄赞雄，赵翰生.中国古代纺织印染工程技术史[M].太原：山西教育出版社，2019：347−348.
[4]潘吉星.天工开物校注及研究[M].成都：巴蜀书社，1989：51.

六 清方观承绘高宗题诗《御题棉花图》

据乾隆年间拓本拷贝

清方观承绘高宗题诗《御题棉花图》据乾隆年间拓本拷贝，美国国会图书馆藏。《国朝先正事略》记乾隆三十年（公元1765年）高宗南巡期间，方观承“条举木棉事十六则，绘图以进”，乾隆帝阅后大为赞赏，并为每幅图题诗，故得名《御题棉花图》。同年七月，方观承临摹副本并作石刻，现原件收藏于保定直隶总督署（博物馆）壁间。今中国国家博物馆藏有乾隆年间乌金拓本，美国国会图书馆据此拷贝留存（即本案）。曾于1937年被伪满洲国棉花协会出版，后于1941年经伪华北棉产改进会重印发行，1942年日本筑摩书屋据伪满洲国拓本出版《改译棉花图》。1986年河北科技出版社出版注释本，2012年中国农业科学技术出版社出版《御题棉花图译注》。另有蓝拓本藏于东京国立博物馆，石刻拓并图木刻印本藏于柏林国家图书馆。嘉庆十三年（公元1808年）命董诰编订乾隆年间《棉花图》，称《钦定授衣广训》，卷首录嘉庆上谕、表、康熙《木棉赋》、嘉庆御制序、衔名，前诗后图，有嘉庆十三年内府刊本，宣统年间农商部铅印本等。此外，相关衍生品有南京博物院藏有清乾隆年制刻瓷版《细刻墨彩棉花图册》，故宫博物院藏有乾隆三十年（公元1765年）《御制棉花图诗墨》、嘉庆十四年（公元1809年）《方维甸恭制款棉花图诗墨》（方维甸系方观承之子）。（图7−7）

《御题棉花图》记录了从植棉到纺织印染成布的整个过程及其工艺细节，并按棉花种植和纺织工艺流程依次图说，即布种、灌溉、耘畦、摘尖、采棉、拣晒、收贩、轧核、弹花、拘节、纺线、挽经、布浆、上机、织布、练染，共十六图。每幅图都有字数精简的独立释文，释文后附有乾隆御题与方观承补题的棉花七言诗，文字皆位于页面左侧。图谱前后另收录有康熙的《木棉赋并序》，以及方观承进献《御题棉花图》的奏折与题跋。就内容表现形式来看，相较我国古代涉及棉花种植和利用的农书，如司农司《农桑辑要》、王祯《王祯农书》、徐光启《农

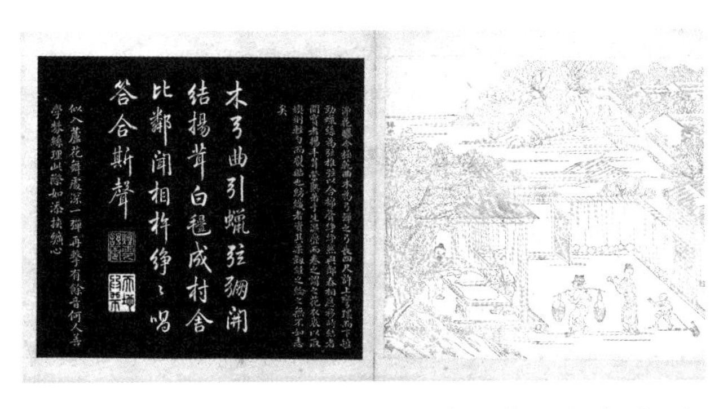

图7–7 弹花·清方观承绘高宗题诗《御题棉花图》石刻拓并图木刻印本 德国柏林国家图书馆藏

政全书》、鄂尔泰《授时通考》等大都是引文编纂，而《御题棉花图》则是以图谱形式更为直观地表达，具有重要的科普价值。例如，《轧核》描绘了原棉加工的第一道工序，即把棉铃内的棉籽挤轧出来。书中所绘轧车是清代前期河北一带搅车的形制“轧车之制，为铁木二轴，上下叠置之。中留少罅，上以毂引铁下以钩，持木左右旋转，喂棉于罅中，则核左落而棉右出。”这种轧车吸取了明末以前各类搅车的优点，还增加了毂并减少了踏板，因此能使用力均匀，节省人力，效率更高。

《弹花》描述的是轧棉生产中的第二道工序，即将轧出棉籽后的净棉用弹弓弹得松软均匀细，此时的弹弓“弓长四尺许，上弯环而下短劲，蜡丝为弦。椎弦以合棉”，承袭了前代弹弓的优点，且悬弓的钓竿不是固定在某处，而是插在弹花者的腰间，弹花时弹花者就可以灵活变换姿势，减轻疲劳，又可以提高工效，弹花效果极好。

《织布》一节提到：“南织有纳文绉积之巧，几人弗重也，惟以缜密匀细为贵。志称：肃宁人家，穿地窖，就长檐为窗以织布，埒松之中品。今如保定、正定、冀、赵、深定诸郡邑所出布多精好，何止中品！亦不皆作自窖中也。”值得注意的是，北方比南方气温低湿度小，所以北方通常“穿地窑就长檐为窗以织布”，这样可保持织布的温度，“借湿度纺之”。南人棉织，多新巧花样，而河北一带的棉织，则主要注重棉布的质量，以“缜密匀细”为特长。明代时，河北肃宁的棉布相当于松江的中品，而这时，冀、赵、深、定诸州的棉布，“其织纴之精亦与松娄匹”。可见，北方的纺织者已经能从温度和湿度这两个因素上来把握棉布的质量了，也可以做到“布多精好”。

《练染》图记载："乃授染。人聿施五色水以漂之，日以晅之，则鲜明而不涠败。"说明练染要经过多道连续环节，技术较为复杂，图中老者手扶架杆，"下置磨光石板为承，取五色布卷木轴上，上压大石如凹字形者，重可千斤，一尺足踏两端，往来转运之，则布紧薄而有光。"踹石性冷质滑，不易发热。布经踹石环节，让布历经压挤过程，通过外力的作用使棉布紧密质薄、光亮鲜明。

就纺织文化遗产研究而言，《御题棉花图》以艺术图画的形式记录了清代北方地区棉花种植、生产与农业生产生活的实景资料，并对相关工艺和技术流程、细节进行了较为系统的梳理，是考释我国古代棉纺织技术史重要的参考资料。

拓展资料

方观承（公元1698—1768年）字遐谷，号问亭，又号宜田，安徽桐城人，清乾隆十四年（公元1749年）七月至乾隆三十三年（公元1768年）八月任直隶总督。其时的直隶省主要包括河北、天津、北京并辖有山东、内蒙古、辽宁部分州县。作为清政府直接管辖的京畿重地，清廷历来对直隶职官配属的问题极为慎重，直隶总督往往具有高于其他地方行省官吏的特殊行政地位。方观承总督直隶军务、粮饷管理河道兼巡抚事长达二十余年，可以看出他督直的政绩受到了乾隆的长期肯定，并表现出超乎常人的信任。

乌金拓，用掺有蛋清的浓墨着重色扑打，文字与拓纸便会黑白分明、乌黑发亮，因此称之为"乌金"。如果只是薄薄地扑打一层黑色，文字也能显现，且看上去玲珑剔透、薄如蝉翼，即为"蝉翼拓"。

拓是扑打墨色于纸上以拓显出白色文字，刷印则是敷墨于雕版片上，用棕刷或毛刷抹纸的背面，使印纸笔笔着墨且实而不虚，揭下印纸便成白底黑字。久已有之的传拓技术，历来被看成是雕版印刷技术的先驱技术条件。从碑上所揭拓完的纸叫"拓片"，将拓片依照一定的方法排列、折叠并装裱成册的叫"拓本"。

御制棉花图诗墨，清乾隆时期文物，墨长13.3厘米，宽3.7厘米，厚1.3厘米，墨盒长29厘米，宽22.4厘米，厚6厘米。棉花图墨，16锭，为成套集锦墨。墨均长方形，墨色黝黑清新，墨品一面刻劳动场景，一面题刻诗句，完整地表现了农作物棉花耕织的全过程。此套墨为乾隆三十年（1765年）御制，装于一黑漆描金双龙戏珠纹盒中，分上下函装，制作极精致。

参考文献

[1]（清）李元度.国朝先正事略[M].长沙：岳麓书社，2008：582.
[2]崔瑞敏，田海燕，张保安，等.我国最早的棉作学图谱——《御题棉花图》[C].中国农学会棉花分会.中国农学会棉花分会2016年年会论文汇编.安阳：中国棉花杂志社，2016：202-204.

[3]肖克之.《御题棉花图》版本说[J].中国农史，2002（02）：107–108.
[4]王丽雯，刘维东.传统语境下科技观与价值论的审美形态化——以方观承《御题棉花图》为例[J].科学技术哲学研究，2020，37（01）：80–86.
[5]林欢.徽墨胡开文研究[M].北京：故宫出版社，2016.
[6]王金科，陈美健.总结我国古代棉花种植技术经验的艺术珍品——《棉花图》考[J].农业考古，1982（02）：157–166+11.
[7]王芳.从乾隆《御题棉花图》看棉花种植在北方的推广[J].中国历史博物馆馆刊，1987（00）：120–125+136.
[8]陈美健.《棉花图》及其科学思想[J].文物春秋，1996（02）：74–77.
[9]中国历史博物馆.简明中国文物辞典[M].福州：福建人民出版社，1991：505.
[10]陈文华.中国古代农业文明史[M].南昌：江西科技出版社，2005：377.

七 清褚华撰《木棉谱》

1937年商务印书馆排印本

清褚华撰《木棉谱》1937年商务印书馆排印本，中国社会科学院考古研究所文化遗产保护研究中心藏。《木棉谱》约成书于清嘉庆年间，主要刊刻有：吴省兰《艺海珠尘》辑录，清嘉庆年间中南汇吴氏听彝堂刊本；杨复吉《昭代丛书》庚集埤编第八十六册（四十九卷）辑录，道光十三年（公元1833年）刊本，此本采自《艺海珠尘》，并对个别错字进行订正，另附熊润谷《木棉歌》；王氏曙海楼重刊《农政全书》第三十五卷辑录，清道光二十三年（公元1843年）刊本；罗振玉《农学丛书》第二集辑录，光绪三十一年（公元1905年）刊本；上海通社《上海掌故丛书》第一集辑录，1936年排印版；1937年商务印书馆《丛书集成初篇》以《艺海珠尘》为底本点校排印。（图7–8）

《木棉谱》作为记述棉花栽培技术和棉纺工艺的专论，内容涉及播种、施肥、采花、轧花、弹花、纺线、织布、染布等工序，并对其技术和工具进行了介绍。作者褚华“生平留心海隅轶事及经济名物”，又处当时棉花种植及纺织业最为发达的上海地区，故写成此书。全书不分卷，约7 500字，实际是以汇集总结前人成果为主，凡有用之内容无不收录，但并非完全照搬，而是参以己见，并加见地。如论播种一节，一反徐光启之“稀种说”，主张视水土而因地制宜。又如论轧

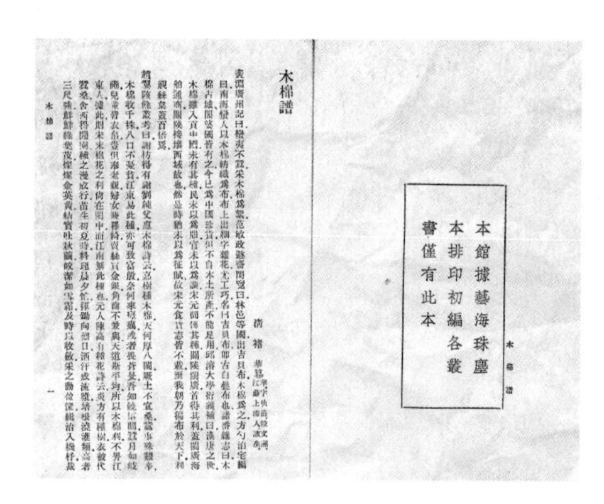

本館據藝海珠塵本排印初編各叢書僅有此本

木棉譜

清 褚華 撰

图7-8 卷首·清褚华撰《木棉谱》1937年商务印书馆排印本 中国社会科学院考古研究所文化遗产保护研究中心藏

车之形制，较徐光启及方观承《棉花图》所述，更为翔实具体，切近实用。特别是对棉花品种的辨异，指出木棉实为棉花与攀枝花两个不同品种之通称。此外，对各地来沪棉花、棉布的商贸往来亦有叙述，如广东、福建的商船运载蔗糖到上海贩卖，返程则载棉花“楼船千百，皆装布囊累累”；在上海小东门外的棉花市“乡农负担求售者，肩相摩、袂相接”。其中，又以纺纱织造、染整、织物纹样等内容与纺织文化遗产研究关系密切。（图7-9）

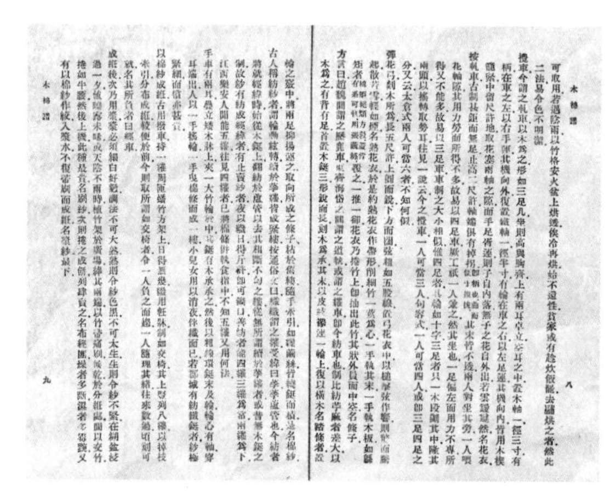

图7-9 正文·清褚华撰《木棉谱》1937年商务印书馆排印本 中国社会科学院考古研究所文化遗产保护研究中心藏

有关纺纱成布的记载：

“手车有两耳，叠立矮木床上，夹一大竹轮于中，其铤有木承承之，然后以粗线环铤末及轮，轮心有轴，穿耳端出。人以一手摇轮，一手曳棉条而成一缕，小儿女用以消夜，伴织而已。”

由此记载可知，明清以来上海地区棉纺织生产工具的局部改良主要集中在整棉、成经等辅助工具，作为主要生产工具的纺织机具相对稳定。

有关染色的记载：

“染工有蓝坊，染天青、淡青、月下白；红坊，染大红、露桃红；漂坊，染黄糙为白；杂色坊，染黄、绿、黑、紫、古铜、水墨、血牙、驼绒、虾青、佛面金等。其以灰粉渗胶矾涂作花样，随意染何色，而后刮去灰粉，则白章烂然，名刮印花。或以木版刻作花卉、人物、禽兽，以布蒙版而研之，用五色刷，其研处华采如绘，名刷印花。”

可见清代染色布及印花布盛行，织坯亦适应染坊需要，染色种类和印花工艺有所发展。书中所记印花布是以型板碱剂防染工艺印制，分彩色和单色两种，彩色每多套一色，就要多刻一块花版。

有关研光整理的记载：

“有踹布坊，下置磨光石版为承，取五色布卷木轴上，上压大石如凹字形者，重可千斤。一人足踏其两端，往来施转运之，则布质紧薄而有光。此西北风高燥之地，欲其勿着沙土，非邑人所贵也。”

棉布由短纤维纺织而成，其表面多茸毛，经过研光后，即成为布质坚实而带有光泽的踹布。这类产品非常适用于日燥风高的西北地区，可避免或减少沙尘沾染。踹布整理的工艺原理，后代相沿使用，成为机械轧光整理的前身。

有关织物纹样的记载：

“产邑之三林塘，文侧理为斜文，文方胜者为整文，文稜起者为高丽，皆邑产，他处亦间有之。若染成，而以刀刮布，有芒如氆氇者，为刮绒，非女红也。”

绫是在绮的基础上发展起来的，绮是平纹地起斜纹花的提花丝织物，即单色暗花绸。此外，书中还简单介绍了此时织布多用双蹑连单综织机："今女红惟用二繙，又为简要。按繙俗呼踏脚，或一或二或三或四，繙之多寡，视布之花文为增减，不定二繙也。"

就纺织文化遗产研究而言，《木棉谱》既是清以前有关棉花记载的《农桑辑要》《王祯农书》《农政全书》等农书之汇总，又结合了作者的所见所闻，将上海一带的实际生产情况翔实记录，内容从棉花播种至纺纱织造、染整印花，系统而详实，并对比了南北方棉纺织生产技术的部分差异，是了解我国近代棉花生产技术、纺织工具、商品贸易的珍贵历史资料。

拓展资料

褚华（生卒年不详），字秋萼，又字文洲，上海人，自号上海诸生。大约生活于乾隆、嘉庆年间，他性格豪爽，酷爱六朝诗，所著诗文"沈博绝丽"，著有《宝书堂诗钞》8卷。生平留意经济名物、海隅轶事，颇多著作，见于著录的有《沪城备考》《海防前事录》《砚谱》《木棉谱》《水蜜桃谱》《大小山房笔记》诸种。殁后无子，书多散失，现存的除《木棉谱》外，尚有《宝书堂诗钞》《沪城备考》《水蜜桃谱》等。

《农政全书》为明徐光启撰，共六十卷。作者因感叹"国不设农官，官不庇农政，士不言农学，民不专农业"而著此书，然未竟即逝，故由其门人陈子龙整理修改，于崇祯十二年（公元1639年）刊出。此书分农本、田制、农事、水利、农器、树艺、蚕桑、蚕桑广类、种植、牧养、制造、荒政十二部分。系统汇集17世纪以前我国的农业生产成就，介绍外国的先进农业技术。广泛搜求老农、老圃的种植经验与意见，并亲身进行试验，提出自己的见解，是一部具有很高学术价值的农业科学专著。

徐光启（公元1562—1633年），字子先，号玄扈，谥文定，上海人，万历进士，官至崇祯朝礼部尚书兼文渊阁大学士、内阁次辅。1603年，他入天主教，教名保禄，较早师从利玛窦学习西方的天文、历法、数学、测量和水利等科学技术，毕生致力于科学技术的研究，勤奋著述，是介绍和吸收欧洲科学技术的积极推动者，为17世纪中西文化交流做出了重要贡献。

《农桑辑要》是元朝司农司撰写的一部农业科学著作，选辑古代至元初农书的有关内容，对13世纪以前的农耕技术经验加以系统总结研究。成书于至元十年（公元1273年）。其时元已灭金，尚未并宋。正值黄河流域多年战乱、生产凋敝之际，此书编成后颁发各地作为指导农业生产之用。全书7卷，包括典训、耕垦、播种、栽桑、养蚕、瓜菜、果实、竹木、药草、孳畜等10部分，分别叙述我国古代有关农业的传统习惯和重农言论，以及各种作物的栽培，家畜、家禽的饲养等技术。

《王祯农书》是中国古代农学著作，在中国古代农学遗产中占有重要地位。它兼论中国北方农业技术和中国南方农业技术。先秦诸书中多含有农学篇章，《王祯农书》在前人著作基础上，第一次对所谓的广义农业生产知识做了较全面系统的论述，提出中国农学的传统体系。

凸版印花，一种古老的印花方法，先在不同材质的模具表面刻出花纹，然后蘸取色浆盖印到织物上。模版采用木质的称为木版模型印花。模版上呈阳纹的称凸版印花，在版面凸起部分涂刷色浆，经押印方式施压于织物，就能印得型版所雕之纹样。或将棉织物蒙于版面，就其凸纹处研光，然后在研光处涂刷五彩色浆，可以印出各种色彩的印花织物。凸版渊源于新石器时代，当时用来印制陶纹。春秋战国凸版印花用于织物并得到进一步发展。西汉的凸版印花技术水平较高，马王堆出土的印花敷彩纱就是用三块凸版套印再加彩绘制成的。

药斑布，今称蓝印花布，又名浇花布。其染法是先在白布上覆以刻有各种图案的花样制板，然后在其镂空处涂以石灰与黄豆粉调制的灰药后，去掉样板、用靛青染之。晒干后，刮掉灰药，即成蓝白相间的花布。

参考文献

[1]顾明远.教育大辞典（第8卷）[M].上海：上海教育出版社，1991：270.

[2][日]天野元之助.中国古农书考[M].北京：中国农业出版社，1992：319.

[3]于秋华.明清时期的原始工业化[M].大连：东北财经大学出版社，2009：136.

[4]周启澄，程文红.纺织科技史导论[M].上海：东华大学出版社，2013.

[5]王烨.中国古代纺织与印染[M].北京：中国商业出版社，2015：160.

[6]张忠民.上海：从开发走向开放（1368—1842）[M].上海：上海社会科学院出版社，2016.

捌

地理

一　清傅恒等奉敕撰《皇清职贡图》

乾隆年间武英殿刊本

清傅恒等奉敕撰《皇清职贡图》清乾隆年间武英殿刊本，刊刻时间在乾隆四十二年（公元1777年）至乾隆五十五年（公元1790年）之间，现藏于美国哈佛大学燕京图书馆。乾隆十六年（公元1751年）降旨“着沿边各督抚于所属苗、瑶、僮、黎以及外夷番众，仿其服饰绘图送军机处，汇齐呈览，以昭王会之盛。”至乾隆二十六年（公元1761年）完成彩绘正本四卷，而后又有写本和刊本问世。随着清王朝版图陆续扩大，边疆各族相继归附，继而进行了四次增补：第一次，乾隆二十八年（公元1763年），西北爱乌罕、哈萨克诸回部向清廷入贡表示归附，乾隆帝命丁观鹏补绘“爱乌罕回人”“霍罕回人”“启齐玉苏部努喇丽所属回人”“启齐玉苏部巴图尔所属回人”“乌尔根奇部哈雅布所属回人”五段图像。第二次，乾隆三十六年（公元1771年），土尔扈特汗渥巴锡率众归附，乾隆帝命贾全补绘“土尔扈特台吉”“土尔扈特宰桑”“土尔扈特民人”三段图像。第三次，乾隆四十年（公元1775年），云南边外整欠、景海土司归附，乾隆帝命贾全补绘“云南整欠头目先迈岩第”“景海头目先纲洪”两段图像。第四次，乾隆五十五年（公元1790年），巴勒布大头人前来进贡，乾隆帝命贾全前去观看并补绘“巴勒布大头人并从人即廓尔喀”一段图像。（图8-1）

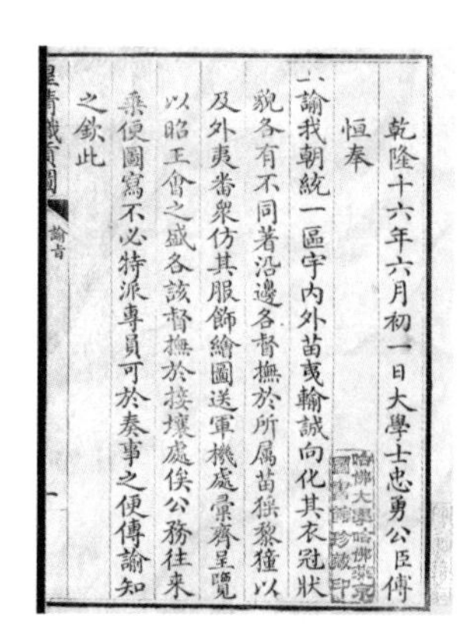
乾隆十六年六月初一日大學士忠勇公臣傅
恒奉
上諭我朝統一區宇内外苗夷輸誠向化其衣冠狀
貌各有不同著沿邊各督撫於所屬苗猺黎獞以
及外夷番衆仿其服飾繪圖送軍機處彙齊呈覽
以昭王會之盛各該督撫於接壤處俟公務往來
乘便圖寫不必特派專員可於奏事之便傳諭知
之欽此

图8-1　卷首上谕·清傅恒等奉敕撰《皇清职贡图》
乾隆年间武英殿刊本　哈佛大学燕京图书馆藏

是书卷前有乾隆十六年（公元1751年）上谕，乾隆二十六年（1761年）御制诗，刘统勋、梁诗正等41人恭和诗，卷末有傅恒、来保等9人跋文一篇及校刊职名。书中图说满汉文合璧，绘卷分别由乾隆帝钦定画师门庆安、丁观鹏、金廷标、姚文瀚、程梁、贾全等绘制。全书按地区编排：卷一域外，即清藩属国和海外交往国，如朝鲜、琉球、安南、英吉利、法兰西等27个国家和地区；卷二西藏；卷三关东、福建、湖南；卷四广东、广西；卷五甘肃；卷六四川；卷七云南；卷八贵州；卷九为续图，系乾隆二十六年（公元1761年）以后所绘各图，包括爱乌罕回人、爱乌罕回人妇、霍罕回人等。

全书共绘制300余种不同民族和地区的人物图像。图中人物的形象来源主要可分为两大类：一类是实地采写而得，由各边疆省份的督抚采写并绘图后呈送军机处；另一类则是清代宫廷画师根据来访使臣的形象采写而成。图后皆附说明文字，介绍该民族的风土民情，所绘图像以描写外形为主，并注重对人物表情的刻画。对研究清代少数民族的分布、风俗、服饰、特产、边疆等信息，以及此后少数民族的迁徙、变化情况都有重要参考价值。

《皇清职贡图》中各个民族和地区人物的图像往往图绘数幅，向观者完整地呈现了当地不同性别、身份、地位的人群服饰的差别，不但种类全面，且特征显著，辨识度高。其中大部分人物形象采用了四分之三侧面和正面的构图形式，能够完整清晰地表现服饰的衣襟、腰带、配饰等细部特征。且附有具体详实的说明文字，例如《琉球国夷妇》一图旁有说明（图8-2）：

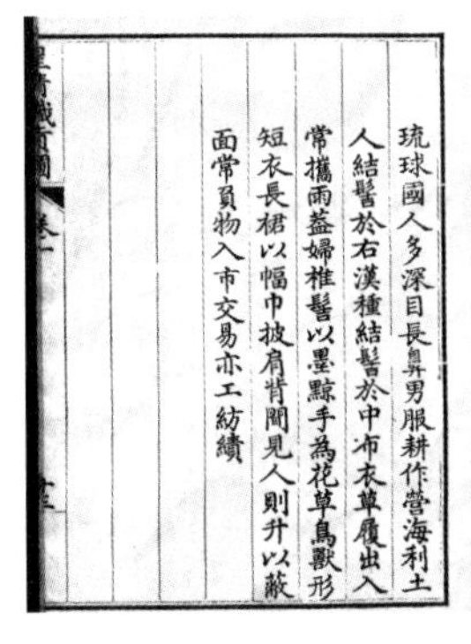
皇清職貢圖 卷一

琉球國人多深目長鼻男服耕作營海利土
人結髻於右漢種結髻於中布衣草履出入
常攜雨蓋婦椎髻以墨黥手為花草鳥獸形
短衣長裙以幅巾披肩背間見人則升以蔽
面常負物入市交易亦工紡績

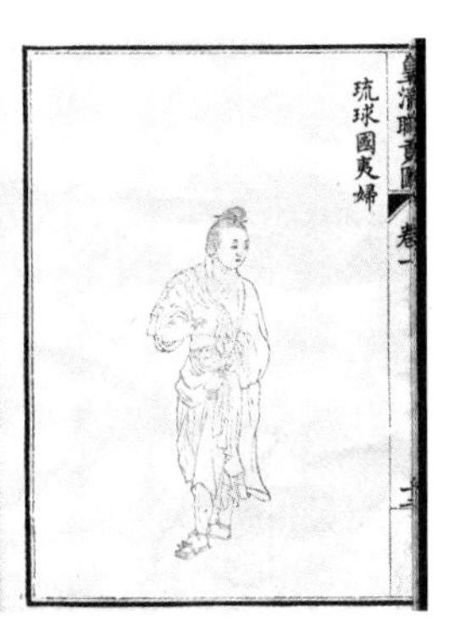

图8-2 琉球国夷妇·清傅等奉敕撰《皇清职贡图》乾隆年间武英殿刊本 哈佛大学燕京图书馆藏

“琉球国人多深目长鼻，男服耕作营海利。土人结髻于右，汉种结髻于中。布衣草履，出入常携雨盖。妇椎髻，以墨黥手，为花草鸟兽形，短衣长裙，以幅巾披肩背间，见人则升以蔽面，常负物入市交易。亦工纺绩。”

——《皇清职贡图·卷一·琉球国夷妇》

就纺织文化遗产研究而言，《皇清职贡图》是研究清代邦交国家、藩属国家、民族以及国内藩部、土司和边地少数民族服饰的一手资料。但书中所载的部分内容有信息陈旧之嫌，例如《日本国夷妇》旁标注中关于其服饰文化的内容：“男髡顶跣足，方领衣，束以布带，出入佩刀剑。妇挽髻、插簪，宽衣长裙，朱履，能织绢布。”其内容较元明之际的记载无异。此外，书中关于欧洲国家的描述有明显错误，例如其记载法国在信仰天主教之前是一个佛教国家，并说英国和瑞典是荷兰属国，将法国和葡萄牙说成是同一国家。故而在查检征引时，要对其内容进行甄别，并结合实际情况及同时期的图像、文献与实物史料进行对比研究。

拓展资料

《钦定四库全书荟要》，《四库全书》编纂之初，征书纷至沓来，卷帙浩繁，不便浏览，已经63岁高龄的乾隆帝希望在有生之年，能看到一部重要而必备的图书，所以在开馆之初，命于敏中、王际华等人从应钞诸书中，撷其精华，以较快速度，编纂一部《四库全书荟要》。乾隆四十三年（公元1778年），第一部《四库全书荟要》完成，藏于紫禁城御花园的“摛藻堂”。次年，又誊缮一部，藏于圆明园内的“味腴书屋”，以备乾隆随时阅览。

傅恒（公元？—1770年），富察·傅恒，字春和，满洲镶黄旗人，高宗孝贤皇后之弟。乾隆时历任侍卫、总管内务府大臣、户部尚书等职，授军机大臣加太子太保、保和殿大学士、平叛伊犁统帅。在军机处20余年，为乾隆皇帝所倚重。乾隆十三年（公元1748年）督师指挥大金川之战，降服莎罗奔父子。乾隆十九年（公元1754年）力主清军攻伊犁，平息准噶尔部叛乱。后任《平定准噶尔方略正编》《平定准噶尔方略前编》《平定准噶尔方略续编》正总裁。撰写《钦定旗务则例》《西域图志》《御批历代通鉴辑览》等书。

董诰（公元1740—1818年），字雅伦，号蔗林，清浙江富阳人。乾隆二十八年（公元1763年）进士，官至内阁学士，充四库馆副总裁。甚得高宗、仁宗宠遇。朝廷编修，多由其主持，善画。谥文恭。著有《满洲源流考》《高宗实录》等。

刘统勋（公元1699—1773年），字延清，号尔钝，山东诸城人。清雍正二年（公元1724年）中进士，选庶吉士，授编修，乾隆时累官至东阁大学士兼军机大臣，先后主管刑部、工部、吏部、礼部、兵部事务，乾隆敕修《四库全书》，担任正总裁。其为官清正廉洁，秉性耿直，“神敏刚劲，终身不失其正”，卒于清乾隆三十八年（公元1773年）十一月，谥文正。

梁诗正（公元1697—1763年），字养仲，号芗林，钱塘（今浙江杭州）人，清雍正时期探花，官东阁大学士。书法初学柳公权，继参赵孟頫、文征明，晚师颜真卿、李邕。著作有《矢音集》。

门庆安（生卒年不详），乾隆时期画家，据《历代画史汇传》记载，其为“国子生，于乾隆时绘职贡图”。

丁观鹏（生卒年不详），顺天（今北京）人，清代画家，主要活动于康熙末期至乾隆中期，雍正四年（公元1726年）进入宫廷成为供奉画家，擅长人物、山水，深受欧洲画风影响，主要作品有《摹宋人雪渔图》和《仿韩七子过关图》等。

金廷标（生卒年不详），字士揆，浙江湖州人，与其父金鸿同为清代画家。金廷标擅长绘仕女、花卉，也善取影、白描。乾隆二十五年（公元1760年），乾隆“南巡”时廷标进白描罗汉册，后奉命入内廷供奉。《石渠宝笈》著录其81幅作品。

姚文瀚（生卒年不详），号濯亭，顺天（今北京）人，清代画家。乾隆时期供奉内廷，擅长人物、山水，传世作品有《四序图》等。

程梁（生卒年不详），清代画家，乾隆时期供奉内廷。

贾全（生卒年不详），清代画家，乾隆时供奉内廷，工画人物及马，乾隆三十七年（公元1772年）作《二十七老卷》，乾隆四十一年（公元1776年）作《八骏图卷》。

参 考 文 献

[1]李方.新疆历史古籍提要[M].北京：中国书籍出版社，2019：87−88.
[2]李志梅.东亚服饰文化交流研究[M].北京：中央编译出版社，2019：203−207.
[3]苍铭.民族史研究第14辑[M].北京：中央民族大学出版社，2018：435−445.
[4]祁庆富，杨玉.民族文化杂俎祁庆富杨玉文集[M].北京：中央民族大学出版社，2014：195−204.
[5]李万军，周全，徐英英.图像证史的信与疑——从《皇清职贡图》和《诸夷职贡图》的服饰比较研究出发[J].服饰导刊，2023，12（01）：34−41.
[6]黄金东.《皇清职贡图》刻本考述[J].文献，2020（06）：137−148.

玖　字典

一 清张玉书等奉敕纂《康熙字典》

康熙五十五年内府刊本

清张玉书等奉敕纂《康熙字典》康熙五十五年内府刊本，原为哈佛燕京学社汉和图书馆所藏，后移交至哈佛大学哈佛燕京图书馆。自《康熙字典》问世以来，版本诸多。《康熙字典》的祖本为康熙五十五年（公元1716年）内府刊本，又称武英殿本（即本案），有开化纸本和太史连纸本两种，后世之本皆出于此。另有道光七年（公元1827年）的内府重刊本、木刻本等。此外，上海鸿宝斋的石印本，其书眉上有篆体字；上海世界书局曾对原刻本整理，新增检字索引、篆字谱、字典考证、中外形势全图，1936年缩片影印，装成一大册出版。商务印书馆铜版印本，书后附有王引之的《康熙字典考证》。上海同文书局有影印本，后中华书局据以制成锌版印刷出版，兼有篆文和《康熙字典考证》，1958年利用存版复印，1982年重印，是现行较好的通本。（图9-1）

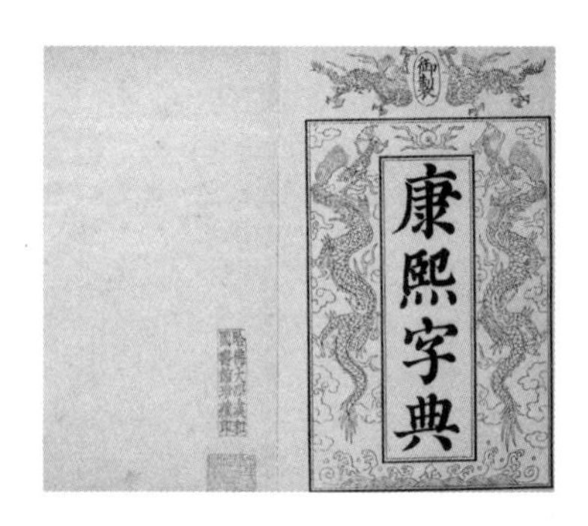

图9-1 书影·清张玉书等奉敕编纂《康熙字典》康熙五十五年内府刊本 哈佛大学哈佛燕京图书馆藏

“自《说文》以后，字书善者，于梁则《玉篇》，于唐则《广韵》，于宋则《集韵》，于金则《五音集韵》，于元则《韵会》，于明则《洪武正韵》，皆流通当世，衣被后学……曾无善兼美具，可奉为典常而不易者。朕每念经传至博，音义繁赜，据一人之见，守一家之说，未必能会通罔缺也。爰命儒臣，悉取旧籍，次第排纂，以成一部。古今形体之辨，方言声气之殊，部分班列，开卷了然，无一义之不详、一音之不备矣。俾承学稽古者，得以备知文字之源流，而官府吏民亦有所遵守焉。”

——清圣祖爱新觉罗·玄烨《康熙字典序》

《康熙字典》是由张玉书、陈廷敬等三十人于康熙四十九年（公元1710年）奉清圣祖（爱新觉罗·玄烨）之诏开始编撰，康熙五十五年（公元1716年）成书，共历六年，是中国现存的第一部官修的字典。《康熙字典》在明代《字汇》和《正字通》基础上加以增订而成，共收录四万七千零三十五个汉字，是古代字典之最。采用《字汇》的编排体例，既以楷体为正体，又据楷书的结构，将《说文解字》的部首合并为二百十四部，同一部首的字，按照笔画多少为序，与现代字典的检索方法基本相同。其注音采用反切法，列出《唐韵》《广韵》《集韵》等书音切；释义则以《尔雅》《方言》《说文解字》《释名》《广雅》《玉篇》《六书故》等字书为准，并在每个义项下引用“始见”的古书为证。

例如，对“冕”的记载为：“冕，音免，冕旒无点。”

对“幍”的记载为：“幍，音叨，士帽。”（图9-2）

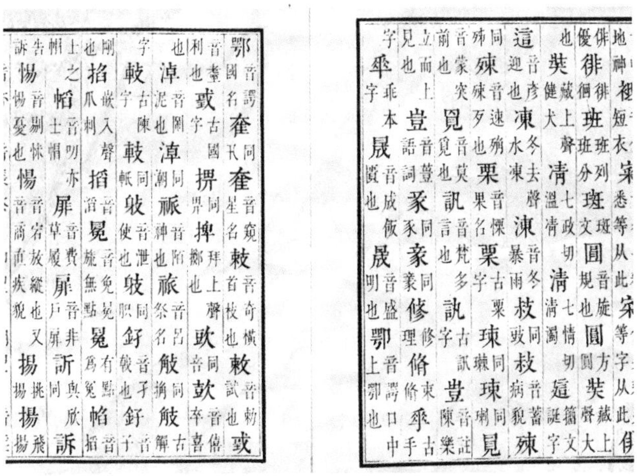

图9-2 二字相似·清张玉书等奉敕纂《康熙字典》康熙五十五年内府刊本 哈佛大学哈佛燕京图书馆藏

就纺织文化遗产研究而言，《康熙字典》的重要价值在于系部、衣部、裘部、巾部、玉部所录纺织技术、材料、工具和服装款式等信息，对考释纺织技术与服饰文化研究意义非凡。《四库全书总目》称其“去取得中，权衡尽善”；“六书之渊海，七音之准绳。”值得注意的是，《康熙字典》中也有不少疏误，如书名、篇名之误，引文之误，引书错乱，删节失当，断句有误及字形讹错等。王引之《康熙字典考证》曾考出其错误2 588条，故在使用时应结合对比考证。

拓展资料

陈廷敬（公元1638—1710年），初名陈敬，字子端、小舫、樊川，号说岩、午亭，山西泽州（今山西晋城）人，中国清代诗人、大臣。著有《参野诗选》《北镇集》等。奉敕校理编纂《咏物诗选》《康熙字典》《皇清文颖》等。

参考文献

[1]蔡英杰.中国古代语言学文献[M].北京：中国书籍出版社，2020：76.
[2]中国学术名著提要编委会.中国学术名著提要第5卷·清代编下[M].上海：复旦大学出版社，2019：543.
[3]白俊骞.《康熙字典》古文研究[M].合肥：黄山书社，2018：9-11.
[4]陈汝发.蠡海集[M].北京：语文出版社，2018：86.
[5]《国学经典文库》丛书编委会.清圣祖康熙[M].北京：现代出版社，2018：292-295.

跋

本书的立项源于一次田野考古现场出土纺织品命名问题所引发的思考。时值“青海都兰热水墓葬2018血渭一号墓”出土一块扎经染色织物残片，各方就其称谓展开讨论，有学者依据图案构型提出是新疆“艾德莱斯绸”的早期产物，还有学者根据织造工艺提出应命名为“絣”，但始终未能达成一致。作为现存出土时间最早且保存信息最为完整的古代扎经染色织物样本，其研究成果对相关技术的溯源具有重要的实证价值，而厘清其命名问题，则成为首要任务。

此后，研究团队针对该问题展开文献档案的调查分析，发现1982年至1985年，该地区曾出土过同类型的纺织品。彼时的研究报告结合中国古代史料与日本学者的研究成果进行分析，认为“用絣来命名扎经染色织物完全恰当”，理由是东晋《华阳国志》针对“絣”曾有“殊缕布者，盖殊其缕色而相间织之”的工艺记录，也正是凭借着这一证据，使该观点被当今学界普遍接纳，并成为构建中国扎经染色技术研究的基础理论。然而，查历代传本却发现《华阳国志》原文中并无这段描述，相关内容实为清人段玉裁撰写《说文解字注》时附于文后的注释，且同时期《说文解字义证》《说文解字句读》等书的作者均对该字的释义提出了不同观点，因此“絣”与扎经染色织物在事实上并无直接联系。而造成这一现象的原因在于报告作者引用了未经点校的《说文解字注》，亦未据此条目对文献进行比较分析，最终造成纺织文化遗产研究理论建构的缺憾。

观点易得，考据关山。为了给未来研究者提供较为详实的参考资料，研究团队策划编撰此书，经过三年多的筹备，在中国社会科学院各级领导、同事的帮助和支持下，《纺织文化遗产文献集成·元集》如期付梓。是书收录9类共100条文献，包括辞书训诂15条、舆服18条、典章30条、先秦典籍3条、笔记14条、类书11条、专论7条、地理1条、字典1条。感谢苏州大学许星教授对凡例及撰写体例的指正，东华大学郑嵘教授对版本文献的选用给出的诸多意见，故宫博物院严勇研究馆员对定稿内容给予的指导和肯定。参与该项目的研究生有赵睿、谷雨珊、罗春晓、王文汐、叶欣华、杨晓瑜、李根阳、徐伟津、朱秋星、丁雪琴、宋彦杰等，在此一并感谢。

古籍文献浩瀚，点校之过难免，望读者体谅指正。

刘大玮

癸卯冬月于大德堂

参考文献

[1]（西汉）史游.急就篇[M].长沙：岳麓书社，1989.
[2]（东汉）郑玄，贾公彦.周礼注疏[M].上海：上海古籍出版社，2014.
[3]（南朝）顾野王.大广益会玉篇[M].北京：中华书局，1987.
[4]（唐）温庭筠.婉约词[M].夏华，编译.沈阳：万卷出版公司，2016.
[5]（宋）宇文懋昭.大金国志校证[M].崔文印，校证.北京：中华书局，1986.
[6]（宋）沈括.梦溪笔谈[M].包亦心，编译.沈阳：万卷出版公司，2019.
[7]（元）脱脱阿鲁图等.辽史[M].北京：中华书局，1974.
[8]（元）脱脱等.金史[M].北京：中华书局，1975.
[9]（元）脱脱等.宋史[M].北京：中华书局，1977.
[10]（明）张居正.张太岳集下[M].（明）张嗣修，张懋修，编撰.北京：中国书店，2019.
[11]（清）孙诒让.十三经注疏校记[M].雪克，辑点.济南：齐鲁书社，1983.
[12]（清）瓮方纲.瓮方纲纂四库提要稿[M].吴格，整理.上海：上海科学技术文献出版社，2005.
[13]（清）李元度.国朝先正事略[M].长沙：岳麓书社，2008.
[14]（清）四库馆臣.四库全书初次进呈存目校证第1卷[M].西安：陕西师范大学出版总社，2016.
[15]（清）郝懿行.尔雅义疏下[M].王其和，吴庆峰，张金霞，点校.北京：中华书局，2019.
[16]王国维.急就篇校正[M].上海：广仓学窘，1920.
[17]张玮等.大金集礼附识语校勘记[M].上海：商务印书馆，1936.
[18]（清）赵翼.陔馀丛考[M].北京：商务印书馆，1957.
[19]方壮猷.中国史学概要[M].北京：中国文化服务社，1947.
[20]《法学词典》编辑委员会.法学词典[M].上海：上海辞书出版社，1980.
[21]周秉钧.古汉语纲要[M].长沙：湖南教育出版社，1981.
[22]胡道静.中国古代的类书[M].北京：中华书局，1982.
[23]吴国宁.文史工具书选要[M].西安：陕西人民出版社，1983.
[24]郑天挺，谭其骧.中华历史大辞典[M].上海：上海辞书出版社，1983.
[25]中国历史大辞典·史学史卷编纂委员会.中国历史大辞典·史学史卷[M].上海：上海辞书出版社，1983.
[26]吴海林，李延沛.中国历史人物辞典[M].哈尔滨：黑龙江人民出版社，1983.
[27]（清）赵翼.廿二史劄记校正[M].王树民，校证.北京：中华书局，1984.
[28]中国历史大辞典编纂委员会.中国历史大辞典1[M].上海：上海辞书出版社，1986.
[29]吴枫.简明中国古籍辞典[M].长春：吉林文史出版社，1987.
[30]周峰.中国古代服装参考资料隋唐五代部分[M].北京：北京燕山出版社，1987.
[31]吴澄.礼记纂言[M].文渊阁四库全书（第121册）.上海：上海古籍出版社，1987.
[32]夏征农.辞海中国古代史分册[M].上海：上海辞书出版社，1988.
[33]张润生，胡旭东等.图书情报工作手册[M].北京：人民出版社，1988.

[34]申畅，陈方平等.中国目录学家辞典[M].郑州：河南人民出版社，1988.
[35]张鹏一.晋令辑存[M].徐清廉，校补.西安：三秦出版社，1989.
[36]刘德仁，杨明，赵心愚等.中国少数民族名人辞典古代[M].成都：四川辞书出版社，1989.
[37]胡道静，陈光贻，虞信棠.简明古籍辞典[M].济南：齐鲁书社，1989.
[38]广西壮族自治区通志馆.二十四史广西资料辑录2[M].南宁：广西人民出版社，1989.
[39]潘吉星.天工开物校注及研究[M].成都：巴蜀书社，1989.
[40]中国历史文献研究会.历史文献研究北京新一辑[M].北京：北京燕山出版社，1990.
[41]任道斌，李世愉，商传.简明中国古代文化史词典[M].北京：书目文献出版社，1990.
[42]许嘉璐.传统语言学辞典[M].石家庄：河北教育出版社，1990.
[43]顾廷龙，王世伟.尔雅导读[M].成都：巴蜀书社，1990.
[44][日]依田百川.东洋聊斋[M].孙菊园，孙逊，编译.长沙：湖南文艺出版社，1990.
[45]盛广智、许华应、刘孝严.中国古今工具书大辞典[M].长春：吉林人民出版社，1990.
[46]古健青，张桂光等.中国方术辞典[M].广州：中山大学出版社，1991.
[47]吴永章.中国南方民族史志要籍题解[M].北京：民族出版社，1991.
[48]中国历史博物馆.简明中国文物辞典[M].福建：福建人民出版社，1991.
[49]马良春，李福田.中国文学大辞典第2卷[M].天津：天津人民出版社，1991.
[50]吕绍纲，吕美泉.中国历代宰相志[M].长春：吉林文史出版社，1991.
[51]顾明远.教育大辞典8[M].上海：上海教育出版社，1991.
[52]许焕玉，周兴春等.中国历史人物大辞典[M].济南：黄河出版社，1992.
[53]曹之.中国古籍版本学[M].武汉：武汉大学出版社，1992.
[54]顾明远.教育大辞典9中国古代教育史下[M].上海：上海教育出版社，1992.
[55][日]天野元之助.中国古农书考[M].北京：中国农业出版社，1992.
[56]姜彬.中国民间文学大辞典[M].上海：上海文艺出版社，1992.
[57]上海社会科学学会联合会研究室.上海社会科学界人名辞典[M].上海：上海人民出版社，1992.
[58]门岿.二十六史精要辞典中[M].北京：人民日报出版社，1993.
[59]华夫.中国古代名物大典·下[M].济南：济南出版社，1993.
[60]中国大百科全书编辑委员会.中国大百科全书[M].北京：中国大百科全书出版社，1993.
[61]周文骏.图书馆学百科全书[M].北京：中国大百科全书出版社，1993：301.
[62]中外名人研究中心，中国文化资源开发中心.中国名著大辞典[M].安徽：黄山书社.1994.
[63]周谷城，姜义华.中国学术名著提要历史卷[M].上海：复旦大学出版社，1994.
[64]张舜徽.张居正集第三册文集[M].湖北：湖北人民出版社.1994.
[65]李水海.中国小说大辞典先秦至南北朝卷[M].西安：陕西人民出版社，1994.
[66]朱凤瀚等.文物鉴定指南[M].西安：陕西人民出版社，1995.
[67]徐复.徐复语言文字学论稿[M].南京：江苏教育出版社，1995.12.
[68]四库全书存目丛书编纂委员会.四库全书存目丛书·史部·第264册[M].济南：齐鲁书社，1996.

[69]金声.中国出版业概览[M].北京：外文出版社，1996.
[70]马兴荣，吴熊和，曹济平.中国词学大辞典[M].杭州：浙江教育出版社，1996.
[71]戴逸，郑永福.中国近代史通鉴1840−1949鸦片战争1[M].北京：红旗出版社，1997.
[72]崔高维.周礼·仪礼[M].沈阳：辽宁教育出版社，1997.
[73]中国孔子基金会.中国儒学百科全书[M].北京：中国大百科全书出版社，1997.
[74]邓瑞全，王冠英.中国伪书综考[M].合肥：黄山书社，1998.
[75]二十五史百衲本第5册宋史上[M].杭州：浙江古籍出版社，1998.
[76]孙机.中国古舆服论丛（增订版）[M].北京：文物出版社，20017.
[77]李伟民.法学辞海[M].北京：蓝天出版社，1998，
[78]白寿彝.中国通史13（第8卷）中古时代·元时期上修订本[M].上海：上海人民出版社.1999.
[79]洪丕谟.中国古代法律名著提要[M].杭州：浙江人民出版社，1999.
[80]中国历史文献研究会.历史文献研究总第18辑[M].武汉：华中师范大学出版社，1999.
[81]王振民.郑玄研究文集[M].济南：齐鲁书社，1999.
[82]瞿冕良.中国古籍版刻辞典[M].济南：齐鲁书社，1999.
[83]张春林.欧阳修全集[M].北京：中国文史出版社，1999.
[84]胡守为，杨廷福.中国历史大辞典魏晋南北朝史[M].上海：上海辞书出版社，2000.
[85]陕西省地方志编纂委员会.陕西省志第71卷上著述志古代部分[M].西安：陕西科学技术出版社，2000.
[86]李之檀.中国服饰文化参考文献目录[M].北京：中国纺织出版社，2001.
[87]王文锦.礼记译解[M].北京：中华书局，2001.
[88]林剑鸣，吴永琪.秦汉文化史大辞典[M].上海：汉语大辞典出版社，2002.
[89]丁忱.中国语史概要[M].武汉：湖北人民出版社，2002.
[90]谭耀炬.小学考声韵[M].北京：中国文史出版社，2002.
[91]中国历史博物馆图书资料信息中心.中国历史博物馆藏普通古籍目录[M].北京：北京图书馆出版社，2002.
[92]中国图书馆学会.中国图书馆大全[M].北京：中国标准出版社，2002.
[93]《南大百年实录》编辑组.南大百年实录中央大学史料选下[M].南京：南京大学出版社，2002.
[94]齐鲁书社.藏书家第6辑[M].济南：齐鲁书社，2002.
[95]林剑鸣，吴永琪.秦汉文化史大辞典[M].上海：汉语大词典出版社，2002.
[96]王澄.扬州刻书考[M].扬州：广陵书社，2003.
[97]胡继明.《广雅疏证》同源词研究[M].成都：巴蜀书社，2003.
[98]陈燕.汉字学概说[M].天津：天津人民出版社，2003.
[99]吴希贤.历代珍稀版本经眼图录[M].北京：中国书店，2003.
[100]杨守敬.日本访书志[M].沈阳：辽宁教育出版社，2003.
[101]赵山林.大学生中国古典文学词典[M].广州：广东教育出版社，2003.
[102]王功龙，徐桂秋.中国古代语言学简史[M].沈阳：辽海出版社，2004.

[103]窦秀艳.中国雅学史[M].济南：齐鲁书社，2004.
[104]陈济.甲骨文字形字典[M].北京：长征出版社，2004.
[105]魏明孔.中国手工业经济通史魏晋南北朝隋唐五代卷[M].福州：福建人民出版社，2004.
[106]白寿彝.中国通史15（第9卷）中古时代·明时期上[M].上海：上海人民出版社，2004.
[107]何远景.内蒙古自治区线装古籍联合目录上[M].北京：北京图书馆出版社，2004.
[108]彭海铃.汪兆镛与近代粤澳文化[M].广州：广东人民出版社，2004.
[109]毛庆耆等.岭南学术百家[M].广州：广东人民出版社，2004.
[110]白寿彝.中国通史11（第7卷）中古时代·五代辽宋夏金上[M].上海：上海人民出版社.2004.
[111]霍艳芳.中国图书官修史[M].武汉：武汉大学出版社，2005.
[112]陈文华.中国古代农业文明史[M].江西：江西科技出版社，2005.
[113]林碧英.南平市古籍文献联合目录[M].福州：海潮摄影艺术出版社，2006.
[114]张连良.中国古代哲学要籍说解[M].长春：吉林大学出版社，2006.
[115]钱仪吉.三国会要[M].上海：上海古籍出版社，2006.
[116]刘学智、张岂之.中国学术思想史编年·隋唐五代卷[M].陕西：陕西大学出版社，2006.
[117]包铭新.中国染织服饰史文献导读[M].上海：东华大学出版社，2006.
[118]曹之.中国古籍编撰史[M].武汉：武汉大学出版社，2006.
[119]中国政法大学法律古籍整理研究所.中国古代法律文献研究第3辑[M].北京：中国政法大学出版社，2007.
[120]故宫博物院.天禄珍藏清宫内府本三百年[M].北京：紫禁城出版社，2007.
[121]白寿彝.中国通史5（第4卷）中古时代·秦汉时期上修订本[M].上海：上海人民出版社，2007.
[122]赵传仁，鲍延毅，葛增福.中国书名释义大辞典[M].济南：山东友谊出版社，2007.
[123]孙佩兰.中国刺绣史[M].北京：北京图书馆出版社，2007.
[124]刘洪仁.古代文史名著提要[M].成都：巴蜀书社，2008.
[125]何晓明.中华文化事典[M].武汉：武汉大学出版社，2008.
[126]郑玄.十三经注疏 礼记正义[M].上海：上海古籍出版社，2008.
[127]陆三强，陈根员.古籍碑帖的鉴藏与市场[M].济南：山东美术出版社，2008.
[128]严佐之.古籍版本学概论[M].上海：华东师范大学出版社，2008.
[129]周生杰.太平御览研究[M].成都：巴蜀书社，2008.
[130]盛林.《广雅疏证》中的语义学研究[M]上海：上海人民出版社，2008.
[131]故宫博物院.尽善尽美殿本精华[M].北京：紫禁城出版社，2009.
[132]瞿冕良.中国古籍版刻辞典[M].苏州：苏州大学出版社，2009.
[133]许刚.张舜徽的汉代学术研究[M].武汉：华中师范大学出版社，2009.
[134]钱玉林，黄丽丽.中华传统文化辞典[M].上海：上海大学出版社，2009.
[135]于秋华.明清时期的原始工业化[M].大连：东北财经大学出版社，2009.
[136]郑巨欣.中华锦绣浙南夹缬[M].苏州：苏州大学出版社，2009.
[137]蒋伯潜.十三经概论[M].上海：上海古籍出版社，2010.

[138]张小平.国家级图书馆、文化馆全集2010·图书馆第1卷[M].北京：中国科学文化音像出版社，2011.

[139]中华文化通志编委会.中华文化通志39第四典制度文化法律志[M].上海：上海人民出版社，2010.

[140]中国明史学会.明史研究第11辑[M].合肥：黄山书社，2010.

[141]张岱年.孔子百科辞典[M].上海：上海辞书出版社，2010.

[142]刘雨婷.中国历代建筑典章制度上[M].上海：同济大学出版社，2010.

[143]张岱年.中国哲学大辞典[M].上海：上海辞书出版社，2010.

[144]安树芬，彭诗琅.中华教育通史第5卷[M].北京：京华出版社，2010.

[145]郑天挺，谭其骧.中国历史大辞典1[M].上海：上海辞书出版社，2010.

[146]桐城派研究会主.桐城明清诗选[M].合肥：安徽美术出版社，2011.

[147]陆侃如.陆侃如冯沅君合集第10卷中古文学系年（上）[M].合肥：安徽教育出版社，2011.

[148]刘精盛.王念孙之训诂学研究[M].长春：吉林大学出版社，2011.

[149]曾志华.南朝史解读宋书、南齐书、梁书、陈书、南史[M].昆明：云南教育出版社，2011.12.

[150]陈德弟.先秦至隋唐五代藏书家考略[M].天津：天津古籍出版社，2011.

[151]顾志兴.浙江印刷出版史[M].杭州：杭州出版社，2011.

[152]崔宇红.一流大学图书馆建设与评价研究[M].北京：中国科学技术出版社，2011.

[153]惠吉兴.宋代礼学研究[M].保定：河北大学出版社，2011.

[154]胡道静.梦溪笔谈校证[M].上海：上海人民出版社，2011.

[155]胡道静.新校正梦溪笔谈·梦溪笔谈补证稿[M].上海：上海人民出版社，2011.

[156]沈津.美国哈佛大学哈佛燕京图书馆藏中文善本书志[M].桂林：广西师范大学出版社，2011.

[157]尤炜祥.两唐书疑义考释《新唐书》卷[M].杭州：西泠印社出版社，2012.

[158]中国传媒大学新闻传播学部.文史要览[M].北京：中国传媒大学出版社，2012.

[159]谢贵安.中国史学史[M].武汉：武汉大学出版社，2012.

[160]万里，刘范弟，周小喜.炎帝历史文献选编[M].长沙：湖南大学出版社，2012.

[161]舒大刚.儒学文献通论（上）[M].福州：福建人民出版社，2012.

[162]梁二平，郭湘玮.中国古代海洋文献导读古代中国的海洋观[M].北京：海洋出版社，2012.

[163]姚伟钧，刘朴兵，鞠明库.中国饮食典籍史[M].上海：上海古籍出版社，2012.01.

[164]祝鼎民.中国古小说百篇注说[M].北京：金盾出版社，2012.

[165]何九盈.中国古代语言学史[M].北京：商务印书馆，2013.

[166]王广.颜师古学术思想研究[M].济南：山东人民出版社，2013.

[167]林传甲.林传甲中国文学史[M].长春：吉林人民出版社，2013.

[168]邓之诚.中华二千年史卷3隋唐五代[M].北京：东方出版社，2013.

[169]杨翼骧.增订中国史学史资料编年宋辽金卷[M].北京：商务印书馆，2013.

[170]邓之诚.中华二千年史卷4宋辽金夏元[M].北京：东方出版社，2013.

[171]孙机.中国古舆服论丛[M].上海：上海古籍出版社，2013.

[172]杨丽莹.扫叶山房史研究[M].上海：复旦大学出版社，2013.
[173]白寿彝.中国通史9第6卷中古时代·隋唐时期上第2版[M].上海：上海人民出版社，2013.
[174]胡建林，杨永康.太原历史文献辑要第3册宋辽金元卷[M].太原：山西人民出版社，2013.
[175]韩仲民.中国书籍编纂史稿[M].北京：商务印书馆，2013.
[176]马子木.清代大学士传稿1636—1795[M].济南：山东教育出版社，2013.
[177]周启澄，程文红.纺织科技史导论[M].上海：东华大学出版社，2013.
[178]冯尔康.清史史料学（上）[M].北京：故宫出版社，2013.
[179]王云五.王云五全集19序跋集编[M].北京：九州出版社，2013.
[180]张岱年.中国哲学大辞典[M].上海：上海辞书出版社，2014.
[181]王巍.中国考古学大辞典[M].上海：上海辞书出版社，2014.
[182]黄能馥，陈娟娟.中国服饰史（第2版）[M].上海：上海人民出版社，2014.
[183]周连科.辽宁文化记忆珍贵古籍（上）[M].沈阳：辽宁人民出版社，2014.
[184]中山大学图书馆.中山大学图书馆古籍善本书目[M].桂林：广西师范大学出版社，2014.
[185]祁庆富，杨玉.民族文化杂俎祁庆富杨玉文集[M].北京：中央民族大学出版社，2014.
[186]白寿彝.中国通史7（第5卷）中古时代·三国两晋南北朝时期上[M].上海：上海人民出版社，2015.
[187]《传世经典》编委会.二十四史详解[M].南京：江苏美术出版社，2015.
[188]华梅等.中国历代《舆服志》研究[M].北京：商务印书馆，2015.
[189]王烨.中国古代纺织与印染[M].北京：中国商业出版社，2015..
[190]汪旭.唐诗全解[M].沈阳：万卷出版公司，2015.
[191]杨倩描.宋代人物辞典（下）[M].河北：河北大学出版社，2015.
[192]白寿彝.中国通史15（第9卷）中古时代·明时期上[M].上海：上海人民出版社，2015.
[193]柴德赓.史籍举要[M].北京：商务印书馆，2015.
[194]白寿彝.中国通史12（第7卷）中古时代·五代辽宋夏金时期下[M].上海：上海人民出版社，2015.
[195]张文治.国学治要：第1册经传治要[M].北京：中国书店，2012.
[196]王烨.中国古代纺织与印染[M].北京：中国商业出版社，2015.
[197]贵州省文史研究馆.民国贵州文献大系第3辑上[M].贵阳：贵州人民出版社，2015.
[198]杨倩描.宋代人物辞典上[M].保定：河北大学出版社，2015.
[199]白寿彝.中国通史13（第8卷）中古时代·元时期上[M].上海：上海人民出版社，2015.
[200]周大璞.训诂学初稿[M].武汉：武汉大学出版社，2015.
[201]时永乐.墨香书影[M].上海：上海科学技术文献出版社，2015.
[202]徐时仪.汉语语文辞书发展史[M].上海：上海辞书出版社，2016.
[203]吴泽顺.清以前汉语音训材料整理与研究[M].北京：商务印书馆，2016.
[204]吴洪成.中国古代学校教材史论[M].保定：河北大学出版社，2016.
[205]姚继荣，姚忆雪.唐宋历史笔记论丛[M].北京：民族出版社，2016.

[206]夏能权.宋跋本王韵与《广韵》比较研究[M].长沙：湖南大学出版社，2016.
[207]任松如.四库全书答问[M].上海：上海科学技术文献出版社，2016.
[208]李甍.历代舆服志图释辽金卷[M].上海：东华大学出版社，2016.
[209]徐小蛮，王福康.中华图像文化史插图卷下[M].北京：中国摄影出版社，2016.
[210]张忠民.上海：从开发走向开放（1368—1842）[M].上海：上海社会科学院出版社，2016.
[211]林欢.徽墨胡开文研究[M].北京：故宫出版社，2016.
[212]李龙生.中外设计史[M].合肥：安徽美术出版社，2016.
[213]王烈夫.中国古代文学名篇注解析译第4册明朝、清朝[M].武汉：武汉出版社，2016.
[214]赵季，周晓靓，叶言材.韩国日本吟诵文献辑释[M].天津：天津教育出版社，2017.
[215]《古籍研究》编辑委员会.古籍研究总第66卷[M].南京：凤凰出版社，2017.
[216]《装饰》杂志编辑部.装饰文丛史论空间卷[M].沈阳：辽宁美术出版社，2017.
[217]周国伟.二十四史述评[M].苏州：苏州大学出版社，2017.
[218]李翰.《宋书》文学研究[M].上海：上海大学出版社，2017.09.
[219]杨共乐.《史学史研究》文选中国古代史学卷下[M].北京：华夏出版社，2017.
[220]顾晓鸣.二十四史鉴赏辞典下[M].上海：上海辞书出版社，2017.
[221]徐元勇.中国古代音乐史史料备览1[M].合肥：安徽文艺出版社.2017.
[222]张金龙.魏晋南北朝文献丛稿[M].兰州：甘肃教育出版社，2017.
[223]中国艺术研究院美术研究所.2017中国传统色彩学术年会论文集[M].北京：文化艺术出版社，2017.
[224]龚笃清.中国八股文史清代卷[M].长沙：岳麓书社，2017.
[225]赵望秦，王璐，李月辰等.中外书目著录《史记》文献通览[M].西安：陕西师范大学出版总社，2017.
[226]方一新，王云路.中古汉语读本修订本[M].上海：上海教育出版社，2018.
[227]刘慧.泰山岱庙文化[M].济南：山东人民出版社，2018.
[228]白卓然，张漫凌.中国历代易学家与哲学家[M].哈尔滨：黑龙江人民出版社，2018.
[229]王玲娟，龙红.艺海撷英中国古代文献选读[M].成都：西南交通大学出版社，2018.
[230]谢谦.国学词典[M].成都：四川人民出版社，2018.
[231]曾晓娟.都江堰文献集成历史文献卷文学卷[M].成都：巴蜀书社，2018.
[232]王锷.《礼记》版本研究[M].北京：中华书局，2018.
[233]王燕华.中国古代类书史视域下的隋唐类书研究[M].上海：上海人民出版社，2018.
[234]苍铭.民族史研究第14辑[M].北京：中央民族大学出版社，20185.
[235]周启澄，赵丰，包铭新.中国纺织通史[M].上海：东华大学出版社，2018.
[236]刘安定，李斌.锦中文画中国古代织物上的文字及其图案研究[M].上海：东华大学出版社，2018.
[237]白俊骞.康熙字典古文研究[M].合肥：黄山书社，2018.
[238]陈汝发.蠡海集[M].北京：语文出版社，2018.
[239]《国学经典文库》丛书编委会.清圣祖康熙[M].北京：现代出版社，2018.

[240]刘全波.类书研究通论[M].兰州：甘肃文化出版社，2018.

[241]董馥荣.清代顺治康熙时期地方志编纂研究[M].上海：上海远东出版社，2018.

[242]李新魁.汉语音韵学[M].广州：中山大学出版社，2019.

[243]黄云眉.古今伪书考补证[M].北京：商务印书馆，2019.

[244]李峰.苏州通史·人物卷（中）明清时期[M].苏州：苏州大学出版社，2019.

[245]中国学术名著提要编委会.中国学术名著提要第一卷·先秦两汉编魏晋南北朝编[M].上海：复旦大学出版社，2019.

[246]中国学术名著提要本书编委会.中国学术名著提要第二卷·隋唐五代编[M].上海：复旦大学出版社，2019.

[247]中国学术名著提要编委会.中国学术名著提要第三卷·宋辽金元编[M].上海：复旦大学出版社，2019.

[248]中国学术名著提要编委会.中国学术名著提要第四卷·明代编[M].上海：复旦大学出版社，2019.

[249]徐中玉.元明清诗词文[M].广州：广东人民出版社，2019.

[250]罗福惠，罗芳.名人咏武昌[M].武汉：武汉出版社，2019.

[251]王辉斌.全唐文作者小传辨证[M].武汉：武汉大学出版社，2019.

[252]张舜徽.中国史学名著题解[M].北京：东方出版社，2019.

[253]李峰.苏州通史·人物卷（下）中华民国至中华人民共和国时期[M].苏州：苏州大学出版社，2019.

[254]徐浩.廿五史论纲[M].上海：上海科学技术文献出版社.2019.

[255]李方.新疆历史古籍提要[M].北京：中国书籍出版社，2019.

[256]李一鸣.中国历史大事年表[M].北京：文化发展出版社，2019.

[257]张富祥.宋代文献编纂述要[M].济南：山东大学出版社，2019.

[258]屈守元.屈守元学术文献[M].上海：上海科学技术文献出版社，2019.

[259]胡大雷，张利群，黄伟林等.桂学文献研究——桂学古籍文献102种[M].桂林：漓江出版社，2019.

[260]黄赞雄，赵翰生.中国古代纺织印染工程技术史[M].太原：山西教育出版社，2019.

[261]李志梅.东亚服饰文化交流研究[M].北京：中央编译出版社，2019.

[262]李芽，王永晴等.中国古代首饰史[M].南京：江苏凤凰文艺出版社.2020.

[263]张福清.北宋戏谑诗校注[M].广州：暨南大学出版社，2020.

[264]张明国，赵翰生.世界技术编年史化工轻工纺织[M].济南：山东教育出版社，2020.

[265]邵晓峰.中华图像文化史家具图式卷[M].北京：中国摄影出版社，2020.

[266]郑艺鸿.明代帝陵石刻研究[M].安徽：安徽文艺出版社，2020.

[267]胡道静.中国古代的类书[M].上海：上海人民出版社，2020.

[268]江澄波.古刻名抄经眼录[M].北京联合出版公司，2020.

[269]里县政协文史资料和学习委员会.诗蕴兰仓[M].兰州：敦煌文艺出版社，2020.

[270]华梅，周梦.服装概论（第2版）[M].北京：中国纺织出版社，2020.

[271]蔡英杰.中国古代语言学文献[M].北京：中国书籍出版社，2020.
[272]万献初.音韵学要略（第3版）[M].北京：商务印书馆，2020.
[273]孟昭水.训诂学通论与实践[M].北京：中央编译出版社，2020.
[274]郝时晋，梁光玉，萧祥剑，《群书治要续编》编辑委员会.群书治要续编全注全译1[M].北京：团结出版社，2021.
[275]《传统中国》编辑委员会.传统中国经学专辑[M].上海：上海社会科学院出版社，2021.
[276]祁连休，冯志华.中国民间故事通览5卷[M].石家庄：河北教育出版社，2021.
[277]武斌.中国接受海外文化史中西交通与文化互鉴第3卷[M].广州：广东人民出版社，2022.
[278]陈广恩.历史文献与传统文化第26辑[M].北京：商务印书馆，2022.
[279]万国鼎.论“齐民要术”——我国现存最早的完整农书[J].历史研究，1956（01）：79–102.
[280]陈娟娟.缂丝[J].故宫博物院院刊，1979（03）：22–29+101–105.
[281]董光璧.刘基和他的《多能鄙事》[J].中国科技史料，1981（02）：100–101.
[282]张邻.《太平御览》与《册府元龟》[J].历史教学问题，1981（04）：71–72.
[283]王金科，陈美健.总结我国古代棉花种植技术经验的艺术珍品——《棉花图》考[J].农业考古，1982（02）：157–166.
[284]潘吉星.《天工开物》版本考[J].自然科学史研究，1982（01）：40–54.
[285]三上次男，曾贻芬.张棣的《金国志》就是金图经——《大金国志》与《金志》的关系[J].史学史研究，1983（01）：69–74.
[286]黄孝德.《玉篇》的成就及其版本系统[J].辞书研究，1983（02）：145–152.
[287]黎恩.谈谈《通志》的几种版本[J].图书馆学刊，1983（01）：60–65.
[288]左步青.康雍乾时期宫闱纪略——《国朝宫史》[J].故宫博物院院刊，1984（04.
[289]王芳.从乾隆《御题棉花图》看棉花种植在北方的推广[J].中国历史博物馆馆刊，1987（00）：120–125+136.
[290]赵丰.《天工开物》彰施篇中的染料和染色[J].农业考古，1987（01）：354–358.
[291]傅朗云.张棣《金图经》杂考[J].北方文物，1987（02）：93–94.
[292]刘成文.《广雅》及其注本[J].齐齐哈尔师范学院学报（哲学社会科学版），1988（02）：45–50.
[293]刘修明.钱仪吉稿本和新版《三国会要》[J].史林，1990（02）：7–8+65.
[294]刘浦江.再论《大金国志》的真伪兼评《大金国志校证》[J].文献，1990（03）：96–108.
[295]赵丰.《多能鄙事》染色法初探[J].东南文化，1991（01）：72–78.
[296]赵伯义.《小尔雅》概说[J].古籍整理研究学刊，1993（01）：27–30.
[297]左步青.清宫史料集大成之书——谈《国朝宫史续编》[J].故宫博物院院刊，1993（02）：65–74.
[298]王锷.《三礼》研究文献概述[J].图书与情报，1993（3）：73.
[299]方龄贵.《通制条格》新探[J].历史研究，1993（03）：14–29.
[300]《玉篇》的体例与内容[J].文史知识，1996（09）：33.
[301]陈美健.《棉花图》及其科学思想[J].文物春秋，1996（02）：74–77.
[302]韩长耕.《宋会要辑稿》述论[J].中国史研究，1996（04）：136–146.

[303]崔文印.说《古今图书集成》及其编者[J].史学史研究，1998（02）：61–68.

[304]肖克之.《农桑辑要》版本说[J].古今农业，2000（04）：49–50.

[305]王朝客.《古今注》小考[J].贵州：贵州文史丛刊，2001（03）：23–27.

[306]肖克之.《御题棉花图》版本说[J].中国农史，2002（02）：107–108.

[307]李华年，杨祖恺.朱启钤先生年表简编[J].贵州文史丛刊，2004（04）：96–99.

[308]赵克生.《大明集礼》的初修与刊布[J].史学史研究，2004（03）：65–69.

[309]刘潞.一部规范清代社会成员行为的图谱——有关《皇朝礼器图式》的几个问题[J].故宫博物院院刊，2004，（04）：130–144+160–161.

[310]刘尚恒.朱氏存素堂藏书、著书和校印书[J].图书馆工作与研究，2005（01）：27–31.

[311]包恩梨."存素堂丝绣"主人朱启钤[J].辽宁省博物馆馆刊，2006（00）：506–508.

[312]陈莹，牛云龙.《通雅》的现存版本及其性质[J].吉林师范大学学报（人文社会科学版），2006（02）：94–97.

[313]伊永文.《东京梦华录》版本发微[J].古典文学知识，2006（04）：97–102.

[314]李致忠.《东京梦华录》作者续考[J].文献，2006（03）：19–22.

[315]孔庆茂.芝秀堂本《古今注》版本考[J].古籍整理研究学刊，2008（03）：50–51.

[316]曲艺.《玉篇》版本的研究[J].安徽文学（下半月），2008（06）：110–111.

[317]马韶青.晋令在中国古代法律体系中的历史地位[J].安庆师范学院学报（社会科学版），2011，30（07）：37–39.

[318]原瑞琴.《大明会典》版本考述[J].中国社会科学院研究生院学报，2011（01）：136–140.

[319]靳士英，靳朴，刘淑婷.《南方草木状》作者、版本与学术贡献的研究[J].广州中医药大学学报，2011，28（03）：306–310.

[320]马丽琴.方以智与《物理小识》[J].读书，2012（07）：87–89.

[321]许静波.鸿宝斋书局与上海近代石印书籍出版[J].新闻大学，2012，No.113（03）：136–146.

[322]吴洪泽.略谈《明集礼》的纂修[J].儒藏论坛，2012（00）：189–200.

[323]刘平中.天下奇书：《函海》的版本源流及其价值特点[J].唐都学刊，2012，28（03）：67–73.

[324]邵春驹.《宋书·礼志》点校辨误[J].图书馆理论与实践，2013，（09）：56–57.

[325]黄丽婧.《唐会要》校误[J].古典文献研究，2013（00）：590–605.

[326]孙建权.关于张棣《金虏图经》的几个问题[J].文献，2013（02）：131–137.

[327]李玲玲.《初学记》征引文献体例探讨——以经部文献为中心[J].浙江师范大学学报（社会科学版），2014，39（03）：80–84.

[328]李善强.《古今图书集成》石印本与铜活字本考异[J].图书馆界，2014（01）：8–9+21.

[329]周匡明，刘挺.《农桑辑要》中凸出的蚕桑科技成就[J].蚕业科学，2014，40（02）：307–316.

[330]陈连营，张楠.《国朝宫史》的编纂与乾隆年间的宫廷学研究[J].故宫博物院院刊，2015，No.177（01）：92–101+158.

[331]卓越.论龙文彬《明会要》的编纂成就[J].史学史研究，2015（03）：26–31+119.

[332]马秀娟，李会敏.朱启钤对图书事业的贡献[J].经济研究导刊，2015，No.255（01）：300–301.

[333]王瑞来.点校本《宋会要辑稿》述评[J].史林，2015（04）：214–218+222.
[334]何兆泉.《东京梦华录》作者问题考辨[J].浙江学刊，2015（05）：37–43.
[335]向辉.消逝的细节：嘉靖刻本《大明集礼》著者与版本考略[J].版本目录学研究，2016（00）：221–240.
[336]谢辉.德国巴伐利亚州立图书馆藏汉籍善本初探[J].兰台世界，2016，No.507（13）：97–100.
[337]董一平.十里春风雕琢丝中繁花——缂丝中的宋人书画[J].江苏丝绸，2016，No.243（05）：35–38.
[338]刘安志，李艳灵，王琴.《唐会要》整理与研究成果述评[J].中国史研究动态，2017（04）：21–27.
[339]莫艳梅.《诸蕃志》：中西文化交流与海上丝绸之路的志书[J].中国地方志，2017（05）：52–58+64.
[340]王孙涵之，孙显斌.方以智《物理小识》版本考述[J].自然科学史研究，2017，36（03）：439–445.
[341]肖峰，蒋冀骋.《广雅》文字札记[J].中国文字学报，2018（00）：190–203.
[342]刘安志.清人整理《唐会要》存在问题探析[J].历史研究，2018（01）：178–188.
[343]范雄华.《三才图会·衣服卷》设计意蕴探析[J].齐鲁艺苑，2018（02）：81–84.
[344]邹其昌，范雄华.论《三才图会》设计理论体系的当代建构——中华考工学设计理论体系研究系列[J].创意与设计，2018（06）：5–17.
[345]原瑞琴.《大明会典》性质考论[J].史学史研究，2009（03）：64–71.
[346]吕浩.《大广益会玉篇》考论[J].汉字汉语研究，2019（04）：98–106+127–128.
[347]黄正建.《旧唐书·舆服志》与《新唐书·车服志》比较研究[J].艺术设计研究，2019（04）：31–36.
[348]刘安志.《唐会要》所记唐代宰相名数考实[J].中国史研究，2019（01）：93–118.
[349]李明杰，陈梦石.沈括《梦溪笔谈》版本源流考[J].图书馆，2019，No.295（04）：106–111.
[350]高会卓.唐代染织工艺的艺术特点[J].艺术与设计（理论），2019，2（05）：138–140.
[351]王京州.宋本《初学记》流布考[J].清华大学学报（哲学社会科学版），2019，34（01）：119–125.
[352]蔡欣，单珊珊，陈晓风等.《梓人遗制》所载“罗机子”结构再研究[J].丝绸，2019，56（06）：105–113.
[353]闫平凡，张晓琳.段玉裁校释《释名》底本考[J].史志学刊，2020–1（31）：73–79.
[354]王丽雯，刘维东.传统语境下科技观与价值论的审美形态化——以方观承《御题棉花图》为例[J].科学技术哲学研究，2020，37（01）：80–86.
[355]牟晓琪.《东京梦华录》女性服饰考[J].文物鉴定与鉴赏，2020（15）.
[356]黄金东.《皇清职贡图》刻本考述[J].文献，2020（06）：137–148.
[357]梁健.《大明集礼》撰刊与行用考述[J].西南大学学报（社会科学版），2020，46（01）：159–169.

[358]李文发.《大金国志》研究综述[J].今古文创，2022（21）：22-24.
[359]刘思辰.《大金国志》研究综述[J].辽宁工程技术大学学报（社会科学版），2022，24（02）：144-148.
[360]罗亮.《太平御览》中的“唐书”考辨[J].中山大学学报（社会科学版），2022，62（04）：103-112.
[361]刘朝霞.沈从文批注《丝绣笔记》[J].收藏家，2022（12）：48-55+2.
[362]李万军，周全，徐英英.图像证史的信与疑——从《皇清职贡图》和《诸夷职贡图》的服饰比较研究出发[J].服饰导刊，2023，12（01）：34-41.
[363]阎琴南.初学记研究[D].台北：台湾文化大学，1981：28.
[364]张徽.《宋书》校释[D].苏州：苏州大学，2009.
[365]孙琼歌.《宋朝事实类苑》研究[D].郑州：河南大学，2009.
[366]王业宏.清代前期龙袍研究（1616-1766）[D].上海：东华大学，2010.
[367]杨艳芳.《后汉书·舆服志》探析[D].新乡：河南师范大学，2011.
[368]田文国.文化学视野下《西京杂记》名物词研究[D].重庆：重庆师范大学，2011.
[369]王欢.《古今注》研究[D].西安：陕西师范大学，2014.
[370]陈碧芬.《后汉书·舆服志》服饰语汇研究[D].重庆：重庆师范大学，2014.
[371]王欢.《古今注》研究[D].西安：陕西师范大学，2014：12.
[372]李俊强.魏晋令制研究[D].长春：吉林大学，2014.
[373]陈嘉熹.郭正域《皇明典礼志》研究[D].长春：东北师范大学，2015.
[374]华雯.《宋史·舆服志》中的服饰研究[D].上海：东华大学，2016.
[375]张雁勇.《周礼》天子宗庙祭祀研究[D].长春：吉林大学，2016：24.
[376]范芷萌.颜师古与《匡谬正俗》[D].武汉：武汉大学，2017.5.
[377]周芷羽.《嶺外代答》詞彙研究[D].南京：南京师范大学，2017.
[378]潘虹.《〈事物考〉研究》[D].上海：上海师范大学，2017.
[379]田宇.高本汉《中国音韵学研究》法文原著与汉译本的比较研究[D].太原：山西大学，2022.
[380]潘建国.《酉阳杂俎》明初刊本考——兼论其在东亚地区的版本传承关系[C].中国古典文献学国际学术研讨会.北京：中国国家图书馆，2009.
[381]王刘波.宋人海外视角的现实与局限——基于对《诸蕃志》的分析[C]//中国航海博物馆，中国海外交通史研究会，泉州海外交通史博物馆.人海相依：中国人的海洋世界.上海：上海古籍出版社，2014：164-175.
[382]崔瑞敏，田海燕，张保安等.我国最早的棉作学图谱——《御题棉花图》[C].中国农学会棉花分会.中国农学会棉花分会2016年年会论文汇编.安阳：中国棉花杂志社，2016：202-204.
[383]喻珊.设计未来视野下的《丝绣笔记》研究[C]//浙江师范大学.设计创造未来——2021年青年博士（国际）论坛论文集.杭州：浙江大学出版社（ZHEJIANGUNIVERSIYTPRESS），2021：170-183.